普通高等教育电子信息类系列教材

通信原理简明教程

第2版

黄葆华　沈忠良　张伟明　编著

机 械 工 业 出 版 社

本书以现代通信系统组成为主线，以预备知识为基础，系统阐述了通信原理的核心内容。全书共8章，内容分别为绪论、预备知识、模拟调制、数字基带传输、数字调制、模拟信号的数字传输、信道编码和同步原理。

本书突出基本概念、基本原理和基本方法，弱化数学推导，注重实际应用。可作为电子与通信类相关专业本科生和大专生以及非通信类专业研究生等层次学生的教材，还可作为相关科技人员的参考书。

本书配有电子教案、课程教学大纲和习题参考答案等教学配套资源，便于自学和组织教学，可从机工教育服务网（www.cmpedu.com）上免费注册，审核通过后下载。

图书在版编目（CIP）数据

通信原理简明教程/黄葆华，沈忠良，张伟明编著．—2版．—北京：机械工业出版社，2024.3（2025.1重印）

普通高等教育电子信息类系列教材

ISBN 978-7-111-74389-7

Ⅰ．①通…　Ⅱ．①黄…　②沈…　③张…　Ⅲ．①通信原理-高等学校-教材　Ⅳ．①TN911

中国国家版本馆CIP数据核字（2023）第231803号

机械工业出版社（北京市百万庄大街22号　邮政编码100037）

策划编辑：李馨馨　　责任编辑：李馨馨　秦　菲

责任校对：薄萌钰　韩雪清　　封面设计：鞠　杨

责任印制：刘　媛

北京中科印刷有限公司印刷

2025年1月第2版第2次印刷

184mm×260mm·15.5印张·379千字

标准书号：ISBN 978-7-111-74389-7

定价：59.00元

电话服务

客服电话：010-88361066

010-88379833

010-68326294

网络服务

机　工　官　网：www.cmpbook.com

机　工　官　博：weibo.com/cmp1952

金　　书　　网：www.golden-book.com

机工教育服务网：www.cmpedu.com

前　　言

本书自出版以来，受到读者的关心和支持，不少任课教师将其作为电子与通信类相关专业本科生和大专生以及非通信类专业研究生等层次的教材。为更好地满足院校课程教学需求，本次修订在保持第 1 版特色的基础上做了进一步的完善，主要修订内容如下。

1）各章增加主要知识点小结。知识点小结较为详细地归纳了各章的主要概念、基本原理、常用实现方法、重要公式等，使本章知识点更加清晰，帮助读者更好地熟悉、掌握和提炼所学知识，快速构建知识框架。

2）修订各章课后习题。为更好地满足教师教学和读者课后复习的需求，将第 1 版中课后思考题与习题修订成三大类：

① 选择填空题。这部分主要是概念题，通过这部分题目的练习，帮助读者熟悉和掌握所学内容中涉及的一些基本概念。

② 简答题。这部分主要是原理题，读者通过这部分题目的练习，可以更好地掌握所学内容中涉及的一些基本原理。

③ 计算画图题或计算证明题等综合性习题。这部分主要包括一些计算题、画图题和证明题等，通过这部分题目的练习，读者能更好地掌握通信原理的基本技术和基本方法，提升综合应用所学知识来分析问题和解决问题的能力。

3）在保持结构不变的基础上对全书进行梳理、修改和完善，使本书内容的论述更具系统性、准确性、可读性和先进性，更好地满足高等学校通信原理课程的教学需求。

陆军工程大学通信工程学院黄葆华编写了本书的大部分内容，沈忠良、张伟明参加了第 1～3 章和习题解答的编写，修订工作由黄葆华完成。

本书配有实验教材《通信原理可视化动态仿真教程（基于 SystemView）》，由本书作者主编，机械工业出版社出版，此实验教材的特点是无须编程即可灵活地进行通信系统动态仿真，特别适合通信原理课程实践环节的教学。

由于编者水平有限，书中难免存在不妥之处，敬请读者批评指正（编者邮箱：632603780@qq.com）。

编　者

目　　录

第 1 章　绪　　论

通俗地说，通信就是信息的传递。从这个意义上说，自从有了人类社会，也就有了通信。原始的手语、古代的烽火台、鸣金击鼓，以及近现代的信函、电报、电话、传真、电视等，都属于通信的范畴。但是，本教材中研究的通信是指电通信，也就是以电信号（包括光信号，因为光也是一种电磁波）作为信息载体的通信方式，如电报、电话、传真和广播电视等。

本章主要介绍通信系统的组成与分类、模拟通信与数字通信，以及通信系统的主要性能指标。目的是使读者对通信和通信系统有一个初步的了解和认识。

1.1　通信系统的组成

1.1.1　通信系统的模型及各部分的作用

实现信息传递所需的一切通信设备和传输媒介组成了一个通信系统。通信系统的基本模型如图 1 - 1 所示。

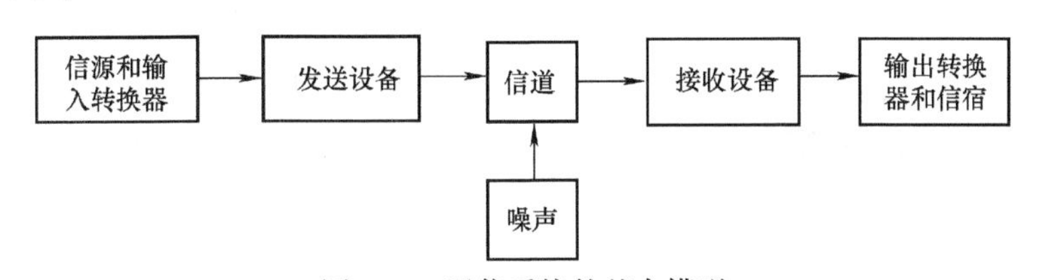

图 1 - 1　通信系统的基本模型

1. 信源和输入转换器

信源是信息的来源。信源产生的信息分为离散信息和连续信息两种。若信息的状态是可数的或离散型的，如符号、文字或数据等，则称为离散信息。若信息的状态是连续变化的，如强弱连续变化的语音、亮度连续变化的图像等，则称为连续信息。输入转换器的作用是将信源输出的信息转换成电信号，完成非电量到电量的转换。例如，电话机的受话器完成声-电转换（声音转换为音频信号）、摄像机完成光-电转换（图像转换为视频信号）、计算机键盘完成键盘符号到“1”“0”信号的转换等。通常将信源与输入转换器合称为信源，信源输出电信号，以下简称为信号。

2. 发送设备

发送设备对信源产生的信号进行各种加工处理和变换，使它适合在信道中传输。不同通信系统中，发送设备对信源输出信号的处理方式是不同的，所以发送设备所包含的部件也是不同的。但不论进行什么样的处理，目的只有一个，即使信源输出的信号适合在信道上传输。

3. 信道和噪声

信道是指信号传输的通道。目前常用的信道有双绞线、电缆、光纤等有线信道和短波电离层反射信道、微波视距中继信道、卫星中继信道、陆地移动信道等无线信道。

噪声来源于多个方面，如通信设备内部由于电子做不规则运动而产生的热噪声、雷电及宇宙辐射产生的干扰、邻近通信系统带来的干扰、各种电器开关通断时产生的短促脉冲干扰等。一般来说，噪声主要来自于信道，为了分析方便，将系统中的各种噪声抽象为一个噪声源并集中在信道上加入。

4. 接收设备

接收设备的主要作用是从接收到的混有噪声的信号中，最大限度地抑制噪声，恢复出信源发送的信号。

5. 输出转换器和信宿

输出转换器的功能与输入转换器的功能相反，完成电量到非电量的变换，即将电信号转换成受信者能够识别的信号，如扬声器进行电-声转换，显示屏完成电-光转换等。信宿是信息的接收者，通常将输出转换器与信宿合称为信宿，是信号传输的目的地。

图 1 - 1 概括地描述了通信系统的组成，它反映了通信系统的共性，通常把它称为通信系统的基本模型。在今后的学习和工作中，我们会碰到各种各样具体的通信系统。例如：

① 根据通信业务的不同，有电话通信系统、电报通信系统、图像通信系统、传真通信系统、广播电视系统等。

② 按信道的不同，可分为有线通信系统和无线通信系统两大类。

③ 按工作波段的不同，可分为中长波通信系统、短波通信系统、超短波通信系统、微波通信系统等。

不同的通信系统，其组成模型是有差异的。由于对通信基本理论的研究，通常是以模拟通信系统模型和数字通信系统模型为基础展开的，因此下面介绍这两种更为具体的通信系统模型。

1.1.2 模拟与数字通信系统模型

按照信道中传输的是模拟信号还是数字信号，可将通信系统分为模拟通信系统和数字通信系统。

1. 模拟信号与数字信号

信息通常寄托在电信号的某一个或几个参量上（如连续波的幅度、频率或相位；脉冲的幅度、宽度或位置等)。若携带信息的电信号参量的取值是连续的，即电信号携带的是连续信息，则这样的电信号称为模拟信号。反之，若携带信息的电信号参量的取值是离散的，即电信号携带的是离散信息，则此电信号称为数字信号。

由此可见，时间离散信号不一定是数字信号，而时间连续信号也不一定是模拟信号，关键是看携带信息的电信号参量是连续的还是离散的。

例如图 1 - 2b 中的 $f(nT)$ 是对图 1 - 2a 中的连续信号 $f(t)$ 进行取样而得到的 PAM（脉冲幅度调制）信号，$f(nT)$ 是时间离散信号，但其携带信息的参量（幅度）的取值仍是连续的，所以 $f(nT)$ 仍然是模拟信号。

再如图 1 - 3 所示的 2PSK（二进制相移键控）信号，时间上是连续的，但每个时间段内代表信息的初始相位只取 0 和 π 两个值，是离散的，所以是数字信号。

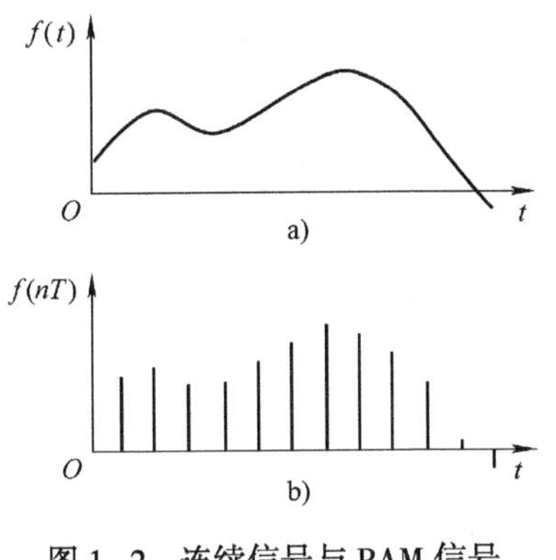

图 1 - 2　连续信号与 PAM 信号

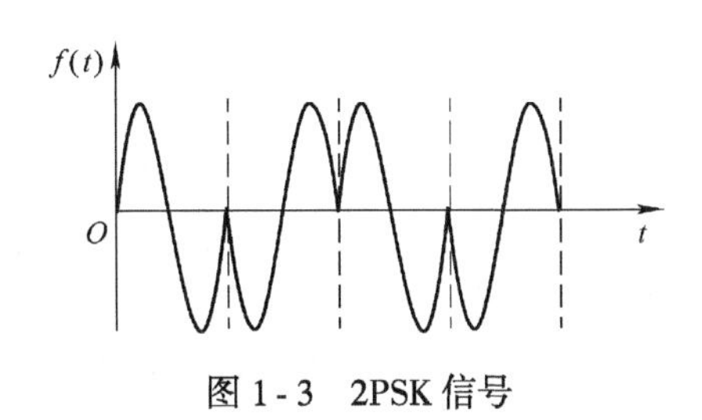

图 1 - 3　2PSK 信号

2. 模拟通信系统模型

常用的模拟通信系统包括中波/短波无线电广播、调频立体声广播等通信系统，其组成模型如图 1 - 4 所示。

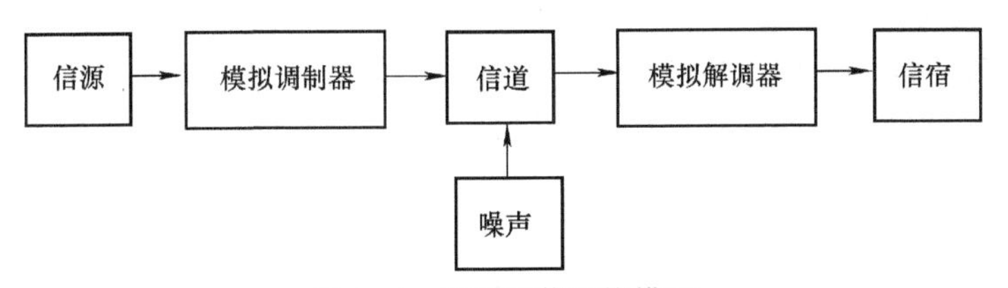

图 1 - 4　模拟通信系统模型

在模拟通信系统中，信源输出模拟信号，模拟信号需经过模拟调制转换成适合信道传输的信号后送入信道，相应地，接收端对接收信号进行模拟解调，恢复出发送端发送的信号，送给信宿。需要注意的是，发送和接收装置还应包括放大、滤波等，这里都简化到了模拟调制解调器中。模拟调制与解调将在本教材的第 3 章中讨论。

3. 数字通信系统模型

数字通信系统的模型如图 1 - 5 所示。

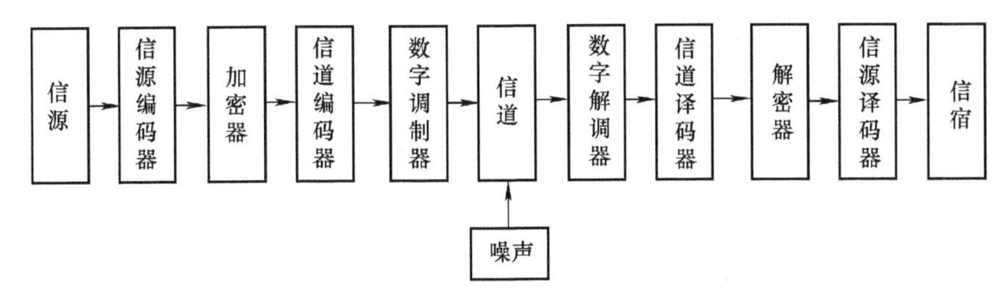

图 1 - 5　数字通信系统模型

（1）信源

信源输出既可以是模拟信号，也可以是数字信号。

(2) 信源编码与译码

信源编码的作用是用"1""0"码来表示信源输出的信号。有以下几种情况:

① 若信源输出模拟信号,如语音信号,那么信源编码将完成模拟信号到数字信号的转换,即模-数(A/D)转换,本教材第6章将讨论这一内容。

② 若信源输出离散信号,如键盘符号,那么信源编码将完成离散符号到"1""0"码组的映射,如ASCII编码、Huffman编码等。需要注意的是,这种情况下信源编码前后均为数字信号,只是形式不同而已。

③ 若信源输出为"1""0"数据,如数据文件,那么信源编码将用更少的"1""0"数据来重新表示原数据,如计算机系统中使用的各种数据压缩编码。

不管哪种情况,信源编码的目标都是用尽可能少的"1""0"数据来表示信源输出信号,使信息传输时占用较少的通信系统资源,从而提高信息传输的有效性。

接收端的信源译码器完成与信源编码器相反的工作,将"1""0"数据还原为信源输出的信号。

(3) 加密与解密

加密是按一定的规则改变原有信息,解密时再将其还原。通过加密和解密能够提高信息传输的安全性。需要加密的通信系统才需要加(解)密器。

(4) 信道编码与译码

信道编码也称为纠错编码。它将需要传输的数字信号按照一定的规律加入冗余码元,以便使信道译码器能够发现和纠正传输中发生错误的码元,从而提高信息传输的可靠性。这部分内容将在本教材的第7章中讨论。

(5) 数字调制与解调

若信道是带通型信道,数字调制的作用是将数字信号转换为适合带通型信道传输的已调信号,数字解调则将已调信号还原为调制前的数字信号。此数字通信系统也称为数字频带系统。

若信道是低通型的,则不需要数字调制与解调,代替它们的是码型及波形变换等部件,此时的数字通信系统称为数字基带系统。

数字通信系统是本课程一个十分重要的内容,本教材的第4、5章将分别讨论数字基带系统和数字频带系统。

为实现数字信息的正确传输,收、发双方需步调一致,因此数字通信系统还有一个必不可少的组成部分,即同步系统。同步系统的实现原理、方法等将在第8章讨论。

4. 数字通信的优缺点

目前,不论是模拟通信还是数字通信,在实际的通信业务中都得到了广泛应用。不过,近年来,数字通信发展十分迅速,它在整个通信领域中所占的比重日益增长。这是因为,与模拟通信相比,数字通信具有许多优点:

① 抗噪声性能好。数字信号携带信息的参量(振幅、频率或相位)只取有限个值,如单极性二进制数字信号"1"码幅度为1V,"0"码幅度为0V,经过信道传输后叠加有噪声,从而产生波形失真,但只要在取样判决时刻噪声的大小不超过判决门限 V_d(这里为0.5V),就能正确恢复发送的"1""0"码元,从而可彻底消除噪声的影响,如图1-6所示,图中纵向虚线所示为取样判决时刻。

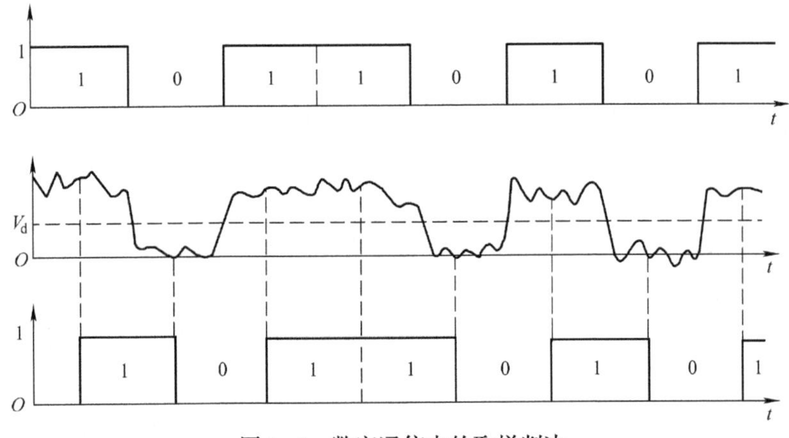

图 1-6　数字通信中的取样判决

② 中继通信时无噪声积累。数字信号的中继通信原理框图如图 1-7 所示，设信源发出二进制数字信号，经信道传输后，会有噪声叠加在它上面，当噪声还不太大（不影响判决的正确性）时，再生器对混有噪声的信号进行取样判决，消除噪声的影响，恢复出发送的二进制数字信号。可见，再生器在再生过程中只要不发生错码，它输出的信号和信源发出的信号是一样的。因此，远距离通信时，只要在适当距离上设置中继站，就不会因为通信距离的增加而使通信质量下降。

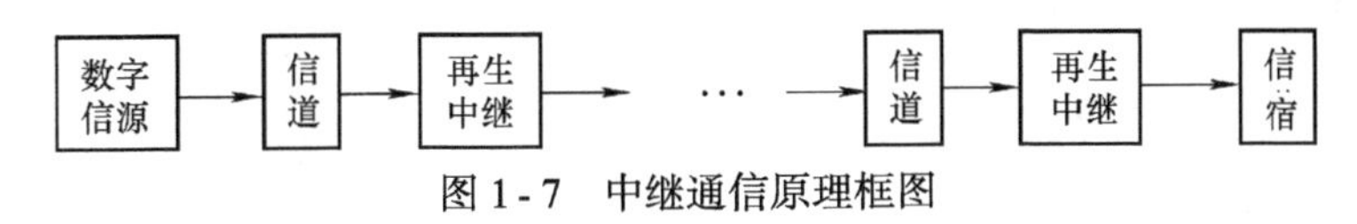

图 1-7　中继通信原理框图

③ 差错可控。数字通信中可以采用纠错编码技术来降低接收信息的错误概率。

④ 数字通信易于加密处理，保密性强。

⑤ 易于实现综合业务。即可以将语音、图像、文字、数据等多种信号转换成统一的数字信号在同一个网络中进行传输、交换和处理。

⑥ 数字通信系统易于集成，使通信设备体积小、成本低。

数字通信的主要缺点是它所占用的系统带宽要比模拟通信宽。以电话为例，一路模拟电话通常占用 4kHz 带宽，但一路数字电话可能要占用 20~60kHz 的带宽。但随着数据压缩技术的发展和宽带信道（卫星、光纤）的广泛应用，此缺点带来的影响会越来越小。另外，数字通信系统涉及较多的同步问题，因而系统设备较复杂。

1.2　信息及其度量

1.2.1　信息量的定义

根据香农信息理论，信息是可以度量的。每个符号携带的信息量与符号的出现概率有关，若符号 s_i 的出现概率为 $P(s_i)$，则符号 s_i 携带的信息量定义为

$$I(s_i)=\log_a\frac{1}{P(s_i)}=-\log_a P(s_i) \tag{1-1}$$

几点说明：

① 信息量的单位与对数底有关。底数 $a=2$，则信息量的单位为比特（bit）；底数 $a=\mathrm{e}(\approx 2.7183)$，则信息量的单位为奈特（nit）；底数 $a=10$，则信息量的单位为哈特（hart）。在计算机与通信中，信息量的单位常用比特。

② 符号出现概率越小，其所携带的信息量越大，当 $P(s_i)=0$ 时，信息量 $I(s_i)=\infty$。

③ 符号出现概率越大，其所携带的信息量越小，当 $P(s_i)=1$ 时，信息量 $I(s_i)=0$。

【例 1-1】 在 26 个英文字母中，e 出现的概率为 0.105，x 出现的概率为 0.002，试求 e 和 x 分别携带的信息量。

解 由于 $P(\mathrm{e})=0.105, P(\mathrm{x})=0.002$，由信息量定义式（1-1），得两个字母的信息量分别为

$$I(\mathrm{e})=\log_2\frac{1}{P(\mathrm{e})}=\log_2\frac{1}{0.105}\mathrm{bit}=3.25\mathrm{bit}$$

$$I(\mathrm{x})=\log_2\frac{1}{P(\mathrm{x})}=\log_2\frac{1}{0.002}\mathrm{bit}=8.97\mathrm{bit}$$

【例 1-2】 设有一个离散信源，输出 4 种不同的符号，已知符号 s_1 出现的概率为 0.5，符号 s_2 出现的概率为 0.25，其余两种符号 s_3、s_4 等概出现，求信源每种符号携带的信息量。

解 由题意及信息量定义式（1-1）得

$$P(s_1)=0.5,\text{则 } I(s_1)=\log_2\frac{1}{0.5}\mathrm{bit}=1\mathrm{bit}$$

$$P(s_2)=0.25,\text{则 } I(s_2)=\log_2\frac{1}{0.25}\mathrm{bit}=2\mathrm{bit}$$

$$P(s_3)=0.125,\text{则 } I(s_3)=\log_2\frac{1}{0.125}\mathrm{bit}=3\mathrm{bit}$$

$$P(s_4)=0.125,\text{则 } I(s_4)=\log_2\frac{1}{0.125}\mathrm{bit}=3\mathrm{bit}$$

1.2.2 信源熵的概念

设信源输出 M 种离散符号 s_1，s_2，…，s_M，每种符号的出现是相互独立的，第 i 种符号 s_i 出现的概率为 $P(s_i)$，且 $\sum_{i=1}^{M}P(s_i)=1$，则信源每个符号的平均信息量为

$$H(S)=\sum_{i=1}^{M}P(s_i)I(s_i)=-\sum_{i=1}^{M}P(s_i)\log_2 P(s_i) \tag{1-2}$$

其单位为比特/符号（bit/sym）。由于 $H(S)$ 同热力学中熵的定义式相似，因此又称它为信源熵（Entropy）。

可以证明，当信源的 M 种符号等概出现时，该信源每个符号的平均信息量最大，即信源熵有最大值，可表示为

$$H_{max}(S)=\sum_{i=1}^{M}P(s_i)I(s_i)=\sum_{i=1}^{M}\frac{1}{M}\log_2 M=\log_2 M \tag{1-3}$$

【例1-3】 某离散信源由0、1、2、3四种符号组成，且各符号独立出现。

（1）若符号“0”“1”“2”“3”的出现概率分别为1/2、1/4、1/8、1/8，求该信源每个符号的平均信息量。

（2）设信源输出符号序列为1020 0100 0130 0130 0120 3210 1003 0101 0023 1000 0201 0310 0321 0012 0010，求该符号序列的信息量。

（3）若4种符号等概出现，则信源熵为多少？

解 （1）由式（1-2）求得信源每个符号的平均信息量为

$$\begin{aligned}H(S)&=\sum_{i=1}^{M}P(s_i)I(s_i)\\&=\left(\frac{1}{2}\log_2 2+\frac{1}{4}\log_2 4+\frac{1}{8}\log_2 8+\frac{1}{8}\log_2 8\right)\text{bit/sym}\\&=1.75\text{bit/sym}\end{aligned}$$

（2）此符号序列中，符号“0”出现31次，符号“1”出现15次，符号“2”出现7次，符号“3”出现7次，共有60个符号，故该符号序列的信息量为

$$\begin{aligned}I&=31I(0)+15I(1)+7I(2)+7I(3)\\&=(31\log_2 2+15\log_2 4+7\log_2 8+7\log_2 8)\text{bit}\\&=103\text{bit}\end{aligned}$$

也可用每个符号的平均信息量来求。由（1）得每个符号的平均信息量为$H(S)=1.75\text{bit/sym}$，故60个符号的总信息量为

$$I=60H(S)=(60\times 1.75)\text{bit}=105\text{bit}$$

可见，两种算法的结果有一定误差，但当符号序列很长时，用平均信息量来计算比较方便，而且随着符号序列长度的增加，两种计算误差将趋于零。

（3）当4种符号等概时，每个符号携带相同的信息量，信源熵达最大值，即

$$H_{max}(S)=\log_2 M=\log_2 4\text{bit/sym}=2\text{bit/sym}$$

1.3 通信系统的性能指标

性能指标也称质量指标，用来衡量系统性能的优劣。通信系统的性能指标涉及有效性、可靠性、适应性、标准性、经济性及易维护使用性等。尽管对通信系统可有名目繁多的实际要求，但是，从研究信息传输的角度来说，有效性与可靠性是通信系统主要的性能指标。其中有效性是指信息传输的“速度”，而可靠性是指信息传输的“质量”。

对于模拟通信系统和数字通信系统，衡量有效性和可靠性的具体指标是不同的。

1.3.1 模拟通信系统的性能指标

1. 有效性

模拟通信系统的有效性通常用每路信号所占用的信道带宽来衡量。这是因为，当信道的

带宽给定后，每路信号占用的带宽越窄，信道内允许同时传送的信号路数越多，这种系统的传输有效性就越好。如传输一路模拟电话，单边带信号只需要4kHz带宽，而双边带信号则需要8kHz带宽。显然，单边带系统比双边带系统具有更高的有效性。

2. 可靠性

模拟通信系统的传输可靠性通常用通信系统的输出信噪比来衡量，输出信噪比定义为输出信号功率与输出噪声功率之比。输出信噪比越大，通信质量越高。如普通电话要求输出信噪比在26dB以上，电视图像要求信噪比在40dB以上。输出信噪比不仅与接收信号功率和传输中引入的噪声功率有关，还与系统所采用的调制方式等有关。例如，在第3章中将会看到，调频信号的抗噪声性能比调幅信号的抗噪声性能好。

1.3.2 数字通信系统的性能指标

1. 有效性

数字通信系统的有效性通常用码元速率 R_s、信息速率 R_b 及频带利用率 η 来衡量。

（1）码元速率 R_s

码元速率简称为传码率，又称符号速率、波形速率等，它定义为每秒时间内传输码元的数目，与码元宽度 T_s 的关系为

$$R_s = 1/T_s \tag{1-4}$$

其单位为波特（Baud）。在实际应用中也常用码元/秒、符号/秒或波形/秒等单位。例如，若1秒内传输2400个码元（或符号），则传码率为2400Baud。

要注意的是，数字信号有二进制和多进制之分，二进制有两种符号（如0和1），多进制如 M 进制则相应地有 M 种不同的符号。码元速率仅仅表征单位时间内传输码元的数目，而没有限定这时的码元是何种进制，也就是说，码元速率与进制数无关，只与码元宽度 T_s 有关。例如，图1-8所示的二进制信号和四进制信号具有相同的码元速率，因为两种信号的码元宽度相同。

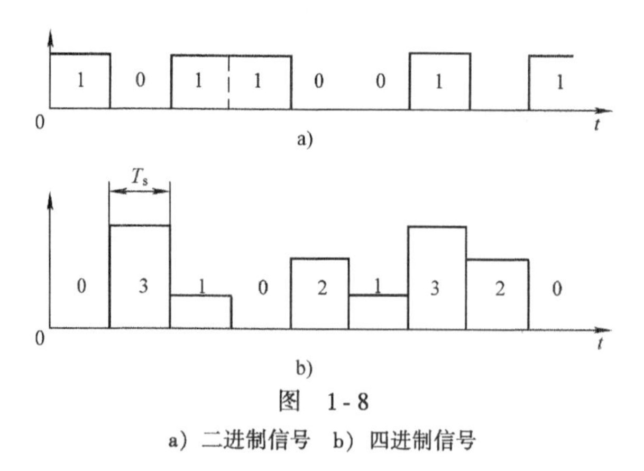

图 1-8

a）二进制信号 b）四进制信号

（2）信息速率 R_b

信息速率简称传信率，又称比特速率等。它表示每秒时间内传输的信息量，单位是比特/秒，记为bit/s。称 $T_b = 1/R_b$ 为比特宽度，单位为秒（s）。

每个码元或符号通常都携带一定数量的信息量，因此信息速率和码元速率有确定的关系，即

$$R_b = H(S)R_s \tag{1-5}$$

式中，$H(S)$ 为信源熵即平均每符号信息量；R_s 为码元速率。由式（1-3）可知，当各符号等概时，对于 M 进制符号，熵有最大值 $\log_2 M$，信息速率也达到最大，即

$$R_b = R_s \log_2 M \tag{1-6}$$

例如，码元速率为1200Baud，采用八进制（$M=8$）时，信息速率为3600bit/s；当采用二进制（$M=2$）时，信息速率为1200bit/s。显然，在相同的码元速率下，M 越大，信息传输速率就越高。

【例1-4】 某信源符号集由A、B、C、D、E组成，且为无记忆信源（即各符号的出现是相互独立的），每一符号出现的概率分别为1/4、1/8、1/8、3/16、5/16，每个符号占用时间1ms。求1h信源输出的信息量。

解　码元宽度 $T_s = 1\text{ms} = 1\times10^{-3}\text{s}$，故码元速率为 $R_s = 1/T_s = 1000\text{Baud}$。该信源的熵为

$$H(S) = \left(\frac{1}{4}\log_2 4 + \frac{1}{8}\log_2 8 + \frac{1}{8}\log_2 8 + \frac{3}{16}\log_2\frac{16}{3} + \frac{5}{16}\log_2\frac{16}{5}\right)\text{bit/sym}$$
$$\approx 1.394\text{bit/sym}$$

则信息速率 $R_b = H(S)R_s = (1.394\times1000)\text{bit/s} = 1394\text{bit/s}$，从而1h传输的信息量为

$$I = (1394\times3600)\text{bit} = 5.0184\times10^6\text{bit}$$

【例1-5】 某二进制系统1min传送了18000bit信息，且设各符号独立等概。问：

（1）其码元速率和信息速率为多少？

（2）若保持信息速率不变，改用八进制传输，则码元速率为多少？

解　由题意，$T=60\text{s}$，$I=18000\text{bit}$

（1）$R_b = I/T = 18000/60\text{bit/s} = 300\text{bit/s}$，又因为 $M=2$，故码元速率为

$$R_s = R_b/\log_2 M = 300/\log_2 2\text{Baud} = 300\text{Baud}$$

（2）$R_b = 300\text{bit/s}$，且 $M=8$，则码元速率为

$$R_s = R_b/\log_2 M = 300/\log_2 8\text{Baud} = 100\text{Baud}$$

注：后面若无特别说明，在解此类问题时均设通信系统中的各符号独立等概。

（3）频带利用率

比较不同的通信系统的有效性时，单看它们的传输速率是不够的，还应看传输这样速率的信息所占用的频带宽度。因此，需要定义每赫兹信道上的传输速率，即频带利用率。

① 码元频带利用率：每赫兹信道上的码元传输速率 η_s（单位为Baud/Hz），即

$$\eta_s = \frac{R_s}{B} \tag{1-7}$$

② 信息频带利用率：每赫兹信道上的信息传输速率 η_b（单位为bit/(s·Hz)），即

$$\eta_b = \frac{R_b}{B} \tag{1-8}$$

其中，式（1-8）更能准确地反映不同进制通信系统的有效性。

【例1-6】 设A系统为二进制传输系统，码元速率为2000Baud，占用信道带宽为2000Hz，

B系统为四进制传输系统，码元速率为1000Baud，占用信道带宽为1000Hz。试问：A、B两个系统中哪个系统的有效性更高？

解　由题意，$M_A=2$，$M_B=4$，$R_{sA}=2000\text{Baud}$，$R_{sB}=1000\text{Baud}$，$B_A=2000\text{Hz}$，$B_B=1000\text{Hz}$，故可求得

A系统的信息传输速率为　$R_{bA}=R_{sA}\log_2 M_A=2000\times\log_2 2\text{bit/s}=2000\text{bit/s}$

A系统的信息频带利用率为　$\eta_A=\dfrac{R_{bA}}{B_A}=\dfrac{2000}{2000}=1\text{bit/(s}\cdot\text{Hz)}$

B系统的信息传输速率为　$R_{bB}=R_{sB}\log_2 M_B=1000\times\log_2 4\text{bit/s}=2000\text{bit/s}$

B系统的信息频带利用率为　$\eta_B=\dfrac{R_{bB}}{B_B}=\dfrac{2000}{1000}\text{bit/(s}\cdot\text{Hz)}=2\text{bit/(s}\cdot\text{Hz)}$

所以，B系统的有效性更好。

2. 可靠性

数字通信系统的可靠性用误码率和误比特率来衡量。

(1) 误码率P_e

误码率定义为接收的错误码元数在传输总码元数中所占的比例，即

$$P_e=\frac{\text{错误码元数}}{\text{传输的总码元数}} \tag{1-9}$$

(2) 误比特率P_b

误比特率定义为接收的错误比特数在传输总比特数中所占的比例，即

$$P_b=\frac{\text{错误比特数}}{\text{传输的总比特数}} \tag{1-10}$$

有时将误比特率称为误信率，误码率称为误符号率。

在二进制系统中，有$P_e=P_b$，在M进制系统中两者关系较复杂，若一个码元中最多发生1bit错误，则有

$$P_b=\frac{P_e}{\log_2 M} \tag{1-11}$$

【例1-7】　设某四进制数字传输系统的码元传输速率为1200Baud，连续工作1h后，接收端收到6个错误码元，且错误码元中仅发生1bit的错误。求该系统的误码率和误比特率。

解　已知该系统的码元传输速率为　$R_s=1200\text{Baud}$

则1h传送的码元数为　$N=R_s t=1200\times3600\text{个}=432\times10^4\text{个}$

故误码率为　$P_e=\dfrac{N_e}{N}=\dfrac{6}{432\times10^4}=1.39\times10^{-6}$

当每个错误码元中仅发生1bit的错误时，误比特率为

$$P_b=P_e/\log_2 M=6.94\times10^{-7}$$

1.4　通信发展简史

一般认为，电通信是从19世纪30年代摩尔斯发明了有线电报开始的，在此之后，电通信得到了迅速的发展和极其广泛的应用。下面列出一些通信发展史上的重大事件，从中可以

一窥通信的发展过程。

- 1837年，摩尔斯发明了有线电报，标志着人类从此进入了电通信时代。
- 1864年，麦克斯韦提出了电磁场理论，证明了电磁波的存在，并于1887年被赫兹用实验证实，为无线通信打开了大门。
- 1866年，跨接欧美的海底电报电缆敷设成功。
- 1876年，贝尔发明了有线电话，开辟了人类通信新纪元，使得通信逐渐进入千家万户。
- 1901年，马可尼实现横贯大西洋的无线电通信。
- 1924年，奈奎斯特给出了在给定带宽的电报信道上无码间干扰的最大可用符号速率。
- 1936年，英国广播公司开始进行商用电视广播。
- 1946年，美国发明了第一台电子计算机。
- 1948年，香农提出了信息论，建立了通信的统计理论。
- 20世纪50年代后，继香农信息论之后，在通信理论上又先后出现了纠错编码理论、调制理论、信号检测理论、信号与噪声理论、信源统计理论等，这些理论使现代通信技术日趋完善。
- 1960年，第一个通信卫星（回波一号）发射并于1962年开始了实用卫星通信的时代。
- 1960~1970年，出现了有线电视、激光通信、雷达、计算机网络和数字信号处理技术，光电处理和射电天文学迅速发展。
- 1970~1980年，大规模集成电路、商用卫星通信、程控数字交换机、光纤通信、微处理器等迅猛发展。
- 1980~1990年，超大规模集成电路、移动通信、光纤通信得到广泛应用，综合业务数字网崛起。
- 1990年以后，卫星通信、移动通信、光纤通信进一步飞速发展，高清晰彩色数字电视技术不断成熟，Internet商用化，全球定位系统（GPS）得到广泛应用。

1.5 本章小结

1. 通信概念

① 通信：信息的传递。如烽火台、信函、电话、传真等。

② 电通信：利用电信号作为信息载体的通信。如电话、传真、广播电视等。

③ 通信系统：实现信息传递所需的设备和传输媒介的总和。

2. 通信系统的基本模型

（1）组成

信源、发送设备、信道和噪声、接收设备和信宿。

（2）各部分的作用

① 信源和输入转换器：产生信息并将信息转换成电信号。例如，人发出声音，电话机将声音转换成相应的电信号，人和电话机构成信源。

② 发送设备：将信源输出的原始电信号转换成适合在信道上传输的信号。信源输出信

号不同，信道不同，发送设备的具体组成部件也不同。

③ 信道和噪声：信道指信号传输的通道（媒介）。如电缆、光纤等有线信道以及短波信道、卫星信道等无线信道。噪声来源于通信系统的各个部件。噪声的存在会影响信号的正确接收。

④ 接收设备：最大限度地抑制噪声，恢复出原始的发送信号。

⑤ 输出转换器和信宿：将电信号转换成受信者能够识别的信号并送给受信者。如扬声器将语音信号转换成声音，人接收声音。通常将扬声器和人合称为信宿。

3. 通信系统的分类

（1）按通信业务：电话系统、电报系统、电视系统等。

（2）按信道：有线通信系统、无线通信系统。

（3）按工作波段：长波通信系统、中波通信系统、短波通信系统、微波通信系统等。

（4）按传输信号特征：模拟通信系统、数字通信系统。

4. 模拟与数字通信

（1）模拟信号与数字信号

① 模拟信号：携带信息的信号参量取值连续，即携带连续信息的信号。

② 数字信号：携带信息的信号参量取值离散，即携带离散信息的信号。

（2）模拟通信与数字通信

① 模拟通信：信道中传输模拟信号的通信。

② 数字通信：信道中传输数字信号的通信。

5. 数字通信系统模型

（1）组成

信源、信源编码器、加密器、信道编码器、数字调制器、信道和噪声、数字解调器、信道译码器、解密器、信源译码器和信宿。

（2）各部分的作用

① 信源：输出电信号，既可以是模拟信号也可以是数字信号。

② 信源编码器：用尽可能少的“1”“0”码元来表示信源输出的信号，信源译码器完成信源编码器相反的工作。

③ 加密器：按一定的规则改变原有信息。解密器再将其还原。

④ 信道编码器：按照一定的规则在需要传输的信息码元中加入冗余码元。信道译码器利用冗余码元进行检错和纠错。

⑤ 数字调制器：通过频谱搬移将需要传输的信号变换为适合信道传输的信号，数字解调器则进行频谱的反搬移，还原信号。

6. 数字通信的优缺点

（1）优点

① 抗噪声性能好。

② 中继通信时无噪声积累。

③ 差错可控。

④ 易于加密处理。

⑤ 易于实现综合业务。

⑥ 易于集成，因而设备体积小、成本低。

（2）缺点

① 占用较多的传输带宽。如一路模拟电话通常占用 4kHz 的带宽，而一路数字电话可能要占用 20~60kHz 的带宽。

② 数字通信系统涉及较多的同步问题，因而系统设备较复杂。

7. 信息的度量

（1）信息量

出现概率为 $P(s_i)$ 的符号 s_i 携带的信息量为

$$I(s_i)=\log_a \frac{1}{P(s_i)}=-\log_a P(s_i)$$

① 信息量的单位与对数底有关，常用 $a=2$，此时单位为比特（bit）。

② 当 $P(s_i)=0$ 时，为不可能事件，信息量 $I(s_i)=\infty$。

③ 当 $P(s_i)=1$ 时，为必然事件，信息量 $I(s_i)=0$。

（2）离散信源熵

具有 M 个相互独立符号的离散信源，每个符号平均携带的信息量为

$$H(S)=\sum_{i=1}^{M} P(s_i)I(s_i)=-\sum_{i=1}^{M} P(s_i)\log_2 P(s_i)$$

也称为信源熵，单位 bit/sym。各符号独立等概时，信源熵达最大值 $\log_2 M$。

8. 通信系统的主要性能指标

通信系统的主要性能指标是有效性和可靠性。有效性代表信息传输的速度，可靠性代表信息传输的准确程度。模拟通信系统和数字通信系统中衡量有效性和可靠性的具体指标是不同的。

（1）在模拟通信系统中

① 有效性：用每路信号所占用的信道带宽来衡量。

② 可靠性：用通信系统的输出信噪比来衡量。

（2）在数字通信系统中

① 有效性：用码元传输速率或信息传输速率或频带利用率来衡量。

- 码元速率 R_s：每秒时间内传输的码元数。若码元宽度为 T_s，则有

$$R_s=1/T_s \quad 波特(\text{Baud，可简写为 B})$$

- 信息传输速率 R_b：每秒时间内传输的信息量。若系统传输的是独立且等概的 M 进制符号，则信息速率与码元速率的关系为

$$R_b=R_s\log_2 M \ 比特/秒(\text{bit/s})$$

- 频带利用率 η：单位频带上的码元传输速率或信息传输速率，即

$$\eta=\frac{R_s}{B}\ (\text{Baud/Hz}) \quad 或 \quad \eta=\frac{R_b}{B}\ (\text{bit}\cdot\text{s}^{-1}\cdot\text{Hz}^{-1})$$

② 可靠性：用误码率 P_e 或误比特率 P_b 来衡量。

$$P_e=\frac{错误码元数}{传输的总码元数}$$

$$P_b=\frac{错误比特数}{传输的总比特数}$$

1.6　习题

一、填空题

1. 实现电通信所需的一切设备称为________________。

2. 在通信系统的一般模型中，发送设备的作用是______________________，接收设备的作用是____________________。

3. 按信道中传输信号的不同，可将通信系统分为____________和____________两大类。

4. 若某符号出现的概率为0.5，则此符号携带的信息量为______bit。

5. 某信源分别以概率0.5、0.25、0.125、0.125输出A、B、C、D四种符号，且符号间独立，则此信源输出一个符号平均输出的信息量为__________，信源熵为____________。若此信源每秒钟输出1000个符号，则此信源输出信息的速率为_______________。

二、选择题

1. 数字信号与模拟信号的本质区别是________。

A. 信号在时间上是离散的　　B. 信号在时间上是连续的

C. 携带信息的信号参量是离散的　　D. 以上都对

2. 在通信系统中，信息到电信号的转换是由________完成的。

A. 信源　　B. 信宿　　C. 发送设备　　D. 接收设备

3. 信源符号等概时的信源熵比不等概时________。

A. 小　　B. 大　　C. 一样大　　D. 无法比较

4. 每秒时间传输2000个码元的通信系统，其码元速率为________。

A. 2000码元　　B. 2000bit/s　　C. 2000Baud/s　　D. 2000Baud

5. 码元速率相同时，八进制的信息速率是二进制的________倍（独立等概时）。

A. 2　　B. 3　　C. 4　　D. 8

6. 有两个数字通信系统，系统A为二进制传输系统，码元传输速率为1MBaud，传输时需要信道带宽1MHz；系统B为四进制传输系统，码元传输速率为0.45MBaud，占用信道带宽0.5MHz，则________。

A. B系统的有效性更高　　B. A系统的有效性更高

C. A与B两系统的有效性相同　　D. B系统的信息速率更高

三、简答题

1. 试画出数字通信系统的组成框图，并说明信源编码器的作用。

2. 试列举出三条数字通信的优点和两条数字通信的缺点。

3. 通信系统的主要性能指标是什么？在模拟通信系统和数字通信系统中分别用什么来衡量这些指标？

4. 简述码元速率和信息速率的定义及单位。

四、计算题

1. 信源以概率$P_1=1/2$、$P_2=1/4$、$P_3=1/8$、$P_4=1/16$、$P_5=1/16$发送5种符号s_1、s_2、s_3、s_4和s_5。若每个符号独立出现，求每个符号的信息量。

2. 某信源符号集由 A、B、C、D、E、F 组成，设每个符号独立出现，其概率分别为 1/4、1/4、1/16、1/8、1/16、1/4，试求该信源输出符号的平均信息量。

3. 若有二进制独立等概信号，码元宽度为 0. 5ms，求码元速率和信息速率；若有四进制信号，码元宽度为 0. 5ms，求码元速率和独立等概时的信息速率。

4. 设数字传输系统传送二进制码元的速率为 2400Baud，试求该系统的信息速率；若该系统改为传送十六进制信号码元，码元速率不变，则系统信息速率是多少（设各码元独立等概出现）？

5. 一幅黑白图像含有 4×10^5 个像素，设每个像素有 16 个等概率出现的亮度等级。

（1）试求每幅黑白图像的平均信息量。

（2）若每秒时间传输 24 幅黑白图像，其信息速率为多少？

6. 已知某四进制数字传输系统的信息传输速率为 2400bit/s，接收端在半个小时内共收到 216 个错误码元，试计算该系统的误码率 P_e。

第2章　预备知识

通信原理研究的根本问题是信号在通信系统中的传输和变换。通信系统中的信号可分为随机信号和确知信号两类。信号的传输必然需要信道，而且信道中总是存在着噪声。因此，本章内容围绕信号、信道和噪声展开，主要包括四部分内容：第一部分是确知信号的分析，这部分对先修课程“信号与系统”的内容做了必要的复习和巩固；第二部分是随机过程，它是随机信号和噪声分析的理论基础；第三部分是噪声，介绍了几种常用的噪声模型及抑制噪声的匹配滤波器；第四部分对通信系统中的常用的信道做了简要介绍。由于这四部分内容都是为学习后续章节中通信原理主体内容做准备的，故在内容的选择上也只求满足课程后续内容学习的需求。

2.1　信号与系统的分类

2.1.1　信号的分类

通信系统中传输的信号是多种多样的，若无特别说明，本教材中涉及的信号均为实信号。下面介绍通信原理学习中用到的几种信号分类方法。

1. 数字信号与模拟信号

若信号中携带信息的参量取值离散，则此信号为数字信号；反之，若信号携带信息的参量取值连续，则此信号为模拟信号。例如计算机输出的“1”“0”信号是数字信号，而普通电话机输出的电话信号则是模拟信号。

2. 周期信号与非周期信号

每隔一个固定时间重复出现的信号称为周期信号，这个固定的时间称为周期信号的周期，其倒数则称为周期信号的频率。除此之外的信号称为非周期信号。例如常用到的正（余）弦信号就是周期信号，而语音信号、单个的矩形脉冲信号等则是非周期信号。

3. 确知信号和随机信号

能用确定的数学表达式描述的信号称为确知信号。其特征是任意时刻的信号值是唯一确定的。例如信号 $s(t)=10\cos(10\pi t+\pi/2)$，只要给定时间 t，此时的信号值就可确定。但有些信号在发生之前无法预知信号的取值，即写不出确定的数学表达式，通常只知道它取某一数值的概率，这种信号称为随机信号。

4. 能量信号与功率信号

信号 $x(t)$ 的能量（消耗在 1Ω 电阻上）E 为

$$E = \int_{-\infty}^{\infty} x^2(t)\,\mathrm{d}t$$

其平均功率 S 为

$$S = \lim_{T \to \infty} \frac{1}{T} \int_{-T/2}^{T/2} x^2(t)\,\mathrm{d}t$$

若信号的能量有限（即 $0<E<\infty$），则称该信号为能量信号；若信号的平均功率有限（$0<S<\infty$），则称该信号为功率信号。

持续时间有限的信号通常是能量信号，如矩形脉冲；而持续时间无限的信号通常是功率信号，如余弦波或正弦波。

2.1.2　系统的分类

在通信过程中，信号的变换和传输是由系统完成的。系统是指包含若干部件的设备。系统有大有小，大到由众多移动用户、基站和传输信道等组成的庞大的移动通信系统，小到只有几个电阻组成的电路。信号在系统中的传输和变换可用图 2-1 表示，图中假设输入信号为 $x(t)$，通过系统后得到的输出信号为 $y(t)$。从数学观点来看，$y(t)$ 与 $x(t)$ 之间存在着如下函数关系：

输入信号 $x(t)$ → 系统 → 输出信号 $y(t)$

图 2-1　系统示意图

$$y(t) = f[x(t)] \tag{2-1}$$

从此函数关系的特点，可将系统进行分类。

（1）线性系统与非线性系统

满足叠加原理的系统称为线性系统，否则便是非线性系统。设图 2-1 所示系统为线性系统，还设 $x_1(t)$ 的响应为 $y_1(t)$，$x_2(t)$ 的响应为 $y_2(t)$，那么当输入为 $[x_1(t)+x_2(t)]$ 时，系统的响应为 $[y_1(t)+y_2(t)]$。对于线性系统而言，一个输入的存在并不影响另一个输入的响应。

（2）时不变和时变系统

参数不随时间变化的系统称为时不变系统，否则称为时变系统。

对于时不变系统，只要输入信号相同，不论何时输入，其输出均相同；而对于时变系统，不同时刻输入信号，即使输入相同，也会得到不同的输出。

时不变系统也称为恒参系统，时变系统也称为变参（随参）系统。

（3）物理可实现与物理不可实现系统

凡是实际的系统都是物理可实现系统，其特点是系统的输出信号不可能在输入信号之前出现。设 $t=0$ 时刻开始在输入端输入信号，则在 $t<0$ 时，输出 $y(t)=0$，只有当 $t>0$ 时，输出 $y(t)$ 才可能有值。

理想系统是物理不可实现系统，后面学习中经常遇到的理想低通滤波器就是一个物理不可实现的系统，它在输入还没出现之前，就已经有输出信号了。引入理想系统的目的是简化问题的分析。

2.2 确知信号分析

2.2.1 周期信号的频谱分析

通过对信号的频谱分析，可以弄清信号所包含的频率成分以及各个频率成分的大小。

周期信号的频谱分析采用傅里叶级数展开法。周期为 T_0 的周期信号 $x(t)$，可以展开为如下傅里叶级数：

$$x(t)=\sum_{n=-\infty}^{\infty}V_n\mathrm{e}^{\mathrm{j}2\pi nf_0t} \tag{2-2}$$

式中，V_n 是傅里叶级数的系数，有

$$V_n=\frac{1}{T_0}\int_{-\frac{T_0}{2}}^{\frac{T_0}{2}}x(t)\mathrm{e}^{-\mathrm{j}2\pi nf_0t}\mathrm{d}t \tag{2-3}$$

其中，$f_0=1/T_0$ 称为信号的基频，基频的 n 倍（n 为整数，$-\infty<n<+\infty$）称为 n 次谐波频率。

当 $x(t)$ 为实偶信号时，V_n 为实偶函数。V_n 反映了周期信号中频率为 nf_0 成分的幅度值和相位值，$V_n\sim f$ 称为周期信号的频谱。

【例 2-1】 图 2-2 所示为一个周期矩形脉冲信号，脉冲宽度为 τ，高度为 A，周期为 T_0，记为 $AD_{T_0\tau}(t)$。

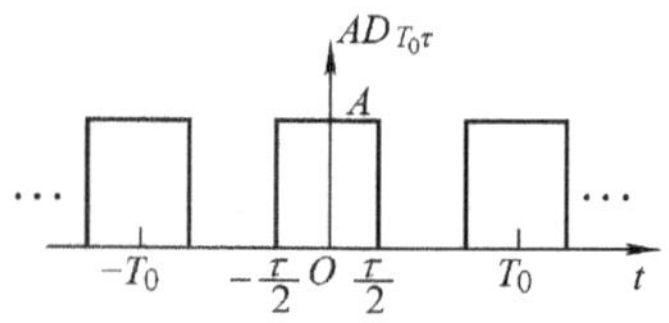

（1）求此周期矩形脉冲信号的傅里叶级数表达式。

（2）画出 $\tau=T_0/4$ 时的 $V_n\sim f$ 频谱图。

图 2-2　周期矩形脉冲信号

解　（1）由式（2-3）求得傅里叶级数的系数为

$$V_n=\frac{1}{T_0}\int_{-T_0/2}^{T_0/2}AD_{T_0\tau}(t)\mathrm{e}^{-\mathrm{j}2\pi nf_0t}\mathrm{d}t=\frac{1}{T_0}\int_{-\tau/2}^{\tau/2}A\mathrm{e}^{-\mathrm{j}2\pi nf_0t}\mathrm{d}t$$

$$=\frac{A\tau}{T_0}\left[\frac{\sin(\pi nf_0\tau)}{\pi nf_0\tau}\right]=\frac{A\tau}{T_0}\mathrm{Sa}(\pi nf_0\tau) \tag{2-4}$$

其中，$f_0=1/T_0$。

将系数 V_n 代入式（2-2）得周期矩形脉冲信号的傅里叶级数为

$$AD_{T_0\tau}(t)=\sum_{n=-\infty}^{\infty}V_n\mathrm{e}^{\mathrm{j}2\pi nf_0t}=\frac{A\tau}{T_0}\sum_{n=-\infty}^{+\infty}\mathrm{Sa}(n\pi f_0\tau)\mathrm{e}^{\mathrm{j}2\pi nf_0t} \tag{2-5}$$

式（2-5）的展开式中出现了一个重要的函数形式 $\mathrm{Sa}(x)=\dfrac{\sin x}{x}$，此函数称为抽样函数，由于它在信号的频谱分析中常用到，故对此函数特点做简要讨论。当 $x=0$ 时，分子分母均为 0，用洛必达法则可以求得 $\mathrm{Sa}(0)=1$；当 $x=k\pi$（k 为整数）时，$\mathrm{Sa}(x)=0$，即曲线过 0 点；当 $x=(k+1/2)\pi(k\neq0)$ 时，$\mathrm{Sa}(x)$ 取到局部极值；另外总的趋势是 $|x|\uparrow,|\mathrm{Sa}(x)|\downarrow$，$\mathrm{Sa}(x)$ 与 x 的关系如图 2-3 曲线所示。

（2）V_n 是离散的，当 $n=0，\pm1，\pm2，\pm3，\cdots$，且 $\tau=T_0/4$ 时

$$V_0=\frac{A}{4},\ V_{\pm1}=\frac{A}{4}\mathrm{Sa}\left(\frac{\pi}{4}\right),\ V_{\pm2}=\frac{A}{4}\mathrm{Sa}\left(\frac{2\pi}{4}\right),\ V_{\pm3}=\frac{A}{4}\mathrm{Sa}\left(\frac{3\pi}{4}\right),\ V_{\pm4}=\frac{A}{4}\mathrm{Sa}\left(\frac{4\pi}{4}\right),\ \cdots$$

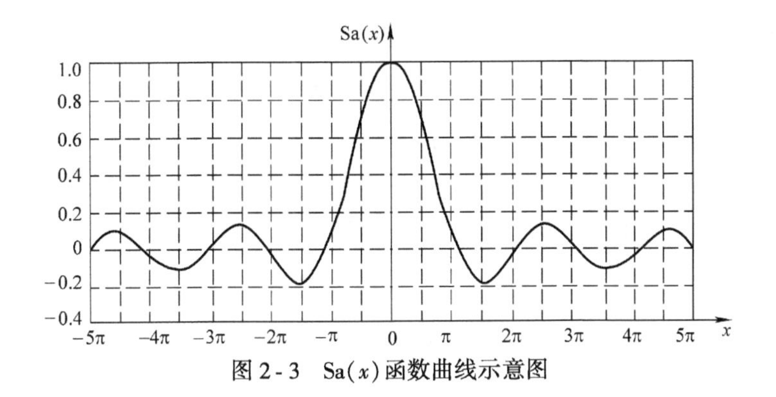

图 2-3　Sa(x)函数曲线示意图

故 V_n 与 f 的关系曲线如图 2-4 所示。

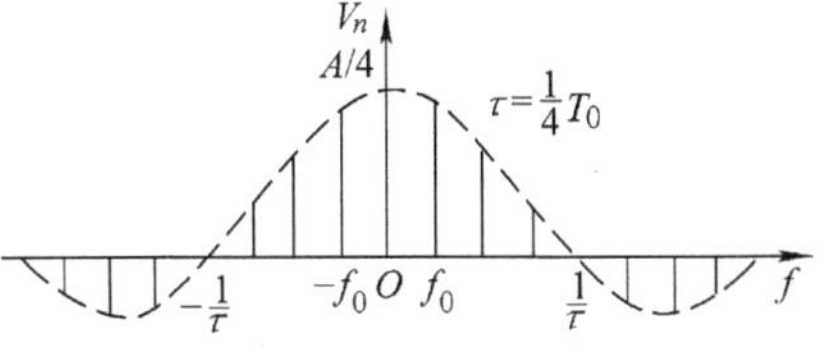

图 2-4　周期矩形信号频谱

【例 2-2】 幅度为 A、周期为 T_0 的冲激脉冲信号如图 2-5 所示，记为 $A\delta_{T_0}(t)$。

(1) 求其傅里叶级数展开式。

(2) 画出 V_n~f 关系图。

解 (1) 根据式 (2-3)

$$V_n = \frac{1}{T_0}\int_{-T_0/2}^{T_0/2} A\delta_{T_0}(t)\,\mathrm{d}t = \frac{1}{T_0}\int_{-T_0/2}^{T_0/2} A\delta(t)\,\mathrm{d}t = \frac{A}{T_0} \tag{2-6}$$

得周期冲激脉冲信号的傅里叶级数展开式为

$$A\delta_{T_0}(t) = \sum_{n=-\infty}^{\infty} V_n \mathrm{e}^{\mathrm{j}2\pi n f_0 t} = \frac{A}{T_0}\sum_{n=-\infty}^{\infty} \mathrm{e}^{\mathrm{j}2\pi n f_0 t} \tag{2-7}$$

(2) 由式 (2-6) 可见，V_n 不随 n 变化，有 $V_0 = V_{\pm1} = V_{\pm2} = V_{\pm3} = V_{\pm4} = \cdots = \dfrac{A}{T_0}$，故$V_n$~$f$关系如图 2-6 所示。

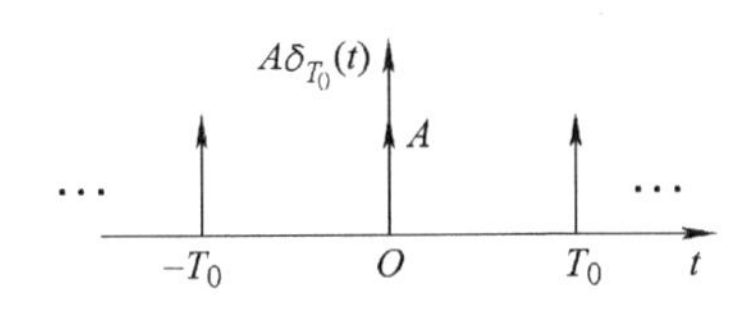

图 2-5　周期冲激脉冲信号

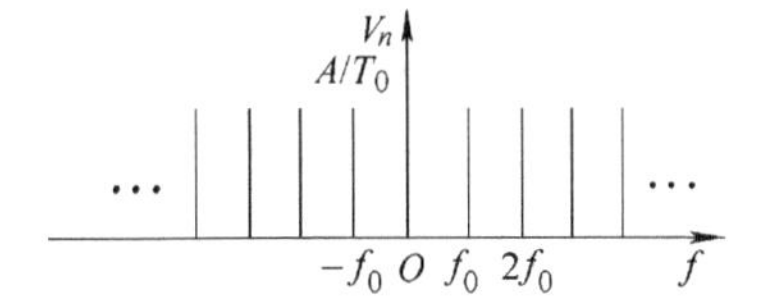

图 2-6　周期冲激脉冲信号的频谱

由例 2-1 及例 2-2 可见，周期信号的频谱有如下特点：

① 离散性。V_n 只在 $f=nf_0$（$n=0$，±1，±2，…整数）时才有值，因此周期信号的频谱由离散的谱线组成，谱线间隔为 $f_0=1/T_0$。

② 谐波性。谱线位置都在 $f=nf_0$ 处，nf_0 称为基波 f_0 的 n 次谐波，故称周期信号的频谱具有谐波性。

2.2.2　非周期信号的频谱分析

对于一个非周期信号，为了分析它所包含的各频率成分的大小与分布情况，可以用傅里叶变换求得其频谱函数。

1. 傅里叶变换

设非周期信号的时域波形为 $x(t)$，则其频谱函数 $X(f)$ 为

$$X(f)=\int_{-\infty}^{\infty}x(t)\mathrm{e}^{-\mathrm{j}2\pi ft}\mathrm{d}t \tag{2-8}$$

此式称为傅里叶变换，记为 $X(f)=F[x(t)]$。

反过来，若已知信号的频谱函数 $X(f)$，也可确定其时间函数 $x(t)$，表达式为

$$x(t)=\int_{-\infty}^{\infty}X(f)\mathrm{e}^{\mathrm{j}2\pi ft}\mathrm{d}f \tag{2-9}$$

此式称为傅里叶反变换，记为 $x(t)=F^{-1}[X(f)]$。

时间函数 $x(t)$ 与其频谱函数 $X(f)$ 是一一对应的，常称它们为傅里叶变换对，记为

$$x(t)\leftrightarrow X(f) \tag{2-10}$$

2. 常用信号的傅里叶变换对

由式（2-8）和式（2-9）可见，已知时间函数 $x(t)$ 与频谱函数 $X(f)$ 中的任何一个，就可确定另一个。

【例2-3】 矩形脉冲的表达式为

$$x(t)=\begin{cases}A, & -\tau/2\leqslant t\leqslant\tau/2\\ 0, & \text{其他}\end{cases} \tag{2-11}$$

如图2-7a所示。求此矩形脉冲的频谱函数，并画出频谱图。

解　由式（2-8），图2-7a所示矩形脉冲的频谱函数 $X(f)$ 为

$$\begin{aligned}X(f)&=\int_{-\infty}^{\infty}x(t)\mathrm{e}^{-\mathrm{j}2\pi ft}\mathrm{d}t=\int_{-\tau/2}^{\tau/2}A\mathrm{e}^{-\mathrm{j}2\pi ft}\mathrm{d}t\\&=A\tau\frac{\sin(\pi f\tau)}{\pi f\tau}=A\tau\mathrm{Sa}(\pi f\tau)\end{aligned} \tag{2-12}$$

其频谱图如图2-7b所示。

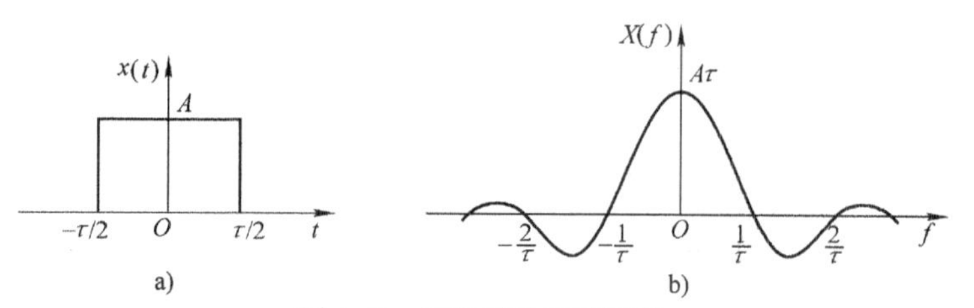

图2-7　矩形脉冲及其频谱

a）矩形脉冲波形　b）矩形脉冲的频谱

由图2-7b可见，矩形脉冲的频谱有如下几个主要特点：

1）频谱连续且无限扩展。

2）频谱形状为 $\mathrm{Sa}(x)$ 函数，频率为零处幅度值最大，等于矩形脉冲的面积。

3）频谱有等间隔的零点，零点位置在 $n/\tau(n=\pm1,\ \pm2,\ \cdots)$ 处。通常用频谱第一个零点的频率定义信号带宽，故矩形脉冲信号的带宽为 $1/\tau$。

4）当矩形脉冲宽度变窄时，带宽增大。反之，当脉冲宽度增大时，信号的带宽变窄。换句话说，信号在时域中的宽度越窄，在频域中的宽度就越宽；相反，信号在时域中的宽度越宽，在频域中的宽度就越窄。

【例 2-4】 升余弦脉冲表达式为

$$x(t)=\begin{cases}\dfrac{A}{2}\left(1+\cos\dfrac{2\pi}{\tau}t\right), & |t|\leqslant\dfrac{\tau}{2}\\ 0\end{cases} \tag{2-13}$$

其波形图如图 2-8a 所示。求升余弦脉冲的频谱函数，并画出频谱图。

解 应用式（2-8）所示的傅里叶变换公式，再经适当运算，得到升余弦脉冲的频谱函数为

$$\begin{aligned}X(f)&=\int_{-\infty}^{\infty}x(t)\mathrm{e}^{-\mathrm{j}2\pi ft}\mathrm{d}t=\frac{A}{2}\int_{-\frac{\tau}{2}}^{\frac{2}{\tau}}\left(1+\cos\frac{2\pi}{\tau}t\right)\mathrm{e}^{-\mathrm{j}2\pi ft}\mathrm{d}t\\&=\frac{A\tau}{2}\mathrm{Sa}(\pi f\tau)\frac{1}{(1-f^2\tau^2)}\end{aligned} \tag{2-14}$$

其频谱图如图 2-8b 所示。

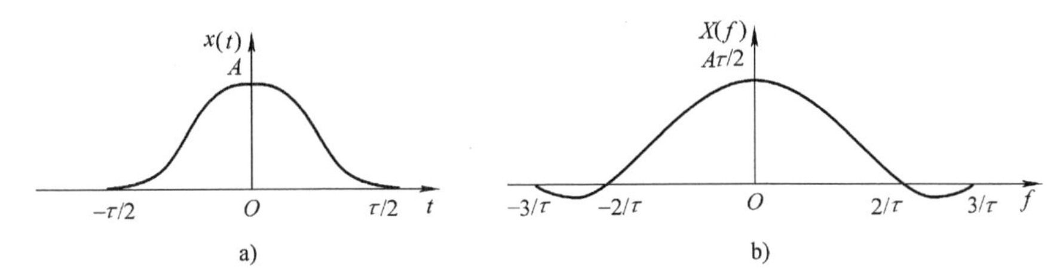

图 2-8　升余弦脉冲及其频谱

由图 2-8b 可知，升余弦脉冲信号频谱有如下特点：

（1）频谱在频率为零处有最大幅度值 $A\tau/2$，此值等于升余弦脉冲的面积。

（2）频谱有等间隔的零点，零点位置在 n/τ（$n=\pm2$，±3，…）处。

（3）频谱第一个零点的位置是 $2/\tau$，和矩形脉冲的频谱相比，升余弦脉冲的频谱在第一个零点内集中了更多的能量。如果用第一个零点的频率值作为带宽的话，显然，在 τ 相同时，升余弦脉冲信号的带宽是矩形脉冲信号带宽的 2 倍。

（4）与矩形脉冲相比，此频谱幅度随频率衰减的速度更快。

【例 2-5】 设信号的频谱具有矩形特性，即

$$X(f)=\begin{cases}A, & -B\leqslant f\leqslant B\\ 0, & \text{其他}\end{cases} \tag{2-15}$$

求其对应的时间函数，并画出波形图。

解 用傅里叶反变换式（2-9）得到时间函数为

$$x(t)=\int_{-\infty}^{\infty}X(f)\mathrm{e}^{\mathrm{j}2\pi ft}\mathrm{d}f=\int_{-B}^{B}A\mathrm{e}^{\mathrm{j}2\pi ft}\mathrm{d}f=2AB\mathrm{Sa}(2B\pi t) \tag{2-16}$$

矩形频谱及其时间波形如图 2-9a 和图 2-9b 所示。

可见，按照傅里叶变换或傅里叶反变换公式，已知时间函数可求得其对应的频谱函数，同样若已知频谱函数，也可求得其对应的时间函数。

为方便查找，我们将后面学习中会用到的几个傅里叶变换对列于表 2-1 中。

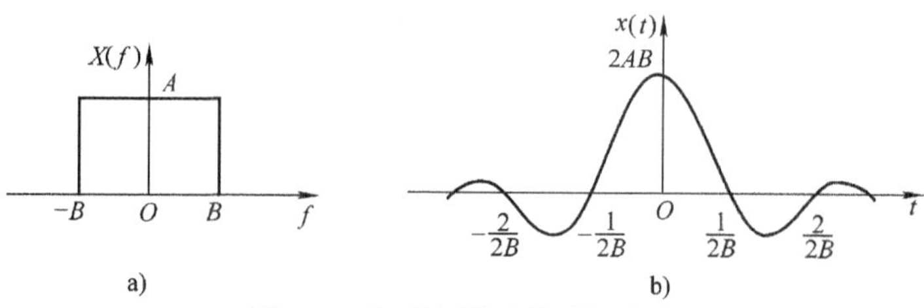

图 2-9　矩形频谱及其时间波形

a）矩形频谱　b）矩形频谱的时间波形

表 2-1　常用傅里叶变换对

序　号	$x(t)$	$X(f)$
1	$A\delta(t)$（幅度为 A 的冲激脉冲）	A
2	A（幅度为 A 的直流信号）	$A\delta(f)$
3	$\begin{cases} A, & -\tau/2\leqslant t\leqslant \tau/2 \\ 0, & \text{其他} \end{cases}$	$A\tau \mathrm{Sa}(\pi f\tau)$
4	$2AB\mathrm{Sa}(2B\pi t)$	$\begin{cases} A, & -B\leqslant f\leqslant B \\ 0, & \text{其他} \end{cases}$
5	$\begin{cases} \frac{A}{2}\left(1+\cos\frac{2\pi}{\tau}t\right), & \lvert t\rvert\leqslant\frac{\tau}{2} \\ 0, & \text{其他} \end{cases}$	$\frac{A\tau}{2}\mathrm{Sa}(\pi f\tau)\frac{1}{(1-f^2\tau^2)}$
6	$AB\mathrm{Sa}(2B\pi t)\frac{1}{(1-4B^2t^2)}$	$\begin{cases} \frac{A}{2}\left(1+\cos\frac{\pi}{B}f\right), & \lvert f\rvert\leqslant B \\ 0, & \text{其他} \end{cases}$
7	$\mathrm{e}^{\mathrm{j}2\pi f_0 t}$（$f_0$ 为常数）	$\delta(f-f_0)$
8	$A\cos 2\pi f_c t$	$\frac{A}{2}[\delta(f-f_c)+\delta(f+f_c)]$
9	$A\delta_{T_0}(t)$（周期冲激脉冲信号）	$\frac{A}{T_0}\sum_{n=-\infty}^{n=\infty}\delta(f-nf_0)$，其中 $f_0=\frac{1}{T_0}$
10	$AD_{T_0\tau}(t)$（周期矩形脉冲信号）	$\frac{A\tau}{T_0}\sum_{n=-\infty}^{\infty}\mathrm{Sa}(\pi nf_0\tau)\delta(f-nf_0)$
11	$\begin{cases} A\left(1-\frac{2}{\tau}\lvert t\rvert\right), & \lvert t\rvert\leqslant\frac{\tau}{2} \\ 0, & \lvert t\rvert>\frac{\tau}{2} \end{cases}$（三角脉冲）	$\frac{A\tau}{2}\mathrm{Sa}^2\left(\frac{\pi f\tau}{2}\right)$
12	$AB\mathrm{Sa}^2(\pi Bt)$	$\begin{cases} A\left(1-\frac{\lvert f\rvert}{B}\right), & \lvert f\rvert\leqslant B \\ 0, & \lvert f\rvert>B \end{cases}$

需要说明的是，周期信号的频谱除了用前面介绍的傅里叶级数表示外，也可以用非周期信号的频谱来表示。由前面的学习知道，一个周期信号的傅里叶级数表示为

$$x(t)=\sum_{n=-\infty}^{\infty}V_n e^{j2\pi nf_0t}$$

其中，$f_0=1/T_0$，T_0 是周期信号的周期。根据傅里叶变换，$x(t)$ 的频谱函数为

$$F[x(t)]=F\left[\sum_{n=-\infty}^{\infty}V_n e^{j2\pi nf_0t}\right]=\sum_{n=-\infty}^{\infty}V_nF[e^{j2\pi nf_0t}]$$

又因为 $F[e^{j2\pi nf_0t}]=\delta(f-nf_0)$（由表 2-1 第 7 项可知），因此上式进一步变换为

$$F[x(t)]=\sum_{n=-\infty}^{\infty}V_nF[e^{j2\pi nf_0t}]=\sum_{n=-\infty}^{\infty}V_n\delta(f-nf_0) \tag{2-17}$$

式（2-17）就是周期信号频谱函数的通式，由此可见，周期信号的频谱由位于 0，$\pm f_0$，$\pm 2f_0$，…处的各次谐波位置上的冲激组成，显然也是离散谱，这与傅里叶级数分析得出的结论一致。

例如，由式（2-7）及周期信号频谱函数通式即可得到周期冲激脉冲信号的频谱函数为

$$F[A\delta_{T_0}(t)]=\frac{A}{T_0}\sum_{n=-\infty}^{n=\infty}\delta(f-nf_0) \tag{2-18}$$

即为表 2-1 中第 9 项，其频谱函数示意图如图 2-10 所示，请注意图 2-10 与图 2-6 的联系与区别。

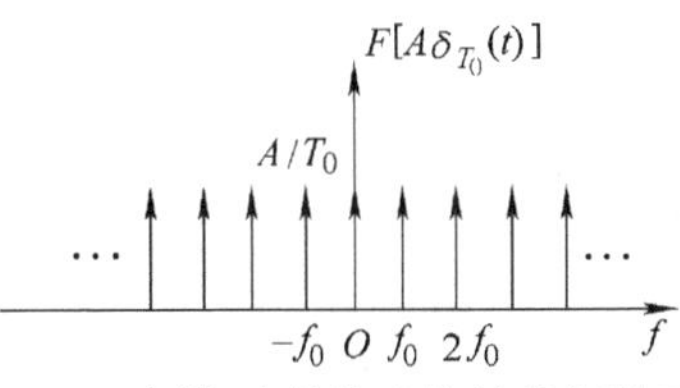

图 2-10 周期冲激脉冲信号的频谱函数

3. 傅里叶变换的运算特性及其应用

傅里叶变换有一些重要的运算特性，这些特性反映了信号时域与频域特性之间的内在联系，借助这些联系可明显简化运算，在分析信号的特性时特别有用。下面介绍本书中用到的几个特性及其应用。

（1）线性叠加

两个或更多个信号之和的傅里叶变换等于各单个信号的傅里叶变换的和，即

$$F[x_1(t)+x_2(t)]=F[x_1(t)]+F[x_2(t)] \tag{2-19}$$

（2）时移特性

在时域内的移位会导致频域内的相移。若 $X(f)=F[x(t)]$，则有

$$F[x(t-t_0)]=X(f)e^{-j2\pi ft_0} \tag{2-20}$$

【例 2-6】 应用时移特性求图 2-11 所示波形的频谱函数。

解 图 2-11 所示波形 $x_1(t)$ 可以看作是图 2-7a 所示波形 $x(t)$ 右移 $\tau/2$ 后得到的，故有

$$x_1(t)=x(t-\tau/2)$$

由式（2-12）可知 $\quad X(f)=A\tau\mathrm{Sa}(\pi f\tau)$

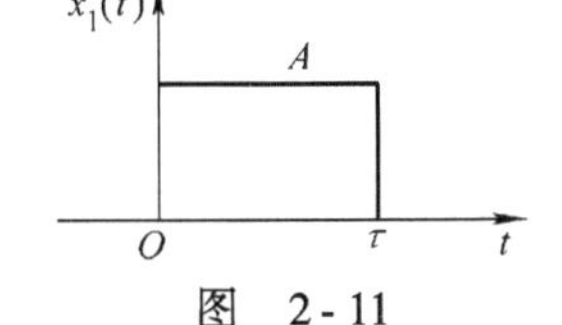

图 2-11

再运用式（2-20）所示的时移特性得 $x_1(t)$ 的频谱函数为

$$X_1(f)=F[x_1(t)]=F[x(t-\tau/2)]$$
$$=X(f)e^{-j2\pi f\frac{\tau}{2}}=A\tau\mathrm{Sa}(\pi f\tau)e^{-j\pi f\tau} \tag{2-21}$$

（3）频移特性

在时域内乘以指数相应于在频域内的频移。若 $X(f)=F[x(t)]$，则有

$$F[x(t)\mathrm{e}^{\mathrm{j}2\pi f_0 t}] = X(f-f_0) \tag{2-22}$$

【例2-7】 调制器框图如图2-12所示。其中调制信号$x(t)$的频谱函数为$X(f)$，载波$c(t)=\cos 2\pi f_c t$。求已调信号$x_c(t)$的频谱函数，并画出调制信号与已调信号的频谱示意图。

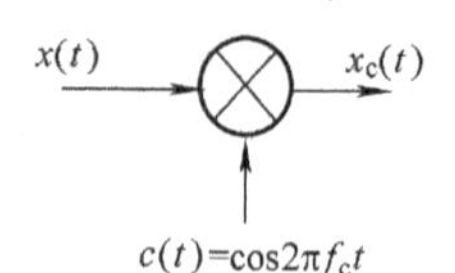

图2-12 调制器框图

解 由图2-12可知，已调信号为

$$x_c(t) = x(t)\cos 2\pi f_c t = x(t)\cdot\frac{1}{2}[\mathrm{e}^{-\mathrm{j}2\pi f_c t} + \mathrm{e}^{\mathrm{j}2\pi f_c t}]$$

$$= \frac{1}{2}[x(t)\mathrm{e}^{-\mathrm{j}2\pi f_c t} + x(t)\mathrm{e}^{\mathrm{j}2\pi f_c t}]$$

应用式（2-22）的频移特性可得到

$$X_c(f) = F[x_c(t)] = \frac{1}{2}F[x(t)\mathrm{e}^{-\mathrm{j}2\pi f_c t}] + \frac{1}{2}F[x(t)\mathrm{e}^{\mathrm{j}2\pi f_c t}]$$

$$= \frac{1}{2}[X(f+f_c) + X(f-f_c)] \tag{2-23}$$

设调制信号频谱$X(f)$如图2-13a所示，则由式（2-23）可得已调信号频谱$X_c(f)$如图2-13b所示。

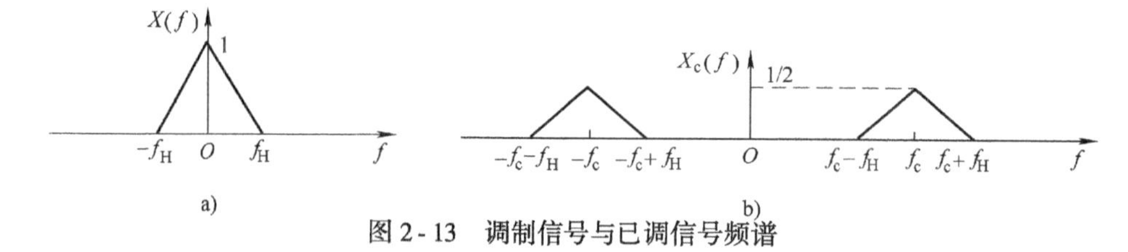

图2-13 调制信号与已调信号频谱

由图2-13可见，已调信号$x_c(t)$的频谱$X_c(f)$是将调制信号$x(t)$的频谱$X(f)$在频率轴上平移至$\pm f_c$处，幅度减至$X(f)$幅度的1/2而得到的。

图2-13是余弦波调制的频谱变换关系，是一个极为重要的关系，它说明了信号在时域上乘以一个余弦波信号，即可实现信号频谱的搬移，搬移到什么位置由余弦波的频率决定。因此式（2-24）

$$F[x(t)\cos 2\pi f_c t] = \frac{1}{2}[X(f+f_c) + X(f-f_c)] \tag{2-24}$$

也称为调制特性。

（4）卷积特性

时域卷积等效于频域相乘，频域卷积等效于时域相乘。若$X(f)=F[x(t)]$和$Y(f)=F[y(t)]$，则有

$$F[(x(t)*y(t)] = X(f)Y(f) \tag{2-25}$$

$$F[(x(t)y(t)] = X(f)*Y(f) \tag{2-26}$$

2.2.3 帕塞瓦尔定理及谱密度

1. 能量信号的帕塞瓦尔定理及能量谱密度

通过前面的学习知道，能量信号$x(t)$消耗在1Ω电阻的上的能量定义为

$$E=\int_{-\infty}^{\infty}x^2(t)\,\mathrm{d}t$$

有了频谱概念以后，不难证明，若 $F[x(t)]=X(f)$，则有如下关系式：

$$E=\int_{-\infty}^{\infty}x^2(t)\,\mathrm{d}t=\int_{-\infty}^{\infty}|X(f)|^2\mathrm{d}f \tag{2-27}$$

式（2-27）称为能量信号的帕塞瓦尔定理。此定理告诉我们，一个信号的能量可以用时间函数来求得，也可以用信号的频谱函数来求得，求解时具体用什么方法，视方便而定。

【例2-8】 求信号 $x(t)=AB\mathrm{Sa}(\pi Bt)$ 的能量。

解 对于此信号，用其时间函数求能量时，积分有一定的难度。由表2-1的第4项或例2-5可知，$x(t)$ 的频谱是个矩形谱，即

$$X(f)=F[x(t)]=\begin{cases}A, & |f|\leqslant B/2\\ 0, & |f|>B/2\end{cases}$$

因此，用频谱函数可方便地求得能量 $E=\int_{-B/2}^{B/2}|X(f)|^2\mathrm{d}f=A^2B$。

由式（2-27）中的 $E=\int_{-\infty}^{\infty}|X(f)|^2\mathrm{d}f$ 可以看到，能量 E 是由信号的各个频率成分提供的。那么单位频率的能量有多大呢?

定义单位频率的能量称为能量谱密度，用 $G(f)$ 表示，单位为 J/Hz。能量谱密度的积分等于能量，故信号的能量也可表示为

$$E=\int_{-\infty}^{\infty}G(f)\,\mathrm{d}f \tag{2-28}$$

将式（2-28）与式（2-27）对比，得到能量谱密度 $G(f)$ 与信号频谱间的关系，即

$$G(f)=|X(f)|^2 \tag{2-29}$$

$G(f)$ 表示信号能量沿频率轴分布的情况。

2. 功率信号的帕塞瓦尔定理及功率谱密度

对于功率信号之一的周期信号，可以证明其消耗在 1Ω 电阻上的功率为

$$S=\frac{1}{T_0}\int_{-\frac{T_0}{2}}^{\frac{T_0}{2}}x^2(t)\,\mathrm{d}t=\sum_{n=-\infty}^{\infty}|V_n|^2 \tag{2-30}$$

式（2-30）称为周期信号的帕塞瓦尔定理。它表明，一个周期信号的功率，可通过时域信号 $x(t)$ 来求得，也可通过它的傅里叶级数展开式的系数 V_n 来求得。

从式（2-30）也可以看到，一个周期信号的功率等于各个频率分量单独贡献出来的功率之和。因此，与能量谱密度的定义类似，我们将单位频率的功率定义为功率谱密度，用 $P(f)$ 表示，单位为 W/Hz。对功率谱密度积分等于功率，即有

$$S=\int_{-\infty}^{\infty}P(f)\,\mathrm{d}f \tag{2-31}$$

对比式（2-31）与式（2-30）得

$$S=\int_{-\infty}^{\infty}P(f)\,\mathrm{d}f=\sum_{n=-\infty}^{\infty}|V_n|^2=\int_{-\infty}^{\infty}\sum_{n=-\infty}^{\infty}|V_n|^2\delta(f-nf_0)\,\mathrm{d}f \tag{2-32}$$

故有

$$P(f)=\sum_{n=-\infty}^{\infty}|V_n|^2\delta(f-nf_0) \tag{2-33}$$

式（2-33）是周期信号的功率谱密度函数，它由一系列位于 nf_0 处的冲激组成，其冲激强度为 $|V_n|^2$。

【例2-9】 设余弦信号 $x(t)=A\cos2\pi f_0t$，求此信号功率谱密度 $P(f)$ 及其功率 S。

解 余弦信号 $x(t)$ 是周期功率信号，求其傅里叶级数系数后代入式（2-33）即可得功率谱密度函数。

由欧拉公式，$x(t)$ 可表示成

$$x(t)=\frac{A}{2}(e^{j2\pi f_0t}+e^{-j2\pi f_0t})$$

故傅里叶级数系数为 $V_1=V_{-1}=\dfrac{A}{2}$，其余系数为0。将系数代入式（2-33）得到此余弦信号的功率谱密度为

$$P(f)=\frac{A^2}{4}\delta(f+f_0)+\frac{A^2}{4}\delta(f-f_0)$$

功率谱如图2-14所示。

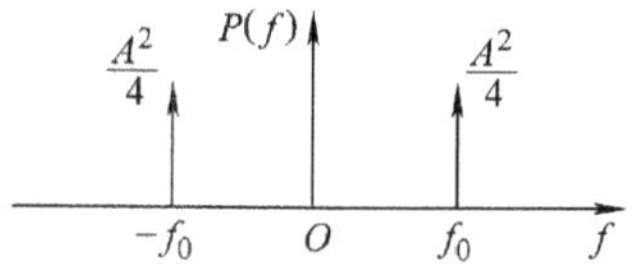

图2-14 余弦信号的功率谱

由式（2-31）得其功率为

$$S=\int_{-\infty}^{\infty}\left(\frac{A^2}{4}\delta(f+f_0)+\frac{A^2}{4}\delta(f-f_0)\right)df=\frac{A^2}{4}+\frac{A^2}{4}=\frac{A^2}{2}$$

由式（2-30）也可得到相同的结论。

2.2.4 波形的相关与卷积

1. 波形的相关

波形的相关是通信原理中一种重要的运算，用它描述波形之间的关联或相似程度。设两个能量信号分别是 $x_1(t)$ 和 $x_2(t)$，其互相关函数定义为

$$R_{12}(\tau)=\int_{-\infty}^{\infty}x_1(t)x_2(t+\tau)dt \tag{2-34}$$

其中，τ 表示位移。

当两个信号的形式完全相同，即 $x_1(t)=x_2(t)=x(t)$ 时，互相关函数就变成了自相关函数，记作 $R(\tau)$。故有

$$R(\tau)=\int_{-\infty}^{\infty}x(t)x(t+\tau)dt \tag{2-35}$$

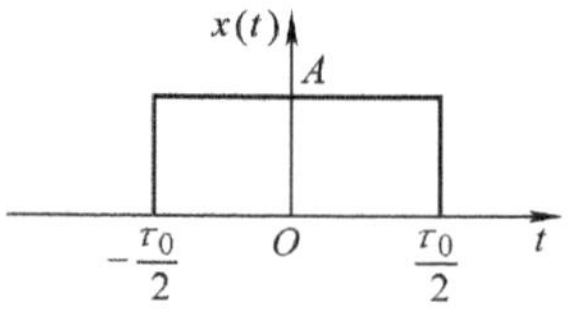

【例2-10】 设 $x(t)$ 是幅度为 A、宽度为 τ_0 的矩形脉冲信号，如图2-15所示。求其自相关函数 $R(\tau)$，并画出其图形。

图 2-15

解 根据式（2-35）中自相关函数定义，再经适当的积分运算可求得

$$R(\tau)=\int_{-\infty}^{\infty}x(t)x(t+\tau)dt=\begin{cases}A^2\tau_0\left(1-\dfrac{1}{\tau_0}|\tau|\right), & |\tau|\leqslant\tau_0\\ 0, & |\tau|>\tau_0\end{cases} \tag{2-36}$$

其中，$x(t+\tau)$ 是 $x(t)$ 向左位移 τ 后的信号，自相关函数 $R(\tau)$ 的波形如图 2-16e 所示。

为便于理解和记忆，对此做如下解释：

① 当 $\tau=0$ 时，$x(t+\tau)$ 与 $x(t)$ 在时间上完全重叠，如图 2-16a 和图 2-16b 所示，两个波形相乘后的积分值为 $A^2\tau_0$，即自相关函数 $R(\tau)=A^2\tau_0$。

② τ 由 0 向正值增加时，$x_2(t+\tau)$ 波形向左移动，如图 2-16c 所示，它与 $x(t)$ 在时间上的重叠部分随 τ 的增大而线性减少，即 $R(\tau)$ 随着 τ 线性下降，直到 $\tau=\tau_0$ 时，波形 $x(t+\tau)$ 与 $x(t)$ 不再有重叠部分，此时 $R(\tau)=0$，自相关函数的变化规律如图 2-16e 右半部分图形所示。

③ τ 由 0 向负值增加时，$x(t+\tau)$ 波形向右移，如图 2-16d 所示，波形 $x(t+\tau)$ 与 $x(t)$ 的重叠部分随着 $|\tau|$ 的增大而逐渐减少，故自相关函数值也线性下降，直到 $\tau=-\tau_0$ 时两波形不再有重叠部分，此时 $R(\tau)=0$，自相关函数的变化规律如图 2-16e 左半部分图形所示。

所以，宽度为 τ_0 的矩形脉冲信号的自相关函数是个三角脉冲，当 $\tau=0$ 时，$R(\tau)$ 最大，随着 $|\tau|$ 的增大而线性下降，当 $|\tau|\geqslant\tau_0$ 时，$R(\tau)=0$。这一结论在求匹配滤波器的输出信号时会用到，应熟记它。

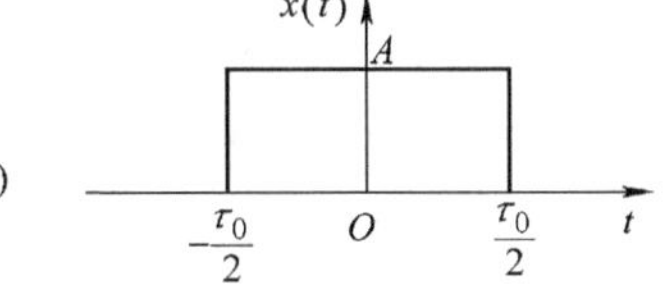

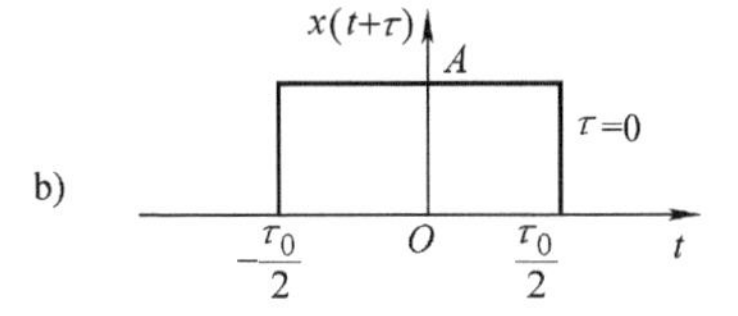

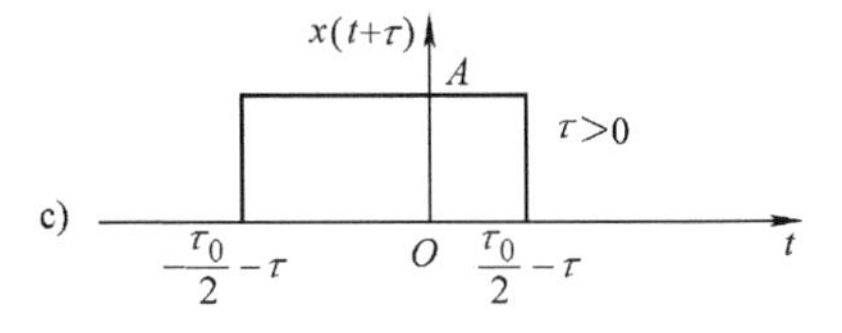

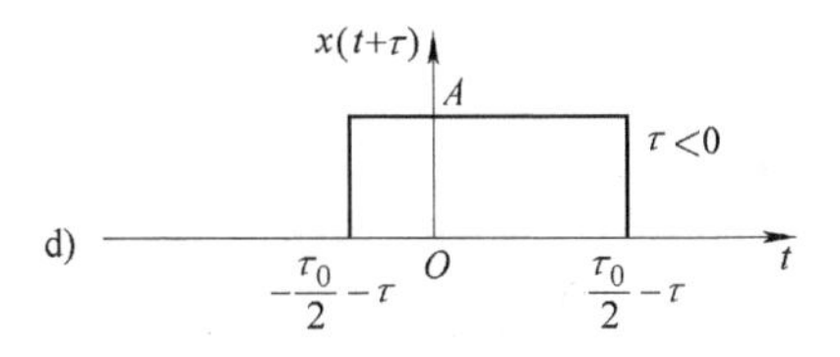

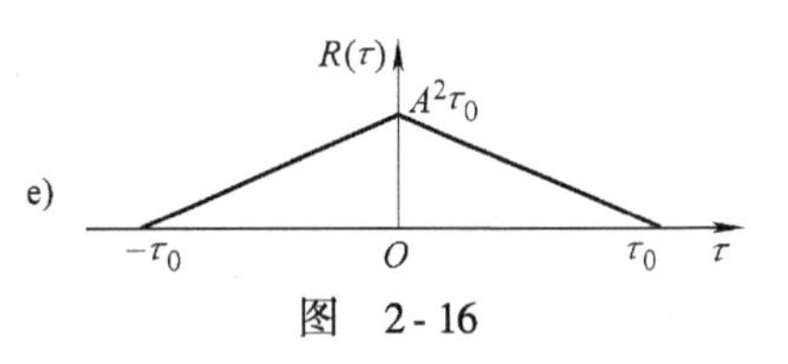

图 2-16

结合图 2-16e，容易理解自相关函数的如下重要特性：

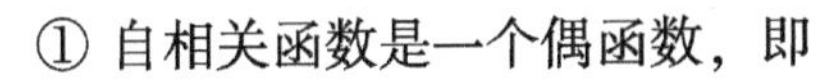

① 自相关函数是一个偶函数，即

$$R(\tau)=R(-\tau) \tag{2-37}$$

② 自相关函数在原点的值 $R(0)$ 最大，即

$$R(0)\geqslant R(\tau) \tag{2-38}$$

从物理意义上讲，$R(0)$ 是完全相同的两个波形在时间上重合在一起时得到的相关函数，因此一定是最大的，数学上也完全可以证明这一点。

③ $R(0)$ 表示能量信号的能量，即

$$R(0)=\int_{-\infty}^{\infty}x^2(t)\mathrm{d}t=E \tag{2-39}$$

④ $R(\tau)$ 与能量谱密度是一对傅里叶变换，即

$$R(\tau)\leftrightarrow G(f) \tag{2-40}$$

这就是著名的维纳-辛钦（Wiener-Khintchine）定理，它提供了求解信号能量谱的另一个途径，即先求得信号的自相关函数，然后再取其傅里叶变换即可得信号的能量谱。

2. 波形的卷积

卷积是通信原理中用到的又一重要运算，其定义如下：

对于任意两信号 $x_1(t)$ 和 $x_2(t)$，两者做卷积运算通常记为 $x_1(t)*x_2(t)$，表达

式为

$$x_1(t) * x_2(t) = \int_{-\infty}^{\infty} x_1(\mu) x_2(t-\mu) \mathrm{d}\mu = \int_{-\infty}^{\infty} x_1(t-\mu) x_2(\mu) \mathrm{d}\mu \tag{2-41}$$

式中，μ 为积分变量，也可用其他符号表示，例如 α、β 等。

任意两个函数的卷积运算通常较为复杂，但当其中一个函数为冲激函数时，卷积运算就变得十分简单，如下卷积运算式子在后面的学习中会经常用到。

两个时域卷积式子：

$$x(t) * \delta(t) = x(t) \tag{2-42}$$

$$x(t) * \delta(t-t_0) = x(t-t_0) \tag{2-43}$$

两个频域卷积式子：

$$X(f) * \delta(f) = X(f) \tag{2-44}$$

$$X(f) * \delta(f-f_0) = X(f-f_0) \tag{2-45}$$

2.2.5 信号带宽

信号带宽是指信号的能量或功率的主要部分集中的频率范围。若信号的主要能量或功率集中在零频率附近，则称这种信号为基带信号或低通信号，如电话机的受话器输出的语音信号，计算机输出的“1”“0”信号等。若信号的主要能量或功率集中在某一个高频率附近，则称此类信号为频带信号或带通信号，如移动通信系统中基站天线发送的信号，空中传输的无线电广播信号等。

信号带宽的概念在通信中非常重要，下面以基带信号为例介绍几种常见的定义信号带宽的方法。

1. 百分比带宽

根据占总能量或总功率的比例（如90%、95%、99%等）确定信号的带宽。

设信号带宽为 B（单位为Hz），则根据所占的比例列出等式：

对于能量信号

$$\frac{2\int_0^B G(f)\mathrm{d}f}{E} = \gamma \tag{2-46}$$

对于功率信号

$$\frac{2\int_0^B P(f)\mathrm{d}f}{S} = \gamma \tag{2-47}$$

当比例值 γ 给定时，就可解出带宽 B。γ 的值通常根据实际系统的需求来设定。

2. 3分贝（dB）带宽

将能量谱密度 $G(f)$ 或功率谱密度 $P(f)$ 下降到峰值的一半（下降3dB）所对应的正频率值作为信号的带宽。这种定义方式适合于能量谱或功率谱具有单峰或者一个明显主峰特性的信号，如图2-17所示。求3dB带宽的方法如下：

$$G(B) = \frac{1}{2}G(0) \text{ 或 } P(B) = \frac{1}{2}P(0) \tag{2-48}$$

3. 等效矩形带宽

如图2-18所示，用一个矩形谱来代替信号的能量谱或功率谱，矩形谱的高度等于能量谱或功率谱的峰值 $G(0)$ 或 $P(0)$。当矩形面积与能量谱或功率谱曲线下的面积相等时，矩形正频率方向的宽度 B 即为等效矩形带宽。求 B 的方法如下：

$$B=\frac{\int_{-\infty}^{\infty}G(f)\,\mathrm{d}f}{2G(0)}\text{或}B=\frac{\int_{-\infty}^{\infty}P(f)\,\mathrm{d}f}{2P(0)} \tag{2-49}$$

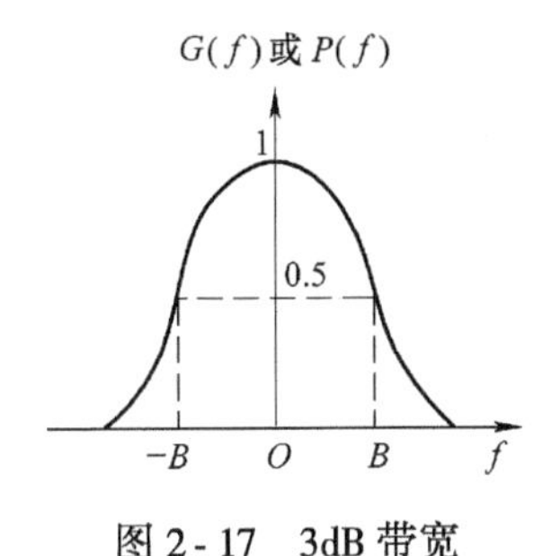

图 2-17　3dB 带宽

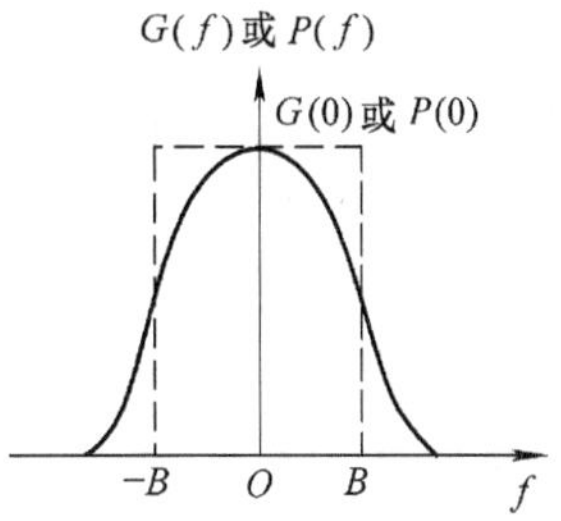

图 2-18　等效矩形带宽

4. 第一个零点带宽

对于有主瓣的能量谱或功率谱，用它们第一个零点的频率来定义带宽，称为第一个零点带宽。如宽度为 τ 的矩形脉冲，其频谱的第一个零点为 $1/\tau$，故在通信中常用 $1/\tau$ 作为矩形脉冲信号的带宽。可以证明，在第一个零点内集中了矩形脉冲 90%以上的能量。

注意，对于同一信号，根据不同的带宽定义，可能得到不同的信号带宽。图 2-19 是不同带宽定义下信号带宽的示意图。

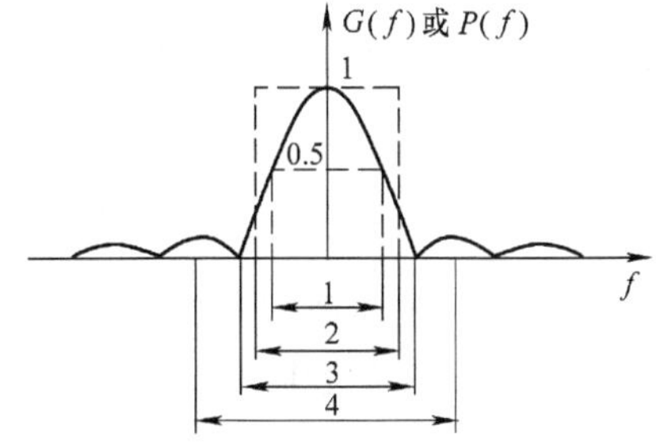

图 2-19　不同带宽定义下信号带宽的示意图

1—3dB 带宽　2—等效矩形带宽

3—第一个零点带宽　4—百分比带宽（如 0.90）

尽管带宽的定义有多种，且有些计算也比较复杂，但在课程后续内容的学习中，如不特别说明，信号带宽均指第一个零点带宽。

另外，在通信系统中还会遇到信道带宽这一概念。信道带宽通常也用符号 B 表示，单位也是赫兹，但它与信号带宽的含义是不同的。信号带宽是由信号的能量谱或功率谱在频域的分布规律决定的，而信道带宽则是由信道的传输特性决定的。为使信号能顺利通过信道，通常信道带宽应大于等于信号带宽。

2.3　随机信号分析

2.3.1　随机变量

1. 什么是随机变量

生活中有许多随机变量的例子。例如，掷一枚硬币可能出现正面，也可能出现反面。若规定数值 1 表示出现反面，数值 0 表示出现正面，这样做就相当于引入一个变量 X，它将随机地取两个数值之一，而对应每一个可能取的数值，都有一个概率，这一变量 X 就称为随机变量。

当随机变量 X 的取值个数有限或无穷可数时，称它为离散随机变量，否则就称为连续随机变量，即可能的取值充满某一有限或无限区间。

2. 概率及概率密度函数

离散随机变量取某个值可能性的大小用概率来表示。如在上述投掷硬币的试验中，由于硬币出现正面和反面的可能性均为 0.5，故随机变量 X 取数值 1 和 0 的概率均为 0.5，记作 $P(X=1)=0.5$ 和 $P(X=0)=0.5$。

连续随机变量 X 取值 x 的可能性大小用概率密度函数 $f(x)$ 来表示，概率密度函数的积分等于概率。例如，设随机变量 X 的概率密度函数 $f(x)$ 如图 2-20 所示，则随机变量 X 取值小于等于 x_1 的概率为

$$P(X \leqslant x_1) = \int_{-\infty}^{x_1} f(x)\,\mathrm{d}x \tag{2-50}$$

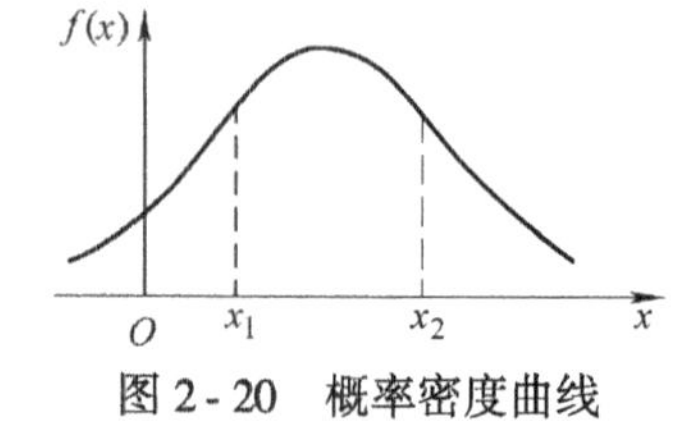

图 2-20　概率密度曲线

随机变量 X 的取值落在 x_1 与 x_2 间的概率为

$$P(x_1 \leqslant X \leqslant x_2) = \int_{x_1}^{x_2} f(x)\,\mathrm{d}x \tag{2-51}$$

概率密度函数具有如下性质：

① $f(x) \geqslant 0$。

② $\int_{-\infty}^{\infty} f(x)\,\mathrm{d}x = 1$。

3. 几个常用的概率密度函数

在通信系统的研究中，常用到均匀分布、正态分布、瑞利分布和莱斯分布的概率密度函数。

（1）均匀分布

随机变量 X 在 $[a, b]$ 区间内均匀分布的概率密度函数如图 2-21 所示，其表达式为

$$f(x) = \begin{cases} \dfrac{1}{b-a}, & a \leqslant x \leqslant b \\ 0, & \text{其他} \end{cases} \tag{2-52}$$

例如，正弦振荡器所产生的振荡信号的初相 θ 就是一个在 $[-\pi, \pi]$ 上服从均匀分布的随机变量，其概率密度函数在 θ 取值范围内为常数，即 $f(\theta) = \dfrac{1}{2\pi}$。

（2）高斯（Gauss）分布

通信系统中的噪声一般服从高斯分布。高斯分布又称为正态分布，服从高斯分布的随机变量 X 的概率密度函数为

$$f(x) = \frac{1}{\sqrt{2\pi}\,\sigma}\exp\left[-\frac{(x-a)^2}{2\sigma^2}\right] \tag{2-53}$$

此表达式由 a 和 σ 两个参数决定。其中 a 称为均值；σ 称为标准偏差，其平方 σ^2 称为方差。均值为 a、方差为 σ^2 的高斯分布通常记为 $N(a, \sigma^2)$，其概率密度函数的曲线如图 2-22 所示。

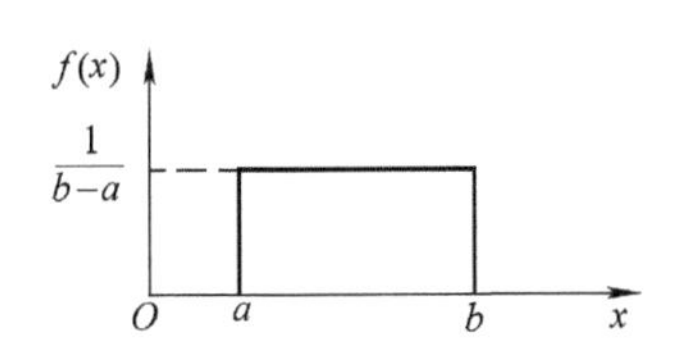

图2-21 均匀分布概率密度

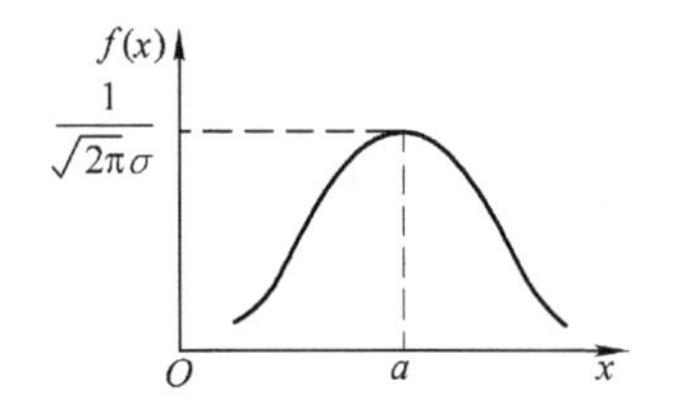

图2-22 高斯分布概率密度

由概率密度函数表达式及曲线不难看出，$f(x)$ 有如下特点：

① $f(x)$对称于直线 $x=a$，在 $x\to\pm\infty$ 时，$f(x)\to 0$。

② 当σ一定时，对于不同的a，表现为$f(x)$的图形左右平移；当a一定时，对于不同的σ，表现为$f(x)$的图形将随σ的减小而变高和变窄（曲线下的面积恒为1）。

在研究高斯噪声对数字通信性能的影响时，通常需要求出图2-23a和图2-23b中阴影部分的概率。

当$b<a$时，如图2-23a所示，阴影部分的概率为

$$P(X\leqslant b)=\int_{-\infty}^{b}f(x)\,\mathrm{d}x=\frac{1}{2}\mathrm{erfc}\left(\frac{a-b}{\sqrt{2}\sigma}\right) \tag{2-54}$$

当$b>a$时，如图2-23b所示，阴影部分的概率为

$$P(X\geqslant b)=\int_{b}^{\infty}f(x)\,\mathrm{d}x=\frac{1}{2}\mathrm{erfc}\left(\frac{b-a}{\sqrt{2}\sigma}\right) \tag{2-55}$$

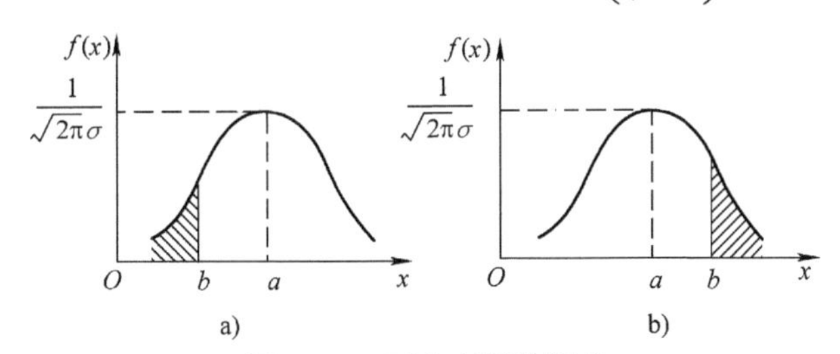

图2-23 两个有用的概率

其中，$\mathrm{erfc}(x)$ 称为误差补函数，当变量x的值给定时，可通过数学手册查得$\mathrm{erfc}(x)$的值。为方便使用，附录A中给出了部分$\mathrm{erfc}(x)$的值。

以图2-23a为例，若$a=2$，$b=1$，$\sigma^2=2$，则

$$P(X\leqslant b)=\frac{1}{2}\mathrm{erfc}\left(\frac{2-1}{\sqrt{2}\times\sqrt{2}}\right)=\frac{1}{2}\mathrm{erfc}(0.5)=0.23975$$

高斯分布是通信理论中最为重要的概率分布之一，应熟记其概率密度函数的表达式、曲线图、关键参数以及上述两个有用的概率。

（3）瑞利分布

通信系统中窄带高斯噪声包络的瞬时值服从瑞利分布。服从瑞利分布的随机变量X的概率密度函数为

$$f(x)=\begin{cases}\dfrac{x}{\sigma^2}\exp\left(-\dfrac{x^2}{2\sigma^2}\right), & x\geqslant 0\\ 0, & \text{其他}\end{cases} \tag{2-56}$$

式中，σ^2 为窄带高斯噪声的方差，其曲线如图2-24所示。

（4）莱斯分布

余弦（或正弦）信号与窄带高斯噪声之和的包络的瞬时值服从莱斯分布。服从莱斯分布随机变量 X 的概率密度函数为

$$f(x)=\begin{cases}\dfrac{x}{\sigma^2}\exp\left[-\dfrac{(A^2+x^2)}{2\sigma^2}\right]I_0\left(\dfrac{Ax}{\sigma^2}\right), & x\geqslant 0\\ 0, & x<0\end{cases} \tag{2-57}$$

式中，$I_0(x)$ 为零阶贝塞尔函数；A 为余弦（或正弦）信号的振幅。当 $A=0$ 时，莱斯分布退化为瑞利分布。当 A 相对于噪声较大时，莱斯分布趋近于正态分布，莱斯分布概率密度曲线如图2-25所示。

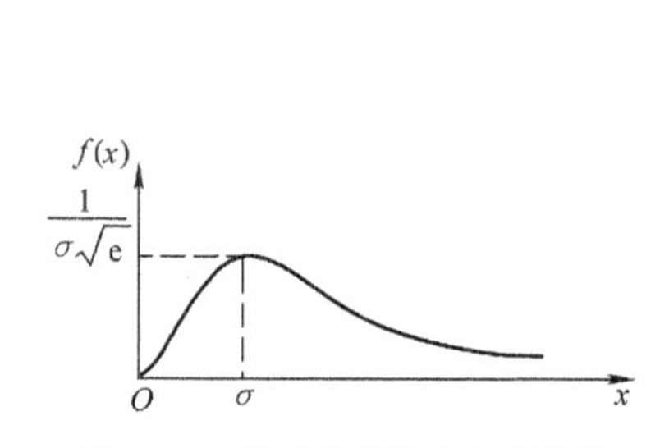

图2-24 瑞利分布概率密度曲线

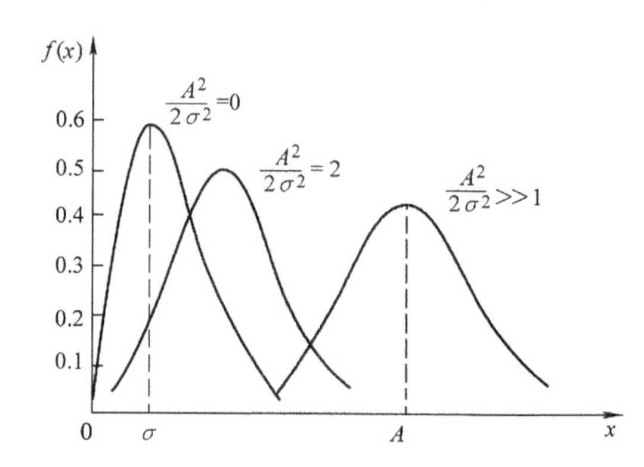

图2-25 莱斯分布概率密度曲线

4. 随机变量的数字特征

描述随机变量某些特征的数称为随机变量的数字特征。经常用到的数字特征有数学期望、方差、协方差等。

（1）数学期望

随机变量 X 的数学期望即统计平均值，也称为随机变量 X 的均值。

对于离散随机变量 X，若 X 取值 x_i 的概率为 $P(x_i)(i=1,2,\cdots,n)$，则其数学期望定义为

$$E(X)=\sum_{i=1}^{n}x_iP(x_i) \tag{2-58}$$

即对随机变量各个取值的加权求和，而权值就是各个值出现的概率。

对于连续随机变量 X，如果其概率密度函数为 $f(x)$，则其数学期望定义为

$$E(X)=\int_{-\infty}^{\infty}xf(x)\,\mathrm{d}x \tag{2-59}$$

连续随机变量 X 的函数 $Y=g(X)$ 的数学期望为

$$E(g(X))=\int_{-\infty}^{\infty}g(x)f(x)\,\mathrm{d}x \tag{2-60}$$

数学期望表示随机变量 X 取值的集中位置，通常用符号 a_X 或 m_X 表示。

【例2-11】 （1）测量某随机电压 X，测得3.0V的概率为2/5，测得3.2V的概率为2/5，测得3.1V的概率为1/5，求该随机电压的数学期望。

（2）连续随机变量 X 在 $[a,\ b]$ 内均匀分布，求该随机变量的数学期望。

(3) 已知随机相位 θ 在 $[-\pi, \pi]$ 内均匀分布，求随机变量 $Y=\cos\theta$ 的数学期望。

解 (1) 由式 (2-58) 得

$$E(X)=\sum_{i=1}^{3}x_iP(x_i)=\left(3.0\times\frac{2}{5}+3.2\times\frac{2}{5}+3.1\times\frac{1}{5}\right)\text{V}=3.1\text{V}$$

(2) 由式 (2-59) 得

$$E(X)=\int_{-\infty}^{\infty}xf(x)\,\mathrm{d}x=\int_{a}^{b}x\frac{1}{b-a}\mathrm{d}x=\frac{b+a}{2}$$

(3) 由式 (2-60) 得

$$E(Y)=\int_{-\infty}^{\infty}\cos\theta f(\theta)\,\mathrm{d}\theta=\int_{-\pi}^{\pi}\cos\theta\frac{1}{2\pi}\mathrm{d}\theta=0$$

数学期望有如下特性：

① $E(C)=C$，C 为常数。

② $E(X+Y)=E(X)+E(Y)$。

③ $E(XY)=E(X)E(Y)$，X、Y 统计独立。

④ $E(X+C)=E(X)+C$。

⑤ $E(CX)=CE(X)$。

其中，X、Y 为随机变量。

(2) 方差

随机变量的方差是随机变量 X 与它的数学期望 a_X 之差的平方的数学期望，即

$$D(X)=E[(X-a_X)^2] \tag{2-61}$$

方差表示随机变量 X 的取值相对于其数学期望 a_X 的集中程度，一般用符号 σ_X^2 表示。σ_X^2 越小，表示随机变量的取值越集中。

方差有如下特性：

① $D(C)=0$，C 为常数。

② $D(X+Y)=D(X)+D(Y)$，此式成立的条件是 X、Y 统计独立。

③ $D(X+C)=D(X)$。

④ $D(CX)=C^2D(X)$。

⑤ $D(X)=E(X^2)-E^2(X)$。

如果 X 代表某随机信号，则此随机信号的功率为

$$S=E(X^2)=D(X)+E^2(X)=\sigma_X^2+a_X^2 \tag{2-62}$$

其中，$E^2(X)=a_X^2$ 为信号的直流功率；$D(X)=\sigma_X^2$ 为信号的交流功率。

(3) 协方差与相关矩

设有两个随机变量 X 和 Y，则它们之间的协方差定义为

$$\text{Cov}(X, Y)=E(XY)-E(X)E(Y) \tag{2-63}$$

其中，$E(XY)$ 称为两个随机变量 X、Y 之间的相关矩，它是两个随机变量乘积的数学期望。

注意区分三个重要概念：

① 当且仅当协方差 $\text{Cov}(X, Y)=0$ 时，称两个随机变量是不相关的。

② 当且仅当 $E(XY)=0$ 时，称两个随机变量是正交的。

③ 当且仅当两个随机变量的联合概率密度函数等于两个随机变量各自概率密度函数的

乘积，即 $f(x, y) = f(x)f(y)$ 时，称两个随机变量是独立的。

由式（2-63）可以看出，如果随机变量 X 和 Y 是相互独立的，那么它们一定是不相关的。但需要注意，两个不相关的随机变量未必是相互独立的。由式（2-63）还可以看出，当 $E(X)E(Y) = 0$ 时，正交与不相关是等价的。

【例2-12】 设 X 是 $N(3, 4)$，Y 是 $N(-1, 2)$，且 X 与 Y 相互独立，求随机变量 $Z=X-Y$ 与 $W=2X+3Y$ 的协方差。

解 由题意，$E(X) = 3$，$D(X) = 4$，$E(Y) = -1$，$D(Y) = 2$。则有

$$E(Z) = E(X) - E(Y) = 3 + 1 = 4$$

$$E(W) = 2E(X) + 3E(Y) = 6 - 3 = 3$$

$$E(X^2) = D(X) + E^2(X) = 4 + 9 = 13$$

$$E(Y^2) = D(Y) + E^2(Y) = 2 + 1 = 3$$

又由于 X 与 Y 相互独立，故有

$$E(XY) = E(X)E(Y) = -3$$

由式（2-63）求得 Z 与 W 之间的协方差为

$$\begin{aligned}\mathrm{Cov}(Z, W) &= E(ZW) - E(Z)E(W) \\ &= E(2X^2 - 3Y^2 + XY) - E(Z)E(W) \\ &= 2 \times 13 - 3 \times 3 - 3 - 4 \times 3 \\ &= 2\end{aligned}$$

2.3.2 随机过程

通信系统中的信号与噪声都是随机过程。

1. 随机过程的概念

随机过程是指包含随机变量的时间函数。例如，若 θ 是随机相位，A、f_0 为常数，则 $X(t) = A\cos(2\pi f_0 t + \theta)$ 就是一个随机过程。

当随机变量 θ 取某个值，如 $\theta=0$ 时，随机过程 $X(t) = A\cos(2\pi f_0 t)$ 为时间的确定函数，此时间的确定函数称为随机过程 $X(t)$ 的一个样本函数或随机过程 $X(t)$ 的一次实现。随机变量 θ 取不同值时得到不同的样本函数，可见，随机过程是由许多样本函数组成的，因此随机过程也定义为全体样本函数的集合。另一方面，对于任意的某个时刻 t_1，$X(t_1) = A\cos(2\pi f_0 t_1 + \theta)$ 是一个随机变量。由此可见，**随机过程任意时刻的取值是一个随机变量**。因此，随机过程也定义为依赖于时间的随机变量的集合。

2. 随机过程的数字特征

随机过程数字特征的定义是基于随机过程任意时刻的取值是一随机变量，其中最常用的数字特征有数学期望（均值）和自相关函数。

（1）随机过程的数学期望

随机过程 $X(t)$ 在 t_1 时刻的取值 $X(t_1)$ 是一个随机变量，此随机变量的数学期望为

$$a_X(t_1) = E[X(t_1)]$$

由于这里的 t_1 是任意的，故可以用 t 来代替 t_1，这时上式就变为随机过程任意时刻的数学期望，称为随机过程 $X(t)$ 的数学期望，即

$$a_X(t)=E[X(t)] \tag{2-64}$$

显然，$a_X(t)$ 反映了随机过程瞬时值的数学期望随时间而变化的规律，通常是时间 t 的函数。

【例 2-13】 求随机过程 $X(t)=A\cos(2\pi f_0 t+\theta)$ 的均值。其中 A、f_0 为常数，随机相位 θ 在 $[0,\ 2\pi]$ 内均匀分布。

解 由题意可得 θ 的概率密度函数为

$$f(\theta)=\begin{cases}\dfrac{1}{2\pi}, & 0\leqslant\theta\leqslant 2\pi\\ 0, & \text{其他}\end{cases}$$

由式（2-64）可求得 $X(t)$ 的均值为

$$\begin{aligned}a_x(t)=E[X(t)]&=\int_0^{2\pi}A\cos(2\pi f_0 t+\theta)\frac{1}{2\pi}\mathrm{d}\theta\\&=\frac{A}{2\pi}\sin(2\pi f_0 t+\theta)\Big|_0^{2\pi}=0\end{aligned}$$

可见，此随机过程的均值与时间 t 无关。

（2）随机过程的自相关函数

数学期望 $a_X(t)$ 描述了随机过程某一个瞬间的特征，而随机过程的自相关函数则可反映随机过程在不同瞬间的内在联系。

随机过程 $X(t)$ 的自相关函数定义为任意两个时刻 t 和 $t+\tau$ 所对应的随机变量的相关矩，即

$$R_X(t,t+\tau)=E[X(t)X(t+\tau)] \tag{2-65}$$

其中，τ 是两个时刻之间的间隔。显然，自相关函数通常是 t 和 τ 的函数。

【例 2-14】 求随机过程 $X(t)=A\cos(2\pi f_0 t+\theta)$ 的自相关函数。其中 A、f_0 为常数，随机相位 θ 在 $[0,\ 2\pi]$ 内服从均匀分布。

解 由定义式（2-65）及三角公式 $\cos A\cos B=\frac{1}{2}[\cos(A+B)+\cos(A-B)]$，可求得 $X(t)$ 的自相关函数为

$$\begin{aligned}R_X(t,t+\tau)&=E[A\cos(2\pi f_0 t+\theta)A\cos(2\pi f_0 t+2\pi f_0\tau+\theta)]\\&=A^2E\left[\frac{1}{2}\cos 2\pi f_0\tau+\frac{1}{2}\cos(4\pi f_0 t+2\pi f_0\tau+2\theta)\right]\\&=\frac{A^2}{2}\cos 2\pi f_0\tau+\frac{A^2}{2}\int_0^{2\pi}\cos(4\pi f_0 t+2\pi f_0\tau+2\theta)\frac{1}{2\pi}\mathrm{d}\theta\\&=\frac{A^2}{2}\cos 2\pi f_0\tau+\frac{A^2}{8\pi}\sin(4\pi f_0 t+2\pi f_0\tau+2\theta)\Big|_0^{2\pi}\\&=\frac{A^2}{2}\cos 2\pi f_0\tau\end{aligned}$$

可见，此自相关函数与时间 t 无关，只与两个时刻之间的间隔 τ 有关。

2.3.3 平稳随机过程

由随机过程的定义可知，随机过程 $X(t)$ 可看作依赖于时间 t 的随机变量，因此，$X(t)$

的许多特性都依赖于时间 t，但也有一些特性与时间 t 无关。根据与时间无关的特性的不同，可以定义不同的平稳随机过程，其中广义平稳随机过程最为有用。

1. 广义平稳随机过程的定义

若随机过程 $X(t)$ 满足下述条件：

① $a_X(t)=E[X(t)]$ 与时间 t 无关，即随机过程 $X(t)$ 的均值为常数。

② $R_X(t,\ t+\tau)=E[X(t)X(t+\tau)]$ 与时间 t 无关，通常是 τ 的函数。

则称随机过程 $X(t)$ 是广义平稳随机过程。

广义平稳随机过程是一类十分重要的随机过程，通信系统中遇到的随机过程绝大多数是广义平稳随机过程。以后提到平稳随机过程时，如不特别说明，都指广义平稳随机过程，且均值用 a_X 表示，自相关函数用 $R_X(\tau)$ 表示。

由例 2-13 和例 2-14 可知，θ 在 $[0,\ 2\pi]$ 内服从均匀分布时，随机过程 $X(t)=A\cos(2\pi f_0 t+\theta)$ 的均值和自相关函数分别为

① 均值 $a_X(t)=E[X(t)]=0$，为常数，与时间 t 无关。

② 自相关函数 $R_X(t,t+\tau)=\dfrac{A^2}{2}\cos 2\pi f_0\tau$，是时间间隔 τ 的函数，与时间 t 无关。

所以，θ 在 $[0,\ 2\pi]$ 内服从均匀分布的随机过程 $X(t)=A\cos(2\pi f_0 t+\theta)$ 是广义平稳随机过程。

【例 2-15】 若 θ 在 $[0,\ \pi]$ 内服从均匀分布，请考察随机过程 $Y(t)=A\cos(2\pi f_0 t+\theta)$ 的平稳性。其中 A、f_0 是常数。

解 根据题意，θ 的概率密度函数为

$$f(\theta)=\begin{cases}\dfrac{1}{\pi}, & 0\leqslant\theta\leqslant\pi\\ 0, & \text{其他}\end{cases}$$

故随机过程 $Y(t)$ 的均值为

$$\begin{aligned}a_Y(t)&=E[A\cos(2\pi f_0 t+\theta)]\\&=A\int_0^{\pi}\cos(2\pi f_0 t+\theta)\ \frac{1}{\pi}\mathrm{d}\theta\\&=\frac{A}{\pi}\sin(2\pi f_0 t+\theta)\Big|_0^{\pi}\\&=-\frac{2A}{\pi}\sin(2\pi f_0 t)\end{aligned}$$

由此可见，均值与时间 t 有关，因此随机过程 $Y(t)$ 不是平稳的。

2. 平稳随机过程自相关函数的性质

平稳随机过程 $X(t)$ 的自相关函数 $R_X(\tau)$ 与时间 t 无关，所以式（2-65）可以改写为

$$R_X(\tau)=E[X(t)X(t+\tau)] \tag{2-66}$$

$R_X(\tau)$ 描述了平稳随机过程 $X(t)$ 在相隔为 τ 的两个瞬间的相关程度。

$R_X(\tau)$ 具有如下重要性质：

① $R_X(\tau)$ 是 τ 的偶函数，即

$$R_X(\tau)=R_X(-\tau) \tag{2-67}$$

② $R_X(0)$ 是随机过程 $X(t)$ 的功率，即

$$R_X(0)=E[X^2(t)]=S=a_X^2+\sigma_X^2 \tag{2-68}$$

其中，a_X^2 是随机过程 $X(t)$ 的直流功率；σ_X^2 是随机过程 $X(t)$ 的交流功率。

③ $R_X(\tau)$ 与随机过程的功率谱密度 $P_X(f)$ 是一对傅里叶变换，即

$$\begin{cases}P_X(f)=F[R_X(\tau)]\\R_X(\tau)=F^{-1}[P_X(f)]\end{cases} \tag{2-69}$$

式（2-69）称为随机信号的维纳–辛钦（Wiener–Khintchine）定理，它给出了计算随机过程功率谱的方法，是联系随机过程频域和时域分析方法的基本关系式。

【例 2-16】 A、f_0 是常数，θ 在 $[0, 2\pi]$ 内服从均匀分布。求随机过程 $X(t)=A\cos(2\pi f_0t+\theta)$ 的功率谱密度及功率。

解 由例 2-14 的结论可知，$X(t)$ 的自相关函数为

$$R_X(\tau)=\frac{A^2}{2}\cos 2\pi f_0\tau$$

根据式（2-69）所示的维纳–辛钦定理，并利用表 2-1 第 8 项的傅里叶变换对，得 $X(t)$ 的功率谱为

$$\begin{aligned}P_X(f)&=F[R(\tau)]=F\left[\frac{A^2}{2}\cos 2\pi f_0\tau\right]\\&=\frac{A^2}{4}\delta(f-f_0)+\frac{A^2}{4}\delta(f+f_0)\end{aligned}$$

功率谱示意图如图 2-26 所示。

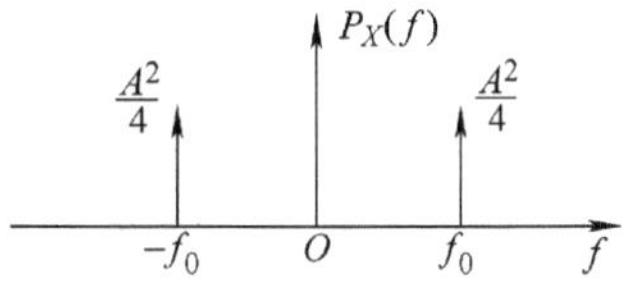

图 2-26

由自相关函数可求得随机过程 $X(t)$ 的功率为

$$S=R_X(0)=\frac{A^2}{2}\cos 2\pi f_0\tau\bigg|_{\tau=0}=\frac{A^2}{2}$$

也可对功率谱求积分求得 $X(t)$ 的功率，即

$$\begin{aligned}S&=\int_{-\infty}^{\infty}P_X(f)\,\mathrm{d}f=\int_{-\infty}^{\infty}\left[\frac{A^2}{4}\delta(f-f_0)+\frac{A^2}{4}\delta(f+f_0)\right]\mathrm{d}f\\&=\frac{A^2}{4}+\frac{A^2}{4}=\frac{A^2}{2}\end{aligned}$$

【例 2-17】 有如下平稳随机过程

$$X_c(t)=X(t)A\cos(2\pi f_ct+\theta)$$

其中，$X(t)$ 是一个零均值的平稳随机过程，自相关函数为 $R_X(\tau)$，功率谱密度函数为 $P_X(f)$，A、f_c 是常数，相位 θ 是在区间 $[-\pi, \pi]$ 上服从均匀分布的随机变量，且 $X(t)$ 与 θ 相互统计独立。求 $X_c(t)$ 的功率谱密度函数。

解 先求 $X_c(t)$ 的自相关函数，再对其求傅里叶变换即可得到功率谱密度函数。

应用式（2-66）的自相关函数定义，得 $X_c(t)$ 的自相关函数为

$$\begin{aligned}R_{X_c}(\tau)&=E[X_c(t)X_c(t+\tau)]\\&=E[AX(t)\cos(2\pi f_ct+\theta)AX(t+\tau)\cos(2\pi f_ct+2\pi f_c\tau+\theta)]\\&=\frac{A^2}{2}E[X(t)X(t+\tau)]E[\cos 2\pi f_c\tau+\cos(4\pi f_ct+2\pi f_c\tau+2\theta)]\ (X(t)\text{ 与 }\theta\text{ 独立})\end{aligned}$$

$$= \frac{A^2}{2} R_X(\tau)\cos 2\pi f_c \tau$$

其中 $$R_X(\tau) = E[X(t)X(t+\tau)]$$

$$E[\cos(4\pi f_c t + 2\pi f_c \tau + 2\theta)] = \int_{-\pi}^{\pi} \cos(4\pi f_c t + 2\pi f_c \tau + 2\theta)\frac{1}{2\pi}\mathrm{d}\theta = 0$$

对自相关函数 $R_{X_c}(\tau) = \frac{A^2}{2} R_X(\tau)\cos 2\pi f_c \tau$ 做傅里叶变换，并应用式（2-24）给出的调制特性，得到 $X_c(t)$ 的功率谱密度函数 $P_{X_c}(f)$ 为

$$\begin{aligned} P_{X_c}(f) &= F[R_{X_c}(\tau)] \\ &= \frac{A^2}{2} F[R_X(\tau)\cos 2\pi f_c \tau] \\ &= \frac{A^2}{4}[P_X(f-f_c) + P_X(f+f_c)] \end{aligned}$$

式中，$P_X(f) = F[R_X(\tau)]$。

3. 平稳随机过程通过线性系统

随机过程通过线性系统的示意图如图 2-27 所示。图中 $X(t)$ 是输入随机过程，$h(t)$ 为线性系统的冲激响应，$Y(t)$ 是输出随机过程。

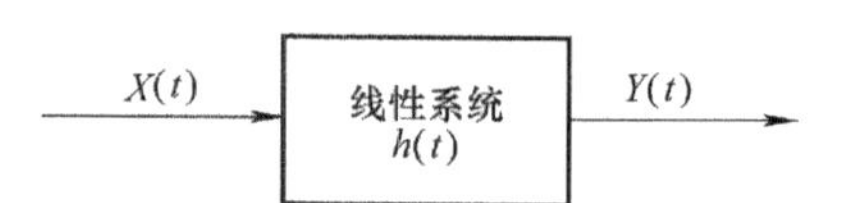

图 2-27 随机过程通过线性系统

根据信号通过线性系统的理论，输出随机过程 $Y(t)$ 为

$$Y(t) = X(t) * h(t) = \int_{-\infty}^{\infty} X(t-u)h(u)\mathrm{d}u = \int_{-\infty}^{\infty} X(u)h(t-u)\mathrm{d}u \tag{2-70}$$

即输出随机过程等于输入随机过程与系统冲激响应的卷积。

当输入随机过程 $X(t)$ 是均值为 a_X、自相关函数为 $R_X(\tau)$ 的平稳随机过程时，输出随机过程 $Y(t)$ 的平稳性及有关其他特性如何呢？

（1）输出随机过程的均值

由式（2-70），输出随机过程 $Y(t)$ 的均值为

$$\begin{aligned} E[Y(t)] &= E\left[\int_{-\infty}^{\infty} X(t-u)h(u)\mathrm{d}u\right] \\ &= \int_{-\infty}^{\infty} E[X(t-u)]h(u)\mathrm{d}u \quad \text{（交换求统计平均与积分的顺序）} \\ &= a_X \int_{-\infty}^{\infty} h(u)\mathrm{d}u \quad \text{（由于 } X(t) \text{ 的均值为常数，故 } E[X(t-u)] = a_X\text{）} \end{aligned}$$

因为系统的冲激响应 $h(t)$ 与传输特性 $H(f)$ 是一对傅里叶变换，即

$$H(f) = \int_{-\infty}^{\infty} h(t)\mathrm{e}^{-\mathrm{j}2\pi f t}\mathrm{d}t \tag{2-71}$$

故输出随机过程的均值进一步简化为

$$E[Y(t)] = a_X H(0) = a_Y \tag{2-72}$$

可见，输出随机过程 $Y(t)$ 的均值为常数，且它等于输入随机过程的均值 a_X 乘以线性系统传输特性 $H(f)$ 在 $f=0$ 时的值 $H(0)$。所以，当输入随机过程的均值为 0 时，输出随机过程的均值也为 0。

(2) 输出随机过程的自相关函数

根据随机过程自相关函数的定义及式（2-70），可求出 $Y(t)$ 的自相关函数为

$$\begin{aligned} R_Y(t, t+\tau) &= E[Y(t)Y(t+\tau)] \\ &= E\left[\int_{-\infty}^{\infty} h(\mu)X(t-\mu)\mathrm{d}\mu \int_{-\infty}^{\infty} h(\nu)X(t+\tau-\nu)\mathrm{d}\nu\right] \\ &= \int_{-\infty}^{\infty}\int_{-\infty}^{\infty} h(\mu)h(\nu)E[X(t-\mu)X(t+\tau-\nu)]\mathrm{d}\mu\mathrm{d}\nu \\ &= \int_{-\infty}^{\infty}\int_{-\infty}^{\infty} h(\mu)h(\nu)R_X(\tau+\mu-\nu)\mathrm{d}\mu\mathrm{d}\nu = R_Y(\tau) \end{aligned} \tag{2-73}$$

由于 $X(t)$ 是平稳的，故其自相关函数只与时间间隔有关，因此有

$$E[X(t-\mu)X(t+\tau-\nu)] = R_X(\tau+\mu-\nu)$$

由式（2-73）可见，当输入随机过程 $X(t)$ 平稳时，输出随机过程的自相关函数是时间间隔 τ 的函数，与时间 t 无关。

式（2-72）与式（2-73）表明，**当输入随机过程平稳时，输出随机过程也是平稳的。**

(3) 输出随机过程的功率谱密度

根据式（2-73），利用维纳-辛钦定理，可得输出随机过程 $Y(t)$ 的功率谱密度为

$$\begin{aligned} P_Y(f) &= \int_{-\infty}^{\infty} R_Y(\tau)\mathrm{e}^{-\mathrm{j}2\pi f\tau}\mathrm{d}\tau \\ &= \int_{-\infty}^{\infty}\left[\int_{-\infty}^{\infty}\int_{-\infty}^{\infty} h(\mu)h(\nu)R_X(\tau+\mu-\nu)\mathrm{d}\mu\mathrm{d}\nu\right]\mathrm{e}^{-\mathrm{j}2\pi f\tau}\mathrm{d}\tau \end{aligned}$$

令 $\tau'=\tau+\mu-\nu$，代入上式，经整理后得

$$\begin{aligned} P_Y(f) &= \int_{-\infty}^{\infty} h(\mu)\mathrm{e}^{\mathrm{j}2\pi f\mu}\mathrm{d}\mu \int_{-\infty}^{\infty} h(\nu)\mathrm{e}^{-\mathrm{j}2\pi f\nu}\mathrm{d}\nu \int_{-\infty}^{\infty} R_X(\tau')\mathrm{e}^{-\mathrm{j}2\pi f\tau'}\mathrm{d}\tau' \\ &= H^*(f)H(f)P_X(f) \end{aligned}$$

因此输出随机过程的功率谱密度为

$$P_Y(f) = |H(f)|^2 P_X(f) \tag{2-74}$$

式（2-74）表明，**输出随机过程的功率谱密度等于输入随机过程的功率谱密度与系统传输特性模平方的乘积。**此关系式十分有用，当给定输入平稳随机过程的功率谱密度 $P_X(f)$ 及线性系统的传输特性 $H(f)$ 时，可方便地求出输出随机过程的功率谱密度 $P_Y(f)$。进一步，由 $P_Y(f)$ 通过傅里叶反变换也可求出输出随机过程的自相关函数 $R_Y(\tau)$，对 $P_Y(f)$ 积分还可求出输出随机过程的功率。

(4) 输出随机过程的概率分布

对一般随机过程来说，通过线性系统后，其概率分布特性会发生变化，而且没有规律可寻，但高斯分布的随机过程是个例外，理论和实践都可以证明，服从高斯分布的随机过程通过线性系统时，输出随机过程仍然服从高斯分布，只是其数字特征和功率谱密度可能会发生变化。

【例 2-18】 设功率谱密度为 $P_X(f)$ 的平稳随机过程 $X(t)$ 输入到如图 2-28 所示的线性系统，输出随机过程为 $Y(t)$。求输出随机过程 $Y(t)$ 的功率谱密度 $P_Y(f)$。

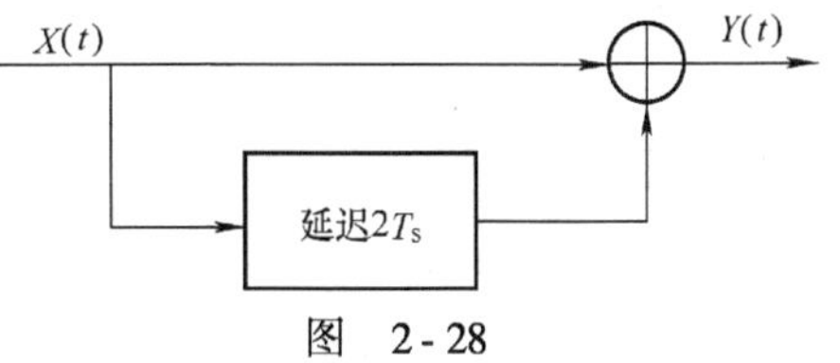

图 2-28

解 方法1：先求出系统的传输特性 $H(f)$，再应用式（2-74）求得 $P_Y(f)$。

由图2-28可得

$$Y(t)=X(t)+X(t-2T_s)$$

两边求傅里叶变换得

$$Y(f)=X(f)+X(f)\mathrm{e}^{-\mathrm{j}2\pi f2T_s}$$

因此系统传输特性为

$$H(f)=\frac{Y(f)}{X(f)}=1+\mathrm{e}^{-\mathrm{j}2\pi f2T_s}$$

根据式（2-74）可得输出随机过程 $Y(t)$ 的功率谱密度为

$$\begin{aligned}P_Y(f)&=|1+\mathrm{e}^{-\mathrm{j}2\pi f2T_s}|^2P_X(f)\\&=|(1+\cos4\pi fT_s)-\mathrm{j}\sin4\pi fT_s|^2P_X(f)\\&=[(1+\cos4\pi fT_s)^2+(\sin4\pi fT_s)^2]P_X(f)\\&=2(1+\cos4\pi fT_s)P_X(f)\end{aligned}$$

方法2：先求输出随机过程 $Y(t)$ 的自相关函数，再对其做傅里叶变换求得 $P_Y(f)$。

由图2-28可得

$$Y(t)=X(t)+X(t-2T_s)$$

故 $Y(t)$ 的自相关函数为

$$\begin{aligned}R_Y(\tau)&=E[Y(t)Y(t+\tau)]\\&=E[(X(t)+X(t-2T_s))(X(t+\tau)+X(t+\tau-2T_s))]\\&=E[X(t)X(t+\tau)+X(t)X(t+\tau-2T_s)+X(t-2T_s)X(t+\tau)+\\&\quad X(t-2T_s)X(t+\tau-2T_s)]\\&=R_X(\tau)+R_X(\tau-2T_s)+R_X(\tau+2T_s)+R_X(\tau)\end{aligned}$$

其中，$R_X(\tau)$ 是输入平稳随机过程 $X(t)$ 的自相关函数。

对 $R_Y(\tau)$ 求傅里叶变换得输出随机过程 $Y(t)$ 的功率谱密度 $P_Y(f)$ 为

$$\begin{aligned}P_Y(f)&=F[R_X(\tau)+R_X(\tau-2T_s)+R_X(\tau+2T_s)+R_X(\tau)]\\&=P_X(f)+P_X(f)\mathrm{e}^{-\mathrm{j}2\pi f2T_s}+P_X(f)\mathrm{e}^{+\mathrm{j}2\pi f2T_s}+P_X(f)\\&=(2+2\cos4\pi fT_s)P_X(f)\end{aligned}$$

其中，$P_X(f)=F[R_X(\tau)]$，并且应用了式（2-20）所示的时移特性。

2.4 通信系统中的噪声

在通信过程中不可避免地存在着噪声，它对通信质量有着极大的影响，甚至决定了能否进行正常的通信。在研究各种通信系统的抗噪声性能时，都需要知道噪声的特性，因此，本节重点讨论通信系统中的噪声。

2.4.1 噪声分类

所谓噪声是指通信系统中干扰信号的传输与处理的那些不需要的电波形，它是典型的随机过程，它的来源很广，种类很多。下面介绍几种常用的噪声分类方法。

1. 人为噪声和自然噪声

按噪声的不同来源可将噪声分为人为噪声和自然噪声两种。人为噪声是指各种电气设备和汽车的火花塞所产生的火花放电、高压输电线路的电晕放电以及邻近电台信号的干扰等。自然噪声包括大气产生的噪声、天体辐射的电磁波所形成的宇宙噪声以及通信设备内部电路产生的热噪声和散弹噪声等。

2. 高斯分布噪声和非高斯分布噪声

按噪声瞬时值的概率分布将噪声分成高斯噪声和非高斯噪声两种。瞬时值服从高斯分布的噪声称为高斯噪声，否则称为非高斯噪声。

3. 白噪声和有色噪声

按噪声功率谱密度将噪声分成白噪声和有色噪声两种。如果噪声的功率谱密度均匀分布在整个频率范围内，则称这种噪声为白噪声，否则称为有色噪声。

白噪声 $n(t)$ 的功率谱密度表示为

$$P_{\mathrm{n}}(f)=\frac{n_0}{2}\quad -\infty<f<\infty \tag{2-75}$$

式中，n_0 为常数，单位为 W/Hz，如图 2-29a 所示，这种表示形式称为双边功率谱。有时噪声功率谱密度只表示出正频率部分，称为单边功率谱，如图 2-29b 所示。单边谱的幅度是双边谱幅度的 2 倍。

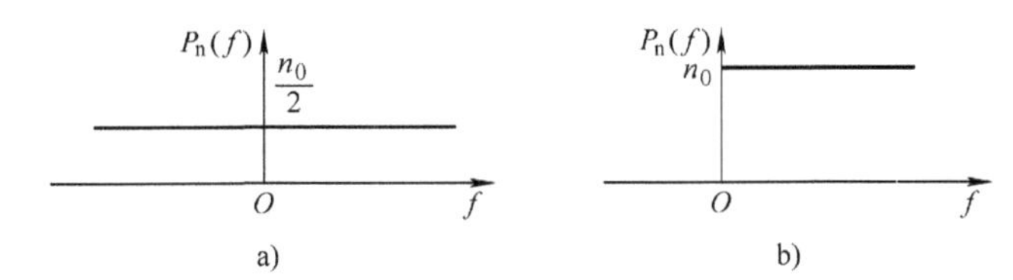

图 2-29 白噪声的功率谱密度

a）双边功率谱表示 b）单边功率谱表示

4. 加性噪声和乘性噪声

按噪声对信号作用的方式将噪声分为加性噪声和乘性噪声两种。如果噪声与信号是相加关系，则称此噪声为加性噪声。也就是说，如 $s(t)$ 是信号，$n(t)$ 是噪声，则接收波形是 $s(t)+n(t)$。如果噪声对信号的影响是以相乘形式出现的，则称此噪声为乘性噪声。乘性噪声通常用 $k(t)$ 表示，它代表信道或系统对信号产生的失真，此时接收波形为 $k(t)s(t)$。

噪声还有其他的分类方法，这里不一一介绍了。总之，噪声的来源很多，表现形式也较为复杂。

通过对通信系统的精心设计，许多噪声是可以消除或部分消除的，但仍有一些噪声是无法避免的。电路内部电子运动产生的热噪声和散弹噪声以及宇宙噪声就是对通信系统有较大的持续影响的噪声，有时将这些噪声统称为起伏噪声。

实践证明，起伏噪声是一种加性噪声，且均值为 0，瞬时值服从高斯分布，功率谱密度在很大频率范围内为常数。所以，在通信系统的理论分析中，特别在分析、计算通信系统的抗噪声性能时，常假定信道中的噪声为零均值的加性高斯白噪声（Additive White Gaussian Noise，AWGN），显然，这种假设是合理的。

除了信道中的高斯白噪声外，在后面通信系统的性能分析中还会遇到一种噪声，即窄带高斯噪声。

2.4.2 窄带高斯噪声

若高斯白噪声通过一个中心频率为f_c、带宽为B的窄带滤波器系统（$B \ll f_c$），则输出的噪声称为窄带高斯噪声，用$n_i(t)$表示。

窄带高斯噪声的功率谱密度如图2-30a所示。此功率谱所对应的时间波形是一个包络和相位都缓慢变化的频率为f_c的余弦信号（可用示波器观测），波形如图2-30b所示。因此，窄带高斯噪声的一般表示式为

$$n_i(t)=R(t)\cos[2\pi f_c t+\phi(t)] \tag{2-76}$$

其中，$R(t)\geqslant 0$为窄带高斯噪声的包络；$\phi(t)$为窄带高斯噪声的相位，它们相对于f_c都是缓慢变化的随机过程。

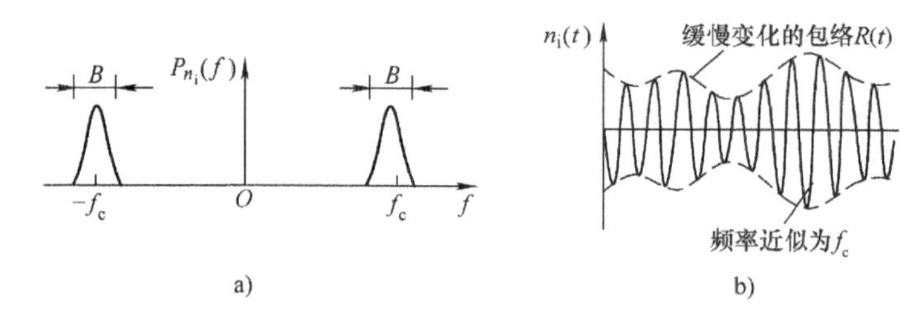

图2-30 窄带高斯噪声的功率谱和时间波形

a）窄带高斯噪声的功率谱密度 b）窄带高斯噪声的时间波形

对式（2-76）用三角公式展开成正交表达式，即

$$\begin{aligned} n_i(t) &= R(t)\cos\phi(t)\cos 2\pi f_c t - R(t)\sin\phi(t)\sin 2\pi f_c t \\ &= n_c(t)\cos 2\pi f_c t - n_s(t)\sin 2\pi f_c t \end{aligned} \tag{2-77}$$

其中

$$n_c(t)=R(t)\cos\phi(t) \tag{2-78}$$

$$n_s(t)=R(t)\sin\phi(t) \tag{2-79}$$

分别称为窄带高斯噪声的同相分量和正交分量，它们都是低通型噪声，可以通过低通滤波器。

当$n_i(t)$是均值为0、方差为σ_n^2的窄带高斯噪声时，经数学推导可得到如下结论：

① $n_c(t)$、$n_s(t)$的瞬时值服从高斯分布，且有

$$E[n_c(t)]=E[n_s(t)]=E[n_i(t)]=0 \tag{2-80}$$

$$D[n_c(t)]=D[n_s(t)]=D[n_i(t)]=\sigma_n^2 \tag{2-81}$$

② 窄带高斯噪声包络$R(t)$的瞬时值服从瑞利分布，即

$$f(r)=\frac{r}{\sigma_n^2}\exp\left(-\frac{r^2}{2\sigma_n^2}\right),\quad r\geqslant 0 \tag{2-82}$$

其相位$\phi(t)$的瞬时值服从均匀分布，即

$$f(\varphi)=\frac{1}{2\pi},\quad 0\leqslant\varphi\leqslant 2\pi \tag{2-83}$$

且 $R(t)$ 和 $\phi(t)$ 的瞬时值是统计独立的。

③ 若在窄带高斯噪声上加上正弦波，即

$$r(t) = A\cos 2\pi f_c t + n_i(t) \tag{2-84}$$

则此合成包络

$$Z(t) = \sqrt{[A + n_c(t)]^2 + n_s^2(t)}$$

的瞬时值服从莱斯分布，其概率密度函数为

$$f(z) = \frac{z}{\sigma_n^2} I_0\left(\frac{Az}{\sigma_n^2}\right) \exp\left(-\frac{(z^2 + A^2)}{2\sigma_n^2}\right), \quad z \geqslant 0 \tag{2-85}$$

2.5 匹配滤波器

由于信道中存在噪声，因此发送信号通过信道时会受到噪声的干扰，接收设备的任务就是从受到噪声干扰的信号中将发送信号检测出来。要完成这一任务，数字接收设备通常由两个模块构成，一个模块首先对接收信号进行滤波，以减少噪声的影响，另一个模块再对滤波处理后的信号进行判决，以恢复发送端发送的信号，简化的数字接收设备示意图如图 2-31 所示。

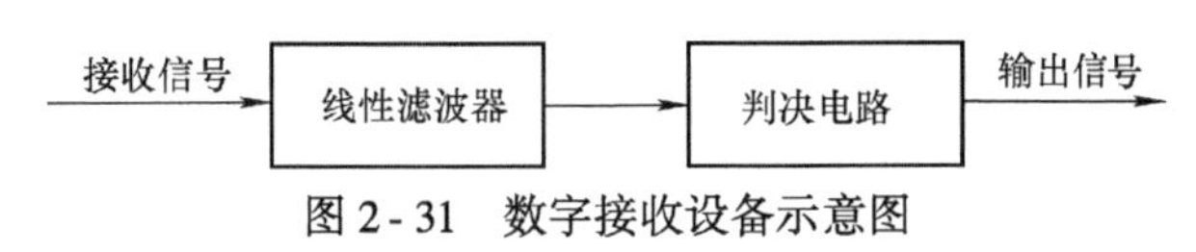

图 2-31 数字接收设备示意图

理论和实践均证明，在白噪声的干扰下，如果线性滤波器的输出端在某个时刻 t_0 使信号的瞬时功率与噪声功率之比值达到最大，在此时刻判决就可以使判决电路出现错误判决的概率最小。这种在白噪声条件下能输出最大信噪比的线性滤波器就是匹配滤波器，所以匹配滤波器是最大输出信噪比意义下的最佳线性滤波器。

2.5.1 匹配滤波器的传输特性

匹配滤波器的示意图如图 2-32 所示，假定匹配滤波器的输入信号为 $x(t)$，它是发送信号 $s(t)$ 与噪声 $n(t)$ 的混合波形，即

$$x(t) = s(t) + n(t)$$

其中，$n(t)$ 是功率谱密度为 $P_n(f) = n_0/2$ 的白噪声，信号 $s(t)$ 的频谱函数为 $S(f)$。现在我们来分析一下，要使匹配滤波器在时刻 t_0 上有最大输出信噪比，那么它应当具有什么样的传输特性 $H(f)$ 呢？

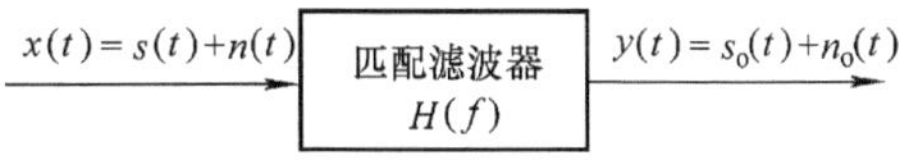

$x(t)=s(t)+n(t)$ → 匹配滤波器 $H(f)$ → $y(t)=s_0(t)+n_0(t)$

图 2-32 匹配滤波器示意图

根据线性叠加原理，匹配滤波器的输出 $y(t)$ 由输出信号和输出噪声两部分组成，即

$$y(t) = s_o(t) + n_o(t)$$

其中输出信号为

$$s_o(t) = \int_{-\infty}^{\infty} S_o(f) e^{j2\pi f t} df = \int_{-\infty}^{\infty} S(f) H(f) e^{j2\pi f t} df$$

故 t_0 时刻的瞬时功率为

$$|s_o(t_0)|^2 = \left|\int_{-\infty}^{\infty} S(f)H(f)\mathrm{e}^{\mathrm{j}2\pi f t_0}\mathrm{d}f\right|^2$$

由式（2-74）可求出输出噪声功率谱密度为

$$P_{n_o}(f) = P_n(f)\,|H(f)|^2 = \frac{n_0}{2}|H(f)|^2$$

对其求积分，得输出噪声功率为

$$N_o = \int_{-\infty}^{\infty} P_{n_o}(f)\mathrm{d}f = \int_{-\infty}^{\infty} \frac{n_0}{2}|H(f)|^2\mathrm{d}f$$

所以在时刻 t_0 匹配滤波器输出信号的瞬时功率与噪声功率的比值为

$$r_o = \frac{|s_o(t_0)|^2}{N_o} = \frac{\left|\int_{-\infty}^{\infty} S(f)H(f)\mathrm{e}^{\mathrm{j}2\pi f t_0}\mathrm{d}f\right|^2}{\int_{-\infty}^{\infty} \frac{n_0}{2}|H(f)|^2\mathrm{d}f} \tag{2-86}$$

对式（2-86）应用施瓦兹（Schwartz）不等式后得到，要想使 r_0 达到最大，匹配滤波器的传输特性应为

$$H(f) = KS^*(f)\mathrm{e}^{-\mathrm{j}2\pi f t_0} \tag{2-87}$$

其中，$S^*(f)$ 是匹配滤波器输入端信号频谱 $S(f)$ 的共轭；K 为任意常数。

匹配滤波器所能给出的最大信噪比为

$$r_{\mathrm{omax}} = \frac{2E}{n_0} \tag{2-88}$$

其中，$E = \int_{-\infty}^{\infty} |S(f)|^2\mathrm{d}f$ 是输入信号的能量。

综上所述，我们得到如下结论：在白噪声干扰下，按照式（2-87）设计的滤波器在特定时刻 t_0 上获得最大输出信噪比 $2E/n_0$。由式（2-87）可见，因为该滤波器的传输特性与信号频谱的复共轭一致（除了 $K\mathrm{e}^{-\mathrm{j}2\pi f t_0}$ 因子外），所以又称该滤波器为与信号匹配的滤波器，简称匹配滤波器。

2.5.2 匹配滤波器的冲激响应

对 $H(f)$ 求傅里叶反变换就可得到匹配滤波器的冲激响应 $h(t)$，即

$$\begin{aligned} h(t) &= \int_{-\infty}^{\infty} H(f)\mathrm{e}^{\mathrm{j}2\pi f t}\mathrm{d}f = K\int_{-\infty}^{\infty} S^*(f)\mathrm{e}^{-\mathrm{j}2\pi f t_0}\mathrm{e}^{\mathrm{j}2\pi f t}\mathrm{d}f \\ &= K\int_{-\infty}^{\infty} S(f)\mathrm{e}^{\mathrm{j}2\pi f(t_0-t)}\mathrm{d}f \qquad (\text{因 } s(t) \text{ 为实函数,故 } S^*(f) = S(-f)) \\ &= Ks(t_0 - t) \end{aligned} \tag{2-89}$$

式（2-89）这个结果表明，匹配滤波器的冲激响应 $h(t)$ 是输入信号 $s(t)$ 的镜像 $s(-t)$ 在时间上再向右平移 t_0，幅度上有一个固定的因子 K。K 的取值不影响匹配滤波器的性能，故通常取 $K=1$。那么式（2-89）中的 t_0 该如何取值呢？

下面用图 2-33 加以说明。图 2-33a 和图 2-33b 分别是输入信号 $s(t)$ 和其镜像 $s(-t)$，图 2-33c、图 2-33d 和图 2-33e 分别是 t_0 取不同值时的匹配滤波器冲激响应 $h(t)$ 的波形。

由于 t_0 是取样时刻，所以从提高传输速率的角度考虑，对接收信号应尽快做出判决，故 t_0 应尽可能小。但另一方面，$h(t)$ 是匹配滤波器的冲激响应，从物理可实现性考虑，当 $t<0$ 时，应有 $h(t)=0$，如图 2-33d 和图 2-33e 所示，故要求 $t_0 \geqslant t_2$。所以，综合上述两个方面考虑，应取 $t_0=t_2$。t_2 是信号 $s(t)$ 的结束时间，也就是说输入信号刚刚结束，立即取样，这样对接收信号能及时地进行判决，同时它对应的 $h(t)$ 是物理可实现的。

以后提到匹配滤波器时，如不特别说明，冲激响应 $h(t)$ 中的 t_0 都取输入信号结束时刻的时间值。

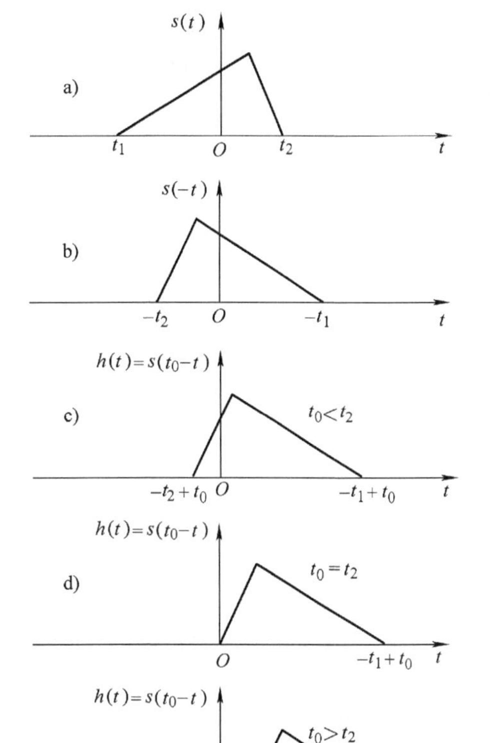

图 2-33 匹配滤波器的冲激响应

2.5.3 匹配滤波器的输出

匹配滤波器的输出等于输入信号与冲激响应的卷积，即

$$
\begin{aligned}
s_o(t) &= \int_{-\infty}^{\infty} s(\tau)h(t-\tau)\mathrm{d}\tau \\
&= K\int_{-\infty}^{\infty} s(\tau)s[t_0-(t-\tau)]\mathrm{d}\tau \\
&= K\int_{-\infty}^{\infty} s(\tau)s[\tau+(t_0-t)]\mathrm{d}\tau \\
&= KR_s(t_0-t)
\end{aligned}
$$

式中，$R_s(t_0-t)$ 是 $s(t)$ 的自相关函数，根据自相关函数是偶函数的特性，即有

$$s_o(t) = KR_s(t-t_0) \tag{2-90}$$

式（2-90）说明匹配滤波器的输出信号在形式上与输入信号的时间自相关函数相同，仅差一个常数因子 K，以及在时间上延迟 t_0。从这个意义上来说，匹配滤波器可以看成一个计算输入信号自相关函数的相关器。

我们知道，自相关函数 $R_s(t-t_0)$ 的最大值是 $R_s(0)$。从式（2-90）可得，匹配滤波器的输出信号 $s_o(t)$ 在 $t=t_0$ 时达到最大值，即

$$s_o(t_0) = KR_s(0) = K\int_{-\infty}^{\infty} s^2(\tau)\mathrm{d}\tau = KE \tag{2-91}$$

【例 2-19】 已知信号 $s(t)$ 如图 2-34a 所示，求：

（1）匹配滤波器的传输特性 $H(f)$ 及冲激响应 $h(t)$。

（2）匹配滤波器的输出信号波形 $s_o(t)$。

（3）匹配滤波器输出端最大信噪比 r_{omax}。

解 （1）本例中取 $t_0=\tau_0$。由例 2-6 结论可知，输入信号 $s(t)$ 的频谱为

$$S(f) = A\tau_0\mathrm{Sa}(\pi f\tau_0)\mathrm{e}^{-\mathrm{j}\pi f\tau_0}$$

代入式（2-87）得匹配滤波器的传输特性为

$$H(f)=KS^*(f)\mathrm{e}^{-\mathrm{j}2\pi f t_0}=KA\tau_0\mathrm{Sa}(\pi f\tau_0)\mathrm{e}^{-\mathrm{j}\pi f\tau_0}$$

冲激响应 $h(t)$ 的波形是输入信号波形的镜像再向右移 τ_0，故为

$$h(t)=Ks(t_0-t)=Ks(\tau_0-t)$$

如图2-34b所示。

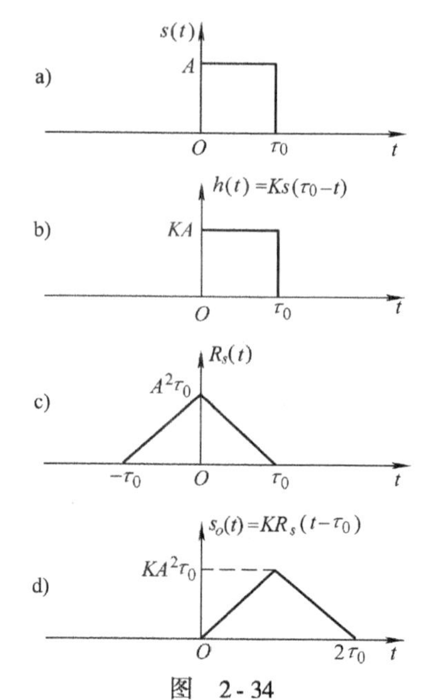

图　2-34

（2）由 $t_0=\tau_0$ 及式（2-90）可知，匹配滤波器的输出信号为

$$s_o(t)=KR_s(t-\tau_0)$$

由例2-10可知，宽度为 τ_0、幅度为 A 的矩形脉冲的自相关函数 $R_s(t)$ 为如图2-34c所示的三角脉冲，$R_s(t)$ 向右平移 τ_0 便是匹配滤波器的输出波形，如图2-34d所示。

（3）由于输入信号能量为 $E=\int_0^{\tau_0}A^2\mathrm{d}t=A^2\tau_0$，故匹配滤波器最大输出信噪比为

$$r_{\mathrm{omax}}=\frac{2E}{n_0}=\frac{2A^2\tau_0}{n_0}$$

【例2-20】 已知 $s(t)$ 如图2-35a所示，求对应的匹配滤波器的冲激响应和输出信号波形。

解　根据式（2-89），匹配滤波器的冲激响应为

$$h(t)=Ks(t_0-t)$$

式中，t_0 取为 T，即

$$h(t)=Ks(T-t)$$

此式表示 $h(t)$ 是 $s(t)$ 的镜像并右移 T 且幅度是 $s(t)$ 的 K 倍，可得

$$h(t)=\begin{cases}KA\cos2\pi f_0t, & 0\leqslant t\leqslant T\\ 0, & \text{其他}\end{cases}$$

$h(t)$ 的图形如图2-35b所示。

匹配滤波器输出信号等于输入信号与冲激响应的卷积，计算过程较为烦琐，这里直接给出 f_0 较大时的计算结果为

$$s_0(t)=\begin{cases}\dfrac{KA^2}{2}t\cos2\pi f_0t, & 0\leqslant t\leqslant T\\ \dfrac{KA^2}{2}(2T-t)\cos2\pi f_0t, & T\leqslant t\leqslant 2T\\ 0, & \text{其他}\end{cases}$$

波形示意图如图2-35c所示，此结论在第5章中会用到。

综合上述讨论，有如下结论：

① 匹配滤波器输出端的最大瞬时信噪比为 $2E/n_0$。这个数值仅取决于输入信号的能量和白噪声的功率谱，而与输入信号的波形、带宽及噪声的分布特性无关。也就是说，无论采用

什么样波形的信号，只要设计出与之相适应的匹配滤波器，则在同样功率谱密度的白噪声干扰下，都可以得到相同数值的瞬时信噪比。只有增加输入信号的能量才能提高匹配滤波器的输出信噪比。

② 匹配滤波器在输入信号的结束时刻取样判决，其输出信号有最大值 $KR(0)$，即与最大自相关值成正比。因此，匹配滤波器与相关器的接收效果是一样的，二者可以相互代替。

③ 应当注意，匹配滤波器不适合于模拟信号的接收。因为，相对于输入信号，匹配滤波器的输出信号波形会产生严重的失真，见上述两个例子。

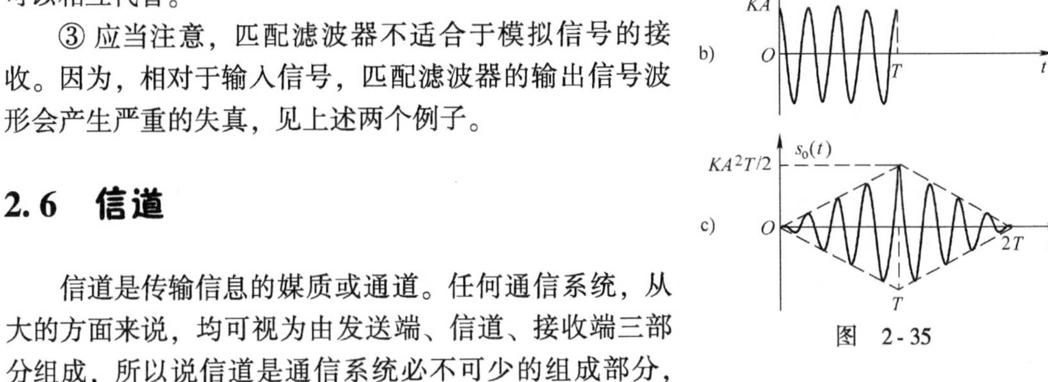

图 2-35

2.6 信道

信道是传输信息的媒质或通道。任何通信系统，从大的方面来说，均可视为由发送端、信道、接收端三部分组成，所以说信道是通信系统必不可少的组成部分，它对通信系统的性能起着至关重要的作用。下面对信道做简要介绍，为后面学习通信原理的主要内容做一必要的准备。

2.6.1 信道实例介绍

1. 双绞线

如图 2-36 所示，双绞线由两根相互绝缘（如封装在彩色塑料皮内）的铜线按一定的规则扭绞而成，扭绞的目的是为了减小相邻线对之间的相互干扰，如串音现象（两条平行的金属线构成一个简单的天线，而双绞线则不会）。双绞线最常见的应用就是电话系统，几乎所有的电话都用双绞线连接到电话交换机。通常将一定数量的双绞线封装在一个硬的护套里，形成双绞线电缆。

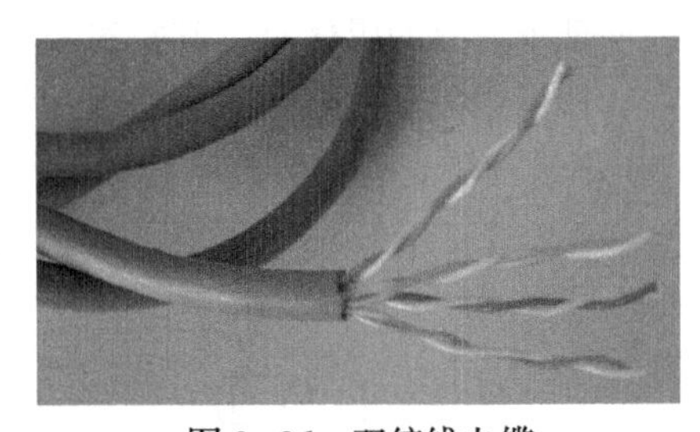

图 2-36 双绞线电缆

模拟信号及数字基带、频带信号都可以使用双绞线传输，其通信距离与导线的直径（一般为 0.4~1.4mm）、传输信号的速率等有关。用于模拟信号及数字频带传输时，每隔5~6km 需要一级放大，数字基带信号传输时，若传输速率为每秒几兆比特，则每隔 2~3km 要用转发器转发一次。双绞线用于局域网且传输速率为 100Mbit/s 时，与集线器间的最大距离为 100m。

双绞线的抗干扰性能取决于双绞线电缆中相邻线对的扭曲长度及适当的屏蔽。国际电子工业协会（EIA）对非屏蔽双绞线（UTP）定义了五类质量级别，计算机网络中最常用的是三类和五类 UTP。三类 UTP 的带宽是 16MHz，最高数据传输速率是 16Mbit/s。五类 UTP 的带宽是 100MHz，最高数据传输速率是 100Mbit/s。二者的关键不同在于单位长度上的扭绞数，三类UTP的典型值为3~4扭绞/英尺，五类UTP的典型值为3~4扭绞/英寸。五类UTP更紧密的扭绞提供了更好的性能，但价格也比三类UTP贵。

2. 同轴电缆

单根同轴电缆的结构如图2-37所示，它由同轴的两个导体构成，内导体一般为铜质实心导线（可为单股或多股绞合），外导体是网状编织的铜网屏蔽层，内、外导体之间是绝缘层，一般用塑料作为填充物，最外一层是塑料保护套。实际应用中，同轴电缆的外导体是接地的，由于它起屏蔽作用，所以同轴电缆抗外界噪声及电磁干扰性能较好。另外它的频率响应特性比双绞线好，因此被广泛用于较远距离、较高速率的数据传输。

图2-37　单根同轴电缆的基本结构

按特性阻抗不同，同轴电缆有50Ω和75Ω两种。50Ω电缆可用于无线收发信机与天线之间的连接，因此在无线电通信领域被称为射频电缆。它还可用于传输数字基带信号，因此在数据通信领域又称为基带同轴电缆，用这种同轴电缆以10Mbit/s的速率将数字基带信号传输1km是完全可行的，所以它在局域网中也得到较多的应用。75Ω电缆是公用有线电视系统（CATV）中的标准传输电缆，因此也称为视频电缆。另外，长期以来，同轴电缆都是长途电话网的重要组成部分。

3. 光纤信道

光纤是一种传输光波的介质。光纤通常是由透明度很高的石英玻璃拉成细丝，形成由纤芯和包层构成的双层通信圆柱体。包层较纤芯有较低的折射率，当光线从高折射率的媒体射向低折射率的媒体时，其折射角将大于入射角。因此，如果入射角足够大，就会出现全反射，即光线碰到包层时就会折射回纤芯。这个过程不断重复，光也就沿着光纤传输下去。图2-38给出了光线在纤芯中传播的示意图。

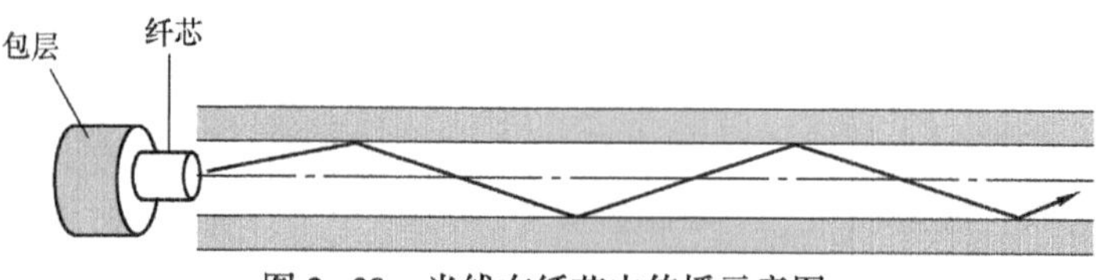

图2-38　光线在纤芯中传播示意图

由于光纤非常细，连包层一起，其直径也不到0.2mm，因此必须将光纤做成很结实的光缆。一根光缆可以包括一至数百根光纤，再加上加强芯和填充物就可以大大提高其机械强度。必要时还可放入远供电源线，最后加上包带层和外护套，就可以使其抗拉强度满足工程施工的要求。

光纤具有许多优越的性能，因而被广泛用作传输媒质，应用在长途干线、市区干线、农用交换干线、用户环路以及局域网等。其优越性包括：

① 频带宽，容量大。目前单模光纤的数据传输速率可达10Tbit/s。

② 传输损耗小。1.55μm波段的损耗为0.2dB/km甚至更低，单模光纤的最大中继距离

可达上百千米，比同轴电缆大几十倍，比铜线大上百倍。

③ 抗干扰能力强。光纤不仅不受电磁干扰的影响，而且光纤之间也不会引起串音和干扰，可用于强电磁干扰环境下的通信。

④ 线径细、重量轻、不怕腐蚀。

⑤ 原材料丰富、便宜。

4. 微波视距中继信道

工作频率在微波波段（3~30GHz）时，电磁波基本上沿视线传播，通信距离需依靠中继方式来延伸，所以称为微波视距中继通信，如图 2-39 所示。

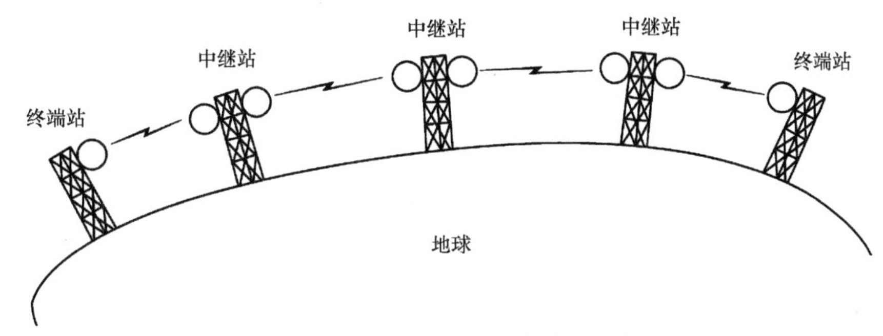

图 2-39 微波视距中继信道的构成

微波视距中继信道由终端站、中继站及各站间的电波传播路径构成。相邻中继站的间距受地球曲率及大气折射等限制，一般为 40~50km。一方面，相对于有线信道，尤其是在山区，中继系统具有架设方便的特点，另外，中继系统具有传输容量大、发射功率小、通信稳定可靠以及和同轴电缆相比，可以节省有色金属等优点，因此，被广泛用于长途干线来传输数据、多路电话及电视等。

5. 卫星中继信道

卫星中继信道是利用人造卫星作为中继站构成的通信信道，由通信卫星、地球站、上行线路及下行线路构成，其中上行线路是地球站至卫星的电波传播路径，下行线路是卫星至地球站的电波传播路径。

轨道在赤道平面上的人造卫星，当它离地面高度为 35860km 时，绕地球运行一周的时间恰为 24h，与地球自转同步，称为同步卫星。相对于地球站来说，同步卫星在空中的位置是静止的，所以又称它为“静止”卫星。使用单个同步卫星作为中继站，可以实现地球上 18000km 范围内的中继通信，采用三个相差 120°并适当配置的同步卫星就可以覆盖全球（除两极盲区外）。并且其中部分区域为两个卫星波束的重叠区，借助于重叠区内地球站的中继（称之为双跳），可以实现不同卫星覆盖区内地球站之间的通信。图 2-40 给出了同步卫星中继信道的概貌。

除静止卫星外，在较低轨道上运行的卫星及不在赤道平面上的卫星也可以用于中继通信。在几百公里高度的轨道上运行的卫星，由于要求地球站的发射功率较小，特别适用于移动通信和个人通信系统。

目前卫星中继信道主要工作频段有 L 频段（1.5/1.6GHz）、C 频段（4/6GHz）、Ku 频段（12/14GHz）和 Ka 频段（20/30GHz）。卫星中继信道具有传输距离远、覆盖地域广、传

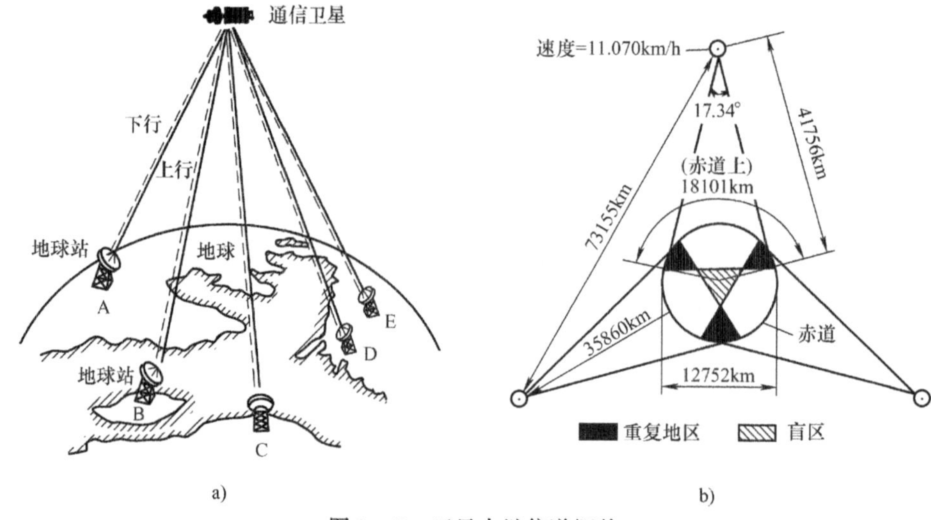

图 2-40 卫星中继信道概貌

播稳定可靠、传输容量大等突出优点，被广泛用来传输多路电话、电视和数据。

6. 短波电离层反射信道

在距离地面大约 60~600km 的上空，由于稀薄大气受到太阳紫外线和 X 射线的作用而发生电离，形成电离层（Ionosphere）。当频率为 3~30MHz 的高频无线电波（其波长为 10~100m，也称为短波）射入电离层时，电离层使无线电波发生反射，返回地面，从而形成短波电离层反射信道。

高频无线电波通过电离层的一次或多次反射可传输几千千米，乃至上万千米的距离，这种传播模式称为天波传播，其传播方式示意图如图 2-41 所示。

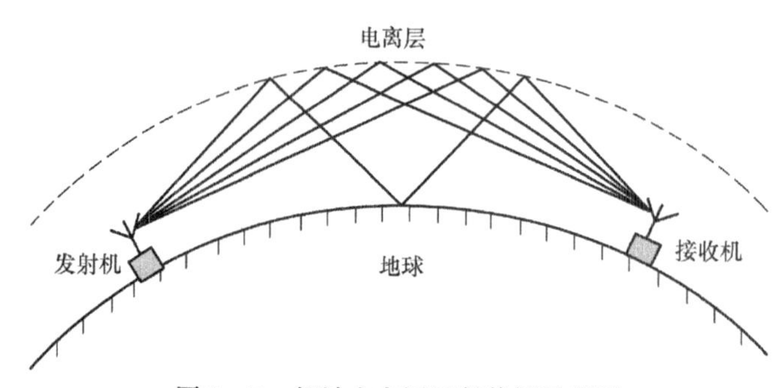

图 2-41 短波电离层反射传播示意图

由于太阳辐射随时间、季节、气候等变化，因而电离层的密度和厚度也随时间、季节、气候等变化，所以短波电离层反射信道的传输特性十分复杂，而且随时间快速变化。

尽管短波电离层反射信道传输可靠性较差，但仍然是远距离传输的重要信道之一。而且电离层不易受到人为破坏，故对军事通信有重要意义。

7. 陆地移动信道

陆地移动信道的工作频段主要在 VHF（30~300MHz）及 UHF（300~3000MHz）频段，其电波传播特点是以直射波为主，但由于城市建筑群及其他地形地物的影响，电波在传播过程还会产生反射波、散射波、折射波，所以接收端收到的信号是来自于各条路径的信号的合成，如图2-42所示。

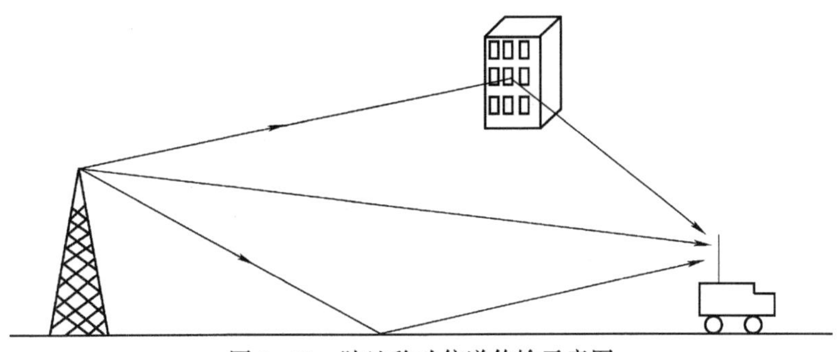

图2-42 陆地移动信道传输示意图

另外，由于移动台通常处于不断运动的状态，因而其接收信号强度和相位随时间、地点也在不断变化，并且由于运动产生的多普勒频移等，使接收的信号极不稳定，其起伏幅度可达30dB以上。可见，陆地移动信道的电波传播环境不仅复杂，而且随时间变化。

2.6.2 信道分类

从不同的角度出发，可以对信道进行不同的归类。

1. 有线信道和无线信道

按照传输媒质可将信道分为有线信道和无线信道。有线信道有双绞线、同轴电缆和光纤等。无线信道有短波电离层反射信道、陆地移动信道、微波视距中继信道及卫星中继信道等。

2. 恒参信道与随参信道

按照传输媒质的特性是否随时间变化可将信道分为恒参信道和随参信道。若传输媒质的特性不随时间变化或变化极为缓慢，则称为恒参信道，如双绞线、同轴电缆、光纤等有线信道以及无线信道中的微波中继信道和卫星信道。若传输媒质的特性随时间变化，则称为随参信道，如陆地移动信道、短波电离层反射信道都是典型的随参信道。

3. 低通信道和带通信道

按照信道的频域传输特性可将信道分为低通信道和带通信道。任何信道其通带范围都是有限的，能够传输低通信号的信道称为低通信道，反之，能够传输带通信号的信道则称为带通信道。有线信道一般为低通信道，而无线信道则都是带通信道。理想低通信道和带通信道可等效为理想低通滤波器和理想带通滤波器，传输特性分别如图2-43a和图2-43b所示，其中B为信道带宽，f_c为带通信道的中心频率。

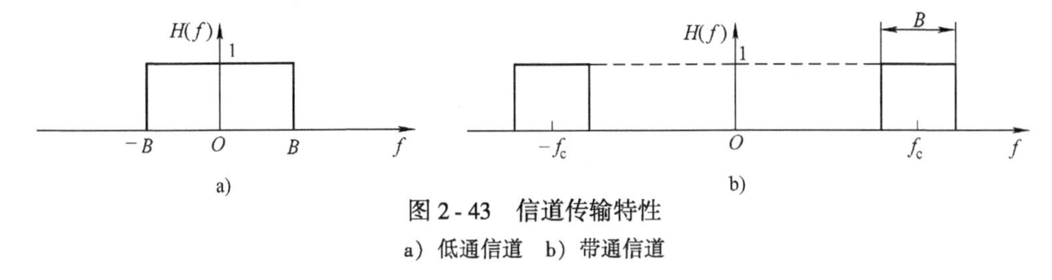

图2-43 信道传输特性

a）低通信道 b）带通信道

2.6.3 信道容量

信道容量是指信道无差错传输信息的最大速率。设信道加性高斯白噪声功率为 N（单位为W），信道带宽为 B（单位为Hz），信号功率为 S（单位为W），则该信道的容量（单位为bit/s）为

$$C = B\log_2(1 + S/N) \tag{2-92}$$

上式就是信息论中具有重要意义的香农（Shannon）信道容量公式，简称香农公式。

香农公式表明当信号与信道上的高斯白噪声的平均功率给定时，在具有一定频带宽度的信道上，单位时间内可传输的信息量的极限值。理论上，只要传输速率不大于信道容量，则总可以找到一种信道编码方式，实现无差错传输。但若传输速率大于信道容量，则不可能实现无差错传输。

由于噪声功率 N 与信道带宽 B 有关，若噪声单边功率谱密度为 n_0（单位为W/Hz），则信道带宽 B 内的噪声功率为 $N=n_0B$。因此，香农公式也可写成另一形式

$$C = B\log_2\left(1 + \frac{S}{n_0B}\right) \tag{2-93}$$

由上式可见，一个连续信道的信道容量受 B、n_0、S“三要素”的限制。只要这“三要素”确定，信道容量也就随之确定。下面我们来讨论信道容量与“三要素”之间的关系。

① 给定 B、n_0，增大信号功率 S，则信道容量增加，若信号功率趋于无穷大，则信道容量也趋于无穷大。

② 给定 B、S，减小噪声功率谱密度 n_0，则信道容量增加，对于无噪信道即 $n_0\to 0$，信道容量趋于无穷大。

③ 给定 n_0、S，增加信道带宽 B，则信道容量也增加，但当带宽 B 趋于无穷大时，经推导可得信道容量的极限值为

$$\lim_{B\to\infty} C = \lim_{B\to\infty} B\log_2\left(1 + \frac{S}{n_0B}\right) \approx 1.44\frac{S}{n_0} \tag{2-94}$$

上式表明，增加信道带宽可在一定范围内增加信道的容量，也就是说可以用带宽 B 的增加来换取信噪比 S/N 的降低，这正是扩频通信和码分多址（CDMA）技术的理论基础。同时，信道容量 C 并不会随带宽 B 无限制地增加，这是因为信道带宽增加时，噪声功率 N 也随之增加。另外需要注意的是，带宽与信噪比的互换不是自动的，必须变换信号使之具有所要求的带宽。实际上这是由各种类型的调制和编码来完成的，调制和编码就是实现带宽与信噪比互换的手段。

通常，把实现了上述极限信息速率的通信系统称为理想通信系统。但是，香农定理只证明了理想系统的“存在性”，却没有指出这种通信系统的实现方法。因此，理想系统通常只能作为实际系统的理论界限。另外，上述讨论都是在信道噪声为高斯白噪声的前提下进行的，对于其他类型的噪声，香农公式需要加以修正。

【例2-21】 每帧电视图像可以大致认为由30万个像素组成。对于一般要求的对比度，每一像素大约取10个可辨别的亮度电平（例如对应黑色、深灰色、浅灰色、白色等）。现假设对于任何像素，10个亮度电平是等概率出现的，每秒发送30帧图像，信道中的干扰为

加性高斯白噪声，并且为了满意地重现图像，要求信道中信噪比为30dB（即1000倍）。计算传输上述电视图像信号所需的信道带宽。

解 首先计算需要传送的信息速率。

因为每一像素以等概率取10个亮度电平，所以每个像素的信息量为

$$I_1 = \log_2 10 \text{ bit}$$

因而每帧图像的信息量为

$$I = 3 \times 10^5 \times \log_2 10 \text{ bit}$$

又因为每秒有30帧，所以每秒内传送的信息量即信息速率为

$$R_b = 30 \times 3 \times 10^5 \times \log_2 10 \text{bit/s} \approx 2.99 \times 10^7 \text{ bit/s}$$

显然，为了传输这个信号，信道容量 C 至少等于

$$C = R_b = 2.99 \times 10^7 \text{ bit/s}$$

又已知 $S/N=1000$，因此，根据式（2-92），可求得所需信道的传输带宽

$$B = \frac{C}{\log_2(1 + S/N)} = \frac{2.99 \times 10^7}{\log_2 1001}\text{Hz} \approx 3.0 \times 10^6 \text{ Hz}$$

可见，所需带宽约为3MHz。

【例2-22】 有扰连续信道的信道容量为 10^4bit/s，信道带宽为3kHz。如果将信道带宽提高到10kHz，在保持信道容量不变的情况下，信号噪声功率比可降到多少？

解 若 $C=10^4$bit/s 且 $B=3\text{kHz}=3000\text{Hz}$，则所需的信噪比为

$$S/N = 2^{\frac{C}{B}} - 1 = 2^{\frac{10000}{3000}} - 1 \approx 9$$

若保持 $C=10^4$bit/s，信道带宽提高到 $B=10\text{kHz}=10000\text{Hz}$，则所需的信噪比为

$$S/N = 2^{\frac{C}{B}} - 1 = 2^{\frac{10000}{10000}} - 1 = 1$$

可见，在保持信道容量不变时，提高信道带宽可换取对信噪比要求的降低。这种信噪比和带宽的互换在通信工程中有很大的用处。例如，在宇宙飞船与地面的通信中，飞船上的发射机功率不可能很大，因此可用增大带宽的方法来换取对信噪比要求的降低。相反，如果信道频带比较紧张，如有线载波电话信道，这时主要考虑频带利用率，可通过提高信号功率来提高信噪比，从而降低对信道带宽的要求。

2.7 本章小结

1. 信号的分类

（1）数字信号与模拟信号

信号中携带信息的参量取值离散，则为数字信号，取值连续则为模拟信号。

（2）周期信号和非周期信号

每隔一个固定时间重复出现的信号称为周期信号，反之，则称为非周期信号。例如正弦信号为周期信号，而语音信号和单个的矩形脉冲信号则是非周期信号。

（3）确知信号和随机信号

能够用确定的数学表达式描述的信号称为确知信号，反之，则为随机信号。

(4) 能量信号和功率信号

信号 $x(t)$ 消耗在 1Ω 电阻的能量和平均功率分别定义为

$$E=\int_{-\infty}^{\infty}x^2(t)\mathrm{d}t \qquad S=\lim_{T\to\infty}\frac{1}{T}\int_{-\infty}^{\infty}x^2(t)\mathrm{d}t$$

① 若 E 有限，则称 $x(t)$ 为能量信号。

② 若 S 有限，则称 $x(t)$ 为功率信号。

2. 系统的分类

(1) 线性系统与非线性系统

满足叠加原理的系统称为线性系统，否则为非线性系统。

(2) 时不变与时变系统

参数不随时间变化的系统称为时不变系统，否则称为时变系统。

(3) 物理可实现与物理不可实现系统

能够实现的系统称为物理可实现系统，而理想的系统都是不可实现的系统，如理想低通滤波器。

3. 周期信号的频谱分析

周期信号的频谱分析采用傅里叶级数展开的方法。周期为 T_0 的信号 $x(t)$ 可展开为

$$x(t)=\sum_{n=-\infty}^{\infty}V_n\mathrm{e}^{\mathrm{j}2\pi nf_0t}$$

其中，$V_n=\frac{1}{T_0}\int_{-T_0/2}^{T_0/2}x(t)\mathrm{e}^{-\mathrm{j}2\pi nf_0t}\mathrm{d}t$，$f_0=\frac{1}{T_0}$。

将 $V_n\sim nf_0$ 之间的关系画成图，即为周期信号的频谱图。其特点是：

① 离散性，即频谱由间隔为 f_0 的离散谱线组成。

② 谐波性，即谱线位于 nf_0（n 为整数）处。

4. 非周期信号的频谱分析

非周期信号 $x(t)$ 的频谱可由傅里叶变换得到

$$X(f)=\int_{-\infty}^{\infty}x(t)\mathrm{e}^{-\mathrm{j}2\pi ft}\mathrm{d}t$$

$X(f)\sim f$ 之间的关系图称为频谱图，非周期信号的频谱为连续谱。

常用信号的频谱：

(1) 宽度为 τ、高度为 A 的矩形脉冲，其频谱为 $X(f)=A\tau S_{\mathrm{a}}(\pi f\tau)$。

特点：频谱第一个零点位置为 $1/\tau$。故其第一个零点带宽为 $B=1/\tau$。

(2) 宽度为 τ、高度为 A 的升余弦脉冲，其频谱为 $X(f)=\frac{A\tau}{2}S_{\mathrm{a}}(\pi f\tau)\frac{1}{1-f^2\tau^2}$

特点：频谱第一个零点位置为 $2/\tau$。故其第一个零点带宽为 $B=2/\tau$。

(3) 幅度为 A 的冲激信号，其频谱为 $X(f)=A$，是一常数。

(4) 指数信号 $x(t)=\mathrm{e}^{\mathrm{j}2\pi nf_0t}$，其频谱为 $X(f)=\delta(f-f_0)$。

(5) 余弦信号 $x(t)=A\cos2\pi f_{\mathrm{c}}t$，其频谱为 $X(f)=\frac{A}{2}[\delta(f-f_{\mathrm{c}})+\delta(f+f_{\mathrm{c}})]$。

5. 常用傅里叶变换特性

(1) 线性叠加特性：$F[x_1(t)+x_2(t)]=F[x_1(t)]+F[x_2(t)]$。

（2）时移特性：$F[x(t-t_0)]=X(f)\mathrm{e}^{-\mathrm{j}2\pi f t_0}$。

（3）频移特性：$F[x(t)\mathrm{e}^{\mathrm{j}2\pi f_0 t}]=X(f-f_0)$。

（4）卷积特性：$F[x_1(t)*y(t)]=X(f)Y(f)$，$F[x_1(t)y(t)]=X(f)*Y(f)$。

6. 帕塞瓦尔定理

（1）能量信号的帕塞瓦尔定理：$E=\int_{-\infty}^{\infty}x^2(t)\,\mathrm{d}t=\int_{-\infty}^{\infty}|X(f)|^2\,\mathrm{d}f$

① 应用：求一个信号的能量可在时域中求也可在频域中求。

② 能量谱密度定义为 $G(f)=|X(f)|^2$，它反映能量信号的能量随频率的分布情况，对能量谱求积分等于总能量。

（2）周期信号的帕塞瓦尔定理：$S=\frac{1}{T_0}\int_{-T_0/2}^{T_0/2}x^2(t)\,\mathrm{d}t=\sum_{n=-\infty}^{\infty}|V_n|^2$

① 应用：求周期信号的功率可在时域求也可在频域求。

② 周期信号的功率谱密度定义为 $P(f)=\sum_{n=-\infty}^{\infty}|V_n|^2\delta(f-nf_0)$，它反映功率信号的功率随频率的分布情况，对功率谱求积分等于总功率。

7. 波形相关与卷积

（1）能量信号 $x_1(t)$ 与 $x_2(t)$ 的互相关函数：$R_{12}(\tau)=\int_{-\infty}^{\infty}x_1(t)x_2(t+\tau)\,\mathrm{d}t$。

（2）当 $x_1(t)=x_2(t)$ 时，即成为自相关函数：$R(\tau)=\int_{-\infty}^{\infty}x(t)x(t+\tau)\,\mathrm{d}t$。

自相关函数的特点：

① $R(\tau)$ 是偶函数，即 $R(\tau)=R(-\tau)$。

② $R(0)\geqslant R(\tau)$。

③ $R(0)$ 等于能量信号的总能量。

④ $R(\tau)$ 与能量谱密度 $G(f)$ 是一对傅里叶变换：$R(\tau)\leftrightarrow G(f)$。

（3）常用卷积等式：$x(t)*\delta(t)=x(t)$，$x(t)*\delta(t-t_0)=x(t-t_0)$

$$X(f)*\delta(f)=X(f),\quad X(f)*\delta(f-f_0)=X(f-f_0)$$

8. 信号的带宽

信号的带宽是指信号的能量或功率的主要部分集中的频率范围。信号带宽是人为定义的，即使同一信号，不同定义下的带宽通常会有所不同。带宽的定义主要有以下几种：

① 百分比带宽。

② 3dB 带宽。

③ 等效矩形带宽。

④ 第一个零点带宽。

9. 随机变量

以一定的概率取某些值的变量称为随机变量。

（1）离散随机变量：取值个数有限或无穷可数。其各种取值可能性的大小用概率来描述。

（2）连续随机变量：变量可能的取值充满某一有限或无限区间。其各种取值的可能性大小用概率密度函数来表示。对概率密度函数求积分等于概率。设连续随机变量 X 的概率

密度函数为$f(x)$，则随机变量X取值小于等于x_0的概率为

$$P(X \leqslant x_0)=\int_{-\infty}^{x_0} f(x)\,\mathrm{d}x$$

(3) 几种常见的概率密度函数

① 均匀分布：在区间$[a,b]$均匀分布的随机变量X的概率密度函数为$f(x)=\frac{1}{b-a}(a \leqslant x \leqslant b)$。

② 高斯分布（正态分布）：均值为a、方差为σ^2的高斯随机变量其概率密度函数为

$$f(x)=\frac{1}{\sqrt{2\pi}\sigma}\exp\left[-\frac{(x-a)^2}{2\sigma^2}\right]$$

例如，信道中噪声的瞬时值服从零均值高斯分布，故常称为高斯噪声。在求数字通信系统误码率时常用到的两个概率是$P(X \leqslant b)=\frac{1}{2}\mathrm{erfc}\left(\frac{a-b}{\sqrt{2}\sigma}\right)(b<a)$和$P(X \geqslant b)=\frac{1}{2}\mathrm{erfc}\left(\frac{b-a}{\sqrt{2}\sigma}\right)(b>a)$。

③ 瑞利分布：窄带高斯噪声的包络（瞬时值）服从瑞利分布。

④ 莱斯分布：窄带高斯噪声加上正弦（余弦）信号的包络（瞬时值）服从莱斯分布。当信号幅度趋近零时，莱斯分布退化为瑞利分布，当信号幅度相对于噪声较大时，莱斯分布趋近于正态分布。

(4) 随机变量的数字特征

① 数学期望（均值）：随机变量取值的统计平均。

离散随机变量：$E(X)=\sum_{i=1}^{n} x_i P(x_i)$

连续随机变量：$E(X)=\int_{-\infty}^{\infty} x f(x)\,\mathrm{d}x$

② 方差：$D(X)=E[(X-a_X)^2]$，反映随机变量取值相对于其数学期望的集中程度。若X为电压信号，则$E^2(X)=a_X^2$为直流功率，$D(X)=\sigma_X^2$为交流功率，$E(X^2)=a_X^2+\sigma_X^2$为总功率。

③ 协方差：$\mathrm{Cov}(X, Y)=E(XY)-E(X)E(Y)$，其中$E(XY)$称为相关矩。

当且仅当$\mathrm{Cov}(XY)=0$时，两个随机变量不相关；

当且仅当$E(XY)=0$时，两个随机变量正交；

当且仅当$f(x,y)=f(x)f(y)$时，两个随机变量独立。

且有：两个独立的随机变量一定是不相关的，而两个不相关的随机变量未必是相互独立的。

10. 随机过程

(1) 随机过程的定义：含有随机变量的时间函数。

特点：

① 随机过程任意时刻的取值是随机变量。

② 当随机变量取某个值时，是时间的确定函数，称为随机过程的一个样本函数或一次实现。

（2）两个常用的随机过程数字特征

① 数学期望：$a_X(t)=E[X(t)]$，通常是时间的函数。

② 自相关函数：$R_X(t,t+\tau)=E[X(t)X(t+\tau)]$，通常是时间起点 t 和时间间隔 τ 的函数。

（3）广义平稳随机过程：随机过程的均值是常数、自相关函数与时间起点 t 无关。

平稳随机过程 $R_X(\tau)$ 特点：

① $R_X(\tau)$ 为偶函数，即 $R_X(\tau)=R_X(-\tau)$。

② $R_X(0)=E[X^2(t)]=\sigma_X^2+a_X^2$ 为随机过程的总功率。

③ $R(\tau)$ 与功率谱密度 $P(f)$ 是一对傅里叶变换，即 $R(\tau)\leftrightarrow P(f)$，此为维纳-辛钦定理。

（4）平稳随机过程通过线性系统

① 输出随机过程均值：$E[Y(t)]=E[X(t)]H(0)$。

② 输出随机过程功率谱：$P_Y(f)=P_X(f)\,|H(f)|^2$。

③ 若输入随机过程是平稳的，则输出随机过程也是平稳的。

④ 若输入随机过程服从高斯分布，则输出随机过程也服从高斯分布。

11. 通信系统中的噪声

（1）白噪声：具有平坦功率谱密度的噪声，即 $P_n(f)=\dfrac{n_0}{2}$（W/Hz）。

（2）高斯噪声：瞬时值服从高斯分布。

（3）加性噪声：噪声与信号是相加的关系。对通信系统有较大的持续影响的起伏噪声是一种零均值加性高斯白噪声。

（4）窄带高斯噪声：高斯白噪声通过窄带滤波器后的噪声，其包络瞬时值服从瑞利分布，相位服从均匀分布。

（5）莱斯分布：窄带高斯噪声+正（余）弦波，包络瞬时值服从莱斯分布。

12. 匹配滤波器

（1）最佳的含义：白噪声条件下，输出最大瞬时信噪比。

（2）传输特性：$H(f)=KS^*(f)\mathrm{e}^{-\mathrm{j}2\pi f t_0}$，可见信号不同，对应的匹配滤波器也不同。所以对某个信号匹配的滤波器，对于其他信号就不再是匹配滤波器了。

（3）冲激响应：$h(t)=Ks(t_0-t)$，其中 t_0 通常取输入信号的终止时刻。

（4）输出信号：$s_o(t)=KR_s(t-t_0)$，在 $t=t_0$ 时刻输出最大值 $s_o(t_0)=KE$，其中 E 为输入信号的能量。

（5）最大瞬时信噪比：$r_{\mathrm{omax}}=\dfrac{2E}{n_0}$，说明最大信噪比只与信号的能量和白噪声的功率谱密度有关，与信号波形无关。但相同能量不同波形的信号，其匹配滤波器的传输特性是不同的。

（6）不适合接收模拟信号。

13. 信道

信道是信号传输的通道。

（1）常见信道：双绞线、同轴电缆、光纤信道、微波视距中继信道、卫星中继信道、短波电离层反射信道和陆地移动信道等。

（2）常用信道分类：有线信道和无线信道、恒参信道和随参信道、低通信道和带通信道。

（3）信道容量：无差错传输时信道能够传输的极限速率。

计算信道容量的香农公式为

$$C = B\log_2\left(1+\frac{S}{N}\right) = B\log_2\left(1+\frac{S}{n_0 B}\right)\ (\text{bit/s})$$

① 增大信号功率，能提高信道容量。且有：$S\to\infty$，则 $C\to\infty$。

② 降低信道噪声功率谱密度，能提高信道容量。且有：$n_0\to 0$，则 $C\to\infty$。

③ 增加信道带宽，可在一定范围内增加信道的容量。且有：$B\to\infty$，则 $C\to 1.44\dfrac{S}{n_0}$。

④ 维持同样的信道容量 C，带宽 B 与信噪比 S/N 可互换。如利用宽带信号来换取所要求的信噪比的下降，广泛应用的扩谱通信就基于这一点。

2.8 习题

一、填空题

1. 宽度为1ms、高度为1V的矩形脉冲，其频谱函数的表达式为________，正频率方向第一个零点的频率值为________，故用第一个零点定义的矩形脉冲信号的带宽是________。

2. 幅度为1，带宽为1000Hz的矩形谱信号，其冲激响应应为________，第一零点位置为________，零点之间的间隔为________。

3. 若 $X(f)=F[x(t)]$，则 $F[x(t)\cos 2\pi f_0 t]=$________，此特性称为调制特性。

4. 宽度为 τ、高度为 A 的矩形脉冲信号的能量谱 $G(f)=$________，能量 $E=$________。

5. 均值为 a、方差为 σ^2 的高斯（正态）随机变量 X，其概率密度函数表达式为 $f(x)=$________。若 X 为电压信号，则 X 的直流功率为________。

6. 均值为0、功率谱密度为 $P_X(f)$ 的平稳随机过程通过传输特性为 $H(f)$ 的线性系统，则输出随机过程 $Y(t)$ 的均值 $a_Y=$________，功率谱密度 $P_Y(f)=$________，方差 $\sigma_Y^2=$________。

7. 通信系统中的加性噪声主要是热噪声、散弹噪声及宇宙噪声等起伏噪声，分析表明，起伏噪声的瞬时值服从________分布，且功率谱密度在很宽的频带范围内为________，故常称其为加性高斯白噪声。

8. 若平稳高斯噪声通过中心频率为 f_c 的窄带系统，则系统输出随机过程的瞬时值服从________分布，其一般表达式为 $n_i(t)=R(t)\cos[2\pi f_c t+\phi(t)]$，其中包络 $R(t)$ 的瞬时值服从________分布，相位 $\phi(t)$ 服从________分布。

9. 理论和实践均已证明：在白噪声干扰下，如果线性滤波器的输出端在某一时刻使________达到最大，就可使判决电路出现错误判决的概率最小。这样的滤波器称为________，它是在________意义下的最佳线性滤波器。

10. 若输入到滤波器的信号是宽度为 T_b、幅度为 A 的矩形脉冲信号，信道中白噪声的单边功率谱密度为 n_0，为使滤波器的输出端在某一时刻输出最大信噪比，则要求滤波器的冲激响应为______________，传输特性为__________，输出最大信噪比为____________。

二、选择题

1. 幅度为 1V、周期 $T_0 = 1\text{ms}$ 的冲激脉冲序列，谱线的幅度和谱线之间的间隔分别为_______。

A. 1000V 和 10Hz　　B. 100V 和 100Hz

C. 10V 和 1000Hz　　D. 1000V 和 1000Hz

2. 宽度为 10ms 的矩形脉冲，其第一个零点带宽为_______。

A. 1Hz　　B. 10Hz　　C. 100Hz　　D. 1000Hz

3. 宽度为 10ms 的升余弦脉冲，其第一个零点带宽为_______。

A. 10Hz　　B. 100Hz　　C. 200Hz　　D. 1kHz

4. 高斯随机变量 X 的概率密度函数如图 2-44 所示。则概率 $P(X \leqslant b) =$_______。

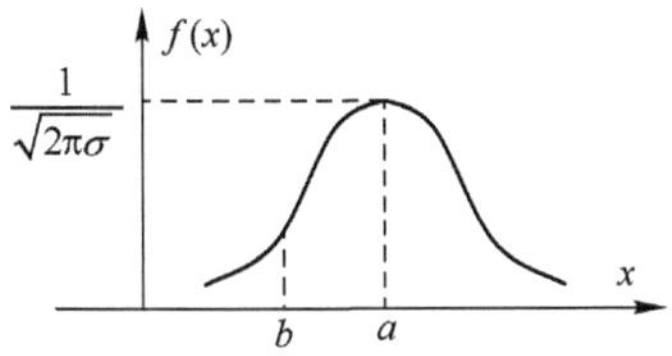

图　2-44

A. $\frac{1}{2}\text{erfc}\left(\frac{a-b}{\sqrt{2}\sigma}\right)$　　B. $\frac{1}{2}\text{erfc}\left(\frac{a+b}{\sqrt{2}\sigma}\right)$　　C. $\frac{1}{2}\text{erfc}\left(\frac{a}{\sqrt{2}\sigma}\right)$　　D. $\text{erfc}\left(\frac{b}{\sqrt{2}\sigma}\right)$

5. 设平稳随机过程 $X(t)$ 的自相关函数为 $R(\tau)$，则 $R(0)$ 表示 $X(t)$ 的_______。

A. 平均功率（总功率）　　B. 总能量

C. 方差　　D. 直流功率

6. 双边功率谱密度为 $P(f) = n_0/2$ 的零均值高斯白噪声，通过带宽为 B 的幅度为 1 的理想低通滤波器，则输出噪声的瞬时值服从高斯分布，其均值为 0，方差为__________。

A. $\frac{1}{2}n_0B$　　B. n_0B　　C. $2n_0B$　　D. $4n_0B$

7. 平稳高斯随机过程通过线性系统，其输出随机过程的瞬时值服从_________。

A. 均匀分布　　B. 正态分布　　C. 瑞利分布　　D. 莱斯分布

8. 匹配滤波器的输出信号为 $s_o(t) = kR_s(t - t_0)$，它在 $t = t_0$ 时刻输出最大值为_______。

A. $s_o(t_0) = kE$　　B. $s_o(t_0) = kR_s(t_0)$

C. $s_o(t_0) = kE^2$　　D. $s_o(t_0) = k^2E$

其中 E 为输入信号的能量。

9. 设加性高斯白噪声的单边功率谱密度为 n_0，输入信号的能量为 E，则匹配滤波器的最大输出信噪比为_______。

A. $\frac{E}{2n_0}$　　B. $\frac{E}{n_0}$　　C. $\frac{2E}{n_0}$　　D. $\frac{4E}{n_0}$

10. 某受到加性高斯白噪声干扰的连续信道，带宽为 3kHz，信噪比为 1023，信号功率为 3.069mW，则信道上白噪声的单边功率谱密度为_______。

A. 1×10^{-9}　　B. 2×10^{-9}　　C. 1×10^{-8}　　D. 2×10^{-8}

三、简答题

1. 能量信号与功率信号是如何定义的？请各举一例。

2. 信号带宽是如何定义的？常见的定义信号带宽的方法有哪几种？持续时间为1ms的矩形脉冲的带宽为多少？

3. 什么是低通信号和带通信号？试各举一例。

4. 常用的概率分布有哪几种？信道中噪声的瞬时值服从什么分布？窄带高斯噪声包络的瞬时值服从什么分布？

5. 什么是广义平稳随机过程？其自相关函数有何性质？

6. 加性高斯白噪声的英文缩写是什么？"加性""白""高斯"的含义是什么？

7. 请写出著名的香农连续信道容量公式，并说明各个参数的含义及单位。

四、计算证明题

1. 已知 $x(t)$ 为如图2-45所示的周期函数，且 $\tau=2\text{ms}$，$T_0=8\text{ms}$。

(1) 写出 $x(t)$ 的指数型傅里叶级数展开式。

(2) 画出振幅频谱图 $|V_n|\sim f$。

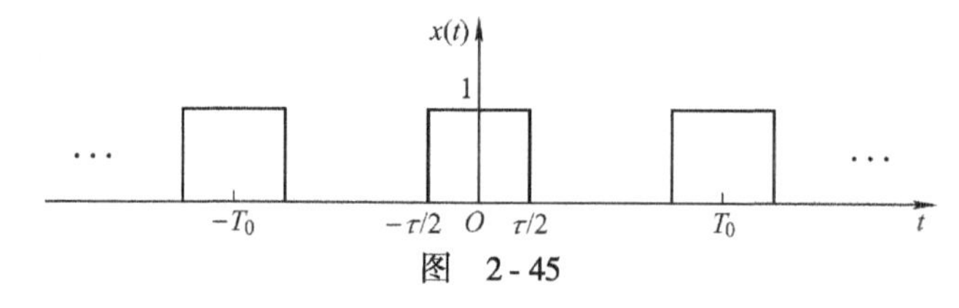

图 2-45

2. 已知 $x(t)$ 为图2-46所示宽度为2ms的矩形脉冲。

(1) 写出 $x(t)$ 的频谱函数 $X(f)$。

(2) 画出它的频谱图。

3. 已知 $x(t)$ 的频谱如图2-47所示，设 $f_0=5f_x$，画出 $x(t)\cos2\pi f_0t$ 的频谱图。

4. 已知 $x(t)$ 的波形如图2-48所示。

(1) 如果 $x(t)$ 为电压并加到1Ω电阻上，求消耗的能量为多大。

(2) 求 $x(t)$ 的能量谱密度 $G(f)$，并画出示意图。

(3) 求 $x(t)$ 的自相关函数 $R(\tau)$，并画出示意图。

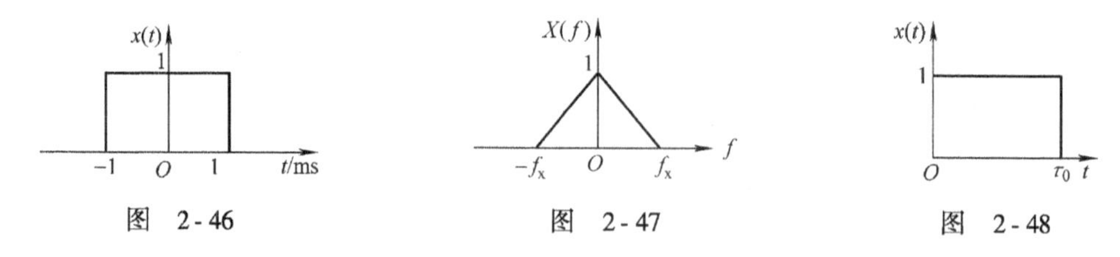

图 2-46　　图 2-47　　图 2-48

5. 已知功率信号 $x(t)=A\cos(200\pi t)\sin(2000\pi t)$，试求

(1) 该信号的功率谱密度。

(2) 该信号的平均功率。

6. 写出均值为4、方差为8的高斯分布概率密度函数的表达式，画出曲线示意图，计算概率 $P(X\leqslant2)$。

7. 随机变量 X 具有如下的均匀分布概率密度函数，求其数学期望和方差。

$$f(x)=\begin{cases}\dfrac{1}{2a}, & -a \leqslant x \leqslant a \\ 0, & \text{其他}\end{cases}$$

8. 设有两个随机过程 $S_1(t)=X(t)\cos 2\pi f_0 t$，$S_2(t)=X(t)\cos(2\pi f_0 t+\theta)$，$X(t)$ 是广义平稳随机过程，θ 是对 $X(t)$ 独立的、均匀分布于 $[-\pi,\pi]$ 上的随机变量。求 $S_1(t)$、$S_2(t)$ 的自相关函数，并说明它们的平稳性。

9. 考虑随机过程 $Z(t)=X\cos 2\pi f_0 t - Y\sin 2\pi f_0 t$，其中 X、Y 是独立的高斯随机变量，二者均值为 0，方差是 σ^2。试说明 $Z(t)$ 也是高斯的，且均值为 0，方差为 σ^2，自相关函数 $R_Z(\tau)=\sigma^2\cos 2\pi f_0\tau$。

10. 设输入随机过程 $X(t)$ 是平稳的，功率谱为 $P_X(f)$，加于图 2-49 所示的系统。试证明输出随机过程 $Y(t)$ 的功率谱为 $P_Y(f)=2P_X(f)(1+\cos 2\pi fT)$。

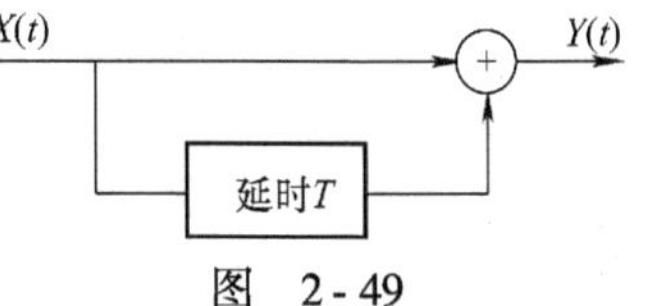

图　2-49

11. 零均值高斯白噪声的功率谱密度为 $P_n(f)=\dfrac{n_0}{2}(-\infty<f<\infty)$，通过图 2-50 所示的带通信道。

（1）画出信道输出噪声的功率谱密度 $P_{n_0}(f)$ 示意图。

（2）求信道输出噪声的功率 S_{n_0}。

（3）求信道输出噪声瞬时值的概率密度函数表达式 $f_{n_0}(x)$。

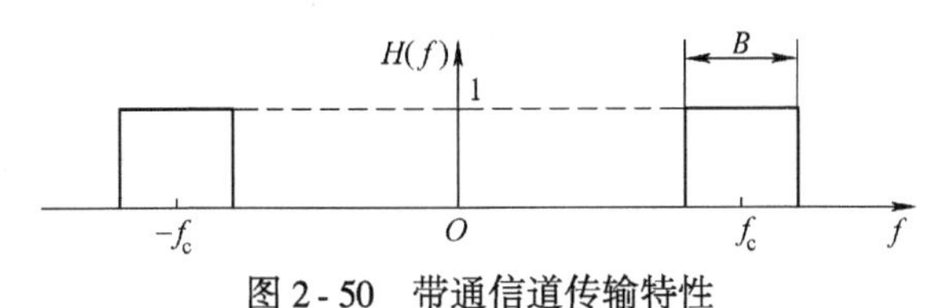

图 2-50　带通信道传输特性

12. 将图 2-51 所示的幅度为 A，宽为 τ_0 的矩形脉冲加到与其相匹配的匹配滤波器上，则滤波器输出是一个三角形脉冲。

（1）求这个三角脉冲的峰值。

（2）如果把功率谱密度为 $n_0/2$ 的白噪声加到此滤波器的输入端上，计算输出端上的噪声平均功率。

（3）设信号和白噪声同时出现于滤波器的输入端，试计算在输出信号脉冲峰值时的输出信噪比。

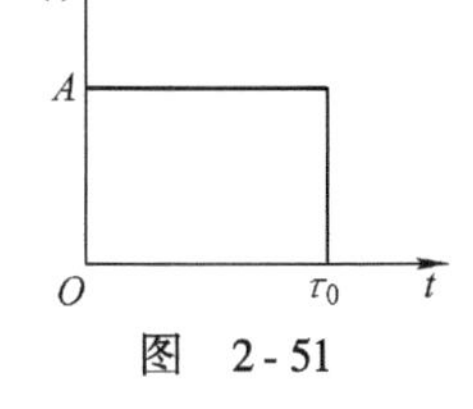

图　2-51

13. 已知有线电话信道带宽为 3.4kHz。

（1）若信道的信噪比为 30dB，求该信道的最大信息传输速率。

（2）若要在该信道中传输 33.6kbit/s 的数据，试求最小信噪比。

14. 已知每张静止图片含有 7.8×10^5 个像素，每个像素具有 16 个灰度电平，且所有这些灰度电平等概出现。若要求每秒钟传输 24 幅静止图片，试计算所要求的信道最小带宽（设信道信噪比为 30dB）。

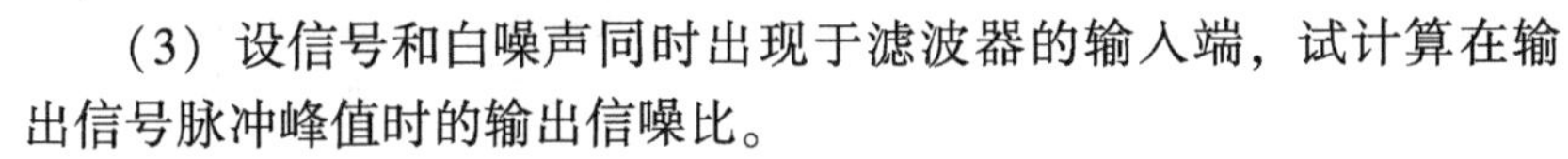

第3章　模拟调制

从语音、音乐、图像等信息源直接转换得到的电信号都包含有丰富的低频分量，如声音通过受话器转换得到的语音信号，其频率范围在300~3400Hz，这种信号称为基带信号，基带信号是低通信号，因此它可以直接在电缆等有线信道上传输，但不能在无线信道上直接传输，因为无线信道是带通信道。为了使基带信号能够在带通信道上传输，必须对基带信号进行频谱搬移，将它的频谱搬移到带通信道的通带范围内，使之适合于带通信道传输，这个频谱的搬移过程称为调制，调制前后信号频谱的变化如图2-13所示。相应地，在接收端把恢复基带信号的过程称为解调。调制和解调在通信系统中总是同时出现的，因此往往将调制和解调合称为调制系统或调制方式。

调制的实现是用基带信号去控制载波的某一个参数，使载波的参数随着基带信号变化。基带信号称为调制信号，参数受控后的载波称为已调信号。已调信号具有两个基本特性：一是携带有信息（基带信号），二是适合于信道传输。

根据调制信号和载波的不同，调制可分为：

① 模拟调制和数字调制。如果调制信号是模拟信号，则称为模拟调制；如果调制信号是数字信号，则称为数字调制。

② 正弦载波调制和脉冲载波调制。载波为正弦波（或余弦波）的调制称为正弦载波调制；载波为脉冲序列的调制称为脉冲调制。

本章讨论载波为正弦波（或余弦波）的模拟调制，即通常所说的模拟调制。采用模拟调制的模拟通信系统框图如图3-1所示。

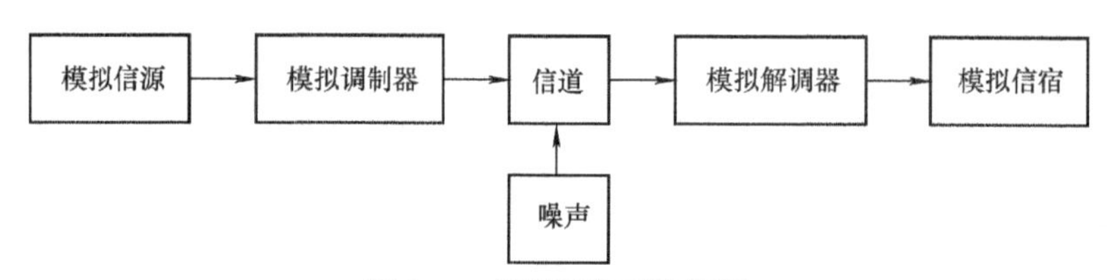

图3-1　模拟通信系统框图

由于正弦波有三个参数，它们分别是振幅、频率和相位，因此根据调制信号所控制载波参数的不同，模拟调制分为振幅调制（调幅）、频率调制（调频）和相位调制（调相）。

本章将主要讨论各种已调信号的时域波形、频谱结构、调制与解调原理及抗噪声性能，最后介绍频分复用及其应用。

3.1　振幅调制

通过调制信号控制载波振幅的调制方式称为振幅调制。振幅调制包括完全调幅（Amplitude Modulation，AM）、抑制载波的双边带调制（Double Side Band，DSB）、单边带调制（Single Side Band，SSB）和残留边带调制（Vestigial Side Band，VSB）四种。

3.1.1 完全调幅

1. AM 调制原理

产生 AM 信号的调制器如图 3-2 所示。$m(t)$ 为调制信号，其平均值 $\overline{m(t)}=0$。$m(t)$ 叠加直流 A_0 后与载波 $\cos 2\pi f_c t$ 相乘，就产生完全调幅信号。完全调幅信号也称为标准调幅信号或常规调幅信号。

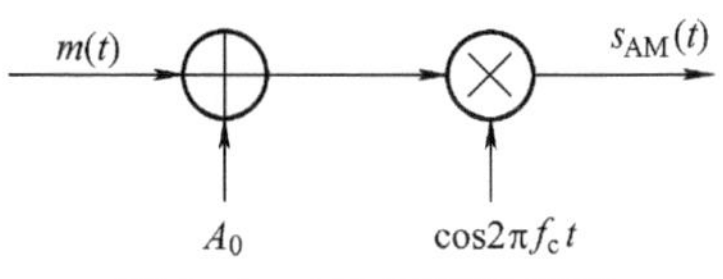

图 3-2 AM 调制器模型

由图可得，完全调幅信号的时间表达式为

$$s_{AM}(t)=[A_0+m(t)]\cos 2\pi f_c t=A_0\cos 2\pi f_c t+m(t)\cos 2\pi f_c t \tag{3-1}$$

对应的时间波形如图 3-3 所示。

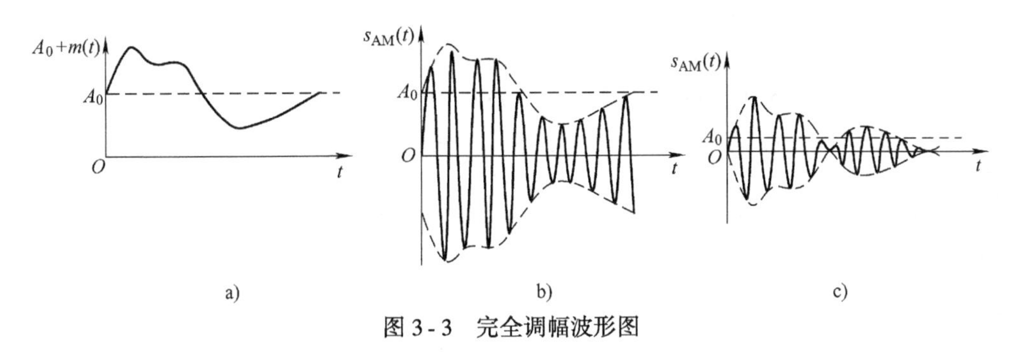

图 3-3 完全调幅波形图

由时间波形图可以看出，当满足条件 $A_0 \geqslant |m(t)|_{max}$ 时，已调信号的包络与调制信号一致，如图 3-3b 所示，因此在接收端用简单的包络检波器就可恢复调制信号 $m(t)$，这是 AM 调制的一个最大优点。如果以上条件得不到满足，就会出现过调现象，如图 3-3c 所示，此时已调信号的包络不再与调制信号一致，故就无法用包络检波器从已调信号中恢复调制信号。显然，调制程度是完全调幅的一个重要参数。

衡量 AM 调制程度（深度）的参数是调幅系数或称为调幅度，用 m 表示，它定义为

$$m=\frac{A(t)_{max}-A(t)_{min}}{A(t)_{max}+A(t)_{min}} \tag{3-2}$$

其中，$A(t)=A_0+m(t)$ 是已调信号的振幅。为保证不出现过调现象，要求 $m\leqslant 1$，当 $m=1$ 时称为满调幅。

【例 3-1】 已知调幅波 $s_{AM}(t)=(15+3\cos 2\pi Ft+2\cos 6\pi Ft)\cos 2\pi f_c t$，求该调幅波的调幅度 m。

解 已调信号的振幅为

$$A(t)=15+3\cos 2\pi Ft+2\cos 6\pi Ft$$

当 $t=0$ 时，$A(t)$ 有最大值为

$$A(t)_{max}=15+3+2=20$$

当 $t=1/(2F)$ 时，$A(t)$ 达到最小，最小值为

$$A(t)_{min}=15-3-2=10$$

由式（3-2）得调幅度 m 为

$$m=\frac{A(t)_{\max}-A(t)_{\min}}{A(t)_{\max}+A(t)_{\min}}=\frac{20-10}{20+10}=33.3\%$$

2. AM信号的频谱及带宽

前面讨论了AM信号的时间表达式和波形，为了深入理解AM信号的特点，还必须分析它的频谱。

对式（3-1）进行傅里叶变换，得到AM信号的频谱表达式为

$$s_{AM}(f)=\frac{A_0}{2}[\delta(f-f_c)+\delta(f+f_c)]+\frac{1}{2}[M(f-f_c)+M(f+f_c)] \tag{3-3}$$

其中，$M(f)$为调制信号$m(t)$的频谱。调制信号和AM信号的频谱示意图如图3-4所示。

由图3-4可知，AM信号的频谱$S_{AM}(f)$与调制信号的频谱$M(f)$在形状上是完全一样的，只是位置不同，调制信号的频谱在零频附近，而AM信号的频谱在载波频率$\pm f_c$附近。另外，AM信号在载波频率$\pm f_c$处有冲激函数，说明已调信号的频谱中有载波分量。在$\pm f_c$两侧的两个边带中，外侧的边带称为上边带，内侧的边带称为下边带。因此，AM信号是带有载波的双边带信号，它的带宽是调制信号带宽f_H的两倍，即

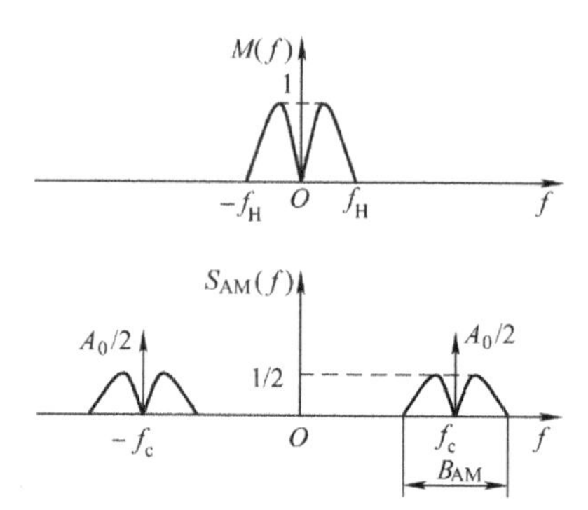

图3-4 AM信号频谱示意图

$$B_{AM}=2f_H \tag{3-4}$$

3. AM信号的功率与传输效率

AM信号$s_{AM}(t)$是功率信号，其功率P_{AM}的计算式为

$$P_{AM}=\lim_{T\to\infty}\frac{1}{T}\int_{-T/2}^{T/2}s_{AM}^2(t)\,dt=\overline{s_{AM}^2(t)}$$

将式（3-1）代入，不难导出

$$P_{AM}=\frac{1}{2}A_0^2+\frac{1}{2}\overline{m^2(t)}=P_c+P_s \tag{3-5}$$

其中，$P_c=\frac{1}{2}A_0^2$是不携带信息的载波功率；$P_s=\frac{1}{2}\overline{m^2(t)}$是携带信息的边带功率，它等于调制信号功率的一半。

由此可见，完全调幅信号的功率由不携带信息的载波功率和携带信息的边带功率两部分组成。将边带功率与完全调幅信号总功率的比值称为调制效率，用符号η_{AM}表示，即

$$\eta_{AM}=\frac{P_s}{P_{AM}} \tag{3-6}$$

显然，η_{AM}是一个小于1的数，η_{AM}越大，说明在AM信号的平均功率中携带信息的那一部分功率占有的比例越大。

【例3-2】 设调制信号$m(t)$为正弦信号，调幅度$m=1$，求此时的调制效率η_{AM}。

解 由式（3-2）可知，要想达到调幅度$m=1$，必须使$A(t)_{\min}=0$。因为调制信号$m(t)$为正弦信号，设$m(t)=A\cos2\pi ft$，所以有

$$A(t)=A_0+m(t)=A_0+A\cos2\pi ft$$

由 $A(t)_{\min} = A_0 - A = 0$ 得 $A=A_0$。因此

$$P_c = \frac{A_0^2}{2}, \quad P_s = \frac{1}{2}\overline{m^2(t)} = \frac{A_0^2}{4}, \quad P_{AM} = \frac{3}{4}A_0^2$$

代入式（3-6）得调制效率为

$$\eta_{AM} = \frac{P_s}{P_{AM}} = \frac{1}{3} = 33.3\%$$

【例3-3】 设调制信号 $m(t)$ 为双极性方波，调幅系数 $m=1$，求此时的调制效率 η_{AM}。

解 因为调制信号为方波，且调幅系数为1，显然方波 $m(t)$ 的幅度等于正弦载波的振幅，即 $A=A_0$。因此有

$$P_c = \frac{A_0^2}{2}, \quad P_s = \frac{1}{2}\overline{m^2(t)} = \frac{1}{2}A_0^2, \quad P_{AM} = A_0^2$$

故调制效率为

$$\eta_{AM} = \frac{P_s}{P_{AM}} = \frac{1}{2} = 50\%$$

由上述两例可见，在不出现过调幅的情况下，调制信号为正弦波和双极性矩形波时所能达到的最大调制效率分别为 $\eta_{AM}=33.3\%$ 和 $\eta_{AM}=50\%$。因此，完全调幅的调制效率是很低的，这是完全调幅的一个缺点。但完全幅度有一个很大的优点，即可以采用无需载波同步的包络解调。

4. AM 信号的解调

接收端从受到噪声干扰的已调信号中恢复调制信号的过程称为解调。AM 信号可采用相干解调和包络解调。由于包络解调电路简单，故实际应用中 AM 信号一般采用包络解调。AM 信号包络解调器框图如图3-5所示。

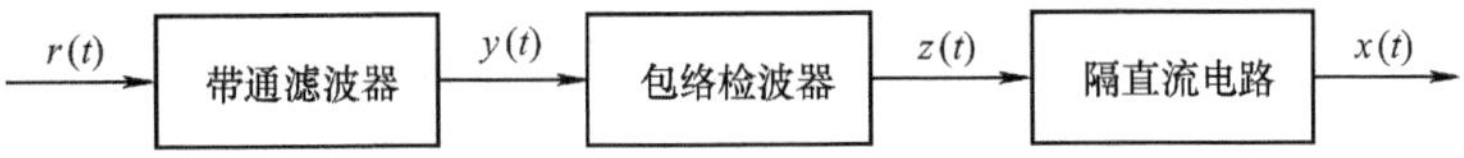

$r(t)$ → 带通滤波器 → $y(t)$ → 包络检波器 → $z(t)$ → 隔直流电路 → $x(t)$

图3-5　AM 信号包络解调器框图

带通滤波器的作用是让信号完全通过，同时滤除信号频带以外的噪声，包络检波器的输出为其输入波形的包络，隔直流电路去除其输入信号中的直流分量。

接收波形 $r(t)$ 是信号和噪声的混合物。先考察一下，若信道噪声为0，图3-5所示的解调器能否恢复调制信号呢？设信道没有衰减，那么接收波形就等于发送端发送的 AM 信号，即

$$r(t) = s_{AM}(t) = [A_0 + m(t)]\cos 2\pi f_c t$$

此信号能顺利通过带通滤波器，故

$$y(t) = [A_0 + m(t)]\cos 2\pi f_c t$$

包络检波器检出 $y(t)$ 的包络，即 $z(t)$ 为

$$z(t) = A_0 + m(t)$$

经隔直流电路后最终输出

$$x(t) = m(t)$$

显然，图3-5所示的解调器能正确恢复调制信号。

但实际信道总是存在噪声，因此实际的接收波形为

$$r(t)=s_{AM}(t)+n(t)=[A_0+m(t)]\cos 2\pi f_c t+n(t)$$

其中，$n(t)$是均值为0、功率谱密度为$n_0/2$的高斯白噪声。则带通滤波器的输出为

$$y(t)=[A_0+m(t)]\cos 2\pi f_c t+n_i(t)$$

式中，$n_i(t)$ 是白噪声通过带通滤波器后的窄带高斯噪声，其正交表达式为

$$n_i(t)=n_c(t)\cos 2\pi f_c t-n_s(t)\sin 2\pi f_c t$$

故$y(t)$的包络为

$$z(t)=\sqrt{[A_0+m(t)+n_c(t)]^2+n_s^2(t)} \tag{3-7}$$

这是一个复杂的非线性关系，所幸的是包络解调一般工作在大输入信噪比情况下，此时有$[A_0+m(t)]\gg n_c(t)$ 和 $[A_0+m(t)]\gg n_s(t)$，将这两个条件应用到式（3-7），求得包络$Z(t)$近似为

$$z(t)\approx A_0+m(t)+n_c(t)$$

经隔直流后输出

$$x(t)\approx m(t)+n_c(t) \tag{3-8}$$

可见，解调器的输出是调制信号与噪声的混合物，即解调器恢复的调制信号受到了噪声的干扰，从而导致通信可靠性的下降。

由绪论一章我们知道，衡量模拟通信系统可靠性的指标是输出信噪比，即

$$\frac{S_o}{N_o}=\frac{\text{解调器输出端信号功率}}{\text{解调器输出端噪声功率}} \tag{3-9}$$

由式（3-8），AM包络解调器输出信噪比为

$$\frac{S_o}{N_o}=\frac{\overline{m^2(t)}}{2n_0 f_H} \tag{3-10}$$

式中，$N_o=D[n_c(t)]=D[n_i(t)]=n_0B=2n_0f_H$；$B$是带通滤波器的带宽，其取值通常等于信号带宽。

为了比较各种调制系统的性能差异，通常用解调器输出端信噪比和输入端信噪比的比值来表示，即

$$G=\frac{S_o/N_o}{S_i/N_i} \tag{3-11}$$

称G为调制增益，解调器的输入信噪比S_i/N_i是指带通滤波器输出端的信噪功率比。显然，G越大，表明此解调方法对输入信噪比的改善越多，它的抗噪声性能就越好。当100%调制时，若调制信号$m(t)$为正弦信号，包络解调器的调制增益为$G_{AM}=\frac{2}{3}$，若$m(t)$为双极性矩形波，则$G_{AM}=1$。

当调制增益小于1时，解调器对输入信噪比不但没有改善，反而恶化了。所以，包络解调器的抗噪声性能是比较差的。

另外，包络解调还存在“门限效应”。即当输入信噪比下降到某一数值时，它的输出信噪比随之急剧下降，这个数值称为门限值。门限值的大小没有严格的定义，一般可以认为门限值为10dB。在这个门限值以上工作时，包络检波器的输出信噪比为正常值，而在门限值

以下工作时，输出信噪比严重恶化，甚至无法工作，这也是包络检波器需要工作在大信噪比的原因。

3.1.2　抑制载波双边带调制

从前面的分析可知，AM 信号的调制效率很低，也就是说，发射机发射功率中大部分是载波功率，它是不携带信息的，而真正用于携带信息的边带功率只占其中的很小一部分，因此，AM 调制方式在发射机功率的利用上很不经济。为了能用较小的功率传送信息，提出了抑制掉 AM 信号中载波分量的调制方式，即抑制载波的双边带调制，记为 DSB。

1. DSB 调制原理

DSB 信号是 AM 信号抑制载波分量后的信号，所以，只要将图 3-2 中的 A_0 去掉便可得到 DSB 信号的调制器模型，如图 3-6 所示。

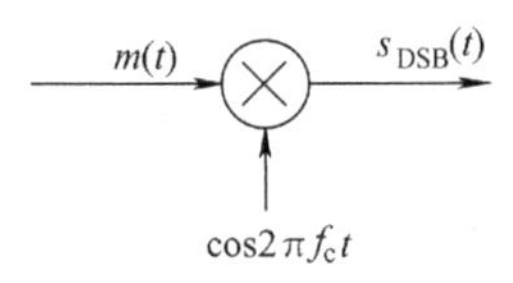

图 3-6　DSB 调制器模型

由图 3-6 所示的调制模型可得 DSB 信号的时间表达式为

$$s_{DSB}(t)=m(t)\cos 2\pi f_c t \tag{3-12}$$

波形图如图 3-7 所示。由图可知，在调制信号 $m(t)$ 的过零点处，DSB 信号的包络（图中上半部分虚线所示）也出现零点，并且在此零点的两边高频载波相位有 π 的突变。因此，DSB 信号的包络不再与调制信号 $m(t)$ 相同，因而不能采用简单的包络检波来恢复调制信号。

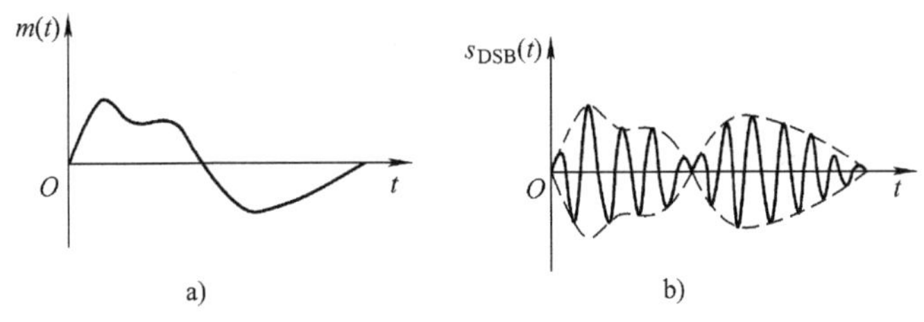

图 3-7　双边带调制波形图
a）调制信号　b）已调信号

运用调制特性得到式（3-12）所对应的 DSB 信号的频谱表达式为

$$S_{DSB}(f)=\frac{1}{2}[M(f-f_c)+M(f+f_c)] \tag{3-13}$$

频谱示意图如图 3-8 所示。

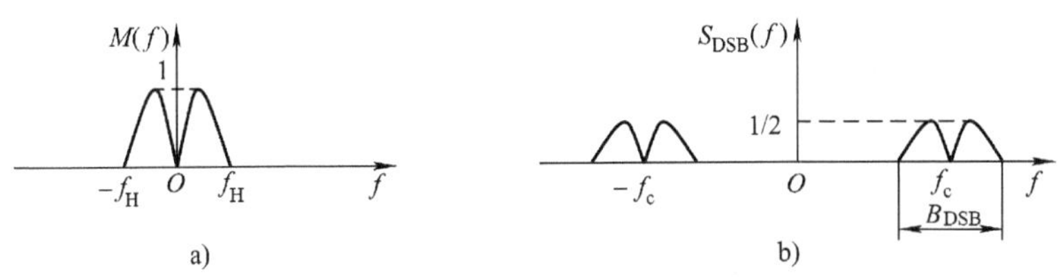

图 3-8　双边带调制频谱示意图
a）调制信号　b）已调信号

与图 3-4 相比，DSB 信号的频谱只比 AM 信号的频谱少了一个载波分量，其他完全相同，所以 DSB 信号与 AM 信号具有相同的带宽，即 DSB 带宽为

$$B_{DSB}=2f_H \tag{3-14}$$

由于 DSB 信号没有载波分量，因此 DSB 信号的功率则为 AM 信号中边带部分的功率，即

$$P_{DSB}=\frac{1}{2}\overline{m^2(t)}=P_s \tag{3-15}$$

由于 DSB 信号的功率等于边带功率，边带功率是携带信息的，因此，DSB 信号的调制效率为 100%。

2. DSB 信号解调

解调 DSB 信号，只能采用相干解调（同步解调）。DSB 信号相干解调框图如图 3-9 所示。

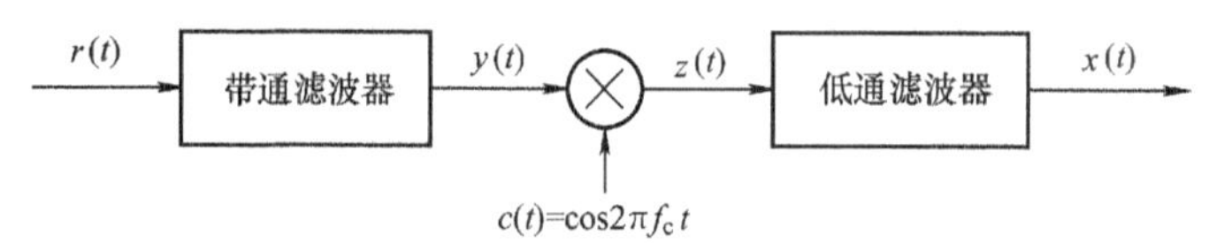

图 3-9　DSB 信号相干解调器框图

相干解调需要一个与接收到的 DSB 信号中的载波同频同相的本地载波 $c(t)=\cos 2\pi f_c t$，本地载波常称为同步载波或相干载波，因此这种解调方法也称为相干解调或同步解调。本地载波是由载波同步系统提取的，有关载波同步系统的内容将在第 8 章中讨论。

假设收到的 DSB 信号就是发送端发出的 DSB 信号，当不考虑噪声时，带通滤波器的输出为

$$y(t)=m(t)\cos 2\pi f_c t$$

与本地载波相乘后为

$$z(t)=m(t)\cos^2 2\pi f_c t=\frac{1}{2}m(t)+\frac{1}{2}m(t)\cos 4\pi f_c t$$

经低通滤波器后，输出信号为

$$x(t)=\frac{1}{2}m(t)$$

显然，解调器的输出与调制信号 $m(t)$ 成正比，说明图 3-9 所示的解调器能正确解调 DSB 信号。

当信道中有零均值高斯白噪声 $n(t)$ 时，接收波形和带滤波器输出波形分别为

$$r(t)=m(t)\cos 2\pi f_c t+n(t)$$

$$y(t)=m(t)\cos 2\pi f_c t+n_i(t)$$

将 $n_i(t)$ 的正交表达式代入上式，再与载波 $\cos 2\pi f_c t$ 相乘，并作适当的三角函数变换得到

$$z(t)=\frac{1}{2}m(t)+\frac{1}{2}n_c(t)+\frac{1}{2}n_c(t)\cos 4\pi f_c t-\frac{1}{2}n_s(t)\sin 4\pi f_c t$$

经低通后输出为

$$x(t)=\frac{1}{2}m(t)+\frac{1}{2}n_c(t) \tag{3-16}$$

可见，输出是调制信号与噪声的混合物。由式（3-16）求得输出信噪比为

$$\frac{S_o}{N_o}=\frac{\frac{1}{4}\overline{m^2(t)}}{\frac{1}{4}n_0B}=\frac{\overline{m^2(t)}}{n_0B} \tag{3-17}$$

式中，$B=B_{\mathrm{DSB}}=2f_{\mathrm{H}}$。

通过计算带通滤波器输出端的信噪比，可以得到 DSB 解调器的调制增益为

$$G_{\mathrm{DSB}}=\frac{S_{\mathrm{o}}/N_{\mathrm{o}}}{S_{\mathrm{i}}/N_{\mathrm{i}}}=2 \tag{3-18}$$

由式（3-18）可见，DSB 调制系统的调制增益为 2。这说明，DSB 信号的解调器使输入信噪比改善了一倍。

【例 3-4】 设有一双边带信号 $x_{\mathrm{c}}(t)=x(t)\cos 2\pi f_{\mathrm{c}}t$。为了恢复 $x(t)$，用信号 $\cos(2\pi f_{\mathrm{c}}t+\theta)$ 去与 $x_{\mathrm{c}}(t)$ 相乘。试求：为了使恢复出的信号是其最大可能值的 90%，相位 θ 的最大允许值为多少？

解 根据 DSB 解调器框图，当解调器中载波信号是 $\cos(2\pi f_{\mathrm{c}}t+\theta)$ 时，相乘器输出为

$$x_{\mathrm{c}}(t)\cos(2\pi f_{\mathrm{c}}t+\theta)=x(t)\cos 2\pi f_{\mathrm{c}}t\cos(2\pi f_{\mathrm{c}}t+\theta)=\frac{1}{2}x(t)[\cos\theta+\cos(4\pi f_{\mathrm{c}}t+\theta)]$$

低通滤波器的输出为 $\frac{1}{2}x(t)\cos\theta$，当 $\theta=0$ 时，输出为最大值 $\frac{1}{2}x(t)$。$\theta\neq 0$ 时，输出减小 $\cos\theta$ 倍。由 $\cos\theta=0.9$ 得 $\theta=25.8$。

3.1.3 单边带调制

与 AM 调制相比，DSB 调制虽然抑制掉了载波分量，使调制效率提高到 100%，使发射机功率利用率有了很大提高，但是，DSB 调制在频带利用率上与 AM 相比并没有改善，这是因为 DSB 调制与 AM 调制一样，将上、下两个边带都完整地传送出去。然而，我们仔细观察一下 DSB 信号的频谱就会发现，上、下两个边带的频谱对于 f_{c} 是完全对称的，其中任何一个边带都包含了调制信号的全部信息。因此，从信息传输角度来看，仅传送其中的一个边带就可以了。这种只传送一个边带的调制方式称为单边带调制，记为 SSB。由于 SSB 信号的带宽只有 DSB 信号带宽的一半，而且 SSB 调制信号是不含载波分量的，因此单边带调制不仅节省了传输信道的频带，还降低了发送功率。正是由于 SSB 信号的这些优点，它成为了短波通信中的一种重要调制方式。

1. SSB 调制原理

产生单边带信号的单边带调制器模型如图 3-10 所示，这种方法称为滤波法。

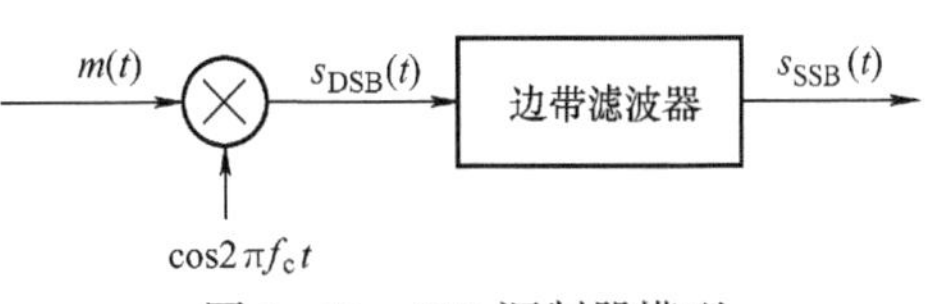

图 3-10　SSB 调制器模型

SSB 调制器与 DSB 调制器相比多了一个边带滤波器，只要将边带滤波器设计成理想的低通滤波器或高通滤波器，就可滤除 DSB 信号中的一个边带，得到所需要的单边带信号。产生 SSB 信号过程的频谱示意图如图 3-11 所示。图 3-11a 中边带滤波器的传输特性 $H(f)$ 为理想高通滤波器，产生上边带信号；图 3-11b 中边带滤波器的传输特性 $H(f)$ 为理想低通滤波器，产生下边带信号。可见，单边带信号的带宽为

$$B_{\mathrm{SSB}}=f_{\mathrm{H}} \tag{3-19}$$

数学上不难证明，图 3-11a 和图 3-11b 所示的上、下边带频谱所对应的时间表达式为

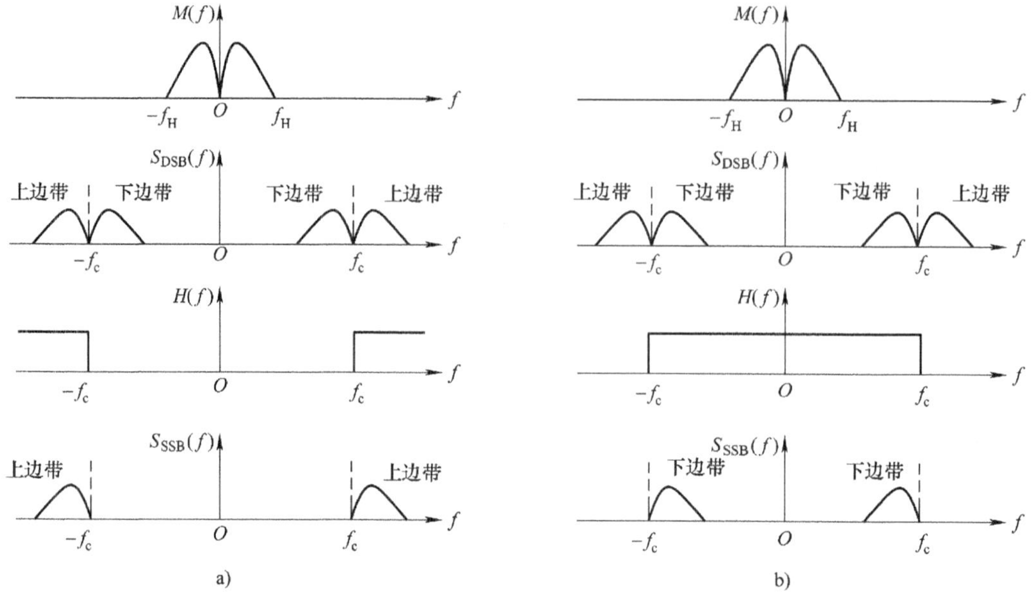

图3-11　SSB信号的频谱

$$s_{SSB}(t)=\frac{1}{2}m(t)\cos 2\pi f_c t \mp \frac{1}{2}\hat{m}(t)\sin 2\pi f_c t \tag{3-20}$$

式中，“-”表示上边带信号，“+”表示下边带信号，$\hat{m}(t)$是调制信号$m(t)$中所有频率分量相移$-\pi/2$后的信号，称它为$m(t)$的希尔伯特变换。式（3-20）称为单边带信号的正交表达式。

根据式（3-20）可得到单边带信号的相移法产生框图，如图3-12所示。

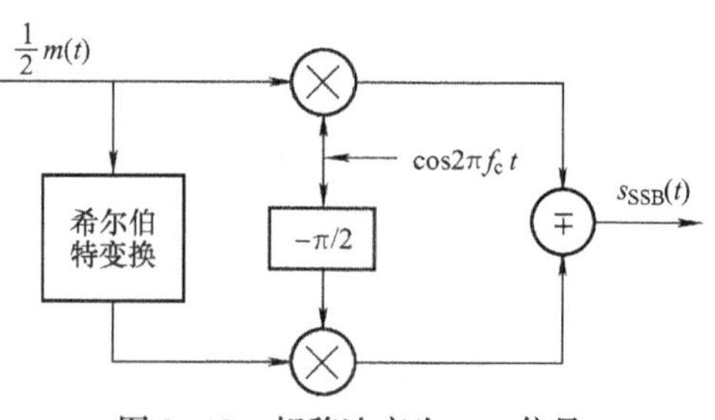

图3-12　相移法产生SSB信号

滤波法产生SSB信号的原理非常简单，但是当调制信号$m(t)$具有丰富的低频分量时，与载波相乘后得到的DSB信号的上、下边带之间的间隔很小，这就要求边带滤波器在载波频率f_c附近具有陡峭的截止特性，才能抑制掉不需要的那个边带。当载波频率较高时，这种滤波器的制作是十分困难的，有时甚至无法实现。因此，在工程实现中往往采用多级调制滤波的方法产生单边带信号。而相移法产生SSB信号的困难在于希尔伯特变换器的设计和实现，该变换器要对调制信号$m(t)$中的所有频率分量严格相移$-\pi/2$。

【例3-5】　已知调制信号$m(t)=\cos(2000\pi t)+\cos(4000\pi t)$，载波为$\cos(10^4\pi t)$，进行单边带调制，试确定单边带信号的表示式。

解　依据单边带信号的正交表达式来求。$m(t)$中只有两个频率成分，相移$-\pi/2$后得

$$\begin{aligned}\hat{m}(t)&=\cos(2000\pi t-\pi/2)+\cos(4000\pi t-\pi/2)\\&=\sin(2000\pi t)+\sin(4000\pi t)\end{aligned}$$

代入单边带表达式（3-20），并作相应的三角运算得

上边带信号 $$s_{USB}(t)=\frac{1}{2}\cos(12000\pi t)+\frac{1}{2}\cos(14000\pi t)$$

下边带信号 $$s_{LSB}(t)=\frac{1}{2}\cos(8000\pi t)+\frac{1}{2}\cos(6000\pi t)$$

也可先产生DSB信号，再取上、下边带。双边带信号为

$$\begin{aligned}s_{DSB}(t)&=m(t)c(t)=[\cos(2000\pi t)+\cos(4000\pi t)]\cos(10^4\pi t)\\&=\frac{1}{2}[\cos(12000\pi t)+\cos(8000\pi t)+\cos(14000\pi t)+\cos(6000\pi t)]\end{aligned}$$

双边带信号中频率高于载波频率的成分为上边带信号，低于载波频率的成分则为下边带信号。由于载波频率 $f_c=5000\text{Hz}$，因此得到

上边带信号 $$s_{USB}(t)=\frac{1}{2}\cos(12000\pi t)+\frac{1}{2}\cos(14000\pi t)$$

下边带信号 $$s_{LSB}(t)=\frac{1}{2}\cos(8000\pi t)+\frac{1}{2}\cos(6000\pi t)$$

2. SSB信号的解调

SSB信号的解调也只能采用相干解调，其解调器框图与DSB解调器形式相同，如图3-13所示。解调过程也与DSB的相似，这里不再重复，只给出结论。

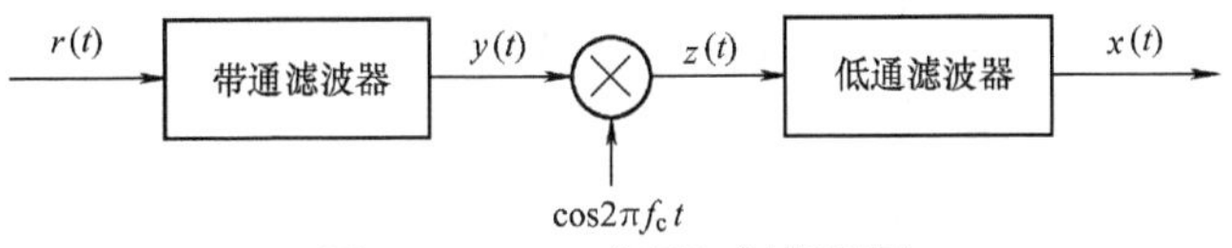

图3-13 SSB信号解调器框图

当接收信号为

$$r(t)=\frac{1}{2}m(t)\cos2\pi f_ct\mp\frac{1}{2}\hat{m}(t)\sin2\pi f_ct+n(t) \tag{3-21}$$

时，低通滤波器输出为

$$x(t)=\frac{1}{4}m(t)+\frac{1}{2}n_c(t) \tag{3-22}$$

输出信噪比为

$$\frac{S_o}{N_o}=\frac{\frac{1}{16}\overline{m^2(t)}}{\frac{1}{4}n_0B}=\frac{\overline{m^2(t)}}{4n_0B} \tag{3-23}$$

式中，$B=B_{SSB}=f_H$。

调制增益为

$$G_{SSB}=\frac{S_o/N_o}{S_i/N_i}=1 \tag{3-24}$$

式（3-24）说明SSB解调器对输入信噪比没有改善。

由前面的分析可知，DSB系统的调制增益 $G_{DSB}=2$，而SSB系统的调制增益却为 $G_{SSB}=1$，这是否说明单边带调制系统的抗噪声性能比双边带调制系统差呢？回答是否定的。这是因为，SSB解调器中的带通滤波器的带宽是DSB解调器中带通滤波器带宽的一半，因此，在相同的输入信号功率 S_i，相同的噪声功率谱密度 n_0，相同的基带信号带宽 f_H 条件下，SSB解调器中带通滤波器输出端的噪声只有DSB中的一半，所以SSB解调器中的输入信噪比（即带通滤波器输出端的信噪比）是DSB中的2倍。显然，在相同 S_i、n_0 和 f_H 时，SSB和

DSB 两种解调器的输出信噪比是相同的，因此两者的抗噪声性能是相同的。但 SSB 的带宽只有 DSB 的一半，故具有更高的有效性。

【例 3-6】 对双边带信号和单边带信号进行相干解调，接收信号功率为 2mW，噪声双边功率谱密度为 $n_0/2=2\times10^{-3}\mu W/Hz$，调制信号是最高频率为 4kHz 的低通信号。

（1）比较两种解调器的输入信噪比。

（2）比较两种解调器的输出信噪比。

解 由题意，$f_H=4\times10^3Hz$，$n_0=4\times10^{-9}W/Hz$，$S_i=2\times10^{-3}W$，且 $B_{DSB}=2f_H$，$B_{SSB}=f_H$。

（1）双边带信号和单边带信号的输入信噪比分别为

$$\left(\frac{S_i}{N_i}\right)_{DSB}=\frac{S_i}{n_0B_{DSB}}=\frac{2\times10^{-3}}{4\times10^{-9}\times2\times4\times10^3}=62.5$$

$$\left(\frac{S_i}{N_i}\right)_{SSB}=\frac{S_i}{n_0B_{SSB}}=\frac{2\times10^{-3}}{4\times10^{-9}\times4\times10^3}=125$$

（2）利用式（3-18）和式（3-24）得双边带解调器和单边带解调器的输出信噪比分别为

$$\left(\frac{S_o}{N_o}\right)_{DSB}=G_{DSB}\frac{S_i}{N_i}=2\times62.5=125$$

$$\left(\frac{S_o}{N_o}\right)_{SSB}=G_{SSB}\frac{S_i}{N_i}=1\times125=125$$

可见，在相同输入信号功率 S_i、相同噪声功率谱密度 n_0、相同调制信号带宽的情况下，双边带和单边带这两种调制方法的抗噪声性能（输出信噪比）是相同的。

3.1.4 残留边带调制

由前面的讨论可知，单边带信号具有较窄的带宽，但用滤波法产生单边带信号时，要求边带滤波器具有理想的高通或低通特性，这在工程实现中非常困难，特别是当调制信号具有丰富低频分量时，对滤波器的要求就更高，几乎无法实现。双边带调制容易实现，但双边带信号占有较宽的带宽。残留边带（VSB）调制是介于 SSB 和 DSB 之间的一种调制方式，它克服了 DSB 信号占用频带宽的缺点，又解决了 SSB 信号实现上的难题。在 VSB 中，不完全抑制一个边带，而是让其残留一小部分，从而大大降低了边带滤波器的实现难度。

1. VSB 调制原理

VSB 调制器的模型与单边带滤波法的模型完全一样，如图 3-14 所示。产生下边带残留的 VSB 信号的边带滤波器传输特性 $H_{VSB}(f)$ 及相应的 VSB 频谱 $S_{VSB}(f)$ 示意图，如图 3-15 所示，为图示清楚，图中调制信号的频谱设为矩形谱。

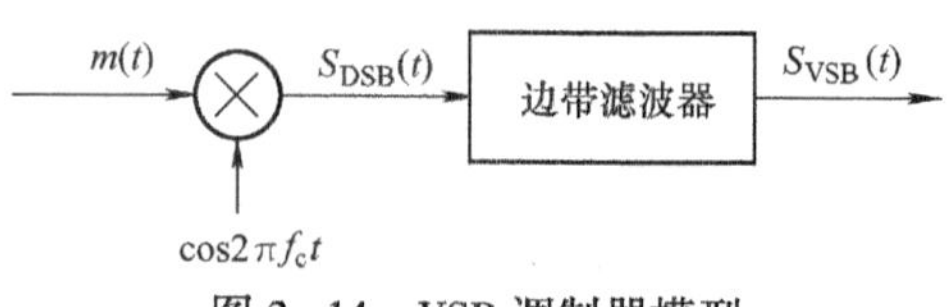

图 3-14 VSB 调制器模型

由图 3-15 可见，VSB 信号的带宽介于 DSB 信号和 SSB 信号带宽之间，即小于 $2f_H$，大于 f_H。

可以证明，为了保证接收端解调器能无失真地恢复调制信号，残留边带滤波器的传输特性必须满足

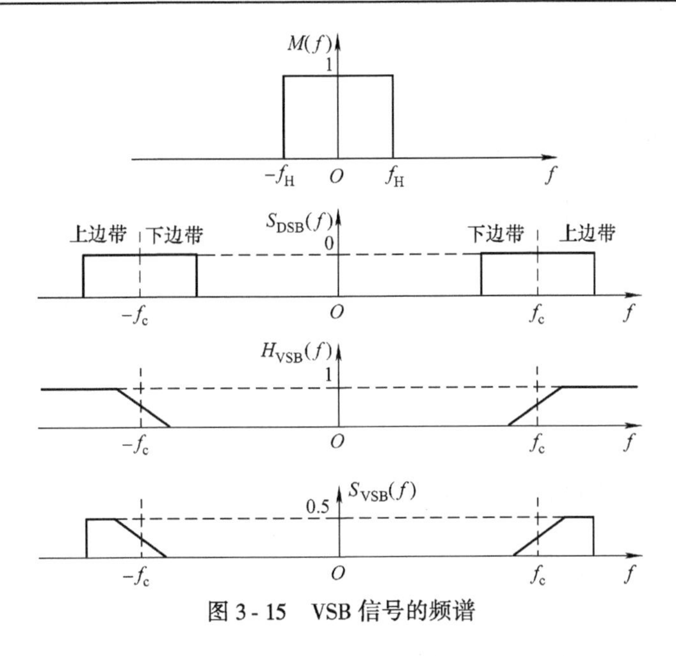

图 3-15　VSB 信号的频谱

$$H_{\mathrm{VSB}}(f+f_{\mathrm{c}})+H_{\mathrm{VSB}}(f-f_{\mathrm{c}})=C(\text{常数}),\quad |f|\leqslant f_{\mathrm{H}} \tag{3-25}$$

满足式（3-25）的 $H_{\mathrm{VSB}}(f)$ 可以是低通型的，也可以是高通型的，如图 3-16a 和图 3-16b 所示。它们将分别产生上边带残留和下边带残留的 VSB 信号。

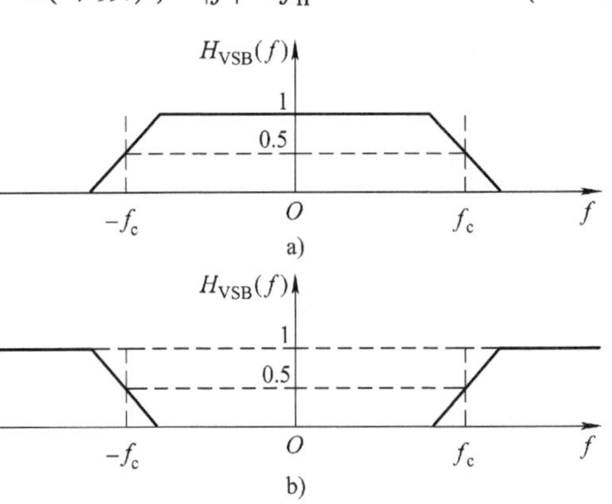

图 3-16　残留边带滤波器传输特性

需要指出的是，为了清楚起见，图 3-16 中将滤波器的过渡带画成了直线。事实上，过渡带也可以是其他的滚降特性，只要满足式（3-25）所示的互补对称特性即可。因此，残留边带滤波器的传输特性不唯一，可以有很多具体的形式，目前应用最多的是直线滚降和余弦滚降。例如在电视信号的传输和数据信号的传输中就分别使用了直线互补特性和余弦滚降互补特性。

2. VSB 信号的解调

残留边带信号也只能采用相干解调，解调器框图与 SSB 信号的解调器框图相同。其抗噪声性能的分析方法与 DSB、SSB 调制系统的分析方法相似。但是，由于采用的残留边带滤波器的传输特性形状不同，所以，抗噪声性能的计算比较复杂，这里不进行介绍。但是当残留边带不是很大的时候，可近似认为 VSB 与 SSB 调制系统的抗噪声性能相同。

3.2　角度调制

用调制信号控制载波频率或相位，使载波的频率或相位随着调制信号变化而载波的幅度保持恒定的调制方式，称为频率调制（FM）或相位调制（PM），简称为调频或调相。由于频率的变化或相位的变化都可以看成是载波角度的变化，故调频和调相统称为角度调制或角调制，简称为调角。

3.2.1　角度调制的基本概念

一般角度调制信号的时间表达式为

$$s_{\mathrm{m}}(t)=A\cos[2\pi f_{\mathrm{c}}t+\varphi(t)] \tag{3-26}$$

式中，A 是载波的恒定幅度；f_{c} 是载波频率；$\varphi(t)$ 是瞬时相位偏移；$\dfrac{\mathrm{d}\varphi(t)}{\mathrm{d}t}$ 是瞬时角频率偏移，其绝对值的最大值称为最大角频率偏移 $\Delta\omega$，对应的频率为最大频偏 Δf，即

$$\Delta f=\frac{1}{2\pi}\left|\frac{\mathrm{d}\varphi(t)}{\mathrm{d}t}\right|_{\max} \tag{3-27}$$

所谓相位调制，是指瞬时相位偏移随调制信号 $m(t)$ 而线性变化，即

$$\varphi(t)=K_{\mathrm{p}}m(t) \tag{3-28}$$

式中，K_{p} 是常数，称为调相灵敏度，单位是弧度/伏（rad/V）。将式（3-28）代入式（3-26）可得调相信号表达式为

$$s_{\mathrm{PM}}(t)=A\cos[2\pi f_{\mathrm{c}}t+K_{\mathrm{p}}m(t)] \tag{3-29}$$

所谓频率调制，是指瞬时角频率偏移随调制信号 $m(t)$ 而变化，即

$$\frac{\mathrm{d}\varphi(t)}{\mathrm{d}t}=K_{\mathrm{f}}m(t) \tag{3-30}$$

其中，K_{f} 是常数，称为调频灵敏度，单位是 rad/(s·V)。故瞬时相位偏移为

$$\varphi(t)=K_{\mathrm{f}}\int_{-\infty}^{t}m(\tau)\mathrm{d}\tau \tag{3-31}$$

代入式（3-26）可得调频信号的表达式为

$$s_{\mathrm{FM}}(t)=A\cos\left[2\pi f_{\mathrm{c}}t+K_{\mathrm{f}}\int_{-\infty}^{t}m(\tau)\mathrm{d}\tau\right] \tag{3-32}$$

由式（3-29）和式（3-32）可见，调频信号与调相信号非常相似，如果预先不知道调制信号 $m(t)$ 的具体形式，则无法判断已调信号是调相信号还是调频信号。例如，已知某调角信号为 $s_{\mathrm{m}}(t)=A\cos(2\pi f_{\mathrm{c}}t+2\sin2000\pi t)$，若调制信号 $m(t)=\sin2000\pi t$，则 $s_{\mathrm{m}}(t)$ 为调相信号，若调制信号为 $m(t)=\cos2000\pi t$，则 $s_{\mathrm{m}}(t)$ 为调频信号。

由式（3-29）和式（3-32）还可以看出，如果将调制信号先微分，再进行调频，则得到的是调相信号，这种方式称为间接调相；同样，如果将调制信号先积分，再进行调相，则得到的是调频信号，这种方式称为间接调频。直接和间接调相如图 3-17 所示。直接和间接调频如图 3-18 所示。

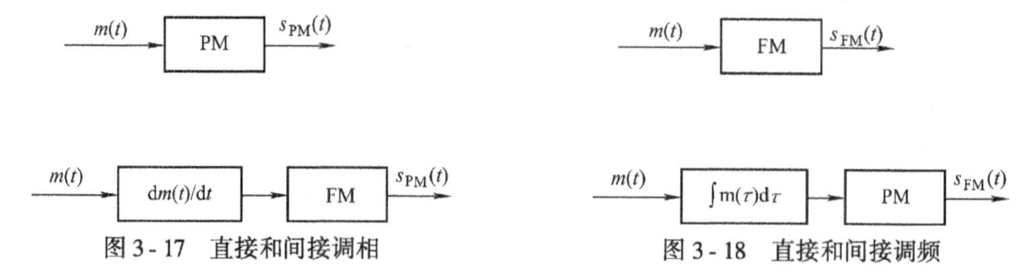

图 3-17　直接和间接调相　　图 3-18　直接和间接调频

综合上述分析可以看出，调频和调相并无本质区别，两者之间可以互相转换。鉴于在实际应用中多采用调频，下面集中讨论调频。

3.2.2　窄带调频与宽带调频

根据调制前后信号带宽的相对变化，可将调频信号分为窄带调频和宽带调频两种。调频信号的带宽取决于最大相位偏移的大小。当调频信号的瞬时相位偏移满足条件

$$\left|K_{\mathrm{f}}\int_{-\infty}^{t} m(\tau)\,\mathrm{d}\tau\right|_{\max} \ll \frac{\pi}{6}(\text{或}\,0.5) \tag{3-33}$$

时，调频信号的频谱宽度比较窄，称为窄带调频（NBFM）；反之，称为宽带调频（WBFM）。

1. 窄带调频

调频信号的一般表达式为

$$\begin{aligned} s_{\mathrm{FM}}(t) &= A\cos\left[2\pi f_{\mathrm{c}}t + K_{\mathrm{f}}\int_{-\infty}^{t} m(\tau)\,\mathrm{d}\tau\right] \\ &= A\cos\omega_{\mathrm{c}}t\cos\left[K_{\mathrm{f}}\int_{-\infty}^{t} m(\tau)\,\mathrm{d}\tau\right] - A\sin\omega_{\mathrm{c}}t\sin\left[K_{\mathrm{f}}\int_{-\infty}^{t} m(\tau)\,\mathrm{d}\tau\right] \end{aligned} \tag{3-34}$$

当满足式（3-33）条件时，可得近似式

$$\cos\left[K_{\mathrm{f}}\int_{-\infty}^{t} m(\tau)\,\mathrm{d}\tau\right] \approx 1$$

$$\sin\left[K_{\mathrm{f}}\int_{-\infty}^{t} m(\tau)\,\mathrm{d}\tau\right] \approx K_{\mathrm{f}}\int_{-\infty}^{t} m(\tau)\,\mathrm{d}\tau$$

式（3-34）简化为

$$s_{\mathrm{NBFM}}(t) \approx A\cos\omega_{\mathrm{c}}t - \left[AK_{\mathrm{f}}\int_{-\infty}^{t} m(\tau)\,\mathrm{d}\tau\right]\sin\omega_{\mathrm{c}}t \tag{3-35}$$

式（3-35）是窄带调频信号的时间表达式。

利用频谱分析公式

$$m(t) \leftrightarrow M(f)$$

$$\cos 2\pi f_{\mathrm{c}}t \leftrightarrow \frac{1}{2}[\delta(f+f_{\mathrm{c}}) + \delta(f-f_{\mathrm{c}})]$$

$$\int_{-\infty}^{t} m(\tau)\,\mathrm{d}\tau \leftrightarrow \frac{M(f)}{\mathrm{j}2\pi f}$$

$$s(t)\sin 2\pi f_{\mathrm{c}}t \leftrightarrow \frac{\mathrm{j}}{2}[S(f+f_{\mathrm{c}}) - S(f-f_{\mathrm{c}})] \quad \text{其中 } s(t)\leftrightarrow S(f)$$

可得窄带调频信号的频谱表达式为

$$S_{\mathrm{NBFM}}(f) = \frac{A}{2}[\delta(f+f_{\mathrm{c}}) + \delta(f-f_{\mathrm{c}})] - \frac{AK_{\mathrm{f}}}{2}\left[\frac{M(f+f_{\mathrm{c}})}{2\pi(f+f_{\mathrm{c}})} - \frac{M(f-f_{\mathrm{c}})}{2\pi(f-f_{\mathrm{c}})}\right] \tag{3-36}$$

频谱示意图如图 3-19 所示。

将图 3-19 所示的 NBFM 频谱与前面的 AM 频谱比较，可以清楚地看出两种调制信号频谱的相似性和不同处。相似之处在于，它们在 $\pm f_{\mathrm{c}}$ 处有载波分量，在 $\pm f_{\mathrm{c}}$ 两侧有围绕着载频的两个边带。由于都有两个边带，所以它们的带宽相同，都是调制信号最高频率的两倍。故

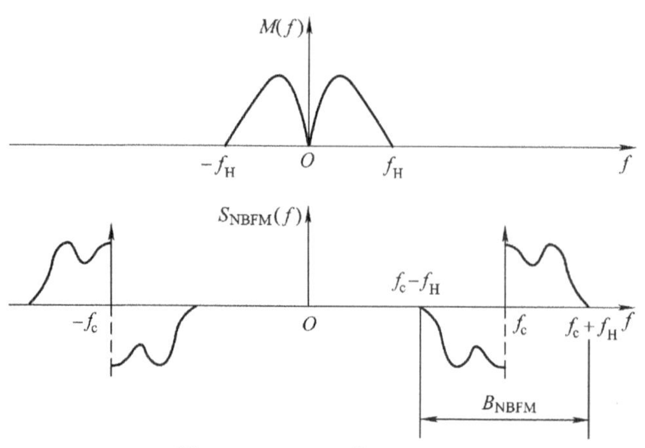

图 3-19 NBFM 信号的频谱

$$B_{\mathrm{NBFM}} = 2f_{\mathrm{H}} \tag{3-37}$$

而两种信号的区别也是明显的。首先，窄带调频时的正、负频率分量分别乘了因式 $1/(f-f_{\mathrm{c}})$ 和 $1/(f+f_{\mathrm{c}})$，由于因式是频率的函数，所以这种加权是频率加权，加权的结果引起调制信号频谱的失真。另外，正、负频率分量的符号相反，说明它们在相位上相差 π。

2. 宽带调频

由于宽带调频不能像窄带调频一样对表达式进行简化，因此分析起来十分困难。下面我们以单音调制信号为例来讨论宽带调频信号的性质，然后再扩展到一般情况。

设单音调制信号为

$$m(t) = A_{\mathrm{m}}\cos 2\pi f_{\mathrm{m}} t$$

代入式（3-32）得单音宽带调频信号表达式为

$$s_{\mathrm{WBFM}}(t) = A\cos[2\pi f_{\mathrm{c}} t + m_{\mathrm{f}}\sin 2\pi f_{\mathrm{m}} t] \tag{3-38}$$

式中

$$m_{\mathrm{f}} = \frac{A_{\mathrm{m}} K_{\mathrm{f}}}{2\pi f_{\mathrm{m}}} \tag{3-39}$$

m_{f} 是最大相位偏移，称为调频指数。

对式（3-38）利用三角公式展开得

$$s_{\mathrm{WBFM}}(t) = A\cos(m_{\mathrm{f}}\sin 2\pi f_{\mathrm{m}} t)\cos 2\pi f_{\mathrm{c}} t - A\sin(m_{\mathrm{f}}\sin 2\pi f_{\mathrm{m}} t)\sin 2\pi f_{\mathrm{c}} t \tag{3-40}$$

其中，$\cos(m_{\mathrm{f}}\sin 2\pi f_{\mathrm{m}} t)$ 和 $\sin(m_{\mathrm{f}}\sin 2\pi f_{\mathrm{m}} t)$ 可分别表示为

$$\cos(m_{\mathrm{f}}\sin 2\pi f_{\mathrm{m}} t) = J_0(m_{\mathrm{f}}) + 2\sum_{n=1}^{\infty} J_{2n}(m_{\mathrm{f}})\cos 4n\pi f_{\mathrm{m}} t \tag{3-41}$$

$$\sin(m_{\mathrm{f}}\sin 2\pi f_{\mathrm{m}} t) = 2\sum_{n=1}^{\infty} J_{2n-1}(m_{\mathrm{f}})\sin[2(2n-1)\pi f_{\mathrm{m}} t] \tag{3-42}$$

上述两式中，$J_n(m_{\mathrm{f}})$ 称为第一类 n 阶贝塞尔（Bessel）函数，它是 n 和调频指数 m_{f} 的函数，函数值可参考《数学手册》中的 Bessel 函数表。且有

当 n 为奇数时　　$J_{-n}(m_{\mathrm{f}}) = -J_n(m_{\mathrm{f}})$

当 n 为偶数时　　$J_{-n}(m_{\mathrm{f}}) = J_n(m_{\mathrm{f}})$

及
$$\sum_{n=-\infty}^{\infty} J_n^2(m_f) = 1$$

将式（3-41）和式（3-42）代入式（3-40），利用贝塞尔函数的有关性质，并做适当的三角函数变换，经整理得到

$$s_{\mathrm{WBFM}}(t) = \sum_{n=-\infty}^{+\infty} AJ_n(m_f)\cos[2\pi(f_c + nf_m)t] \tag{3-43}$$

对式（3-43）进行傅里叶变换，得到单音宽带调频信号的频谱为

$$S_{\mathrm{WBFM}}(f) = \frac{1}{2}A\sum_{n=-\infty}^{+\infty} J_n(m_f)[\delta(f-f_c-nf_m)+\delta(f+f_c+nf_m)] \tag{3-44}$$

如图 3-20 所示，图中取 $m_f=3$。

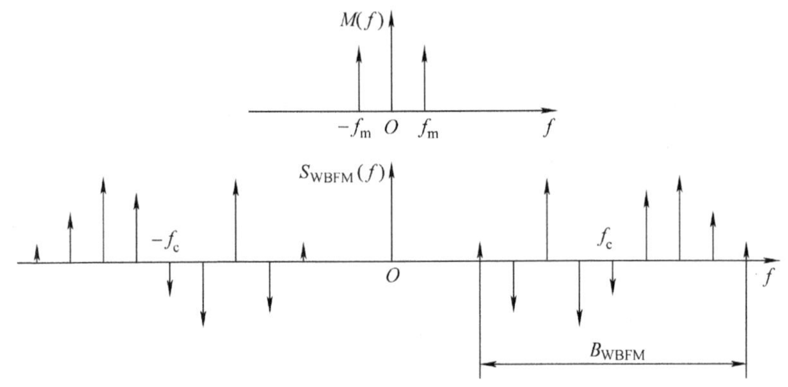

图 3-20　单音宽带调频信号的频谱示意图

由图 3-20 可见：

① 宽带调频即便调制信号为单音，其对应的调频信号也包含有无穷多个频率成分。

② 该调频信号的振幅谱为线谱，它对称分布于载波频率 f_c 的两边，线谱间的间隔为 f_m，各频率分量的大小取决于贝塞尔函数的值。

③ 当 n 为奇数时，上、下边频极性相反；当 n 为偶数时，上、下边频极性相同。

由于调频波的频谱包含无穷多个频率分量，因此，严格来说调频信号的带宽为无限宽。然而，实际上边频分量的幅度随 n 的增大而减小，当 n 取值足够大时，其对应的边频分量很小，可以忽略不计，调频信号可以近似认为具有有限宽的频谱。通过对贝塞尔函数值的考察发现：当 $n>m_f+1$ 时，所对应的边频幅度很小，由此产生的功率均在总功率的 2%以下，可以忽略不计，所以，对于调频信号只要考虑边频数 $n=m_f+1$ 即可。根据这一思想，单音宽带调频波的带宽为

$$B_{\mathrm{WBFM}} = 2(m_f + 1)f_m = 2(\Delta f + f_m) \tag{3-45}$$

式中，Δf 为最大频偏。式（3-45）说明调频信号的带宽取决于最大频率偏移和调制信号的频率，称式（3-45）为卡森公式。

对于其他任意调制信号，宽带调频信号的频谱分析是很复杂的。根据经验将公式（3-45）推广，得任意调制信号时宽带调频信号的带宽为

$$B_{\mathrm{WBFM}} = 2(D + 1)f_H \tag{3-46}$$

其中，f_H 是调制信号的最高频率；D 是最大频偏 Δf 与 f_H 的比值。

【例3-7】 调频立体声广播中，音乐信号最高频率为$f_H=15\text{kHz}$，最大频偏$\Delta f=75\text{kHz}$，求调频信号的带宽。

解 由题意可得

$$D=\frac{\Delta f}{f_H}=5$$

代入式（3-46）得宽带调频信号的带宽为

$$B_{\text{WBFM}}=2(D+1)f_H=2\times(5+1)\times15\text{kHz}=180\text{kHz}$$

下面讨论调频信号的功率问题。由式（3-38）可见，调频信号与未调载波的幅度是相同的，所以调频信号的总功率等于未调载波的功率，即

$$P_{\text{FM}}=\frac{1}{2}A^2 \tag{3-47}$$

它与调制信号$m(t)$和调频指数m_f无关。

再由式（3-43）可见，宽带调频信号是由载频和无数对边频分量组成。所以，调频信号的总功率等于载频和各个边频分量贡献出来的功率之和。其中载频分量的幅度为$AJ_0(m_f)$，故载频分量的功率为

$$P_c=\frac{1}{2}A^2J_0^2(m_f) \tag{3-48}$$

同理，第n对边频分量的功率为

$$P_n=\frac{1}{2}A^2J_n^2(m_f)+\frac{1}{2}A^2J_{-n}^2(m_f)=A^2J_n^2(m_f) \tag{3-49}$$

当改变m_f时，$J_0(m_f)$和$J_n(m_f)$将随之改变，这就会引起载频功率P_c和各边频分量功率的变化，所以调频信号的功率分布与m_f有关。而m_f的大小与调制信号的幅度和频率有关，这说明调制信号不提供功率，但它可以控制功率的分布。

3.2.3 调频信号的产生

产生调频信号通常有两种方法：直接法和间接法。

在直接法中采用压控振荡器（Voltage-Controlled Oscillator，VCO）作为产生FM信号的调制器，使压控振荡器的输出瞬时角频率偏移正比于所加的控制电压，即随调制信号$m(t)$的变化呈线性变化，原理图如图3-21所示。

直接调频法的优点是可以得到很大的频偏，其主要缺点是载波会发生漂移，因而需要附加稳频电路。

间接法也称为倍频法，首先产生窄带调频信号，然后再利用倍频的方法将窄带调频信号变换为宽带调频信号，原理图如图3-22所示。

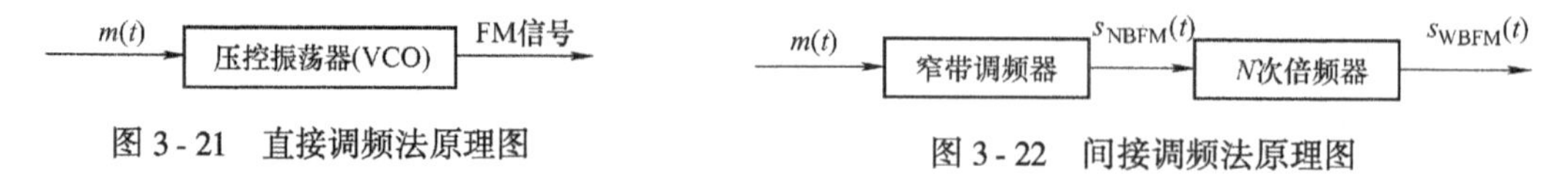

图3-21 直接调频法原理图

图3-22 间接调频法原理图

由式（3-35）可知，窄带调频信号可看成由正交分量与同相分量合成，即

$$s_{NBFM}(t) \approx A\cos\omega_c t - \left[AK_f\int_{-\infty}^{t} m(\tau)\mathrm{d}\tau\right]\sin\omega_c t$$

因此可采用图 3-23 所示的框图来实现窄带调频。

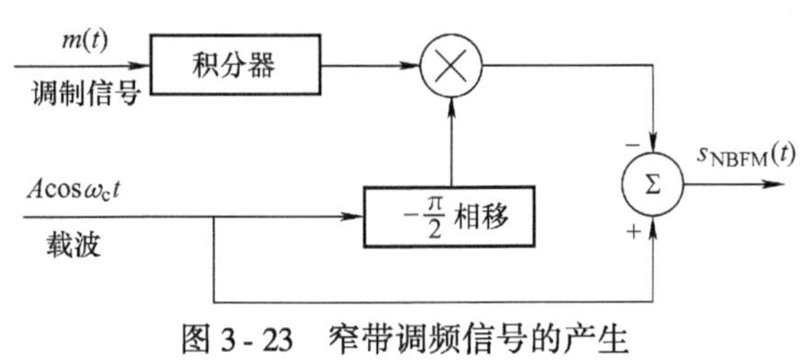

图 3-23　窄带调频信号的产生

倍频器的作用是提高调频指数 m_f，从而获得宽带调频。倍频器可以用非线性器件实现，然后用带通滤波器滤去不需要的频率成分。以理想平方律器件为例，其输出/输入特性为

$$s_o(t) = as_i^2(t) \tag{3-50}$$

当输入信号 $s_i(t)$ 为调频信号时，即

$$s_i(t) = A\cos[2\pi f_c t + \varphi(t)]$$

平方律器件的输出为

$$\begin{aligned} s_o(t) &= as_i^2(t) = aA^2\cos^2[\omega_c t + \varphi(t)] \\ &= \frac{1}{2}aA^2 + \frac{1}{2}aA^2\cos[2\omega_c t + 2\varphi(t)] \end{aligned} \tag{3-51}$$

由式（3-51）可知，滤除直流分量后可得到一个新的调频信号，其载波频率和瞬时相位偏移都为原来的 2 倍，由于瞬时相位偏移提高到原来的 2 倍，因而调频指数也必然为原来的 2 倍。同理，经 N 次倍频后可以使调频信号的载波频率和调频指数提高到原来的 N 倍。

使用倍频法提高了调频指数，但也提高了载波频率，这有可能使载波频率过高而不符合要求。为了解决这个矛盾，往往在倍频器后使用一个混频器，将宽带调频信号的载波频率降到所需的频率上来。

目前随着数字信号处理技术的快速发展，可以采用直接数字合成技术（Direct Digital Synthesis，DDS）产生调频信号。

3.2.4　调频信号的解调

与振幅调制一样，调频信号也有相干解调和非相干解调两种解调方式。相干解调仅适用于窄带调频信号，且需要同步载波，因此设备相对较复杂；而非相干解调既适用于窄带调频信号也适用于宽带调频信号，而且不需要同步载波，因此它是调频信号的主要解调方法。下面对调频信号的非相干解调及其抗噪声性能做简要介绍。

1. 非相干解调原理

由于调频信号的瞬时角频率正比于调制信号，因而调频信号的解调器必须能产生正比于瞬时角频率的电压，也就是当输入调频信号为

$$s_{FM}(t) = A\cos\left[2\pi f_c t + K_f\int_{-\infty}^{t} m(\tau)\mathrm{d}\tau\right]$$

时，解调器的输出应当为

$$m_o(t) \propto K_f m(t)$$

由此可见，具有频率-电压转换特性的鉴频器即可完成这一任务。图3-24a和图3-24b分别给出了理想鉴频特性和由鉴频器构成的调频信号的非相干解调器框图。

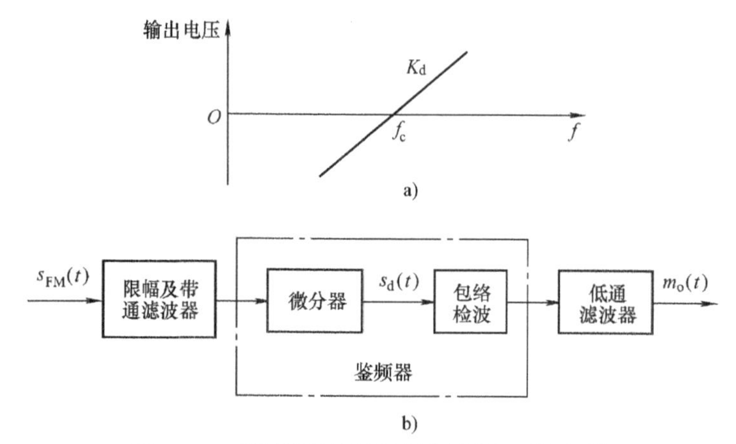

图3-24 鉴频器特性及调频信号非相干解调器

理想鉴频器可看成是微分器与包络检波器的级联。微分器的输出为

$$s_d(t) = -A\left[2\pi f_c + K_f m(t)\right]\sin\left[2\pi f_c t + K_f\int_{-\infty}^{t} m(\tau)\,d\tau\right]$$

这是一个包络和频率均含有调制信号的调幅调频信号，用包络检波器检出其包络，再滤去直流后，可得到的输出为

$$m_o(t) = K_d K_f m(t) \tag{3-52}$$

式中，K_d 为鉴频器灵敏度。

以上解调过程是先用微分器将幅度恒定的调频波变成调幅调频波，再用包络检波器从幅度中检测出调制信号，因此上述解调方法又称为包络解调。其缺点之一是包络检波器对于由信道噪声和其他原因引起的幅度起伏也有反应，为此，在微分器前加一个限幅器和带通滤波器以便消除调频波在传输过程中引起的幅度变化，变成固定幅度的调频波，带通滤波器让调频信号通过，而滤除带外噪声。

2. 调频系统的抗噪声性能

为便于说明，将图3-24所示的调频信号非相干解调器重画于图3-25。

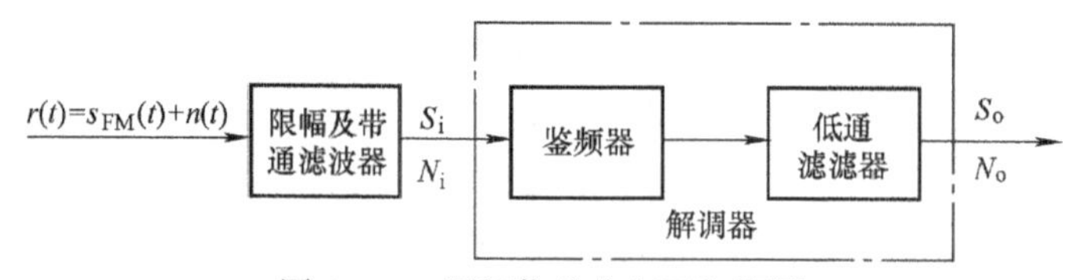

图3-25 调频信号非相干解调器

衡量调频系统抗噪声性能的指标是输出信噪比，输出信噪比等于输入信噪比与调制增益的乘积，即

$$\frac{S_o}{N_o} = \frac{S_i}{N_i} G_{FM} \tag{3-53}$$

其中，G_{FM}是调频解调器的调制增益。对于一般调频信号，对 G_{FM}的分析非常复杂。但当输入大信噪比时，可推得调频信号的调制增益为

$$G_{FM} = 3m_f^2(m_f + 1) \tag{3-54}$$

由式（3-54）可见，大信噪比时宽带调频系统的调制增益是很高的，它与调频指数的立方成正比。例如，调频广播中通常取 $m_f = 5$，此时调制增益 $G_{FM} = 3m_f^2(m_f+1) = 450$，这表明调频指数 m_f 越大，调频系统的抗噪声性能越高。

应当指出，调频系统抗噪声性能的提高是以增加传输带宽来换取的。这是因为

$$B_{FM} = 2(m_f + 1)f_m = (m_f + 1)B_{AM}$$

所以，当 m_f 很大时，调频信号占用的频带也很宽。

尽管宽带调频系统可靠性的提高是通过牺牲系统的有效性（增加传输带宽）来得到的，但宽带调频系统仍获得了广泛的应用。例如调频广播、空间通信、移动通信，以及模拟微波中继通信等系统中都采用了宽带调频技术。

最后还需要指出的是，调频信号的非相干解调器也同样存在“门限效应”。即当输入信噪比低到一定程度时，输出信噪比会急剧下降，以致系统无法正常工作。因此，调频系统一般工作于大信噪比条件下。

3.3 频分复用

3.3.1 频分复用原理

将多路独立信号在同一信道中的传输方式称为多路复用，多路复用可以充分利用信道带宽。通信系统中有 4 种多路复用方式：频分复用、时分复用、码分复用和波分复用。

在频分复用系统中，信道的可用频带被划分成若干个相互不重叠的频段，每路信号占据其中的一个频段，在接收端用适当的滤波器将多路信号分开，分别进行解调和终端处理。

频分复用的原理框图，如图 3-26 所示。设有 n 路基带信号进行复用，由于各个支路信号往往不是严格的带限信号，因此首先经低通滤波器限带，限带后的信号分别对不同频率（f_{c1}、f_{c2}、…、f_{cn}）的载波进行线性调制，将各路信号的频谱搬移到各自的频段内。为了避免各路已调信号间的频谱重叠，各路已调信号再通过带通滤波器进行限带，然后相加形成频分复用信号后送往信道传输。在接收端首先用中心频率分别为 f_{c1}、f_{c2}、…、f_{cn}的带通滤波器将各路信号分开，各路信号再由各自的解调器解调后经低通滤波器输出。

图 3-26 中的频率 f_{c1}、f_{c2}、…、f_{cn}称为副载波，调制方式可以是任意的模拟调制方式，但最常用的是 SSB 调制，因为 SSB 调制最节省频带。采用 SSB 调制的频分复用信号的频谱如图 3-27 所示。显然，n 路频分复用信号的带宽为

$$B_n = nf_m + (n - 1)f_g \tag{3-55}$$

式中，f_m 为单路基带信号的带宽；f_g 为两路信号间的保护频带。

合路后的频分复用信号原则上可以直接在信道中传输，但在某些场合，还需要进行主载

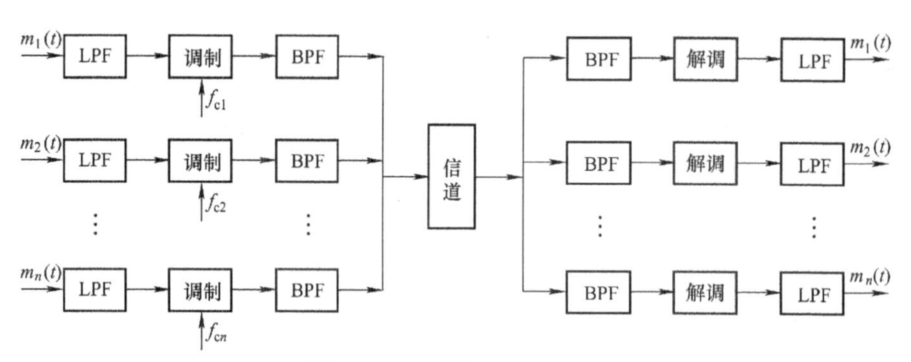

图 3-26 频分复用原理框图

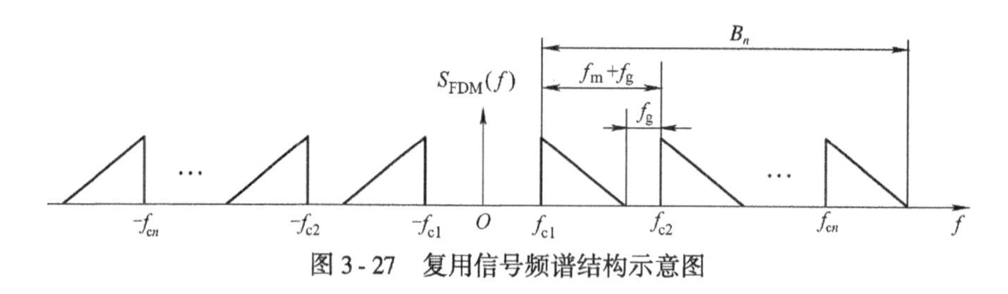

图 3-27 复用信号频谱结构示意图

波调制，对复用信号的频谱进一步搬移。主载波调制也可以是任意调制方式，但为了提高抗干扰能力，通常采用宽带 FM 方式。

【例 3-8】 有 60 路模拟语音信号采用频分复用方式传输。已知每路语音信号的频率范围为 0~4kHz（已含保护频带），副载波调制采用 SSB 调制，主载调制波采用 FM 调制，调制指数 $m_f=2$。

（1）试计算副载波调制后频分复用信号的带宽。

（2）试求信道传输信号的带宽。

（3）试求宽带调频的调制增益。

解 （1）由于副载波调制采用 SSB 调制，故每路 SSB 信号的带宽等于每路语音信号（含防护带）的带宽，即为 4kHz，因此，60 路语音频分复用后的总带宽为

$$B_{60} = 60 \times 4\text{kHz} = 240\text{kHz}$$

（2）主载波调制采用宽带 FM 调制，故调频波的带宽为

$$B_{FM} = 2f_H(m_f + 1) = 2 \times 240 \times (2 + 1)\text{kHz} = 1440\text{kHz}$$

其中，$f_H = B_{60} = 240\text{kHz}$。

（3）将 $m_f=2$ 代入式（3-54）得宽带调频的调制增益为

$$G_{FM} = 3m_f^2(m_f + 1) = 3 \times 2^2 \times (2 + 1) = 36$$

3.3.2 频分复用应用实例

频分复用广泛应用于长途载波电话、立体声调频、广播电视和空间遥测等领域。下面以载波电话系统为例，介绍频分复用技术在实际系统中的应用。

载波电话系统是指采用频分复用在一对传输线上同时传输多路模拟电话的通信系统。在数字电话系统使用之前载波电话系统曾被广泛应用于长途通信，是频分复用的一种典型应用。

在载波电话系统中，为节省传输频带，通常采用单边带调制的频分复用。由于每路语音信号的占用频带在 300~3400Hz，故单边带调制后的信号带宽为 3100Hz，考虑到各路信号间需要留有一定的保护频带，使分路滤波器易于实现，因此每路信号取 4kHz 作为标准带宽。

12 路语音信号频分复用后的信号称为一个基群信号，基群信号的频谱如图 3-28 所示，它占据 60~108kHz 的频带范围，总带宽为 48kHz，图中的每个三角形表示一路语音信号的频谱。

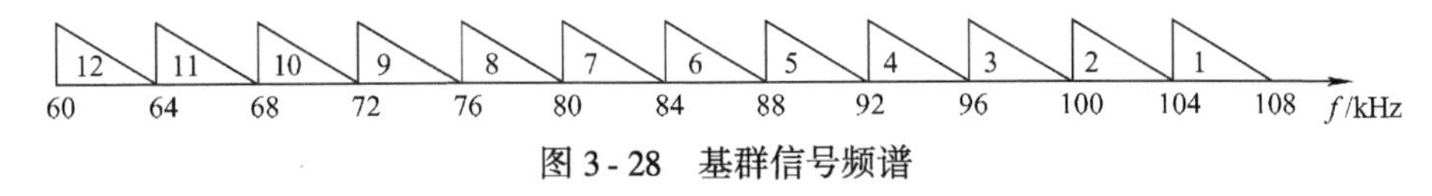

图 3-28 基群信号频谱

5 个基群再频分复用，构成一个超群，它包含 60 路电话，2 个超群可构成 120 路复用信号，以此类推。为方便大容量载波电话在传输中的合路和分路，载波电话系统有一套标准的分群等级，如表 3-1 所示。

表 3-1 多路载波电话标准分群等级

分群等级	容量（话路数量）	带宽/kHz	基本频带范围/kHz
基群	12	48	60~108
超群	60（5×12）	240	312~552
基本主群	300（5×60）	1200	812~2044
基本超主群	900（3×300）	3600	8516~12388

需要指出的是，表 3-1 中的基本频带范围指的是单边带调制后群路信号的频率范围，并不是在实际信道中传输的频带，因为在送入信道前有可能还要进行一次频谱搬移，即主载波调制，以适合于实际信道的通带范围。

长途载波电话系统中实现多路复用的设备称为载波机，图 3-29 给出了长途载波通信系统连接示意图。

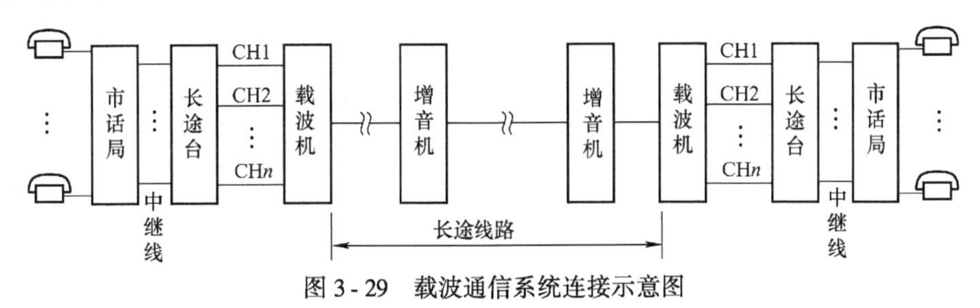

图 3-29 载波通信系统连接示意图

3.4 本章小结

1. 调制概念

(1) 调制的目的：实现基带信号在带通信道上的传输。

(2) 调制实现方法：用基带信号控制高频载波的某个参量，使受控参量随信号变化。

(3) 调制的分类

① 按调制信号可将调制分为模拟调制和数字调制。

② 按载波信号可将调制分为正（余）弦载波调制和脉冲调制。

③ 按调制信号所控制正（余）弦载波载数可将调制分为振幅调制（调幅）、频率调制（调频）和相位调制（调相）。

2. 振幅调制

(1) 完全调幅（AM）

① AM 时或表达式：$s_{AM}(t)=[A_0+m(t)]\cos 2\pi f_c t$，其中 $\overline{m(t)}=0$，且 $|m(t)|_{max}\leqslant A_0$。

② AM 频谱：$s_{AM}(f)=\dfrac{A_0}{2}[\delta(f-f_c)+\delta(f+f_c)]+\dfrac{1}{2}[M(f-f_c)+M(f+f_c)]$，由直流频谱和两个边带组成。

③ 调幅度：$m=\dfrac{A(t)_{max}-A(t)_{min}}{A(t)_{max}+A(t)_{min}}$，此参数可用于衡量调制深度，当 $m=1$ 时称为满调幅。

④ AM 带宽：$B_{AM}=2f_H$，f_H 是模拟基带信号的最高频率。

⑤ AM 信号的功率：$P_{AM}=\dfrac{A_0^2}{2}+\dfrac{\overline{m^2(t)}}{2}=P_c+P_s$，即等于载波功率与边带功率之和。

⑥ 调制效率：$\eta_{AM}=\dfrac{P_s}{P_{AM}}$，此值越大，表明调幅信号平均功率中真正携带信息的部分越多。AM 信号的最大调制效率 $\eta_{AM}=50\%$（满调幅，且基带信号为方波时）。

⑦ AM 信号的解调：相干解调或包络解调（是一种非相干解调方法）。实际应用中，AM 常采用包络解调。包络解调由于使用了非线性部件因而存在门限效应，即当输入信噪比小于门限值时，输出信噪比急剧下降。

⑧ 调制增益：$G_{AM}=\dfrac{S_o/N_o}{S_i/N_i}$，反映了解调器对输入信噪比的改善程度。

(2) 抑制载波双边带调制（DSB）

① DSB 信号表达式：$s_{DSB}(t)=m(t)\cos 2\pi f_c t$，其中 $\overline{m(t)}=0$。

② DSB 频谱：$S_{DSB}(f)=\dfrac{1}{2}[M(f-f_c)+M(f+f_c)]$，包含两个信号边带。

③ DSB 带宽：$B_{DSB}=2f_H$，与 AM 信号带宽相同。

④ 调制效率：$\eta_{AM}=\dfrac{P_s}{P_{DSB}}=1$。

⑤ DSB 解调：只能采用相干解调。调制增益为 $G_{DSB}=2$。

(3) 单边带调制(SSB)

① 表达式:$s_{\mathrm{SSB}}(t)=\frac{1}{2}m(t)\cos2\pi f_{c}t\mp\frac{1}{2}\hat{m}(t)\sin2\pi f_{c}t$,其中“-”代表上边带,“+”代表下边带。

② SSB信号的带宽是DSB信号带宽的一半,即$B_{\mathrm{SSB}}=\frac{1}{2}B_{\mathrm{DSB}}=f_{\mathrm{H}}$。

③ SSB信号的产生方法:滤波法(用滤波器滤除一个边带)和相移法(根据表达式合成产生)。

④ 解调:只能采用相干解调。调制增益为$G_{\mathrm{SSB}}=1$,说明SSB解调器对输入信噪比没有改善。

⑤ SSB节省发射功率(只发送一个边带),减少占用信道的带宽。但实现较难。

(4) 残留边带调制(VSB)

① VSB带宽:介于DSB和SSB信号带宽之间,即$B_{\mathrm{SSB}}<B_{\mathrm{VSB}}<B_{\mathrm{DSB}}$。

② 为确保正确解调,要求边带滤波器具有互补对称特性,即

$$H_{\mathrm{VSB}}(f+f_{c})+H_{\mathrm{VSB}}(f-f_{c})=C(\text{常数}),\quad |f|\leqslant f_{\mathrm{H}}$$

③ 解调:只能采用相干解调。解调性能可近似认为与SSB相同。

结论:

① SSB占用带宽最少,故频带利用率(有效性)最高。

② DSB与SSB的抗噪声性能相同,优于AM调制。

③ AM包络解调最易实现,而SSB的实现最为困难。

3. 角度调制

(1) 角度调制基本概念

角度调制有调频(FM)和调相(PM)两种。FM信号的瞬时角频率偏移随调制信号线性变化;PM信号的瞬时相位偏移随调制信号线性变化。其表达式为

① 调相信号:$S_{\mathrm{PM}}(t)=A\cos[2\pi f_{c}t+k_{p}m(t)]$

② 调频信号:$s_{\mathrm{FM}}(t)=A\cos\left[2\pi f_{c}t+K_{f}\int_{-\infty}^{t}m(\tau)\mathrm{d}\tau\right]$

(2) 窄带调频(NBFM)

① 定义:当调频指数$m_{f}=\left|K_{f}\int_{-\infty}^{t}m(\tau)\mathrm{d}\tau\right|_{\max}\ll0.5$时称为窄带调制。

② 带宽:$B_{\mathrm{NBFM}}=2f_{m}$,与AM调制信号带宽相同。

(3) 宽带调制(WBFM)

① 定义:当调频指数$m_{f}=\left|K_{f}\int_{-\infty}^{t}m(\tau)\mathrm{d}\tau\right|_{\max}\gg0.5$时称为宽带调频。

② 带宽:$B_{\mathrm{WBFM}}=2(m_{f}+1)f_{m}=2(\Delta f+f_{m})$,$f_{m}$为调制信号的最高频率。

③ 功率:$P_{\mathrm{FM}}=\frac{1}{2}A^{2}$,等于载波功率,与调制信号无关。

④ 抗噪声性能:$G_{\mathrm{FM}}=3m_{f}^{2}(m_{f}+1)$,$m_{f}$越大,$G_{\mathrm{FM}}$越大,抗噪声性能越好,但$B_{\mathrm{FM}}=2(m_{f}+1)f_{m}$也越大。可见,宽带调频信号抗噪声性能的提高是以增加传输带宽为代价的。鉴频法也存在门限效应。

4. 频分复用

若干路独立信号在同一信道中传输称为复用。频分复用的方法是将信道的可用频带分成若干互不重叠的频段，通过调制（频谱搬移）使每路信号占据其中的一个频段。在接收端用适当的滤波器将多路信号区分开，再通过解调还原各路独立信号。频分复用提高了信道的利用率。

3.5 习题

一、填空题

1. 设基带信号是最高频率为3.4kHz的语音信号，则AM信号的带宽为________，SSB信号的带宽为__________，DSB信号的带宽为______________。

2. 在残留边带调制系统中，为了不失真地恢复信号，残留边带滤波器的传输特性应满足__________________________。

3. 对于AM系统，大信噪比时常采用__________解调，此解调方式在小信噪比时存在________效应。

4. 已知FM波的表达式为 $s(t)=10\cos(2\times10^6\pi t+10\cos2000\pi t)$（V），其带宽为________，单位电阻上已调波的功率为____________，调制增益为____________。

5. 在FM广播系统中，规定每个电台的标称带宽为180kHz，调频指数为5，这意味着其音频信号最高频率为__________。

6. 10路带宽为4kHz的语音信号通过SSB调制组成频分复用信号，然后经宽带调频后传输，设调频指数为 $m_f=9$，则调频前后信号的带宽之比为__________，接收端鉴频器输入输出端的信噪比之比为____________。

二、选择题

1. 在AM、DSB、SSB、VSB四个通信系统中，有效性最好的通信系统是________。

A. AM　　B. DSB　　C. SSB　　D. VSB

2. 设均值为零的基带信号为 $m(t)$，载波为 $2\cos\omega_c t$，A_0 为常数且 $A_0 \geq |m(t)|_{max}$，则SSB上边带信号的表达式为________。

A. $[A_0+m(t)]\cos\omega_c t$　　B. $m(t)\cos\omega_c t$

C. $m(t)\cos\omega_c t-\hat{m}(t)\sin\omega_c t$　　D. $m(t)\cos\omega_c t+\hat{m}(t)\sin\omega_c t$

3. 下列模拟调制系统中，不存在门限效应的系统是________。

A. AM信号的非相干解调　　B. FM信号的非相干解调

C. DSB信号的相干解调　　D. A和B

4. 某调角信号为 $s(t)=10\cos(2\times10^6\pi t+10\cos2000\pi t)$，其最大频偏为______。

A. 1MHz　　B. 2MHz　　C. 1kHz　　D. 10kHz

5. 在标准振幅调制系统中，令调制信号为正弦单音信号。当采用包络解调方式时，最大调制增益 G 为______。

A. 1/3　　B. 1/2　　C. 2/3　　D. 1

6. 下列关于模拟调制系统的正确描述是________。

A. 标准振幅调制系统中，不可以选用同步解调方式

B. DSB 的解调器增益是 SSB 的 2 倍，所以，DSB 系统的抗噪声性能优于 SSB 系统

C. FM 信号和 DSB 信号的有效带宽是 SSB 信号有效带宽的 2 倍

D. 采用鉴频器对调频信号进行解调时可能产生“门限效应”

7. 某单音调频信号 $s(t)=20\cos[2\times10^8\pi t+8\cos(4000\pi t)]$V，则调频指数为________。

A. $m_f=2$　　B. $m_f=4$　　C. $m_f=6$　　D. $m_f=8$

三、简答题

1. 简述通信系统中采用调制的目的。

2. 什么是门限效应？AM 信号采用包络解调法会产生门限效应吗？

3. 试简述频分复用的目的及应用。

四、计算画图题

1. 调幅信号 $s_{AM}(t)=0.2\cos(2\pi\times10^4t)+5\cos(2\pi\times1.2\times10^4t)+0.2\cos(2\pi\times1.4\times10^4t)$。试问：

（1）载波的频率和振幅为多少？

（2）调制信号是什么？

（3）调幅系数 m 为多少？

2. 现有 AM 信号 $s_{AM}(t)=(1+A_m\cos2\pi f_mt)\cos2\pi f_ct$。

（1）A_m 为何值时，AM 出现过调幅？

（2）如果 $A_m=0.5$，试问此信号能否用包络检波器进行解调，包络检波的输出信号是什么？

3. 已知 $s_{AM}(t)=(100+30\cos2\pi f_mt+10\cos6\pi f_mt)\cos2\pi f_ct$。求：

（1）调幅波的调幅系数 m。

（2）调制效率 η_{AM}。

4. 已知调制信号 $m(t)=A_m\cos2\pi f_mt$，载波 $c(t)=A\cos2\pi f_ct$，进行 DSB 调制，试画出已调信号加到包络解调器后的输出波形。

5. 在图 3-9 所示的 DSB 解调器中，当本地载波存在相位误差 $\Delta\theta$ 时，DSB 解调器的输出为多少？试分别求当 $\Delta\theta$ 为 0、$\pi/3$、$\pi/2$ 时解调器输出信号的大小。

6. 设有一调制信号 $m(t)=\cos2\pi f_1t+\cos2\pi f_2t$，载波为 $c(t)=A\cos2\pi f_ct$。试写出当 $f_2=2f_1$，载波频率 $f_c=5f_1$ 时相应的 SSB 信号表达式。

7. 将某双边带信号通过残留边带滤波器，已知残留边带滤波器特性如图 3-30 所示。若调制信号 $m(t)=A\cos500\pi t$，载波频率为 10kHz，试求残留边带信号表达式。

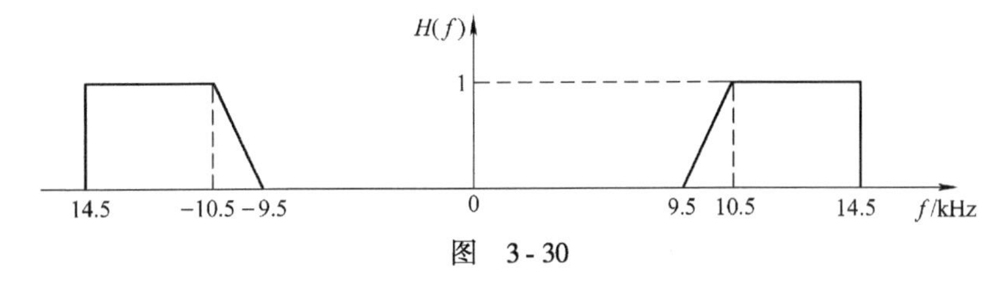

图 3-30

8. 某调角信号为 $s_m(t)=10\cos(2\times10^6\pi t+10\cos2000\pi t)$，试确定：

（1）其最大频率偏移、最大相位偏移和带宽。

（2）该信号是调频波还是调相波。

9. 一角度调制信号 $s_m(t) = 1000\cos[2\pi f_c t + 10\cos(2\pi f_m t)]$，其中 $f_m = 1\text{kHz}$，$f_c = 10\text{MHz}$。

（1）若已知 $s_m(t)$ 是调制信号为 $m(t)$ 的调相信号，其相位偏移常数（调相灵敏度）$K_p = 5\text{rad/V}$，请写出调制信号 $m(t)$ 的表达式。

（2）若已知 $s_m(t)$ 是调制信号为 $m(t)$ 的调频信号，其频率偏移常数（调频灵敏度）$K_f = 2\pi \times 5000\text{rad/(s·V)}$，请写出调制信号 $m(t)$ 的表达式。

（3）请写出 $s(t)$ 的近似带宽。

（4）若 $s(t)$ 是调频信号，求调制制度增益 G_{FM}。

10. 设复用的话音有15路，每路话音的最高频率为3.4kHz，复用时两路之间留有保护频带0.6kHz，带通信道的中心频率为1MHz。求：

（1）频分复用信号的带宽。

（2）若主载波调制采用DSB调制，则所需信道带宽为多少？

（3）主载波调制所采用的载波频率为多少？

第 4 章　数字基带传输

数字通信系统的任务是传输数字信息，数字信息可能来自于计算机、数码摄像机等各种数字设备，也可能由模拟语音信号转换而来。与这些数字信息相对应的电信号的频谱通常集中在零频（直流）或某个低频附近，被称为数字基带信号。在某些有线信道中，特别是传输距离不太远的情况下，如以太网（Ethernet）、数字用户线等，数字基带信号可以直接传输，这种传输方式称为数字信号的基带传输，简称为数字基带传输。

典型的数字基带传输系统的框图，如图 4-1 所示。它主要由码型变换器、发送滤波器、信道、接收滤波器、位定时提取电路、取样判决器和码元再生器组成。

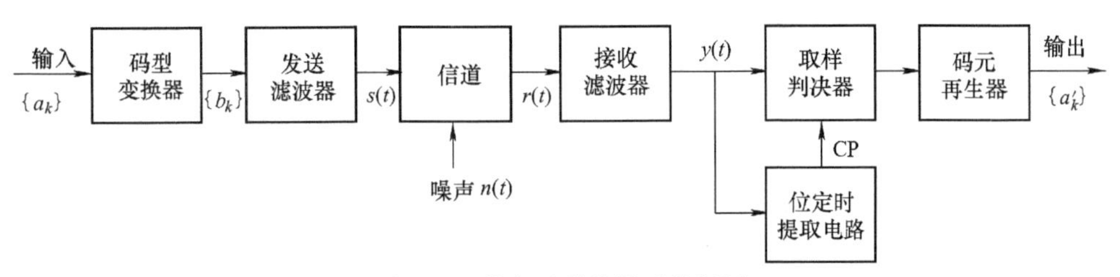

图 4-1　数字基带传输系统框图

各部分主要功能如下：

① 码型变换器：改变输入信号的码型，使其适合信道传输。

② 发送滤波器：也称为波形变换器，它变换输入信号的波形，使其适合信道传输。故码型变换器和发送滤波器合称为信道信号形成器，即产生适合信道传输的基带信号。

③ 信道：传输媒介，适合低通信号传输，故为低通信道。信号通过信道会产生失真且还会受到噪声干扰。

④ 接收滤波器：滤除带外噪声且校正（均衡）接收信号的失真。

⑤ 位定时提取电路：提取控制取样时刻的定时信号，此部分内容在第 8 章中介绍。

⑥ 取样判决器：在位定时信号控制下对信号取样，并对含有失真和噪声的取样值做出判决。

⑦ 码元再生器：完成译码（与码型变换功能相反）并产生所需要的数字基带信号形式。

为便于对上述各功能的理解，图 4-2 给出了数字基带传输系统各点波形示意图。图 4-2a表示数字信息为 1001101 的数字基带信号，信息“1”对应一个宽度等于码元宽度的正矩形脉冲，信息“0”则用无脉冲来表示，在这个数字基带信号中，码型采用的是单极性全占空码，波形采用的是矩形脉冲。码型转换器将单极性全占空码转换成双极性全占空码，如图 4-2b 所示。发送滤波器将矩形波转换成升余弦脉冲，如图 4-2c 所示。发送信号经信道及接收滤波器后的信号如图 4-2d 所示，在每个码元的正中间对其取样，然后按照取样值大于零判为“1”，小于零判为“0”的规则进行判决，恢复的信息如图 4-2f 所示。由于信道失真及噪声的影响，第三个码元发生了错判。

本章将以数字基带传输系统的组成为框架，围绕数字基带传输系统的有效性和可靠性展开讨论。主要内容有数字基带信号码型、数字基带信号的功率谱分析、码间干扰对数字基带传输系统的影响及消除此影响的方法、信道噪声对数字基带传输系统可靠性的影响、实验方法评价数字基带传输系统性能的眼图，最后介绍提高实际数字基带传输系统可靠性的均衡技术等。

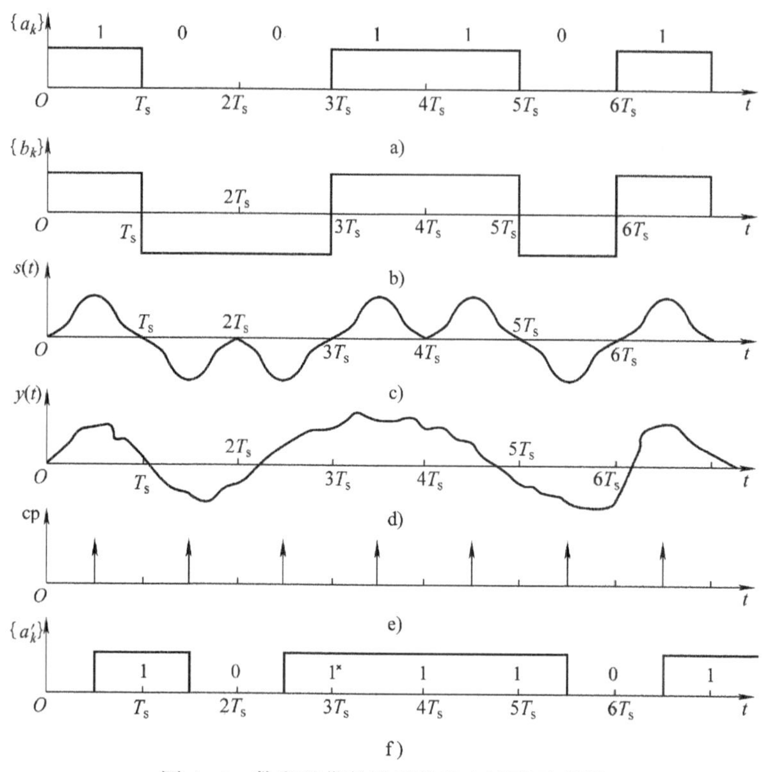

图4-2 数字基带传输系统各点波形示意图

4.1 数字基带信号的码型和波形

数字基带信号是数字信息的电脉冲表示。数字信息的表示方式称为数字基带信号的码型，相应的电脉冲形状称为数字基带信号的波形。所以，一个数字基带信号由码型和波形两个方面确定。

4.1.1 数字基带信号的码型

不同码型的数字基带信号具有不同的频谱结构，因此，要合理地设计码型使数字基带信号适合于给定信道的传输特性。那么数字基带传输系统的信道对数字基带信号的码型有什么要求呢？归纳起来主要有以下几点：

① 在数字基带信号的频谱中不应含有直流分量，低频分量与高频分量也要小。这是因为大多数基带信道低频端和高频端的传输特性都不好，不利于含有直流、低频及高频分量的信号传输。

② 要求数字基带信号中含有位定时信息，以便于位定时信号的提取。

③ 使数字基带信号占据较小的带宽，以提高频带利用率。

④ 使数字基带信号的功率谱特性不受信源统计特性的影响。例如，不论信源输出的“1”码和“0”码是否等概，数字基带信号均无直流。

⑤ 要求编、译码设备尽量简单。

数字基带信号的码型种类很多，并不是所有的码型都能满足上述要求，实际应用中需要根据具体的传输信道选择合适的码型。下面以矩形脉冲为波形介绍几种有代表性的码型及它们的特点。

1. 单极性全占空码（单极性不归零码）

编码规则：用宽度等于码元宽度的正脉冲表示“1”码，用零电平表示“0”码，如图 4-3a 所示。

优点：编、译码方法简单，是信息的常用表示方法。

缺点：含有直流分量和丰富的低频分量，无定时分量。

2. 双极性全占空码（双极性不归零码）

编码规则：用宽度等于码元宽度的正负脉冲分别表示“1”码和“0”码，如图 4-3b 所示。

优点：编、译码方法简单，“1”“0”等概时无直流分量。

缺点：有丰富的低频分量且“1”“0”不等概时有直流，无定时分量。

3. 差分码

编码规则：由数字信息 a_n 求差分码 b_n 的数学表达式如下：

$$b_n = a_n \oplus b_{n-1} \quad (n = 1,2,3,\cdots) \tag{4-1}$$

其中，$\oplus$为异或运算或模 2 加运算。b_n 也称为相对码，而 a_n 称为绝对码。起始位 b_0 称为参考信号，可任意设定为“0”码或“1”码，如图 4-3c 所示，图中设参考信号为“0”码。

接收端由差分码还原绝对码的过程称为差分译码，其数学表达式为

$$a_n = b_n \oplus b_{n-1} \tag{4-2}$$

优点：在第 5 章的数字相位调制中，可以解决由相位模糊引起的反向工作问题。

4. 极性交替码（AMI 码）

编码规则：信息中的“0”码用零电平表示，“1”码则交替地用正、负脉冲表示，如图 4-3d 所示。

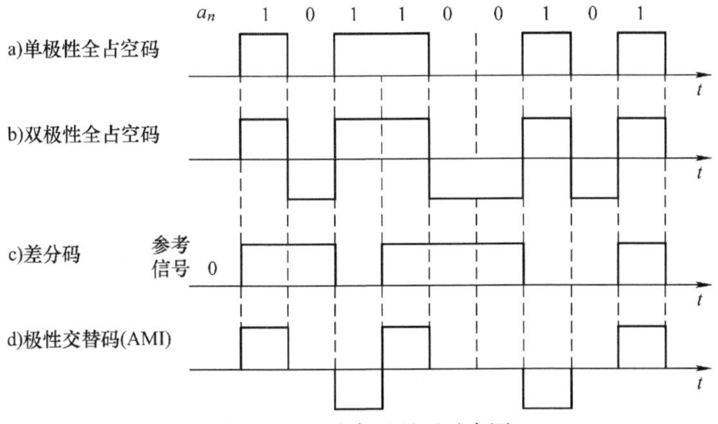

图 4-3　几种常用码型示意图

优点：不管“1”“0”是否等概，数字基带信号均无直流分量，且低频分量小；编、译码简单。

缺点：长连“0”时难以获取位定时信息。

解决长连“0”问题的有效方法之一是将二进制信息先进行随机化处理（见第7章 m 序列的应用——扰码），再进行 AMI 编码。ITU 建议的北美系列的一、二、三次群接口码都使用经扰码后的 AMI 码。解决长连“0”的另一个有效办法是采用 AMI 码的改进码型，即 HDB_3 码。

5. 三阶高密度双极性码（HDB_3 码）

HDB_3 码是 AMI 码的改进码型，也称为连“0”抑制码。

编码规则：

1）当信息码的连“0”个数不大于3时，其编码方法与 AMI 码相同。

2）当连“0”个数超过3时，每4个连“0”段用“000V”或“100V”来代替。规则为：

① 第一个4连“0”段可任意选择000V或100V代替。

② 对于第二个及以后的连“0”段，若前一个“V”至当前连“0”段之间“1”码的个数为奇数，则当前连“0”段用“000V”来代替，否则，用“100V”来代替。

3）对“1”码和“V”码标极性。方法为：

① 所有“1”码极性交替。第一个“1”码的极性可任意。

② 所有“V”码极性交替。但第一个“V”码的极性必须与其前一个“1”码同极性。

需要说明的是，“V”码和“1”码在波形上没有区别，例如，“+V”和“+1”一样代表正脉冲；“-V”和“-1”都代表负脉冲。

由于第一个4连“0”用“000V”还是“100V”来代替是任意选取的，第一个“1”码的极性也是任意的，因此给定信息的 HDB_3 码是不唯一的。编码过程例子如图4-4所示，在这个例子中，第一个4连“0”用了“100V”，第一个“1”码的极性设定为负。

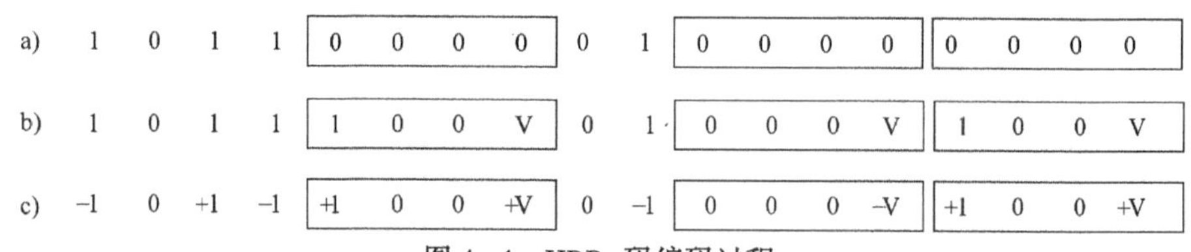

图4-4 HDB_3 码编码过程

与发送端 HDB_3 码编码相对应的是，接收端对收到的 HDB_3 要进行译码，以恢复原信息。译码的关键是找出“100V”和“000V”，然后将它们恢复为“0000”，最后再将正、负脉冲均还原为“1”码即可。仔细观察图4-4c可以发现，只要按上述规则编码，“V”码的极性一定与其前一个“1”码的极性相同，基于这点，就可以找出“V”码。故 HDB_3 码译码规则如下：

① 当遇到两个相邻的同极性码时，后者一定是“V”码，将“V”码连同其前三位码均还原为“0”码。

② 将所有的±1均恢复为“1”码。

特点：HDB_3 码除了保持了 AMI 码的优点外，还将连“0”码限制在三个以内，故有利于位定时的提取。因此，HDB_3 码是应用最为广泛的码型，ITU 建议 HDB_3 码作为欧洲系列 PCM 一、二、三次群的传输码型。

6. 多进制码（多元码）

在很多系统频带受限的场合，为了提高信息传输速率，往往采用多进制传输。多进制传输时，首先需要将二进制码元序列转换成多进制码元序列，即将 $n(n>1)$ 位二进制码元看作一组，用一个 $M=2^n$ 进制码元来表示。

由于频带利用率高，多进制码在频带受限的高速率传输系统中得到广泛应用。例如，在综合业务数字网中，以电话线为传输媒介的数字用户环就使用了四进制码。在四进制编码中，每两个二进制码元被看作一个四进制码元，这样共有四种不同的码元，再分别用±1*A* 和±3*A* 四个电平的脉冲表示这四种码元，如图 4-5 所示。

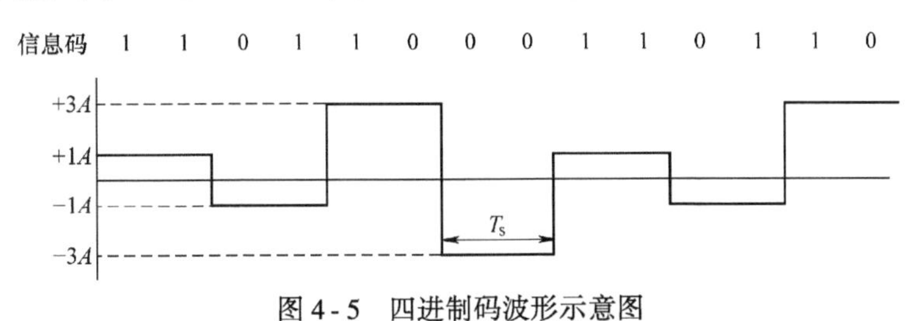

图 4-5　四进制码波形示意图

多元码通常采用格雷码表示，即相邻电平所对应的二进制码组之间只有一位不同。这样，接收时若相邻电平发生错判只会引起一位二进制码元的错误。

4.1.2　数字基带信号的波形

为方便讨论，上面介绍各种常用码型时都以矩形脉冲为波形。矩形脉冲由于上升和下降是突变的，高频成分比较丰富，因此会占用较宽的频带。当信道带宽有限时，采用以矩形脉冲为基础的数字基带信号就不合适了，而需要采用更适合于信道传输的波形，这些波形包括变化比较平滑的升余弦脉冲、钟形脉冲、三角形脉冲等，其中最常用的是升余弦脉冲。

4.2　数字基带信号的功率谱分析

前面我们讨论了数字基带信号的时间波形，现在来讨论数字基带信号的功率谱特性。通过数字基带信号的功率谱，可以确定数字基带信号的带宽，还可以了解它是否含有直流分量和位定时分量等，以便选择适当的信道来传送它。

对于二进制数字基带信号，设“1”码波形为 $g_1(t)$，出现的概率为 p，“0”码波形为 $g_2(t)$，概率为 $1-p$，码元宽度为 T_s，且前后码元统计独立，则其功率谱表达式为

$$P(f)=f_s p(1-p)\left|G_1(f)-G_2(f)\right|^2 + f_s^2\sum_{n=-\infty}^{\infty}\left|pG_1(nf_s)+(1-p)G_2(nf_s)\right|^2\delta(f-nf_s) \tag{4-3}$$

其中，$G_1(f)$、$G_2(f)$ 分别是 $g_1(t)$ 与 $g_2(t)$ 的频谱函数；$f_s=1/T_s$，在数值上等于码元速率。

式（4-3）中的第一项是连续谱，由于 $g_1(t)\neq g_2(t)$，从而 $G_1(f)\neq G_2(f)$，因此连续谱

总是存在的。由连续谱可确定数字基带信号的带宽。式（4-3）中第二项是由许多离散谱线组成的离散谱，其中 $n=0$ 对应直流分量谱，$n=\pm1$ 对应位定时分量谱。对于某个具体的数字基带信号，离散谱不一定存在。

下面举例说明式（4-3）的应用，例题所得结论，如功率谱示意图、带宽等十分重要，在下一章的学习中会用到。

【例 4-1】 试分析图 4-6a 所示的单极性全占空矩形脉冲序列的功率谱特性。功率谱中有直流分量吗？有位定时分量吗？若有，功率多大？幅度多大？设“1”“0”等概。

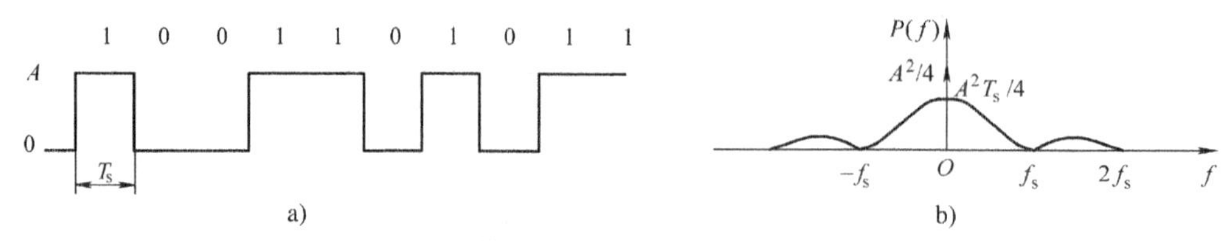

图 4-6 单极性不归零码及功率谱示意图

解 首先求出功率谱表达式。由题意，“1”码波形 $g_1(t)$ 是宽度等于 T_s、幅度为 A 的矩形脉冲，而“0”码波形 $g_2(t)=0$，因此有

$$G_1(f)=F[g_1(t)]=AT_s\mathrm{Sa}(\pi fT_s),\qquad G_2(f)=0$$

由第 2 章的例 2-3 可知，幅度为 A、宽度为 T_s 的矩形脉冲其频谱在 $n/T_s=nf_s(n=\pm1,\ \pm2,\ \pm3,\ \cdots)$ 处为零，而在 $f=0$ 处有最大值 AT_s，故 $G_1(nf_s)=0(n=\pm1,\ \pm2,\ \pm3,\ \cdots)$，$G_1(0)=AT_s$。将上述条件及 $p=0.5$ 代入式（4-3）得

$$P(f)=\frac{A^2T_s}{4}\mathrm{Sa}^2(\pi fT_s)+\frac{A^2}{4}\delta(f) \tag{4-4}$$

式中，$f_s=\dfrac{1}{T_s}$。功率谱示意图如图 4-6b 所示。

由图 4-6b 可见，此数字信号的功率谱中有位于 $f=0$ 处的离散谱，因此有直流分量，但在 $f=f_s$ 处没有离散谱线，说明此数字信号不含有位定时分量。

直流功率等于直流功率谱的积分，即

$$P_0=\int_{-\infty}^{\infty}\frac{A^2}{4}\delta(f)\,\mathrm{d}f=\frac{A^2}{4}$$

对直流功率开平方即为直流电压的幅度，由此可得直流电压幅度为 $\sqrt{P_0}=A/2$，即为数字基带信号的平均值。

【例 4-2】 试分析图 4-7a 所示双极性全占空矩形脉冲序列的功率谱。设“1”“0”等概。

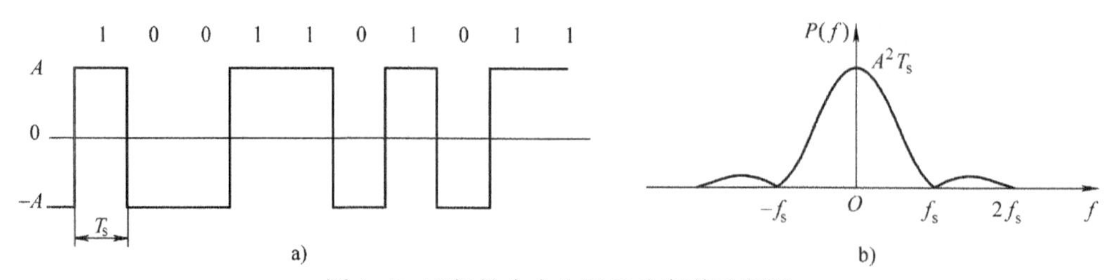

图 4-7 双极性全占空码及功率谱示意图

解 由题意，“1”码波形 $g_1(t)$ 是宽度等于 T_s、幅度为 A 的矩形脉冲，而“0”码波形 $g_2(t)$ 是宽度等于 T_s、幅度为 $-A$ 的矩形脉冲，因此有

$$G_1(f)=F[g_1(t)]=AT_s\mathrm{Sa}(\pi fT_s)$$
$$G_2(f)=F[g_2(t)]=-AT_s\mathrm{Sa}(\pi fT_s)$$

代入式（4-3），且 $p=0.5$ 得

$$P(f)=A^2T_s\mathrm{Sa}^2(\pi fT_s) \tag{4-5}$$

可见，“1”“0”等概时双极性数字基带信号中无离散谱线，故“1”“0”等概的双极性信号中既无直流又无位定时分量。功率谱示意图如图 4-7b 所示。

需要指出的是，式（4-3）只适用于前后码元相互独立的二进制码的功率谱分析。对于 AMI 码及 HDB3 码等前后码元之间有相关性的码型，可通过自相关函数来求。自相关函数法适用于各种码型，其难点在于求随机序列的自相关函数。

设图 4-8a 是“1”“0”等概的 AMI 码波形示意图，通过自相关函数求得其功率谱表达式为[1]

$$P(f)=A^2T_s\mathrm{Sa}^2(\pi fT_s)\sin^2(\pi fT_s) \tag{4-6}$$

示意图如图 4-8b 所示，为便于比较，图中用虚线画出了双极性全占空码的功率谱。

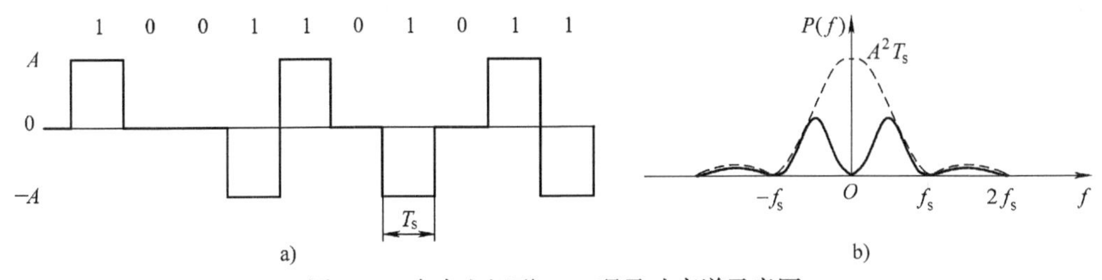

图 4-8 全占空矩形 AMI 码及功率谱示意图

由图 4-8b 可见，AMI 码功率谱的分布区域与单极性码或双极性码的相同，但其主要功率集中于 $0.5f_s$ 附近，且靠近零频处的功率谱幅度很小，所以 AMI 码更适合在低频特性不好的信道上传输。HDB3 码功率谱特性与 AMI 码的功率谱分布规律几乎相同。

对于上述数字基带信号的功率谱分析，简单归纳如下：

① 数字基带信号的功率谱形状取决于数字基带信号的**波形及码型**。例如矩形波的频谱函数为 $\mathrm{Sa}(x)$，功率谱形状为 $\mathrm{Sa}^2(x)$，同时码型会对功率谱起到加权作用，使功率谱形状发生变化，如上面的 AMI 码信号功率谱，加权函数为 $\sin^2(\pi fT_b)$，使 AMI 码信号的功率谱在零频附近分量很小。

② 功率谱的第一个零点频率是矩形波宽度的倒数。通常我们用功率谱的第一个零点频率作为信号的近似带宽。所以采用矩形波的数字基带信号，当波形宽度等于码元宽度 T_s 时，其带宽为

$$B=\frac{1}{T_s}=R_s \tag{4-7}$$

可见，码元速率越高，数字基带信号的带宽就越宽。

③ 凡是“0”“1”等概的双极性码信号均无离散谱。这就意味着采用这种码型的数字基带信号中既无直流分量也无位定时分量。

最后特别强调，对于图4-5所示多进制数字基带信号，可以将其看成是多个二进制数字基带信号之和，求出每个二进制随机序列的功率谱，将它们相加即可得到多进制数字基带信号的功率谱。尽管相加后的功率谱表达式可能比较复杂，但就功率谱的零点位置及主瓣宽度而言，多进制数字基带信号与由它分解出来的任何一个二进制数字基带信号是相同的，故多进制数字基带信号的带宽也为 $B=1/T_s=R_s$，其中 T_s 是多进制数字基带信号的码元间隔，R_s 是多进制数字基带信号的码元速率。由于 $R_b=R_s\log_2M$，因此可得一个重要结论：**在码元速率和基本波形相同的条件下，二进制数字基带信号与 M 进制数字基带信号所需信道带宽相同，但 M 进制数字基带信号的信息速率却是二进制的 $\log_2M$ 倍。**

4.3 数字基带传输系统及码间干扰

4.3.1 数字基带传输系统

从信号传输的角度上看，数字基带传输系统可简化为如图4-9所示的模型。$d(t)$ 是码型变换器输出的数字基带信号，不失一般性，同时也便于分析，通常将 $d(t)$ 模型化为冲激脉冲序列，其表达式为

$$d(t)=\sum_{k=-\infty}^{\infty}b_k\delta(t-kT_s) \tag{4-8}$$

系统的总传输特性为

$$H(f)=H_T(f)H_C(f)H_R(f) \tag{4-9}$$

由信号与系统知识可知，当一个冲激脉冲加入到 $H(f)$ 的系统时，输出则为这个系统的冲激响应 $h(t)$，它是 $H(f)$ 的傅里叶反变换，即

$$h(t)=F^{-1}[H(f)]=\int_{-\infty}^{\infty}H(f)e^{j2\pi ft}df \tag{4-10}$$

显然，若输入为冲激脉冲序列，则输出为由 $h(t)$ 所组成的波形序列，波形之间的间隔为 T_s。所以当 $d(t)$ 输入到图4-9所示的系统，且信道受到噪声干扰时，用于取样判决的信号 $y(t)$ 的表达式为

$$y(t)=\sum_{k=-\infty}^{\infty}b_kh(t-kT_s)+n_R(t) \tag{4-11}$$

式中，b_k 为第 k 个输入脉冲的幅度，它是一个随机变量，与所传送信息 a_k 和所采用的码型都有关。如果是单极性码，则 b_k 有0、1两种取值；若为双极性码，则 b_k 有1、-1两种取值；当为AMI码时，b_k 有1、-1、0三种取值。$n_R(t)$ 是接收滤波器输出端的噪声。

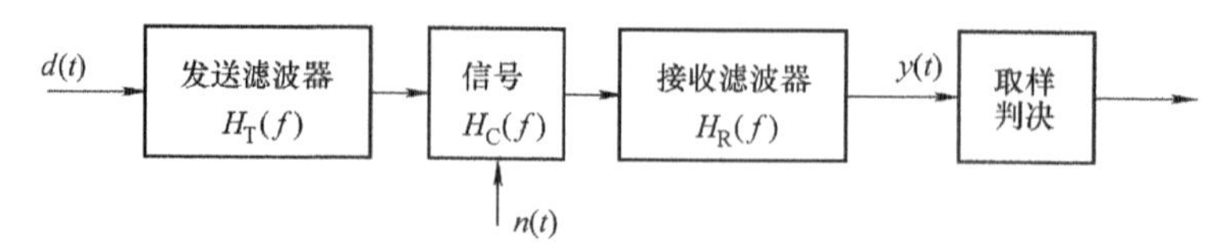

图4-9 数字基带传输系统模型

研究分析表明，影响接收端判决正确性的主要因素有两个：

① 系统传输特性不理想引起的码间干扰（Inter-Symbol Interference，ISI）。

② 信道中的噪声。

为使数字基带传输系统的误码率尽可能小，必须最大限度地减小 ISI 和噪声的影响。由于 ISI 和信道噪声产生的机理不同，所以对这两个问题分开讨论。本节在不考虑噪声条件下研究码间干扰问题，4.4 节则在无 ISI 情况下研究噪声对数字基带传输系统性能的影响。

4.3.2　数字基带传输系统的码间干扰

码间干扰是指前面码元的接收波形蔓延到后续码元的时间区域，从而对后续码元的取样判决产生干扰，如图 4-10 所示。图 4-10a 为发送波形 $d(t)$，对应信息 110。发送端每发送一个冲激脉冲，接收滤波器就输出一个冲激响应 $h(t)$，如图 4-10b 所示。若在每个码元的结束时刻取样，则在 $t=t_3$ 时，取样值为 $a_1+a_2+a_3$，其中 a_1+a_2是第一、二个码元蔓延到第三个码元取样时刻的值，这个值就是码间干扰，它会对第三个码元的判决产生影响。如果码间干扰足够大，就会出现 $a_1+a_2+a_3>0$，此时判决结果即为“1”（双极性信号的判决门限电平常为 0），从而出现误码。

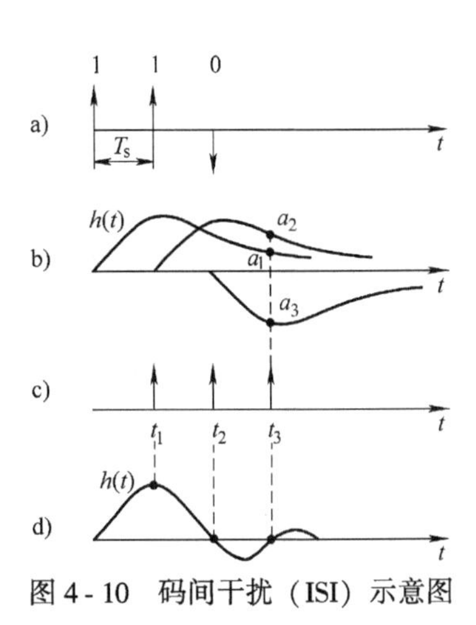

图 4-10　码间干扰（ISI）示意图

由此可知，码间干扰产生的根本原因是系统总传输特性 $H(f)$不理想，导致接收码元波形畸变、展宽和拖尾。如果前一码元的波形到达后一码元的取样时刻时已经衰减到零，就不会产生码间干扰。但这样的波形是不易实现的，因为任何一个实际系统都是带限系统，也就是说，任何信号通过实际系统后其频谱是有限的，因此，其时域波形必然是无限延伸的。事实上，只要数字基带系统的冲激响应 $h(t)$仅在本码元的取样时刻有最大值，并在其他码元的取样时刻上均为 0，就不会对后续码元的取样判决产生干扰，即可实现无码间干扰，如图 4-10d 所示，这样的波形 $h(t)$称为无码间干扰传输波形，相应的系统称为无码间干扰系统。

4.3.3　无码间干扰传输波形

由上分析可见，只要合理设计系统，使其传输波形满足如下条件：

$$h(nT_s)=\begin{cases}\text{不为零的常数}, & n=0\\ 0, & n\neq 0\end{cases}\tag{4-12}$$

即冲激响应在本码元取样时刻不为零，而在其他码元的取样时刻其值均为零，那么系统就是无码间干扰的。下面介绍几种常见的无码间干扰传输波形及其对应的传输特性。

1. 理想低通传输特性的冲激响应

理想低通传输特性为

$$H(f)=\begin{cases}A, & |f|\leqslant W\\ 0, & \text{其他}\end{cases}\tag{4-13}$$

其中，W 为理想低通传输特性的带宽，如图 4-11a 所示。

由第 2 章的例 2-5 可得此理想低通传输特性的冲激响应为

$$h(t)=\int_{-\infty}^{\infty}H(f)\mathrm{e}^{\mathrm{j}2\pi ft}\mathrm{d}f=\int_{-W}^{W}A\mathrm{e}^{\mathrm{j}2\pi ft}\mathrm{d}f=2AW\mathrm{Sa}(2\pi Wt) \tag{4-14}$$

如图 4-11b 所示。

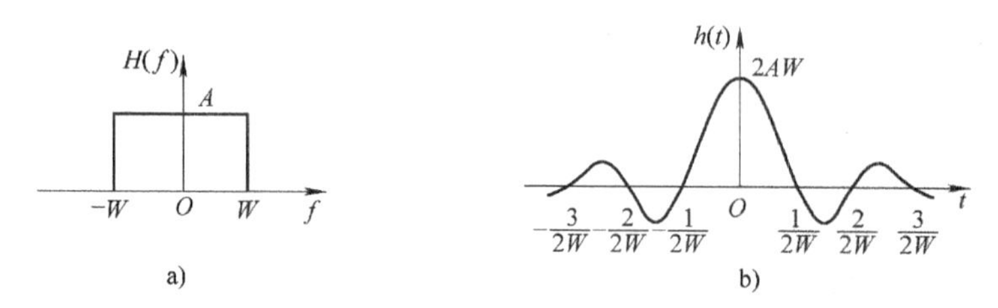

图 4-11 理想低通传输特性及冲激响应

由图 4-10b 可知，理想低通传输特性的冲激响应 $h(t)$ 在 $t=\pm\frac{n}{2W}$（$n\neq0$ 的正整数）时刻为零。故当发送码元间隔（取样间隔）为 $T_s=\frac{k}{2W}$（$k=1, 2, 3, \cdots$）时，均能满足式（4-12）的无码间干扰条件，故无码间干扰速率（单位为 Baud）为

$$R_s=\frac{1}{T_s}=\frac{2W}{k}\quad(k=1,2,3,\cdots) \tag{4-15}$$

$k=1$ 对应的速率称为最大无码间干扰速率，即

$$R_{smax}=2W \tag{4-16}$$

R_{smax} 等于理想低通传输特性带宽的 2 倍，此速率也称为奈奎斯特速率，对应的最小码元间隔 $T_{smin}=\frac{1}{2W}$ 称为奈奎斯特间隔，此时的频带利用率（单位为 Baud/Hz）为

$$\eta_{max}=\frac{R_{smax}}{W}=\frac{2W}{W}=2 \tag{4-17}$$

称为奈奎斯特频带利用率，这是数字基带传输系统的极限频带利用率，任何一种实用系统的频带利用率都小于 2Baud/Hz。

由以上分析可知，理想低通传输特性是一种无码间干扰传输特性，且可达到最大频带利用率。但令人遗憾的是，理想低通传输系统在实际应用中存在两个问题：一是理想低通传输系统是物理不可实现的；二是即使近似实现，其冲激响应 $h(t)$ 的拖尾振荡大、衰减慢（与 t 成反比），这就要求接收端的取样定时脉冲必须准确无误，若稍有偏差，就会引入较大的码间干扰。尽管如此，上面得到的结论仍然是很有意义的，因为它给出了数字基带传输系统在理论上所能达到的极限频带利用率，可作为评估各种数字基带传输系统有效性的标准。

2. 升余弦传输特性的冲激响应

升余弦传输特性为

$$H(f)=\begin{cases}\frac{A}{2}\left(1+\cos\frac{\pi}{B}f\right), & |f|\leqslant B\\ 0, & |f|\geqslant B\end{cases} \tag{4-18}$$

其中，B 是升余弦传输特性的截止频率，也就是系统的带宽。升余弦传输特性如图 4-12a

所示。

对式（4-18）求傅里叶反变换（可查表 2-1 第 6 项）得到升余弦传输特性的冲激响应为

$$h(t)=AB\frac{\mathrm{Sa}(2B\pi t)}{1-4B^2t^2} \tag{4-19}$$

波形图如图 4-12b 所示。

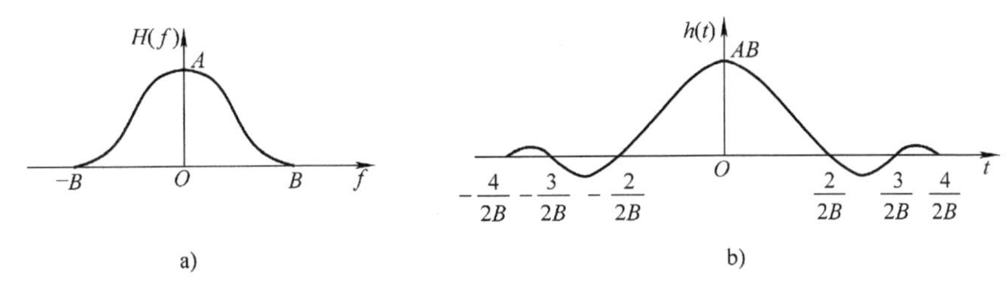

图 4-12　升余弦传输特性和冲激响应

由图 4-12b 可见，升余弦传输特性的冲激响应 $h(t)$ 在 $t=\pm\frac{n}{2B}$（$n=2, 3, 4, \cdots$）时刻的取值均为零。如果发送码元的时间间隔为 $T_s=\frac{k}{2B}$（$k=2, 3, 4, \cdots$），就能满足式（4-12），即在每个码元的取样时刻是无码间干扰的。因此，对具有升余弦传输特性的系统，其无码间干扰传输速率（即发送码元时间间隔的倒数，单位 Baud）为

$$R_s=\frac{1}{T_s}=\frac{2B}{k}\quad (k=2,3,4,\cdots) \tag{4-20}$$

可见，升余弦传输特性的最大无码间干扰速率为

$$R_{smax}=B \tag{4-21}$$

即最大无码间干扰速率等于系统带宽。相应地，升余弦传输特性系统的最大频带利用率为

$$\eta_{max}=\frac{R_{smax}}{B}=\frac{B}{B}=1\ \mathrm{Baud/Hz} \tag{4-22}$$

升余弦传输特性系统的优点是，物理可实现，且冲激响应拖尾振荡小、衰减快（与 t^3 成反比），故对位定时精度要求低；缺点是，与理想低通传输特性系统相比，频带利用率低。

理想低通传输特性和升余弦传输特性的共同特点是它们的冲激响应都具有周期性的零点，所以，它们均能满足式（4-12）所示的无码间干扰条件。那么除此之外，是否还有其他的传输特性，它们的冲激响应也具有周期性的零点，也能满足式（4-12）所示的无码间干扰条件呢？见 4.3.4 节分析。

4.3.4　无码间干扰传输特性

数学上可以证明，具有中心对称滚降传输特性的系统都是无码间干扰的，即它们的冲激响应均能满足式（4-12）所示的无码间干扰条件。

滚降传输特性可概括表示为

$$H(f)=\begin{cases}A, & |f|\leqslant W-W_1\\ \text{滚降曲线}, & W-W_1<|f|\leqslant W+W_1\\ 0, & |f|>W+W_1\end{cases} \tag{4-23}$$

滚降曲线最常见的是升余弦或直线，两种滚降曲线对应的传输特性如图 4-13 所示。

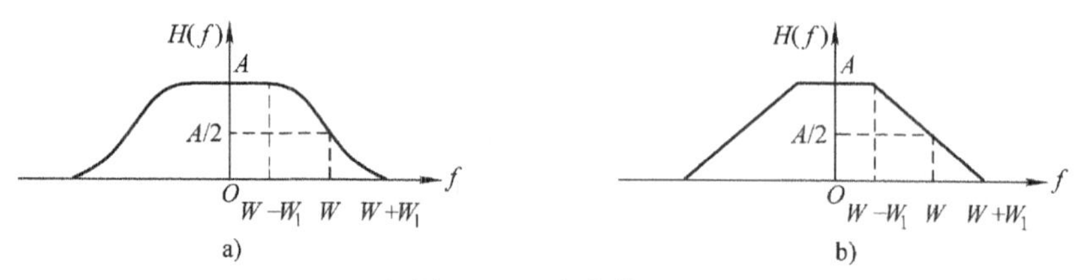

图 4-13 滚降特性

a）升余弦滚降特性 b）直线滚降特性

图 4-13 中，W 是滚降曲线的中点频率，$W-W_1$ 和 $W+W_1$ 分别表示滚降曲线的开始点和结束点的频率。滚降的快慢用滚降系数来表示，滚降系数定义为$\alpha=W_1/W$，显然 $0\leqslant\alpha\leqslant1$。通常，滚降开始点的频率表示为 $W-W_1=(1-\alpha)W$，滚降结束点的频率（即系统的带宽）表示为 $B=W+W_1=(1+\alpha)W$。

所谓中心对称是指滚降曲线对于点（W，$A/2$）呈现中心对称。可见，图 4-13 中的升余弦滚降曲线和直线滚降曲线都是中心对称的。所以，升余弦滚降和直线滚降系统都是无码间干扰系统。无码间干扰速率由滚降曲线的中点频率 W 确定，关系式为

$$R_s=\frac{2W}{k}\quad(k=1,2,3,\cdots) \tag{4-24}$$

将此式与式（4-15）对比发现，两者具有相同的形式。因此，常称滚降曲线的中点频率 W 为等效理想低通带宽。

将 $W=\dfrac{B}{(1+\alpha)}$代入式（4-24），得到用滚降系数 α 和带宽 B 表示的无码间干扰速率为

$$R_s=\frac{2B}{(1+\alpha)k}\quad(k=1,2,3,\cdots) \tag{4-25}$$

可见，滚降系统的最大无码间干扰速率和最大频带利用率分别为

$$R_{smax}=\frac{2B}{(1+\alpha)} \tag{4-26}$$

$$\eta_{max}=\frac{R_{smax}}{B}=\frac{2}{(1+\alpha)} \tag{4-27}$$

显然，当 $\alpha=0$ 时，频带利用率为 2Baud/Hz，对应于理想低通传输特性；当 $\alpha=1$ 时，频带利用率为 1Baud/Hz，对应于升余弦传输特性。

由此可见，滚降系数 α 越小，系统的频带利用率越高，但其冲激响应拖尾的振荡幅度越大、衰减越慢；反之，α 越大，系统的频带利用率越低，但其冲激响应拖尾的振荡幅度越小、衰减越快。为了进一步理解滚降系数 α 与冲激响应拖尾衰减速度间的关系，图 4-14 中以升余弦滚降特性为例分别画出了 $\alpha=0$、$\alpha=0.5$ 和 $\alpha=1$ 三种情况下升余弦滚降特性及其冲激响应的示意图。

由图 4-14b 可见，升余弦特性（$\alpha=1$）的冲激响应不仅具有其他冲激响应共有的全部

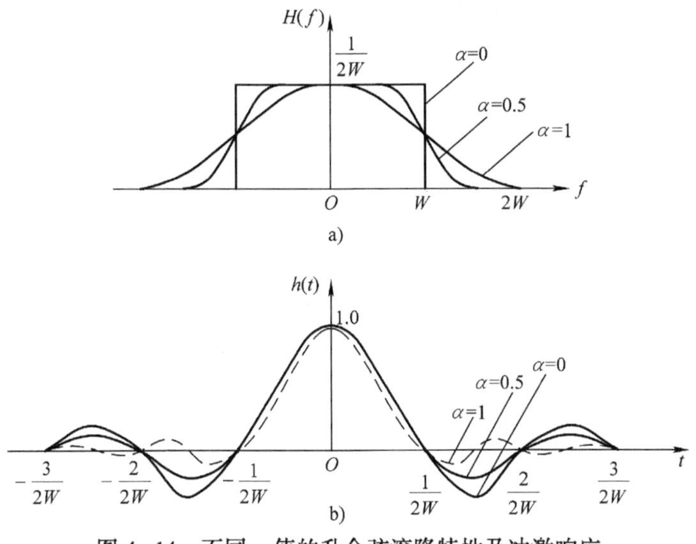

图 4-14　不同 α 值的升余弦滚降特性及冲激响应

零点，而且还在两两共有零点之间增加了一个零点，因此，求升余弦特性系统的无码间干扰速率时应使用式（4-20）。否则，若使用式（4-25）会漏掉中间零点所对应的无码间干扰速率。

最后需要说明的是，尽管理论上符合无码间干扰条件的滚降特性有许多，但实际工程中主要采用升余弦滚降传输特性，而且为了减小取样定时脉冲误差所带来的影响，滚降系数 α 不能太小，通常选择 $\alpha \geqslant 0.2$。

【例 4-3】 设某数字基带传输系统的带宽 $B=5\text{MHz}$。试问：

（1）采用理想低通传输特性时的最大无码间干扰速率为多少？

（2）采用 $\alpha=0.25$ 的升余弦滚降传输特性时的最大无码间干扰速率为多少？

（3）采用 $\alpha=0.25$ 的升余弦滚降传输特性时能否传输 16Mbit/s 的信息？

解　（1）当采用理想低通传输特性时，$W=B=5\text{MHz}$，由式（4-16）得

$$R_{\text{smax}} = 2W = 2 \times 5\text{MBaud} = 10\text{MBaud}$$

（2）当 $\alpha=0.25$ 时，由式（4-26）得

$$R_{\text{smax}} = \frac{2B}{(1+\alpha)} = \frac{2\times 5}{1+0.25}\text{MBaud} = 8\text{MBaud}$$

（3）当 $\alpha=0.25$ 时，$R_s=8\text{MBaud}$，由 $R_b=R_s\log_2 M$ 得

$$M = 2^{R_b/R_s} = 2^{16/8} = 2^2 = 4$$

可见，采用四进制即可传输 16Mbit/s 的信息。

【例 4-4】 数字基带传输系统以 48kbit/s 的速率传输二进制信号，传输系统具有升余弦滚降特性。计算滚降系数分别等于 0.5 和 1 时所要求系统的最小传输带宽。

解　对于二进制信号有 $R_s=R_b$，即 $R_s=48\text{kB}$。根据式（4-26）有

当 $\alpha=0.5$ 时，$B=\dfrac{1+\alpha}{2}R_s=\dfrac{1+0.5}{2}\times 48\text{kHz}=36\text{kHz}$

当 $\alpha=1$ 时，$B=\dfrac{1+\alpha}{2}R_s=\dfrac{1+1}{2}\times 48\text{kHz}=48\text{kHz}$

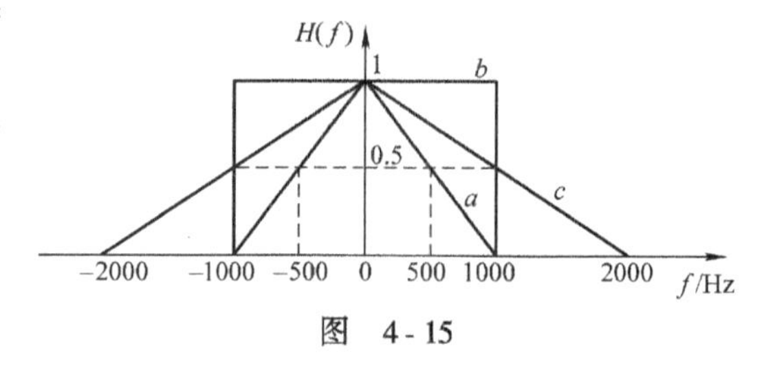

图 4-15

【例 4-5】 设有 a、b、c 三种数字基带传输系统的传输特性，如图 4-15 所示。

（1）在传输码元速率为 $R_s = 1000\text{Baud}$ 的数字基带信号时，三种系统是否存在码间干扰？

（2）若无码间干扰，则频带利用率分别为多少？

（3）若取样时刻（位定时）存在偏差，哪种系统会引起较大的码间干扰？

（4）选用哪种系统更好？简要说明理由。

解 （1）对于 a 传输特性，它的等效低通带宽为

$$W_a = 500\text{Hz}$$

由式（4-24）可得其最大无码间速率为

$$R_s = 2W_a = 1000\text{Baud}$$

对于 b 传输特性，它是理想低通特性，由式（4-15）可得其无码间干扰速率为

$$R_s = \frac{2W_b}{k} = \frac{2000}{k}$$

对于 c 传输特性，其等效低通带宽为

$$W_c = 1000\text{Hz}$$

由式（4-24）得到其无码间干扰速率有

$$R_s = \frac{2W_c}{k} = \frac{2000}{k}$$

可见，当传输速率为 $R_s = 1000\text{Baud}$（$k=2$）时，上述三种系统均无码间干扰。

（2）由式（1-7）可得三种系统的频带利用率分别为

a 系统：$\eta_a = \dfrac{R_s}{B_a} = \dfrac{1000}{1000}\text{Baud/Hz} = 1\text{Baud/Hz}$

b 系统：$\eta_b = \dfrac{R_s}{B_b} = \dfrac{1000}{1000}\text{Baud/Hz} = 1\text{Baud/Hz}$

c 系统：$\eta_c = \dfrac{R_s}{B_c} = \dfrac{1000}{2000}\text{Baud/Hz} = 0.5\text{Baud/Hz}$

其中，B_a、B_b 和 B_c 分别是三个系统的带宽。

（3）取样时刻偏差引起的码间干扰取决于系统冲激响应“尾部”的收敛速率。“尾部”收敛速率越快，时间偏差引起的码间干扰就越小，反之，则越大。

传输特性 b 是理想低通特性，其冲激响应为 $h_b(t) = 2000\text{Sa}(2000\pi t)$，与时间 t 成反比，“尾部”收敛速率慢，故时间偏差会引起较大的码间干扰。

传输特性 a 和 c 是三角形特性，查表 2-1 的第 12 项可得三角形频谱的傅里叶反变换的表达式，代入 a 和 c 的带宽和幅度，得到两种特性的冲激响应分别为

$$h_a(t) = 1000\text{Sa}^2(1000\pi t)$$

$$h_c(t) = 2000\text{Sa}^2(2000\pi t)$$

可见，它们均与时间 t^2 成反比，“尾部”收敛快，故时间偏差引起的码间干扰较小。

（4）选用何种特性的系统传输数字基带信号，需要考虑可实现性、频带利用率及定时偏差引起的码间干扰的大小。系统 b 是理想系统，难以实现；系统 a 和 c 都是物理可实现的，且位定时引起的码间干扰较小，但系统 a 的频带利用率较高，故选用 a 系统较好。

4.4　无码间干扰时噪声对传输性能的影响

上节在讨论数字基带系统码间干扰时，没有考虑噪声的影响。实际上，信道的噪声会干扰接收机的判决，从而引起误码。本节讨论无码间干扰时数字基带系统的误码率问题。

数字基带接收机由接收滤波器和取样判决器组成，其模型如图 4-16 所示。

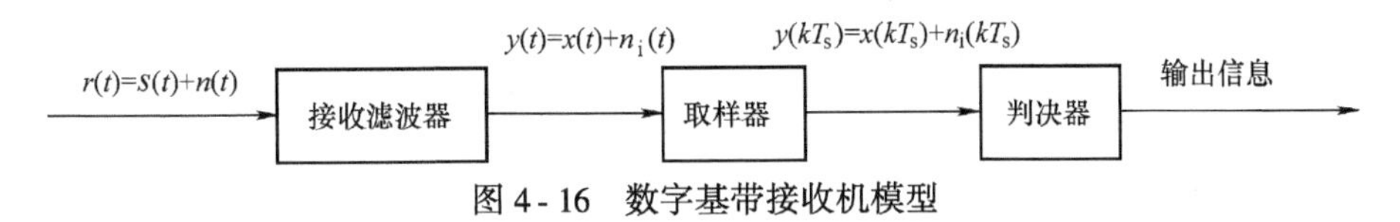

图 4-16　数字基带接收机模型

接收波形为

$$r(t)=s(t)+n(t) \tag{4-28}$$

其中，$s(t)$是接收到的有用信号；$n(t)$是信道中的加性噪声，它通常被假设为均值为 0、双边功率谱密度为 $n_0/2$ 的平稳高斯白噪声。

接收滤波器的输出为

$$y(t)=x(t)+n_{\mathrm{i}}(t) \tag{4-29}$$

其中，$x(t)$ 、$n_{\mathrm{i}}(t)$ 分别是 $s(t)$ 和 $n(t)$ 通过接收滤波器后的输出。由第 2 章的平稳随机过程通过线性系统理论，$n_{\mathrm{i}}(t)$ 是平稳高斯噪声，其均值为 0，功率谱密度为

$$P_{n_{\mathrm{i}}}(f)=\frac{n_0}{2}\left|G_{\mathrm{R}}(f)\right|^2 \tag{4-30}$$

方差为（均值为 0 时，方差等于功率）

$$\sigma_{\mathrm{n}}^2=\int_{-\infty}^{\infty}\frac{n_0}{2}\left|G_{\mathrm{R}}(f)\right|^2\mathrm{d}f \tag{4-31}$$

式中，$G_{\mathrm{R}}(f)$ 是接收滤波器的传输特性。

在第 k 个码元的最佳取样时刻 $t=kT_{\mathrm{s}}$ 对 $y(t)$ 取样，取样值表示为

$$y(kT_{\mathrm{s}})=x(kT_{\mathrm{s}})+n_{\mathrm{i}}(kT_{\mathrm{s}}) \tag{4-32}$$

其中，$n_{\mathrm{i}}(kT_{\mathrm{s}})$ 是高斯随机变量，其均值为 0、方差为 σ_{n}^2，$x(kT_{\mathrm{s}})$ 的取值与发送信号有关。

判决器对 $y(kT_{\mathrm{s}})$进行判决。噪声的存在会引起错判。下面讨论二进制和多进制数字基带传输系统的误码率。

4.4.1　二进制数字基带传输系统的误码率

对于二进制双极性信号，假设它在取样时刻的取值 $x(kT_{\mathrm{s}})$为 a 或$-a$（分别对应发送信息“1”码和“0”码），则用于判决的取样值为

$$y(kT_{\mathrm{s}})=\begin{cases}a+n_{\mathrm{i}}(kT_{\mathrm{s}}), & \text{发“1”码时}\\ -a+n_{\mathrm{i}}(kT_{\mathrm{s}}), & \text{发“0”码时}\end{cases} \tag{4-33}$$

可见，发送“1”码时，取样值$y(kT_s)$是个均值为a、方差为σ_n^2的高斯随机变量，其概率密度函数为

$$f_1(y)=\frac{1}{\sqrt{2\pi}\sigma_n}e^{-(y-a)^2/2\sigma_n^2} \tag{4-34}$$

当发送“0”码时，$y(kT_s)$是个均值为$-a$、方差为σ_n^2的高斯随机变量，其概率密度函数为

$$f_0(y)=\frac{1}{\sqrt{2\pi}\sigma_n}e^{-(y+a)^2/2\sigma_n^2} \tag{4-35}$$

$f_1(y)$和$f_0(y)$如图4-17所示。在$-a$到a之间选择一个适当的门限电平V_{th}，取样值$y(kT_s)$送至比较器与给定的门限电平V_{th}进行比较判决，判决规则为

$$\begin{cases} y(kT_s)\geqslant V_{th}，判为“1”码 \\ y(kT_s)<V_{th}，判为“0”码 \end{cases} \tag{4-36}$$

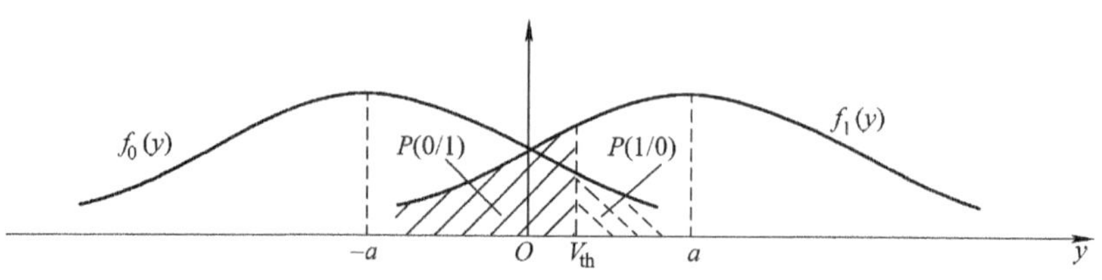

图4-17　取样值概率密度函数示意图

由此可见，判决器在判决过程中，由于噪声干扰引起的误码有两种。如果发送信号为“0”码，在取样时刻取值为正值的噪声与信号取值叠加，使取样值$y(kT_s)\geqslant V_{th}$，则判为“1”码。若发送的是“1”码，在取样时刻为负值的噪声与信号取值相抵消，使取样值$y(kT_s)<V_{th}$，则判决为“0”码。

设“0”码错判成“1”码的概率为$P(1/0)$，此概率为

$$P(1/0)=P(y\geqslant V_{th})=\int_{V_{th}}^{\infty}f_0(y)\mathrm{d}y \tag{4-37}$$

它对应图4-17中V_{th}右边阴影的面积。

设“1”码错判成“0”码的概率为$P(0/1)$，则有

$$P(0/1)=P(y<V_{th})=\int_{-\infty}^{V_{th}}f_1(y)\mathrm{d}y \tag{4-38}$$

它对应于图4-17中V_{th}左边阴影的面积。

假设信源发“0”码和“1”码的概率分别为$P(0)$和$P(1)$，则系统平均误码率为

$$P_e=P(0)P(1/0)+P(1)P(0/1)=P(0)\int_{V_{th}}^{\infty}f_0(y)\mathrm{d}y+P(1)\int_{-\infty}^{V_{th}}f_1(y)\mathrm{d}y \tag{4-39}$$

可见，误码率与判决门限电平V_{th}有关。能使误码率最小的门限电平称为最佳判决门限。为求出最佳判决门限，令

$$\frac{\mathrm{d}P_e}{\mathrm{d}V_{th}}=0 \tag{4-40}$$

将上述各式代入，解得二进制双极性信号的最佳门限为

$$V_{th}=\frac{\sigma_n^2}{2a}\ln\frac{P(0)}{P(1)} \tag{4-41}$$

通常 $P(0)=P(1)=1/2$，于是最佳门限为 $V_{th}=0$，代入式（4-39）并应用第 2 章的式（2-55）和式（2-54）得到二进制双极性系统平均误码率为

$$P_e = \frac{1}{2}\mathrm{erfc}\left(\frac{a}{\sqrt{2}\sigma_n}\right) \tag{4-42}$$

对于二进制单极性信号，发送“0”码和“1”码时，判决器输入端的信号值 $x(kT_s)$ 分别为 0 和 a，高斯噪声功率仍为 σ_n^2，按上述相同的推导方法，可得最佳门限电平为

$$V_{th} = \frac{a}{2} + \frac{\sigma_n^2}{a}\ln\frac{P(0)}{P(1)} \tag{4-43}$$

“1”“0”等概时，$V_{th}=\dfrac{a}{2}$，此时系统平均误码率为

$$P_e = \frac{1}{2}\mathrm{erfc}\left(\frac{a}{2\sqrt{2}\sigma_n}\right) \tag{4-44}$$

当用信道噪声功率谱密度 n_0 和接收机输入端信号的比特能量 E_b 来表示误码率时，误码率公式不仅与发送信号的单/双极性有关，还与接收滤波器有关。接收滤波器可以是低通滤波器，也可以是匹配滤波器（或相关器）。

第 2 章已提到，匹配滤波器是白噪声干扰下的最佳滤波器，它能最大限度地滤除噪声，使得在最佳取样时刻的信噪比最大，从而使系统的误码率最低。所以，采用匹配滤波器作为接收滤波器的数字基带传输系统是最佳的。

在最佳数字基带传输系统中，当接收信号码元波形为 $s(t)$ 时，由式（2-87）可得，接收滤波器（匹配滤波器）的传输特性为（取 $K=1$）

$$G_R(f) = S^*(f)\mathrm{e}^{-\mathrm{j}2\pi f t_0}$$

代入式（4-31），并应用能量信号的帕塞瓦尔定理，得到

$$\sigma_n^2 = \int_{-\infty}^{\infty}\frac{n_0}{2}|S(f)|^2\mathrm{d}f = \frac{n_0}{2}E_b \tag{4-45}$$

应用式（2-91），发“1”码时接收滤波器输出端信号的最大值为

$$a = R_s(0) = E_b \tag{4-46}$$

将式（4-45）与式（4-46）代入式（4-42）和式（4-44）得到二进制双极性系统的误码率为

$$P_e = \frac{1}{2}\mathrm{erfc}\left(\sqrt{\frac{E_b}{n_0}}\right) \tag{4-47}$$

二进制单极性系统的误码率为

$$P_e = \frac{1}{2}\mathrm{erfc}\left(\sqrt{\frac{E_b}{4n_0}}\right) \tag{4-48}$$

其中，E_b 是发“1”码时接收信号的比特能量。

由式（4-47）和式（4-48）可见，在给定 E_b/n_0 时，双极性数字基带传输系统的平均误码率比单极性的小，两种系统误码率随 E_b/n_0 变化的曲线如图 4-18 所示。另外，单极性系统的最佳判决门限易受到信道特性的影响，而双极性系统的判决门限则是稳定的 0 电平。因此，实际系统大多采用双极性信号传输。

【例 4-6】 一个二进制数字基带传输系统，二进制码元序列中“1”码判决时刻的信号

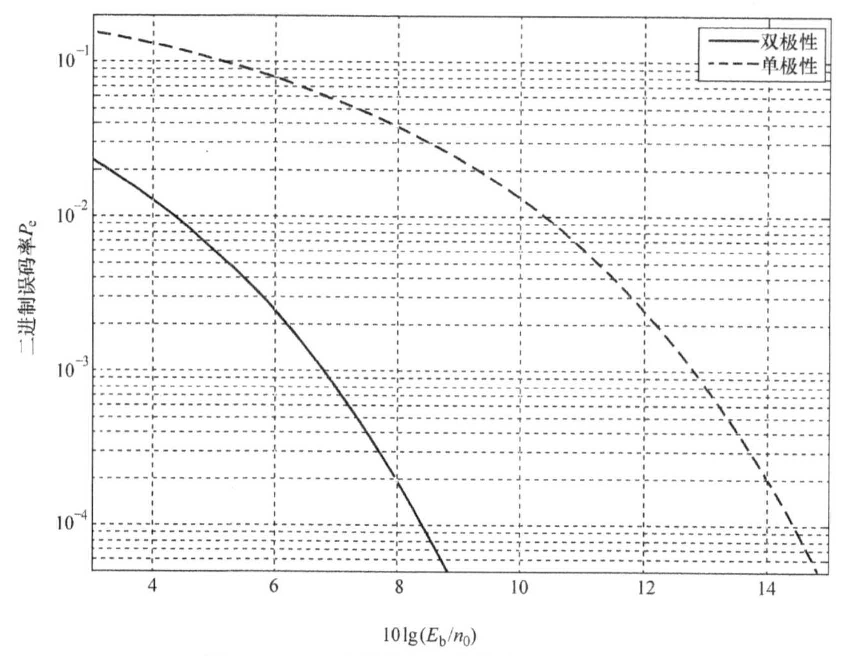

图 4-18 二进制数字基带传输系统误码率

值为 1V，"0"码判决时刻的信号值为 0，已知噪声均值为 0，方差 σ_n^2 为 80mW。求系统误码率 P_e。

解 由题意可知，系统传输的是二进制单极性信号，且有如下参数：

$$a = 1$$

$$\sigma_n = \sqrt{80 \times 10^{-3}} = 2\sqrt{2} \times 10^{-1}$$

代入误码率公式（4-44）得

$$P_e = \frac{1}{2}\mathrm{erfc}\left(\frac{a}{2\sqrt{2}\sigma_n}\right) = \frac{1}{2}\mathrm{erfc}(1.25) = 3.855 \times 10^{-2}$$

【例 4-7】 有一数字基带传输系统，匹配滤波器输入端的信号是二进制双极性矩形信号，"1"码幅度为 1mV，码元速率为 2000Baud，加性高斯白噪声的单边功率谱密度 $n_0 = 1.25 \times 10^{-10}$W/Hz，求此数字基带传输系统的误码率 P_e。

解 根据题意可知，发"1"时，接收信号为矩形脉冲，其幅度为 $A = 1\text{mV} = 1 \times 10^{-3}$V，宽度为 $T_b = \frac{1}{2000}\text{s} = 5 \times 10^{-4}$s。故有

$$E_b = A^2 T_b = (1 \times 10^{-3})^2 \times 5 \times 10^{-4}\text{J} = 5 \times 10^{-10}\text{J}$$

代入式（4-47）求得此系统误码率为

$$P_e = \frac{1}{2}\mathrm{erfc}\left(\sqrt{\frac{E_b}{n_0}}\right) = \frac{1}{2}\mathrm{erfc}(2) = 2.34 \times 10^{-3}$$

4.4.2 多进制数字基带传输系统的误码率

$M>2$ 的 M 进制数字基带传输系统称为多进制数字基带传输系统。其误码率的推导过

程与二进制类似，这里不再重复，下面给出 M 进制双极性数字基带传输系统的误码率结论。

在 M 进制数字基带传输系统中，取样时刻信号的电平有 M 种可能的取值。当系统传输双极性信号时，这 M 种可能的电平可表示为

$$a_M=(2m-M+1)d,\quad m=0,1,2,\cdots,M-1 \tag{4-49}$$

可见，两两电平间距为 $2d$，当发送的 M 种码元等概时，最佳判决门限值位于两两电平的中点，此时，数字基带传输系统的平均误码率为

$$P_e=\frac{M-1}{M}\text{erfc}\left(\frac{d}{\sqrt{2}\sigma_n}\right) \tag{4-50}$$

当接收滤波器为匹配滤波器，信道中高斯白噪声的单边功率谱密度为 n_0 时，最佳多进制数字基带传输系统的平均误码率为

$$P_e=\frac{M-1}{M}\text{erfc}\left(\sqrt{\frac{3E_{avb}\log_2 M}{(M^2-1)n_0}}\right) \tag{4-51}$$

式中，E_{avb}是接收滤波器输入端信号的平均比特能量，当 $M=2$ 时，$E_{avb}=E_b$。

若一个多进制码元中最多发生 1 比特错误，则双极性 M 进制数字基带传输系统的误比特率为

$$P_b=\frac{M-1}{M\log_2 M}\text{erfc}\left(\sqrt{\frac{3E_{avb}\log_2 M}{(M^2-1)n_0}}\right) \tag{4-52}$$

M 取不同值时的误比特率曲线如图 4-19 所示。由图可以看出，随着 M 的增大，保持相同误比特率所需的平均比特能量越大，即所需的信号功率越大。由此可见，多进制系统传输速率的提高是用增加信号功率来换取的，否则误比特率就要增加，传输可靠性下降。

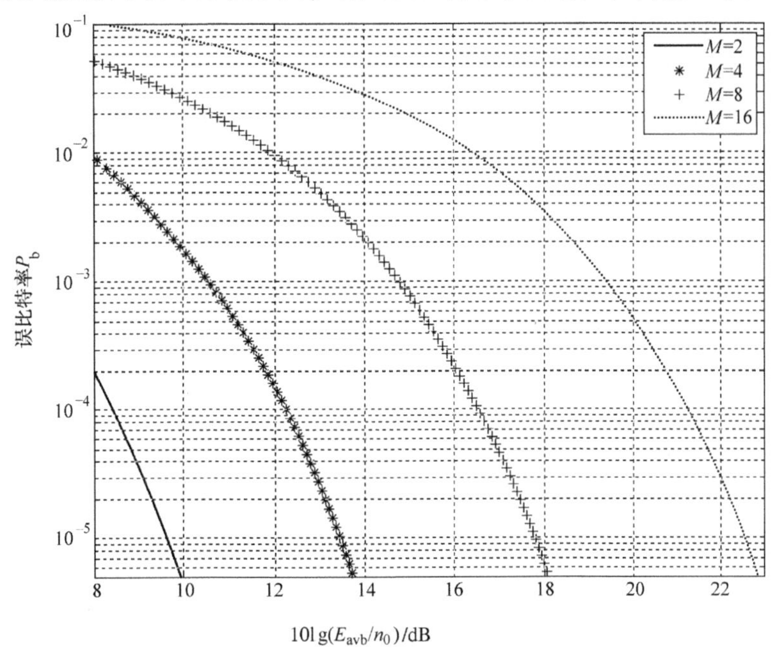

图 4-19　M 进制数字基带传输系统误比特率曲线

4.5　眼图

在实际应用中完全消除码间干扰是很困难的，而码间干扰对误码的影响还没有找到数学上便于处理的规律，不能准确地进行计算。目前，人们通常是通过“眼图”来定性估计码间干扰及噪声对接收性能的影响，并借助眼图对电路进行调整。

眼图的形成机理十分简单。将取样前的接收波形接到示波器的 Y 轴上，设置示波器的水平扫描周期等于码元宽度，再调整示波器的扫描开始时刻，使它与接收波形同步。这样，接收波形就会在示波器的显示屏上重叠起来，显示出像眼睛一样的图形，这个图形称为“眼图”，如图 4 - 20 所示。

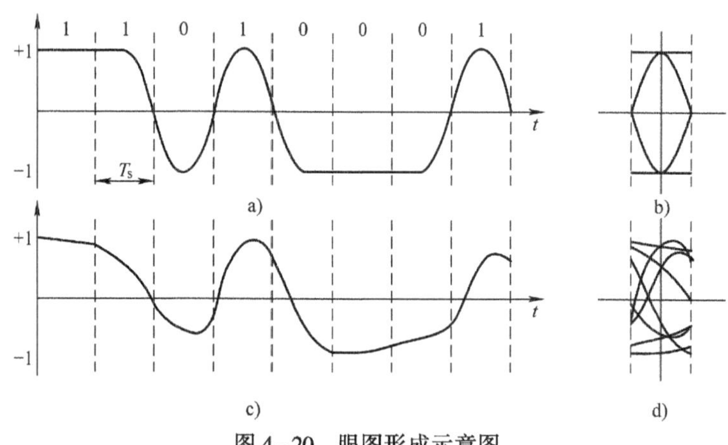

图 4 - 20　眼图形成示意图

观察图 4 - 20 可以了解双极性二元码的眼图形成情况。图 4 - 20a 为没有失真时的波形，示波器将此波形每隔 T_s 重复扫描一次，利用示波器的余辉效应，扫描所得的波形重叠在一起，结果形成图 4 - 20b 所示的“开启”的眼图。图 4 - 20c 是有失真时的接收滤波器的输出波形，此时波形的重叠性变差，眼图的张开程度变小，如图 4 - 20d 所示。接收波形的失真通常是由噪声和码间干扰造成的，所以眼图的形状能定性地反映出系统的性能。另外也可以根据此眼图对收发滤波器的特性加以调整，以减小码间干扰和改善系统的传输性能。

眼图对数字基带传输系统的性能给出了很多有用的信息，为了便于说明问题，人们将眼图理想化为一个模型，称为眼图模型，如图 4 - 21 所示。

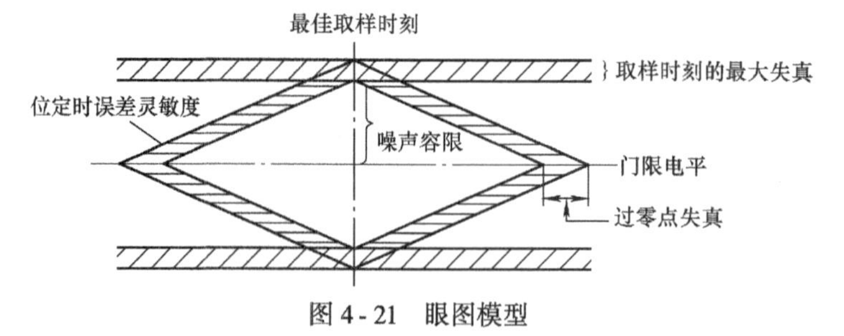

图 4 - 21　眼图模型

由眼图可获得以下信息：

① 最佳取样时刻应当在眼睛张开最大的时刻。

② 眼图的斜率表示对位定时误差的灵敏度，斜率越陡，对位定时误差越灵敏。

③ 取样时刻阴影区的垂直高度表示信号的最大失真，它是噪声和码间干扰叠加的结果。

④ 眼图中央的横轴位置对应判决门限电平，图中为 0 电平。

⑤ 在取样时刻，上、下阴影区间隔距离的一半为噪声容限，噪声瞬时值超过它就可能发生错判。

⑥ 眼图左右角阴影部分的水平宽度表示信号的过零点失真。

当码间干扰十分严重时，“眼睛”会完全闭合起来，系统的性能将急剧恶化，此时需对接收波形进行校正以减小码间干扰，这就是 4.6 节要讨论的内容。

4.6　均衡

尽管从理论上可以设计出无码间干扰传输系统，但在实现过程中，由于实际信道的传输特性难以精确测量且可能随时间变化等各种因素，实际系统总存在码间干扰。为降低码间干扰的影响，通常在接收端插入一个滤波器，用于校正或补偿系统，此滤波器称为均衡器。均衡器通常被看做接收滤波器的一部分。

均衡器的实现方法分为频域和时域两种。频域均衡的目标是校正系统的传输特性，使得包含均衡器在内的整个系统的传输特性满足无码间干扰条件。时域均衡的目标是校正系统的冲激响应，使其在取样点上无码间干扰。随着数字信号处理技术和超大规模集成电路的发展，时域均衡已成为如今高速数据传输中所使用的主要方法。

4.6.1　时域均衡原理

时域均衡的方法是在接收机的取样器与判决器之间插入一个时域均衡器，如图 4-22 所示。设 $x(t)$ **是数字基带传输系统的冲激响应，** $x(kT_s)$ 是其在各个码元取样时刻的值，由于系统传输特性的不理想，$x(kT_s)$ 在其他码元取样时刻的值不为零，影响其他码元的判决。均衡器对 $x(kT_s)$ 进行校正，使校正后的样值 $y(kT_s)$ 在其他码元取样点上的值为 0，从而减小或消除码间干扰。例如，在图 4-23 中，$x(t)$ 在其他码元取样时刻的值 $x(-2T_s)$、$x(-T_s)$、$x(T_s)$ 和 $x(2T_s)$ 不为 0，均衡器将它们校正到 0。

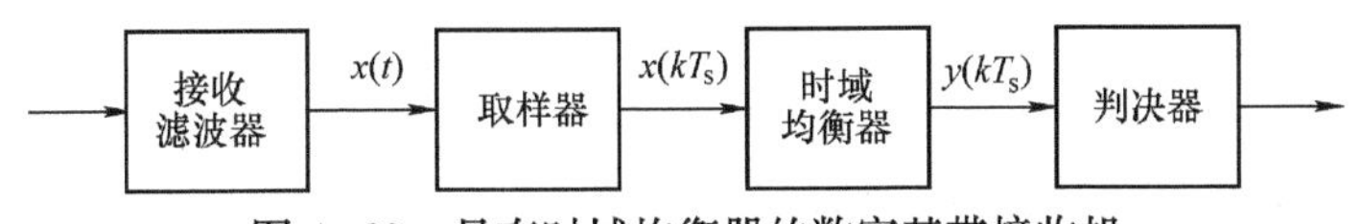

图 4-22　具有时域均衡器的数字基带接收机

时域均衡器通常用横向滤波器来实现，它由一组带抽头的延迟单元及加权系数为 $\{c_n\}$ 的乘法器和加法器组成，一个具有 $2N+1$ 个抽头系数的横向滤波器如图 4-24 所示。

由图 4-24 可得，第 k 个取样时刻均衡器的输出为

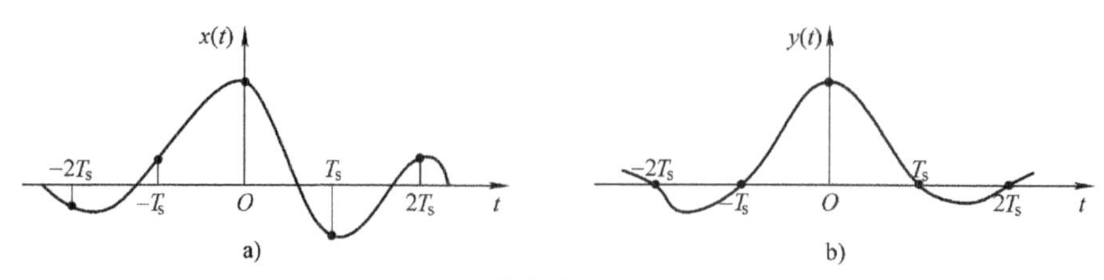

图 4-23　均衡前后的波形对比
a）均衡前　b）均衡后

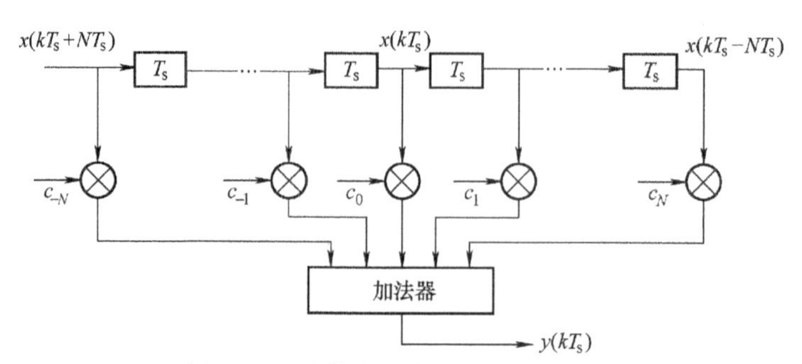

图 4-24　由横向滤波器构成的均衡器

$$y(kT_s)=\sum_{n=-N}^{N}c_n x[(k-n)T_s] \tag{4-53}$$

简写为

$$y_k=\sum_{n=-N}^{N}c_n x_{k-n} \tag{4-54}$$

由上式可见，y_k 由 $2N+1$ 个输入样值和抽头系数确定，对于有码间干扰的输入样值，可以选择适当的加权系数，使均衡器输出 y_k 的码间干扰在一定程度上得到减小。

可以证明，由 $2N$ 个延迟单元组成的横向滤波器，可以消除前后各 N 个取样时刻上的码间干扰。因此，要想消除所有取样时刻上的码间干扰，需要使用无限长横向滤波器，这是物理不可实现的。故有限长时域均衡器只能降低码间干扰的程度，不能完全消除码间干扰。

用峰值畸变来衡量均衡前后码间干扰的大小。输入峰值畸变定义为

$$D_x=\frac{1}{x_0}\sum_{\substack{k=-\infty\\k\neq0}}^{\infty}|x_k| \tag{4-55}$$

输出峰值畸变定义为

$$D_y=\frac{1}{y_0}\sum_{\substack{k=-\infty\\k\neq0}}^{\infty}|y_k| \tag{4-56}$$

峰值畸变表示在 $k\neq0$ 的所有取样时刻系统冲激响应的绝对值之和与 $k=0$ 取样时刻系统冲激响应值之比值，它也表示系统在某取样时刻受到前后码元干扰的最大可能值，即峰值。

输出峰值畸变表示系统码间干扰的大小，此值越小越好。而输出峰值畸变与输入峰值畸变之差表示均衡效果。

【例 4-8】　设有一个三抽头的均衡器，如图 4-25 所示。$c_{-1}=-1/4$，$c_0=1$，$c_{+1}=-1/2$；设

均衡器输入的样值序列分别为：$x_{-1}=1/4$，$x_0=1$，$x_{+1}=1/2$，其余都为 0。试求均衡器输出的样值序列 y_k 及均衡前后信号的峰值畸变。

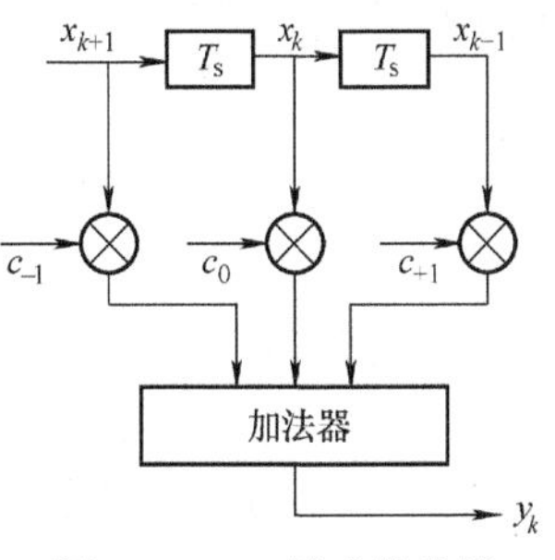

图 4-25　三抽头均衡器

解　根据式（4-54），求得均衡器输出的样值序列为

$$y_{-2}=x_{-1}c_{-1}=-1/16$$
$$y_{-1}=x_0c_{-1}+x_{-1}c_0=0$$
$$y_0=x_{+1}c_{-1}+x_0c_0+x_{-1}c_{+1}=3/4$$
$$y_{+1}=x_{+1}c_0+x_0c_1=0$$
$$y_{+2}=x_{+1}c_{+1}=-1/4$$

可见，y_{-1}和 y_{+1}被校正到零，y_{-2}和 y_{+2}不为零，故均衡器的输出仍有码间干扰。

用式（4-55）求得均衡前信号的峰值畸变为

$$D_x=\frac{1}{x_0}(|x_{-1}|+|x_1|)=\frac{1}{4}+\frac{1}{2}=\frac{3}{4}$$

用式（4-56）求得均衡后信号的峰值畸变为

$$D_y=\frac{1}{y_0}(|y_{-2}|+|y_{-1}|+|y_1|+|y_2|)=\frac{4}{3}\left(\frac{1}{16}+\frac{1}{4}\right)=\frac{5}{12}$$

显然，经过均衡补偿后峰值畸变减小，相应的码间干扰也减小了。

4.6.2　均衡器抽头系数的确定

由以上分析可知，用时域均衡来消除一定范围内的码间干扰，关键是如何选择各抽头的加权系数 $\{c_n\}$。

理论分析已证明，如果均衡前的峰值失真小于 1（即眼图不完全闭合），**要想得到最小的输出峰值失真，**输出 y_k 应满足下式要求：

$$y_k=\begin{cases}1, & k=0\\0, & k=\pm1,\ \pm2,\cdots\ \pm N\end{cases}\tag{4-57}$$

从这个要求出发，利用式（4-54），列出 2N+1 个联立方程，在输入样值序列 $\{x_k\}$ 已知的条件下，即可解出 2N+1 个抽头系数。按这种方法设计的均衡器，它能迫使 y_0 两边各有 N 个 y_k 为零值，故称为“迫零”均衡器。

当信道特性随时间变化时，均衡器的输入样值序列 $\{x_k\}$ 会随时间变化，则必须相应地调整均衡器的抽头系数以适应 $\{x_k\}$ 的变化，否则达不到均衡的目的。如果抽头系数的调整由均衡器自动完成，这样的均衡器称为自适应均衡器。

【例 4-9】　已知均衡器输入信号的样值序列为 $x_{-1}=0.2$，$x_0=1$，$x_1=-0.3$，$x_2=0.1$，其他 $x_k=0$。试设计三抽头的“迫零“均衡器。求三个抽头的系数，并计算均衡前后的峰值失真。

解　由 $2N+1=3$，得 $N=1$，根据式（4-57）及式（4-54），列出方程组为

$$\begin{cases}c_{-1}x_0+c_0x_{-1}+c_1x_{-2}=0\\c_{-1}x_1+c_0x_0+c_1x_{-1}=1\\c_{-1}x_2+c_0x_1+c_1x_0=0\end{cases}$$

将均衡器输入样值代入上式，得到

$$\begin{cases}c_{-1}+0.2c_0=0\\-0.3c_{-1}+c_0+0.2c_1=1\\0.1c_{-1}-0.3c_0+c_1=0\end{cases}$$

解联立方程可得

$$c_{-1}=-0.1779,\quad c_0=0.8897,\quad c_{+1}=0.2847$$

再利用式（4-54）计算均衡器的输出响应为

$$y_{-3}=0,\quad y_{-2}=-0.0356,\quad y_{-1}=0,\quad y_0=1,$$
$$y_1=0,\quad y_2=0.0153,\quad y_3=0.0285,\quad y_4=0$$

故输入峰值失真为 $D_x=0.6$

输出峰值失真为 $D_y=0.0794$

由此可见，均衡后使峰值失真大为减小。

迫零法设计的均衡器只确保峰值两侧各有 N 个零点，上述例子证实了这一点，在峰值两侧得到了所期望的零点（$y_{-1}=0$，$y_1=0$），但远离峰值的一些取样点上仍会有码间干扰（$y_{-2}=-0.0356$，$y_2=0.0153$，$y_3=0.0285$），这是因为这个例子中的均衡器仅有3个抽头，只能保证取样点两侧各一个零点。一般来说抽头有限时，不能完全消除码间干扰，但适当增加抽头系数可以将码间干扰减小到相当小的程度。

4.7 本章小结

1. 基本概念

（1）数字基带信号：频谱集中在零频附近的数字信号。

（2）数字基带传输：数字基带信号在低通信道上的传输。

（3）数字基带传输系统的组成：由码型变换器、发送滤波器、信道、接收滤波器、位定时提取电路、取样判决器及码元再生器组成。

① 码型变换器：改变输入信号的码型，使其适合于信道传输。

② 发送滤波器：改变输入信号的波形，使其适合于信道传输。

③ 信道：传输媒介，且为低通信道。

④ 接收滤波器：滤除带外噪声且校正（均衡）接收信号的失真。

⑤ 位定时提取电路：提取控制取样判决时刻的定时信号。

⑥ 取样判决器：在位定时信号控制下对信号取样，并对取样值做出判决。

⑦ 码元再生器：完成译码并产生所需要的数字基带信号。

2. 数字基带信号的码型

（1）数字基带系统对码型的要求

① 不含直流，且低频分量少。

② 含有位定时信息。

③ 占用较小的带宽，以提高频带利用率。

④ 不受信息统计特性的影响。

（2）常见码型

① 单极性全占空码（单极性不归零码）：含有直流分量，无定时分量。

② 双极性全占空码（双极性不归零码）："1" "0" 等概时无直流，无定时分量。

③ 差分码：用相邻码元的变化来表示信息。编译码规则分别为 $b_n=a_n\oplus b_{n-1}$ 和 $a_n=b_n\oplus b_{n-1}$。

④ 极性交替码（AMI 码）：无直流分量。编码规则："0" 码用零电平表示，"1" 码则交替地用正负脉冲表示。

⑤ 三阶高密度双极性码（HDB_3）：克服了 AMI 码遇到长连 0 时无法提取位定时信息的缺点。其编码规则分三步：找出四连 0 组；用 000V 或 100V 代替；"1" 和 "V" 各自极性交替。

3. 数字基带信号功率谱分析

统计独立的二进制数字基带信号功率谱公式：

$$P(f)=f_s p(1-p)\,|G_1(f)-G_2(f)|^2+f_s^2\sum_{n=-\infty}^{\infty}|pG_1(nf_s)+(1-p)G_2(nf_s)|^2\delta(f-nf_s)$$

（1）数字基带信号功率谱由连续谱（第一项）、离散谱线（第二项）组成。

（2）由连续谱可确定信号的带宽，常用谱的第一个零点计算。

（3）$n=0$ 时的离散谱为直流分量谱，$n=\pm1$ 时的离散谱为位定时分量谱。

4. 无码间干扰传输

（1）码间干扰（ISI）：前面码元的接收波形蔓延到后续码元的时间区域，从而对后续码元的取样判决产生干扰，从而出现误码。

（2）产生 ISI 的原因：系统总传输特性不理想，导致接收码元波形畸变、展宽和拖尾。

（3）消除码间干扰方法：将系统设计成无码间干扰系统，即其冲激响应 $h(t)$ 满足

$$h(nT_s)=\begin{cases}\text{不为零的常数}, & n=0\\ 0, & n\neq 0\end{cases}$$

此条件的含义是：冲激响应在本码元取样时刻不为 0，而在其他码元的取样时刻其值均为 0。

（4）无码间干扰传输特性实例

① 理想低通特性：若带宽为 W，则有如下结论。

- 无码间干扰速率　　$R_s=2W/k(k=1,2,\cdots)$　（Baud）
- 奈奎斯特速率　　$R_{s\max}=2W$(Baud)
- 奈奎斯特频带利用率　$\eta_{\max}=2$（Baud/Hz），是数字通信系统的最大频带利用率。
- 缺点：拖尾衰减慢；物理不可实现。

② 升余弦特性：若带宽为 B，则有如下结论。

- 无码间干扰速率　　$R_s=2B/k$（$n=2,3,\cdots$）(Baud)
- 最大无码间干扰传输速率　$R_{s\max}=B$(Baud)
- 最大频带利用率　　$\eta_{\max}=1$(Baud/Hz)
- 优点：物理可实现；拖尾衰减快，可降低对位定时精度的要求。

③ 余弦（直线）滚降特性：若带宽为 B，滚降系数为 α，则有如下结论。

- 最大等效低通带宽　　$W=B/(1+\alpha)$ (Hz)
- 最大无码间干扰速率　　$R_{smax}=2W=2B/(1+\alpha)$ (Baud)
- 最大频带利用率　　$\eta_{max}=2/(1+\alpha)$ (Baud/Hz)

5. 无码间干扰时噪声对传输性能的影响

“1”“0”等概时的误码率公式为

① 双极性信号：$P_e=\dfrac{1}{2}\text{erfc}\left(\dfrac{a}{\sqrt{2}\sigma_n}\right)$ 或　$P_e=\dfrac{1}{2}\text{erfc}\left(\sqrt{\dfrac{E_b}{n_0}}\right)$

② 单极性信号：$P_e=\dfrac{1}{2}\text{erfc}\left(\dfrac{a}{2\sqrt{2}\sigma_n}\right)$ 或 $P_e=\dfrac{1}{2}\text{erfc}\left(\sqrt{\dfrac{E_b}{4n_0}}\right)$

其中，a 为判决器输入端信号幅度，E_b 为发“1”时接收机输入端信号的比特能量。σ_n^2 为取样值的方差，n_0 信道中白噪声的单边功率谱密度。

6. 眼图

眼图是接收滤波器输出波形在示波器上显示出来的类似于眼睛的图形。利用眼图可定性估计码间干扰和噪声对接收性能的影响。眼图线迹细而清晰，且张开程度越大，则系统性能越好；反之，系统性能越差。另外，从眼图上还可获得：最佳取样时刻、对位定时误差的灵敏度、最大失真、判决门限电平、噪声容限、过零点失真等。

7. 均衡

均衡器的作用是校正或补偿系统传输特性的不理想。有频域均衡和时域均衡两种。频域均衡的目标是校正系统的传输特性，使得包含均衡器在内的整个系统的传输特性满足无码间干扰条件；时域均衡的目标是校正系统的冲激响应，使取样点上无码间干扰。高速数据传输采用时域均衡。

时域均衡的实现采用横向滤波器，有 $2N+1$ 个抽头系数的均衡器能消除 $2N$ 个取样时刻的码间干扰。衡量时域均衡的性能指标有输入峰值畸变和输出峰值畸变。

4.8　习题

一、填空题

1. 数字基带系统由码型变换器、发送滤波器、信道、接收滤波器、位定时提取电路、取样判决器和码元再生器组成。其中码型变换器和发送滤波器的作用是__________，接收滤波的作用是____________________。

2. 当 HDB_3码为−10+1−1+100+10−1000−1+100+1 时，原信息为__________________。此信息的差分码为（初始位设为1）____________________。

3. 数字基带信号的功率谱由连续谱和离散谱两部分组成。数字基带信号的带宽由______确定，而直流分量和位定时分量则由__________确定。设二进制数字基带信号的码型为单极性不归零码，波形是幅度为 A 的矩形脉冲，码元速率等于1000Baud，“1”“0”等概，则数字基带信号的带宽为________，直流分量为__________，位定时分量为________。

4. 产生码间干扰的原因是____________________，故通过设计系统可使其成为无码间干扰系统。如果要求在取样时刻 $t=kT_s$ 无码间干扰，则系统的冲激响应 $h(t)$ 应满足______

________。

5. 对于带宽为 2000Hz 的理想低通系统，其最大无码间干扰传输速率为__________，最大频带利用率为______，此频带利用率称为__________，是数字通信系统的______频带利用率。当传输信号为四进制时，理想低通传输系统的最大频带利用率为__________bit/(s・Hz)。

6. 设基带系统具有带宽为 2000Hz 的升余弦传输特性，则以________速率传输信息都是无码间干扰的，其中最大无码间干扰速率为__________，最大频带利用率为________，是理想低通传输系统频带利用率的________。

7. 若数字基带系统具有梯形传输特性，其滚降系数 $\alpha=0.5$，带宽为 $B=3000\text{Hz}$，则其最大无码间干扰速率为________，最大频带利用率为____________，若传输 16 进制信息，则最大信息传输速率为__________。

8. 数字通信系统产生误码的主要原因是码间干扰和噪声。若已知系统在取样时刻无码间干扰，且发“1”时，取样值为 $1+n$，发“0”时，取样值为 $-1+n$，其中 n 是零均值、方差等于 0.08 的高斯白噪声，则“1”“0”等概时判决器的判决门限为________，此时判决误码率为______________。

9. 眼图是________在示波器上显示的像“眼睛”一样的图形。通过眼图可得到：①________、②________、③________、④________、⑤________等。

10. 在数字通信系统中，接收端采用均衡器的目的是补偿信道特性的不理想，从而减小________，衡量系统码间干扰大小用______________。目前在高速传输中，一般采用时域均衡技术，时域均衡器可用______________来实现。

二、选择题

1. 数字基带系统中的信道是________。

A. 低通信道　B. 高通信道　C. 带通信道　D. 频带信道

2. 在下面所给的码型中，当“1”“0”等概时，含有位定时分量的是________。

A. 单极性不归零码　B. 单极性归零码　C. 双极性不归零码　D. 双极性归零码

3. 下面关于码型的描述中，正确的是________。

A. “1”“0”不等概时，双极性全占空矩形信号含有位定时分量

B. 差分码用相邻码元的变与不变表示信息的“1”和“0”码

C. AMI 码含有丰富的低频成分

D. HDB_3克服了 AMI 中长连“1”时不易提取位定时信息的缺点

4. 码元速率相同、波形均为矩形脉冲的数字基带信号，半占空码型信号的带宽是全占空码型信号带宽的________倍。

A. 0.5　B. 1.5　C. 2　D. 3

5. 当信息中出现长连“0”码时，仍能提取位定时信息的码型是________。

A. 双极性不归零码　B. 单极性不归零码　C. AMI 码　D. HDB3 码

6. 常见的无码间干扰传输特性有________。

A. 理想低通传输特性　B. 升余弦特性　C. 升余弦滚降特性　D. 以上都是

7. 对于带宽为 B 的理想低通传输系统，下列关于无码间干扰速率的说法中错误的是________。

A. 最大无码间干扰速率为2B（Baud）

B. 大于2B（Baud）的速率都有码间干扰

C. 理想低通特性是无码间干扰传输特性，因此，以任何速率传输信息都是无码间干扰的

D. 比2B（Baud）低的传输速率中，还存在一些无码间干扰传输速率

8. 四进制数字系统的最大频带利用率为________。

A. 2bit/(s·Hz)　　B. 3bit/(s·Hz)　　C. 4bit/(s·Hz)　　D. 6bit/(s·Hz)

9. 设二进制数字基带系统传输“1”码时，接收端信号的取样值为A，传送“0”码时，信号的取样值为0，若“1”码概率大于“0”码概率，则最佳判决门限电平________。

A. 等于$A/2$　　B. 大于$A/2$　　C. 小于$A/2$　　D. 等于0

10. 具有$2N+1$个抽头系数的横向滤波器能够消除________个取样时刻的码间干扰。

A. $2N-1$　　B. $2N$　　C. $2N+1$　　D. $2(N+1)$

三、简答题

1. 简述数字基带传输系统对数字基带信号码型的要求。

2. 什么是码间干扰？为了消除码间干扰，数字基带传输系统的冲激响应$h(t)$应满足什么条件？

3. 简述在数字基带传输系统中，造成误码的主要原因。

4. 与理想低通传输特性相比，升余弦传输特性的特点是什么？

四、计算画图题

1. 已知二元信息序列为10011000001100000101，画出它所对应的单极性全占空码、双极性全占空码、AMI码、HDB3码的波形图（基本波形用矩形）。

2. 已知HDB3码波形如图4-26所示，求原基带信息。

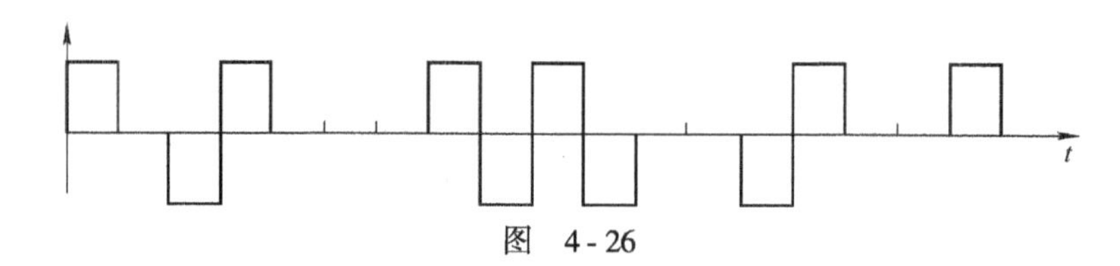

图　4-26

3. 试求出16位全0码、16位全1码及32位循环码的HDB3码。（32位循环码为11101100011111001101001000000001010）

4. 已知一个以升余弦脉冲为基础的全占空双极性二进制随机脉冲序列，“1”码和“0”码分别为正、负升余弦脉冲，其宽度为T_s，幅度为2V，“1”码概率为0.6，“0”码概率为0.4。

（1）画出该随机序列功率谱示意图（标出频率轴上的关键参数）。

（2）求该随机序列的直流电压幅度。

（3）能否从该随机序列中提取$1/T_s$频率成分？

（4）求该随机序列的带宽。

5. 已知矩形、升余弦传输特性如图4-27所示。当采用以下速率传输时，指出哪些是无码间干扰的，哪些会引起码间干扰？

(1) $R_s = 1000$Baud　　(2) $R_s = 2000$Baud

(3) $R_s = 1500$Baud　　(4) $R_s = 3000$Baud

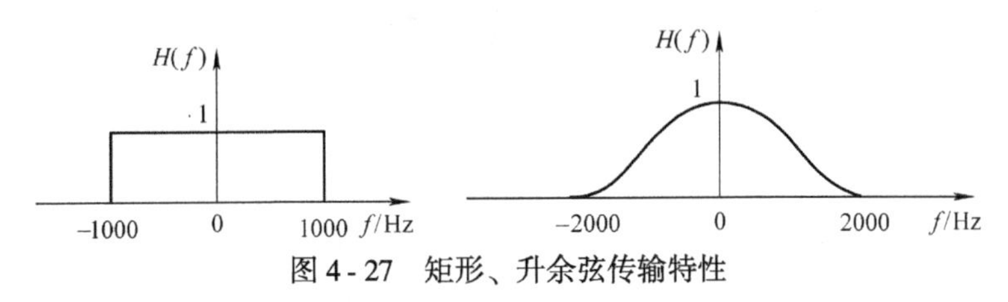

图 4-27　矩形、升余弦传输特性

6. 设二进制数字基带传输系统的传输特性为

$$H(f)=\begin{cases}\tau_0[1+\cos(2\pi f\tau_0)], & |f|\leqslant \dfrac{1}{2\tau_0}\\ 0, & |f|>\dfrac{1}{2\tau_0}\end{cases}$$

试确定系统最高无码间干扰传输速率及相应的码元间隔 T_s。

7. 设数字基带传输系统的发送滤波器、信道及接收滤波器传输特性为 $H(f)$，若要求以2000Baud 码元速率传输，则图 4-28 所示 $H(f)$ 是否满足取样点上无码间干扰条件？请说明理由。

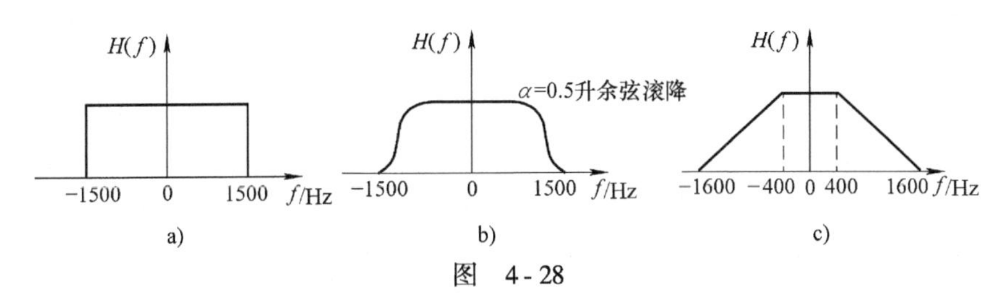

图　4-28

8. 已知某二进制数字基带传输系统，取样判决时刻信号电压的绝对值为 0.8V，噪声的方差 $\sigma_n^2 = 20$mW，试分别求传输单极性码和双极性码时系统的误码率。

9. 已知二进制数字基带传输系统的码元速率为 2.5×10^6Baud，信道中加性高斯白噪声的功率谱密度 $n_0/2 = 5\times10^{-16}$W/Hz，接收端矩形脉冲信号的幅度为 0.1mV。

(1) 求系统传输单极性信号时的误码率。

(2) 求系统传输双极性信号时的误码率。

10. 码元间隔为 T_s 的二进制随机序列 1 1 0 1 1 0 0 0 1 0 1 1…，码元“1”对应的波形为升余弦脉冲，持续时间为 $2T_s$，码元“0”对应的波形与“1”码波形极性相反。

(1) 当示波器扫描周期 $T_0 = T_s$ 时，试画出眼图。

(2) 当 $T_0 = 2T_s$ 时，试重画眼图。

11. 有一个三抽头时域均衡器如图 4-29 所示。若输入信号 $x(t)$ 的取样值为 $x_{-2} = 1/8$，$x_{-1} = 1/3$，$x_0 = 1$，$x_{+1} = 1/4$，$x_{+2} = 1/16$，其余取样值均为 0。求均衡器输入及输出波形的峰值失真。

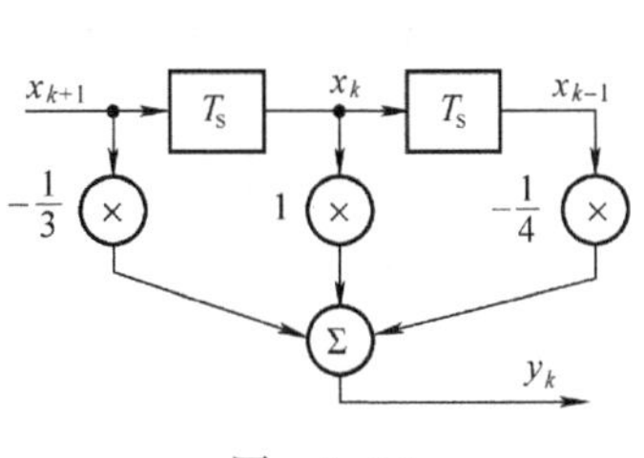

图　4-29

第 5 章　数 字 调 制

数字基带信号是功率谱集中在零频附近，可以直接在低通信道中进行数字基带传输的低通型信号。但实际信道很多是带通型的，例如各个频段的无线信道、限定频带范围的同轴电缆等。为了使数字信息在带通信道中传输，在发送端需要把数字基带信号的频谱搬移到带通信道的通带范围内，这个频谱的搬移过程称为数字调制。频谱搬移前的数字基带信号称为调制信号，频谱搬移后的信号称为已调信号。与此相反，在接收端由已调信号恢复数字基带信号的过程称为数字解调。

与数字基带传输系统相对应，称图 5-1 中包含数字调制和解调的数字通信系统为数字频带传输系统。

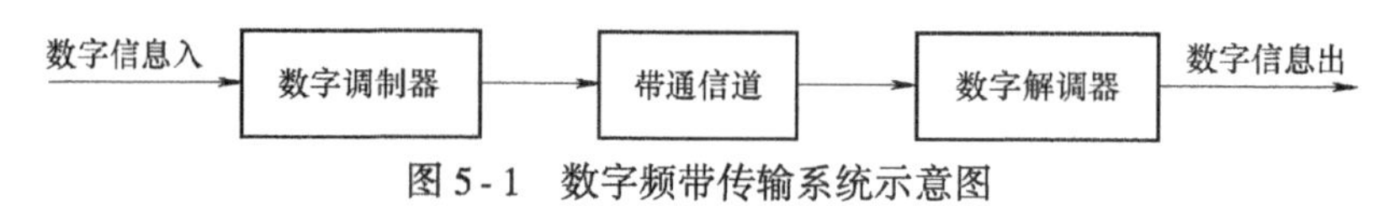

图 5-1　数字频带传输系统示意图

数字调制的实现方法是用数字基带信号去控制正（余）弦载波的某个参量，使这个参量随数字基带信号的变化而变化。由于正弦波有幅度、频率和相位三个参量，和模拟调制类似，数字调制也有三种基本形式，即数字振幅调制、数字频率调制和数字相位调制。由于数字信息只有离散的有限种取值，相应地调制后的载波参量也只有离散的有限种取值，而且正是由于数字信息的离散性特点，数字调制可用更为简便的键控方法来实现，通常称数字振幅调制、数字频率调制和数字相位调制分别为幅移键控（ASK）、频移键控（FSK）和相移键控（PSK），这是数字调制与模拟调制的根本区别。

数字信息有二进制和多进制之分，因此数字调制可分为二进制数字调制和多进制数字调制。本章首先重点讨论各种二进制数字调制，然后对多进制数字调制作简要介绍。

5.1　二进制数字振幅调制

数字振幅调制是用数字基带信号控制正弦载波的振幅，常称为幅移键控（Amplitude Shift Keying，ASK）。当数字基带信号为二进制时，为二进制幅移键控，简称 2ASK。

5.1.1　2ASK 调制原理

1. 2ASK 的波形及时间表达式

2ASK 是用二进制数字基带信号控制正弦载波的振幅。如：信息为“1”码时，载波振幅不为零，信息为“0”码时，载波振幅为 0。2ASK 的波形如图 5-2 所示，其中 $s(t)$ 为调制信号，$S_{2ASK}(t)$ 为已调信号，它的振幅受 $s(t)$ 控制，也就是说它的振幅上携带有 $s(t)$ 的信息。

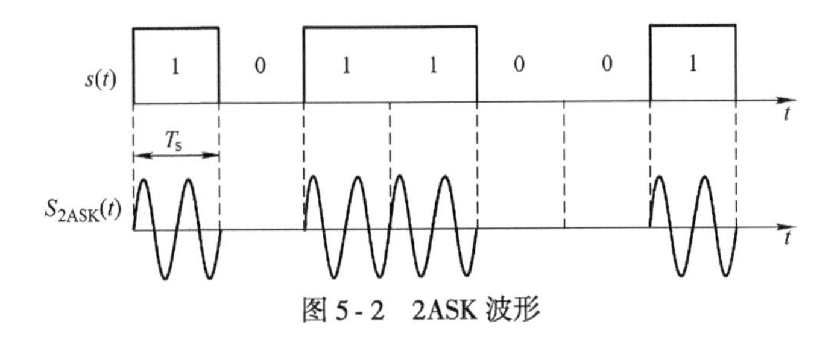

图5-2 2ASK波形

由图5-2可见，2ASK信号的时域表达式为

$$s_{2ASK}(t)=s(t)A\cos 2\pi f_c t \tag{5-1}$$

式中，$A\cos 2\pi f_c t$ 为正弦载波（说明：正弦与余弦无本质差别，为表达与作图方便，一般作图时画正弦波，书写时用余弦波，叙述时统称正弦波），$s(t)$ 是单极性全占空矩形数字基带信号。

2. 2ASK调制器

产生2ASK信号的部件称为2ASK调制器，2ASK调制器模型如图5-3所示。图5-3a所示的方法称为相乘法，它根据式（5-1）得到；图5-3b所示的方法称为键控法，当 $s(t)=1$ 时，输出端与 $A\cos 2\pi f_c t$ 相连，输出信号为 $A\cos 2\pi f_c t$，当 $s(t)=0$ 时，输出端与接地端相连，输出为0。

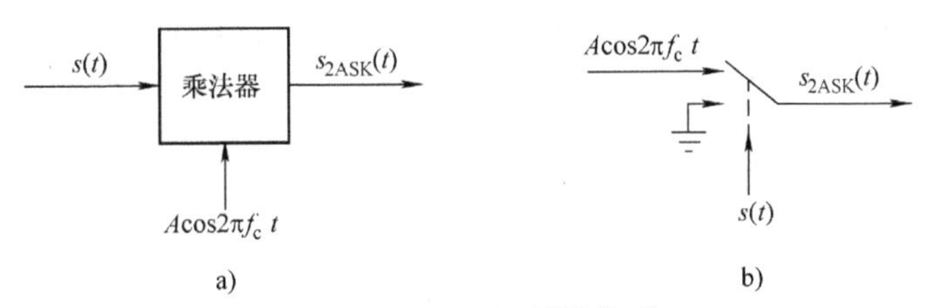

图5-3 2ASK调制器模型

3. 2ASK信号的功率谱与带宽

2ASK信号 $s_{2ASK}(t)$ 的主要功率集中在什么频率范围内？传输这个信号的信道至少需要多少带宽？要想了解 $s_{2ASK}(t)$ 的这些特性，必须对 $s_{2ASK}(t)$ 进行功率谱分析。

由式（5-1）可见，2ASK信号是数字基带信号 $s(t)$ 与正弦载波的乘积，数学上可以证明，2ASK信号的功率谱是 $s(t)$ 功率谱平移 $\pm f_c$ 的结果，表达式为

$$P_{2ASK}(f)=\frac{A^2}{4}[P_s(f+f_c)+P_s(f-f_c)] \tag{5-2}$$

式中，$P_s(f)$ 是数字基带信号 $s(t)$ 的功率谱；$s(t)$ 是单极性全占空矩形信号，由例4-1可知，$P_s(f)$ 由直流谱及连续谱组成，示意图如图5-4a所示。由于2ASK功率谱是 $P_s(f)$ 的搬移，所以2ASK功率谱也含有直流谱及连续谱，其主瓣宽度等于 $2f_s$，如图5-4b所示。

通常，将2ASK信号功率谱的主瓣宽度作为其带宽，即

$$B_{2ASK}=2f_s \tag{5-3}$$

其中，$f_s=\frac{1}{T_s}=R_s$。因此，2ASK信号的带宽等于其码元速率的2倍，对于二进制信号来说，

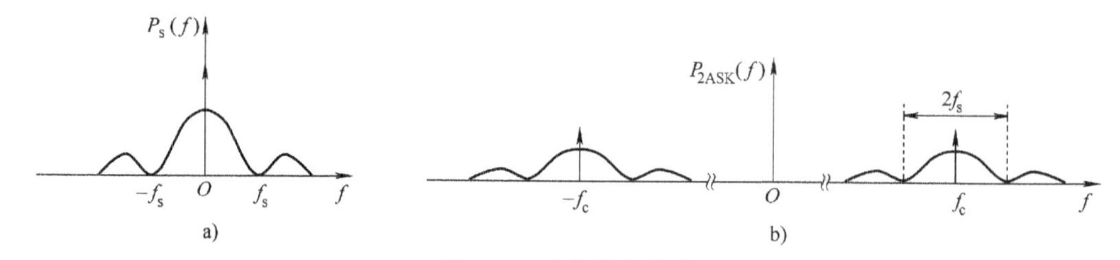

图 5-4 功率谱示意图

a）数字基带信号功率谱 b）2ASK 信号功率谱

$R_s=R_b$ 故 $B_{2ASK}=2R_b$，即 2ASK 信号带宽等于数字基带信号信息速率的 2 倍。

5.1.2 2ASK 信号的解调原理

从频域看，解调就是将已调信号的频谱搬移回来，还原为数字基带信号，而从时域看，解调的目的就是将已调信号上携带的数字基带信号恢复出来。完成解调任务的部件称为解调器。2ASK 信号的解调有两种方法，即相干解调和包络解调。

1. 2ASK 信号的相干解调

相干解调也称为同步解调，它需要一个和接收信号中的载波同频同相的本地载波 $c(t)$。2ASK 信号的相干解调器框图如图 5-5 所示。注意：$c(t)$ 的幅度设为 $\sqrt{2/T_s}$，使其在一个码元内的能量为 1，仅仅为了方便，不影响结果，也可设成其他任意幅度值。

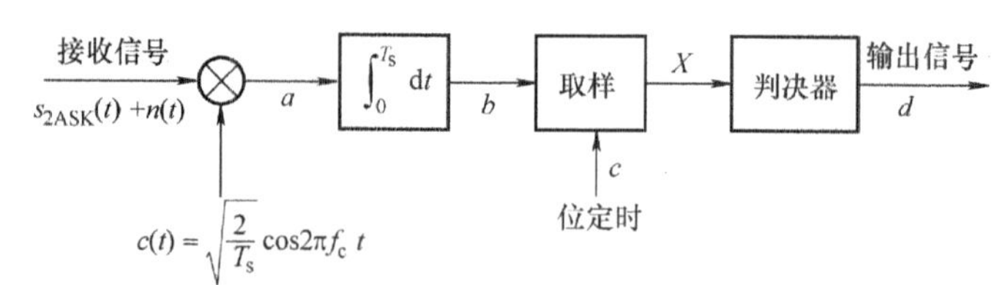

图 5-5 2ASK 相干解调器框图

为说明 2ASK 相干解调器的工作原理，在不考虑噪声时，画出解调器各点波形示意图如图 5-6 所示。其中判决器所采用的判决规则为：若取样值大于门限值 V_{th}，则判为 “1” 码，否则判为 “0” 码。由图 5-6 可见，判决器输出的信息与发送信息一致，只是在时间上延迟了一个码元间隔，那是因为最佳取样判决时刻在每个码元的结束时刻，此时积分器输出信号值最大，最有利于正确判决。积分器在每次取样后清零。

实际通信是有噪声的，噪声会使判决产生错误，下面分析噪声引起的误码率。假设信道中的噪声 $n(t)$ 是均值为 0、功率谱密度为 $n_0/2$ 的高斯白噪声。

当接收波形为

$$r(t)=s_{2ASK}(t)+n(t) \tag{5-4}$$

时，由图 5-5 可见，积分器输出端用于判决的取样值 X 为

$$X=\int_0^{T_s}[s_{2ASK}(t)+n(t)]c(t)\mathrm{d}t=\int_0^{T_s}s_{2ASK}(t)c(t)\mathrm{d}t+\int_0^{T_s}n(t)c(t)\mathrm{d}t \tag{5-5}$$

X 是一个高斯随机变量，其均值及方差与接收的信号 $s_{2ASK}(t)$ 及噪声 $n(t)$ 有关。

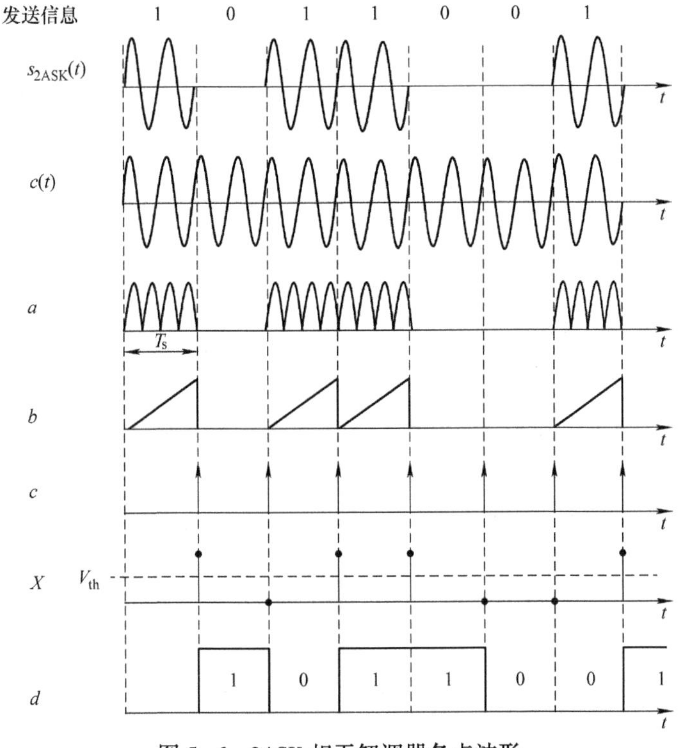

图 5-6　2ASK 相干解调器各点波形

当发送“1”码时，$s_{2ASK}(t)=A\cos 2\pi f_c t$，代入式（5-5）并作适当计算[4]得 X 的均值和方差为

$$\begin{cases} E[X]=\int_0^{T_s} s_{2ASK}(t)c(t)\,\mathrm{d}t=\sqrt{\dfrac{A^2T_s}{2}}=\sqrt{E_b} \\ \sigma_X^2=\dfrac{n_0}{2}\int_0^{T_s} c^2(t)\,\mathrm{d}t=\dfrac{1}{2}n_0 \end{cases} \tag{5-6}$$

当发送“0”码时，$s_{2ASK}(t)=0$，同理可计算出 X 的均值和方差为

$$\begin{cases} E[X]=\int_0^{T_s} s_{2ASK}(t)c(t)\,\mathrm{d}t=0 \\ \sigma_X^2=\dfrac{n_0}{2}\int_0^{T_s} c^2(t)\,\mathrm{d}t=\dfrac{1}{2}n_0 \end{cases} \tag{5-7}$$

其中，$E_b=\dfrac{1}{2}A^2T_s$ 是发“1”时接收到 2ASK 信号的比特能量，对二进制而言，也是符号能量。

将 $a=\sqrt{E_b}$、$\sigma_n^2=\dfrac{1}{2}n_0$ 代入第 4 章的式（4-43）及式（4-44），得到“1”“0”等概时 2ASK 相干解调系统的判决门限为 $V_{th}=\dfrac{\sqrt{E_b}}{2}$，误码率为

$$P_e=\frac{1}{2}\mathrm{erfc}\left(\sqrt{\frac{E_b}{4n_0}}\right) \tag{5-8}$$

2. 2ASK 信号的包络解调

包络解调是一种非相干解调方式。采用包络解调的2ASK信号解调器框图如图5-7所示。图5-7中，匹配滤波器与发“1”时的2ASK信号匹配，匹配滤波器输出端的波形参考例2-20。

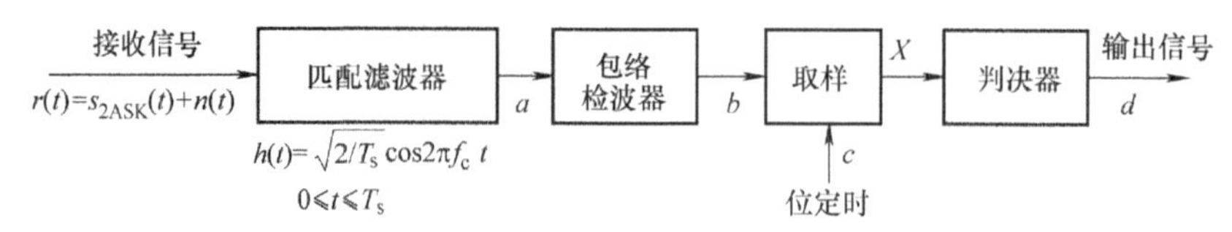

图5-7 2ASK包络解调器框图

不考虑噪声时，2ASK包络解调器各点的波形示意图如图5-8所示，匹配滤波器的输出在每次取样后清零，判决规则与2ASK相干解调相同。将恢复的信息波形5-8d与发送信息对比，可见图5-7所示的解调器在无噪声干扰的情况下能正确解调出发送信息。

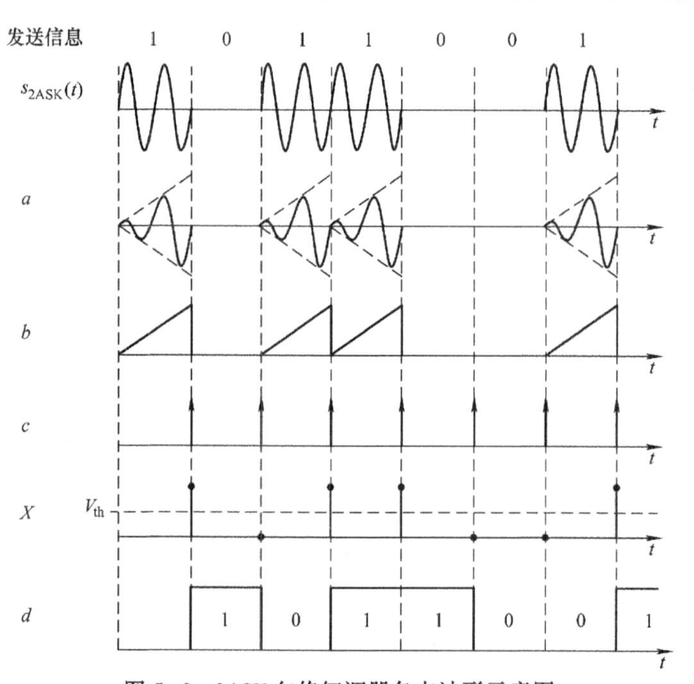

图5-8 2ASK包络解调器各点波形示意图

当存在噪声时，2ASK包络解调器会发生错误判决，产生误码，下面简单介绍误码率的推导思路。

当发送端发送“1”码时，接收波形为信号与高斯白噪声的混合物，即

$$r(t)=A\cos(2\pi f_c t)+n(t)$$

此波形通过匹配滤波器后变成余弦波加窄带高斯噪声的形式，根据第2章的知识，其包络的瞬时值X服从莱斯分布，其概率密度函数为

$$f_1(x)=\frac{2x}{n_0}I_0\left(\frac{2\sqrt{E_b}\,x}{n_0}\right)\exp\left[-\frac{(x^2+E_b)}{n_0}\right]\quad x\geqslant 0 \tag{5-9}$$

同理，当发送端发送“0”码时，接收波形仅为高斯白噪声，经匹配滤波器后变成窄带高斯

噪声，故其包络的瞬时值 X 服从瑞利分布，其概率密度函数为

$$f_0(x)=\frac{2x}{n_0}\exp\left(-\frac{x^2}{n_0}\right)\quad x\geqslant 0 \tag{5-10}$$

概率密度函数曲线如图 5-9 所示。

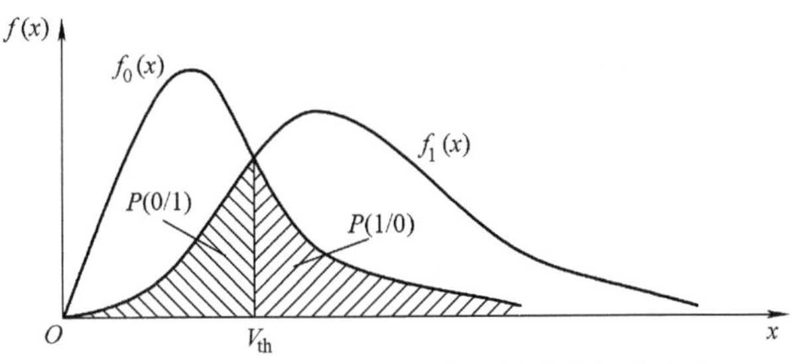

图 5-9　2ASK 包络解调器中取样值的概率密度

当“1”“0”等概时，最佳判决门限 $V_{\rm th}$ 在两条概率密度函数的交点处，通过数学计算得到

$$V_{\rm th}\approx\frac{\sqrt{E_{\rm b}}}{2}\left(1+\frac{4n_0}{E_{\rm b}}\right)^{1/2} \tag{5-11}$$

在大输入信噪比时，$V_{\rm th}\approx\frac{\sqrt{E_{\rm b}}}{2}$，将上述各式代入平均误码率公式

$$P_{\rm e}=P(0)P(1/0)+P(1)P(0/1)=\frac{1}{2}\int_{V_{\rm th}}^{\infty}f_0(x)\,{\rm d}x+\frac{1}{2}\int_0^{V_{th}}f_1(x)\,{\rm d}x$$

推出 2ASK 包络解调器的误码率近似为

$$P_{\rm e}\approx\frac{1}{2}\exp\left(-\frac{E_{\rm b}}{4n_0}\right) \tag{5-12}$$

【例 5-1】 设二进制振幅调制 2ASK 系统的码元速率 $R_{\rm s}=2000{\rm Baud}$，发“1”时接收端收到 2ASK 信号的振幅 $A=20{\rm mV}$，信道中加性高斯白噪声的功率谱密度 $n_0/2=2.17\times10^{-9}{\rm W/Hz}$。

（1）若采用相干解调，求系统的误码率。

（2）若采用非相干解调，求系统的误码率。（互补误差函数值见附录 A）

解　（1）2ASK 相干解调的误码率利用式（5-8）来求，首先求出 $E_{\rm b}/4n_0$。

由题意，$T_{\rm s}=1/R_{\rm s}=1/2000{\rm s}=5\times10^{-4}{\rm s}$，$A=20{\rm mV}=2\times10^{-2}{\rm V}$，故发“1”时接收 2ASK 信号的比特能量为

$$E_{\rm b}=\frac{1}{2}A^2T_{\rm s}=\frac{1}{2}\times(2\times10^{-2})^2\times5\times10^{-4}{\rm J}=1\times10^{-7}{\rm J}$$

所以

$$\frac{E_{\rm b}}{4n_0}=\frac{1\times10^{-7}}{4\times2\times2.17\times10^{-9}}=5.76$$

代入相干解调误码率公式得

$$P_{\rm e}=\frac{1}{2}{\rm erfc}\left(\sqrt{\frac{E_{\rm b}}{4n_0}}\right)=\frac{1}{2}{\rm erfc}(\sqrt{5.76})=\frac{1}{2}{\rm erfc}(2.4)\approx\frac{1}{2}\times6.9\times10^{-4}=3.45\times10^{-4}$$

（2）用 2ASK 非相干解调的误码率公式（5-12）来求。

$$P_e = \frac{1}{2}\exp\left(-\frac{E_b}{4n_0}\right) = \frac{1}{2}\exp(-5.76) \approx 1.58 \times 10^{-3}$$

可见，在相同E_b/n_0条件下，相干解调的误码率较低。因此，在抗噪声性能方面，相干解调优于非相干解调。但非相干解无需同步载波，设备较简单。

5.2 二进制数字频率调制

数字频率调制也称为频移键控（Frequency Shift Keying，FSK），是用数字基带信号控制正弦载波的频率。当数字基带信号为二进制时，称为二进制频移键控，简称2FSK。

5.2.1 2FSK调制原理

1. 2FSK信号的波形及产生

2FSK是用二进制数字基带信号控制正弦载波的频率。如：信息为“1”码时，载波频率为f_1，信息为“0”码时，载波频率为f_2。设$f_1 = 4R_s$，$f_2 = 2R_s$，则2FSK波形图如图5-10所示，它可以看作两个载波频率分别为f_1和f_2的2ASK信号的叠加。

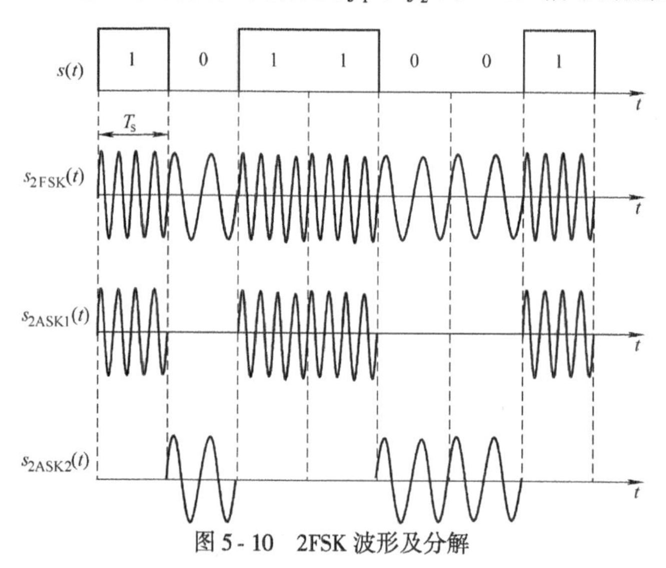

图5-10 2FSK波形及分解

产生2FSK信号的部件称为2FSK调制器，2FSK调制器模型如图5-11所示，这是键控法的一种具体实现方法。当$s(t)=1$时，输出$s_{2FSK}(t)=A\cos2\pi f_1 t$；反之，当$s(t)=0$时，$\overline{s(t)}=1$，输出$s_{2FSK}(t)=A\cos2\pi f_2 t$。

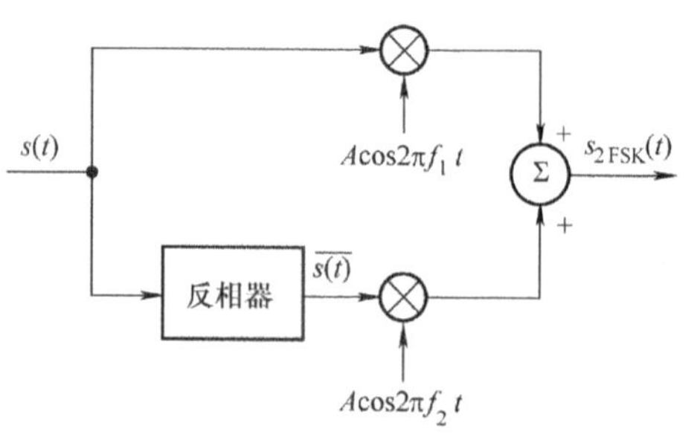

图5-11 2FSK调制器模型

2. 2FSK信号的功率谱及带宽

由2FSK波形图可见，2FSK信号可分解为两个载波频率分别为f_1及f_2的2ASK信号，故2FSK信号的功率谱就等于两个2ASK信号功率谱之和，示意图如图5-12所示。当$|f_1-f_2|$较大时，功率

谱为双峰谱，当$|f_1-f_2|$小到一定程度时，两个双边谱重叠在一起，2FSK 信号的连续谱由双峰变成单峰。

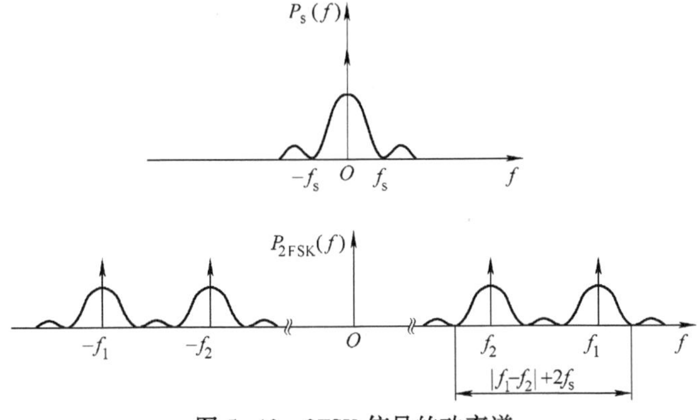

图 5-12　2FSK 信号的功率谱

由图 5-12 可见，2FSK 信号的带宽为

$$B_{2FSK}=|f_1-f_2|+2f_s \tag{5-13}$$

其中，$f_s=\dfrac{1}{T_s}=R_s$ 是二进制码元速率。确保两个主瓣不重叠时，$|f_1-f_2|$的最小值为 $2f_s$，此时 2FSK 信号的最小带宽为

$$B_{2FSK}=4f_s \tag{5-14}$$

5.2.2　2FSK 信号的解调原理

2FSK 信号的解调也有相干解和包络解调两种。由于 2FSK 信号可看做是两个 2ASK 信号的和，所以 2FSK 解调器由两个并联的 2ASK 解调器组成，两种解调器的框图如图 5-13 所示。

图 5-13 的两种解调器中，用于判决的取样值 X_1 和 X_2 的分布特性与 2ASK 对应解调器中的相同。即对于图 5-13a 中的相干解调器，无论发送端发送“1”码还是“0”码，X_1 和 X_2 都服从高斯分布，只不过发送“1”码时，X_1 的均值为$\sqrt{E_b}$，X_2 的均值为 0；反之，发送“0”码时，X_2 的均值为$\sqrt{E_b}$，X_1 的均值为 0。而对于图 5-13b 所示的包络解调器，当发送端发送“1”码时，X_1 服从莱斯分布，X_2 则服从瑞利分布，反之，当发送端发送“0”码时，X_1 服从瑞利分布，X_2 服从莱斯分布。

2FSK 解调器的判决实际上是比较上、下两个支路的取样值的大小，如果上支路的取样值大，则说明发送的载波频率为 f_1，根据调制规则，这也就意味着发送端发送的是“1”码，反之，则发送端发送的是“0”码。所以，两种解调器的判决规则均为

$$\begin{cases}X_1\geqslant X_2，判为“1”码\\X_1<X_2，判为“0”码\end{cases} \tag{5-15}$$

噪声的存在会引起错判，经推导，2FSK 相干解调器的误码率为

$$P_e=\frac{1}{2}\mathrm{erfc}\left(\sqrt{\frac{E_b}{2n_0}}\right) \tag{5-16}$$

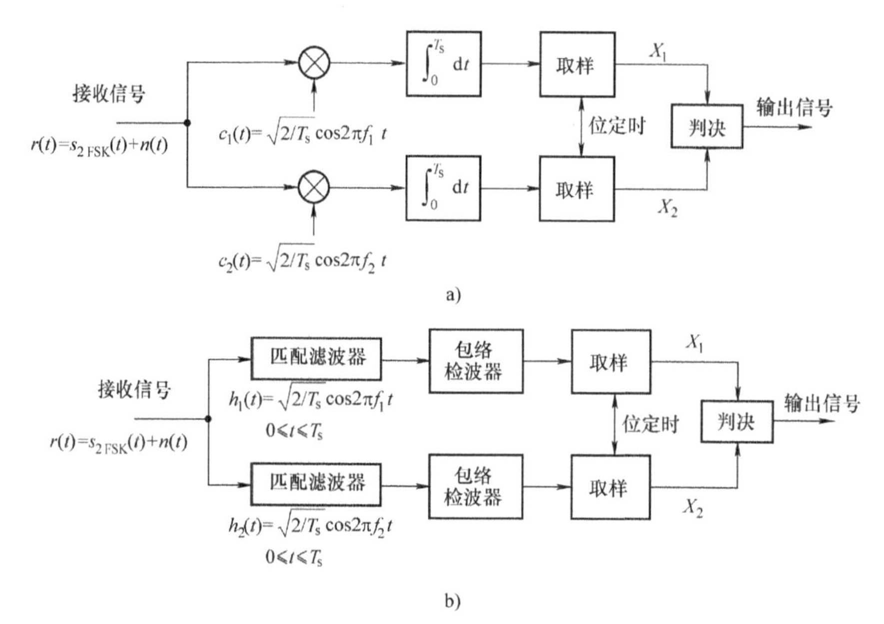

图 5-13 2FSK 信号解调器框图

a) 相干解调器 b) 包络解调器

包络解调器的误码率为

$$P_e = \frac{1}{2}\exp\left(-\frac{E_b}{2n_0}\right) \tag{5-17}$$

其中，E_b 是发“1”或发“0”时接收机输入端 2FSK 信号的比特能量，也是 2FSK 信号的平均比特能量。注意，式（5-16）与式（5-17）无需“1”“0”等概这一条件，这一点与 2ASK 不同。

【例 5-2】 设二进制频率调制 2FSK 系统的码元速率为 2000Baud，发“1”时接收端收到信号的振幅 $A=20\text{mV}$，信道中加性高斯白噪声的功率谱密度 $n_0/2=2.17\times10^{-9}\text{W/Hz}$。

（1）采用相干解调，求 2FSK 系统的误码率。

（2）采用非相干解调，求 2FSK 系统的误码率。（可用附录 A 中给出的近似公式求互补误差函数）

解 （1）利用式（5-16），首先求出 $E_b/2n_0$。

由题意，$T_s=1/R_s=1/2000\text{s}=5\times10^{-4}\text{s}$，$A=20\text{mV}=2\times10^{-2}\text{V}$

$$E_b = \frac{1}{2}A^2T_s = \frac{1}{2}\times(2\times10^{-2})^2\times5\times10^{-4}\text{J} = 1\times10^{-7}\text{J}$$

所以

$$\frac{E_b}{2n_0} = \frac{1\times10^{-7}}{2\times2\times2.17\times10^{-9}} = 11.52$$

代入相干解调误码率公式得

$$P_e = \frac{1}{2}\text{erfc}\left(\sqrt{\frac{E_b}{2n_0}}\right) = \frac{1}{2}\text{erfc}(\sqrt{11.52}) = \frac{1}{2}\text{erfc}(3.394) \approx 7.9\times10^{-7}$$

（2）用 2FSK 非相干解调的误码率公式（5-17）

$$P_e = \frac{1}{2}\exp\left(-\frac{E_b}{2n_0}\right) = \frac{1}{2}\exp(-11.52) \approx 4.965 \times 10^{-6}$$

从此例的（1）、（2）两个答案可以清楚地看到，在相同条件下，2FSK 相干解调的误码率低于非相干解调的误码率。

进一步，对比例 5-1 和例 5-2 的结果可见，在信道噪声功率谱密度及发“1”时接收信号的比特能量相同时，2FSK 解调的误码率低于 2ASK 解调的误码率。

5.3　二进制数字相位调制

数字相位调制常称为相移键控（Phase Shift Keying，PSK），是用数字基带信号控制正弦载波的相位。根据控制载波相位的方法不同，相移键控又分为绝对相移键控和差分相移键控两种。当数字基带信号为二进制时，则分别为二进制绝对相移键控和二进制差分相移键控，分别记为 2PSK 和 2DPSK。

5.3.1　二进制绝对相移键控

1. 2PSK 调制原理

2PSK 也称为 BPSK，它用二进制数字信息直接控制载波的相位。例如，当数字信息为“1”码时，使载波反相（即改变 180°）；当数字信息为“0”码时，载波相位不变，此规则称为“1”变“0”不变。反之，则称为“0”变“1”不变规则。图 5-14 是采用“1”变“0”不变规则并设 $T_s = 2T_c$（即一个码元内画两个周期的载波）的 2PSK 波形图。

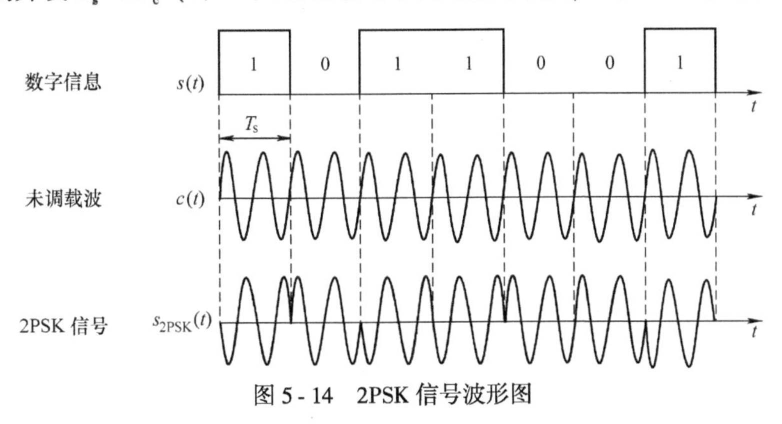

图 5-14　2PSK 信号波形图

必须强调的是，根据 2PSK 调制规则，画 2PSK 波形时一定要先画出未调载波（参考载波），因为 2PSK 的相位是以未调载波相位为参考的，尤其当码元宽度不是载波周期的整数倍时，这点至关重要，否则极易发生错误。

2PSK 信号的产生可用相乘法或键控法，如图 5-15 所示。

图 5-15a 中，$s'(t)$ 是与 $s(t)$ 对应的双极性全占空矩形信号，若 2PSK 调制采用“1”变“0”不变规则，则当信息为“1”码时，$s'(t)$ 为负矩形脉冲，当信息为“0”码时，$s'(t)$ 为正矩形脉冲，如图 5-16 所示。

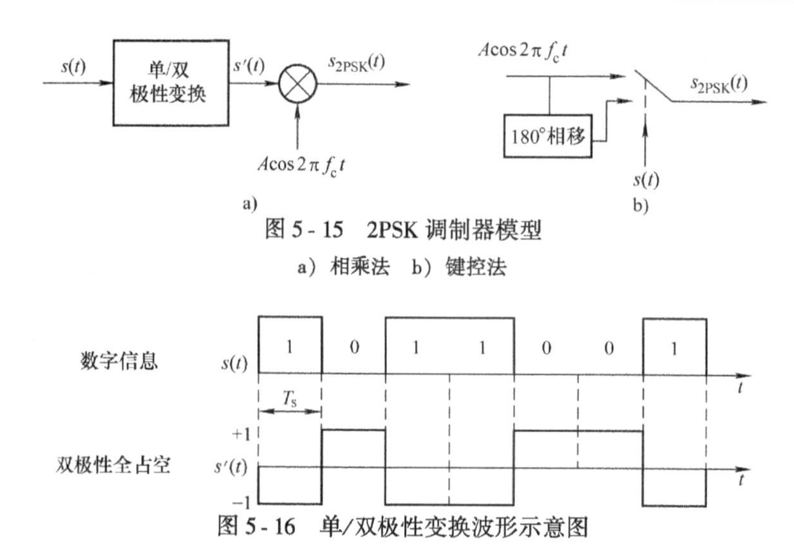

图 5-15 2PSK 调制器模型

a) 相乘法 b) 键控法

图 5-16 单/双极性变换波形示意图

图 5-15b 中，由数字信息 $s(t)$ 控制开关，选择 $A\cos2\pi f_ct$ 或 $A\cos(2\pi f_ct+\pi)=-A\cos2\pi f_ct$ 输出，当 2PSK 调制采用“1”变“0”不变规则时，输出为

$$s_{2PSK}(t)=\begin{cases}A\cos2\pi f_ct, & s(t)=0\\ -A\cos2\pi f_ct, & s(t)=1\end{cases} \tag{5-18}$$

由上可知，2PSK 信号的时间表达式为

$$s_{2PSK}(t)=s'(t)A\cos2\pi f_c\mathrm{t} \tag{5-19}$$

因此，2PSK 的功率谱是 $s'(t)$ 功率谱平移至 $\pm f_c$ 的结果，如图 5-17 所示。由于 $s'(t)$ 是双极性全占空矩形信号，当“1”“0”等概时无直流分量，其功率谱图形可参见例 4-2。

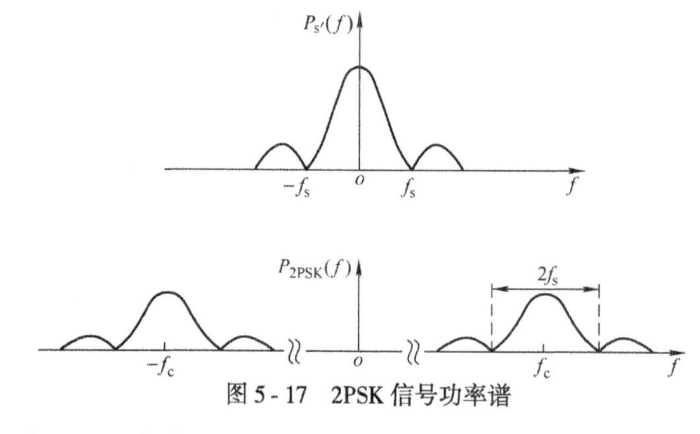

图 5-17 2PSK 信号功率谱

可见，2PSK 信号的功率谱只有连续谱，连续谱的主瓣宽度等于二进制码元速率的 2 倍，故 2PSK 信号的带宽为

$$B_{2PSK}=2f_s \tag{5-20}$$

其中，$f_s=\dfrac{1}{T_s}=R_s$。

2. 2PSK 信号的解调原理

2PSK 是用相对于载波的相位差来传输信息的，故解调时必须要有相干载波作为参考，因而只能采用相干解调。2PSK 信号的相干解调法又称为极性比较法，解调器框图如图 5-18 所示。

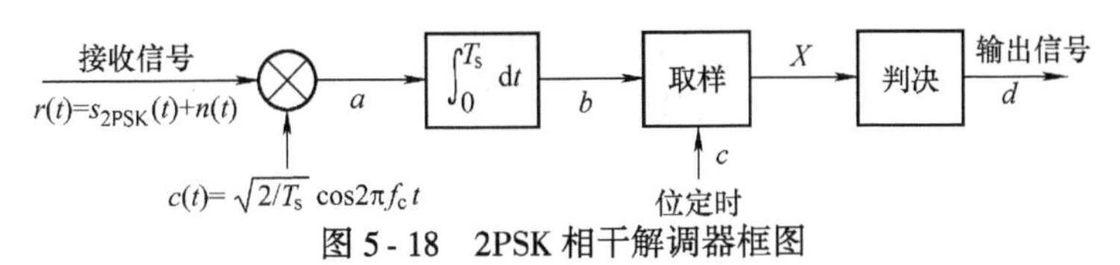

图 5-18 2PSK 相干解调器框图

需要指出的是，图 5-18 与图 5-5 所示的 2ASK 相干解调器框图完全相同，但图 5-18 中接收信号是双极性的，故判决门限在“1”“0”等概时为零。

另外还要注意，解调的目的是恢复发送信息，因此解调器的判决规则一定要与调制规则相一致。例如，当调制规则采用“1”变“0”不变时，判决规则应为

$$\begin{cases} X \leqslant 0, & \text{判“1”} \\ X > 0, & \text{判“0”} \end{cases} \tag{5-21}$$

2PSK 相干解调器各点波形如图 5-19 所示，请与图 5-6 所示的 2ASK 相干解调器中各点波形作对比。

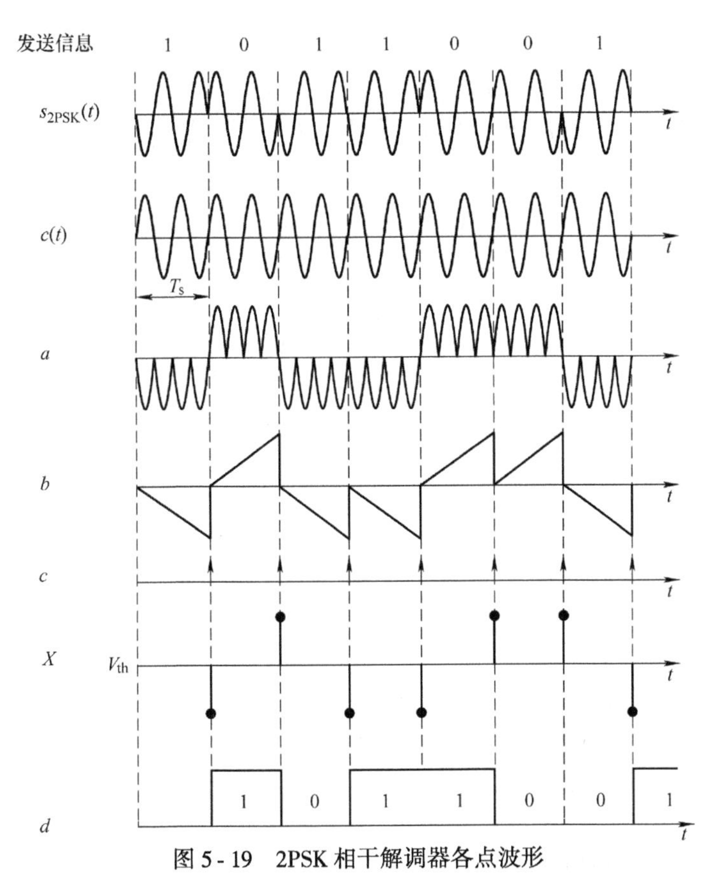

图 5-19 2PSK 相干解调器各点波形

当信道中存在加性高斯白噪声 $n(t)$ 时，发送“1”码时的接收波形为

$$r(t) = -A\cos 2\pi f_c t + n(t)$$

由 2ASK 中对取样值 X 的分析可以得到，X 是均值为$-\sqrt{E_b}$、方差为 $n_0/2$ 的高斯随机变量，

当发送端发送“0”码时，接收波形为

$$r(t) = A\cos 2\pi f_c t + n(t)$$

则取样值 X 是均值为$\sqrt{E_b}$、方差为 $n_0/2$ 的高斯随机变量。将 $a=\sqrt{E_b}$、$\sigma_n^2=n_0/2$ 代入第4章双极性系统误码率公式（4-42），得到2PSK系统的误码率为

$$P_e = \frac{1}{2}\text{erfc}\left(\sqrt{\frac{E_b}{n_0}}\right) \tag{5-22}$$

其中，$E_b=\frac{1}{2}A^2T_s$ 是发“1”时接收机输入端的2PSK信号的比特能量，也是2PSK信号的平均比特能量；n_0 是信道高斯白噪声的单边功率谱密度。

3. 2PSK解调器的反向工作问题

2PSK信号在解调时需要一个与接收2PSK信号中的载波同频同相的本地载波，而这个本地载波是由载波提取电路产生的。有些载波提取电路提取的本地载波存在相位模糊，即提取的本地载波可能与接收2PSK信号中的载波同相，也有可能是反相。若反相，用于判决的取样值的极性将反转，由于判决规则是根据调制规则确定的，故此时解调后的信息将与发送信息完全相反（1、0倒置），这种情况称为反向工作。反向工作时的解调器各点波形如图5-20所示。

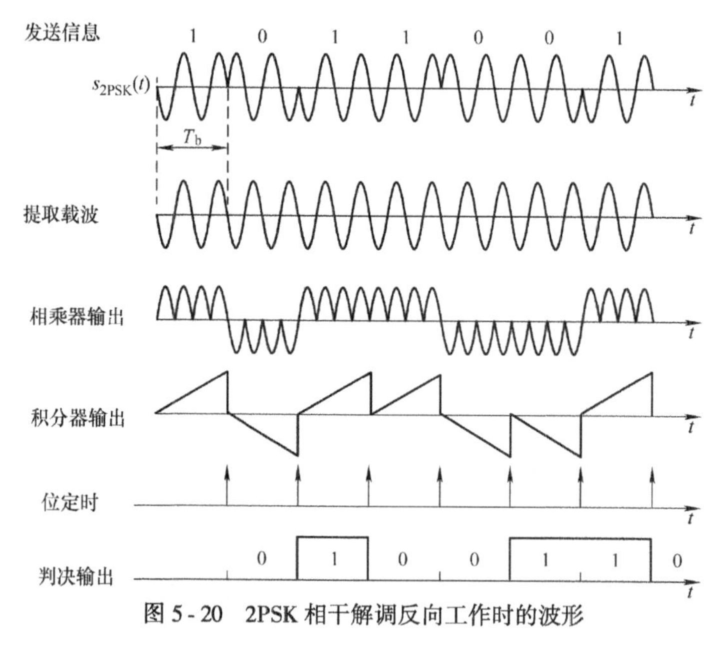

图5-20　2PSK相干解调反向工作时的波形

需要指出的是，由于载波提取电路提取的本地载波是否与所需载波反相完全是随机的，所以解调器输出的信息是否反向也是无法确定的。反向工作对于数字信号的传输来说当然是不能允许的。

解决2PSK反向工作问题的一种常用方法是采用二进制差分相移键控（2DPSK）。

5.3.2　二进制差分相移键控

1. 2DPSK调制原理

用二进制数字信息去控制相邻两个码元内载波的相位差。例如，当信息为“1”码

时，本码元的载波初相相对于前一码元的载波末相改变 180°（变），当信息为“0”码时，则改变 0°（不变），这个规则也称为“1”变“0”不变。根据此规则的 2DPSK 波形如图 5-21 所示。

图 5-21 中，设载波频率等于码元速率的 2 倍，即一个码元间隔内画二个周期的载波。说明一下，当码元周期等于载波周期的整数倍时，一个码元内载波的末相与初相始终相同，而且这一条件通常是满足的，因此很多时候对初相和末相并不严格区分。

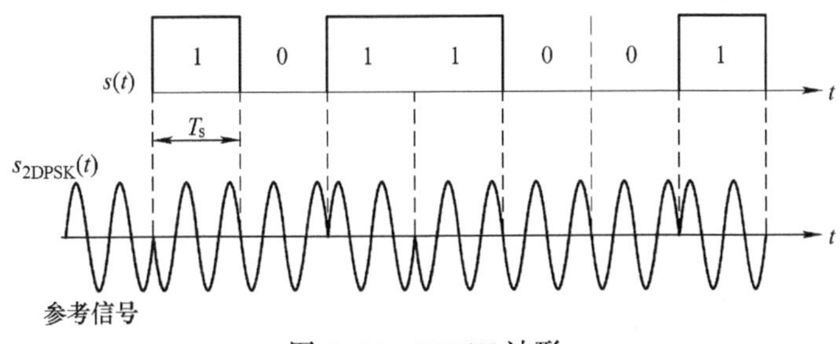

图 5-21　2DPSK 波形

需要注意，在 2PSK 调制时也采用了“1”变“0”不变规则，但两处的“变”与“不变”的参考点是不同的。在 2PSK 中，“变”与“不变”的参考点是当前的参考载波相位，而在 2DPSK 中，参考点则是前一码元内的载波末相，所以在画 2DPSK 波形时一定要先画出起始码元内的参考信号，就像在画 2PSK 波形时一定要先画出参考载波一样。

2DPSK 信号的产生过程是，首先对数字基带信号进行差分编码，即将绝对码变为相对码（差分码），然后再进行 2PSK 调制，因此，2DPSK 也称为二进制相对相移键控。2DPSK 调制器及各点波形分别如图 5-22 及图 5-23 所示。

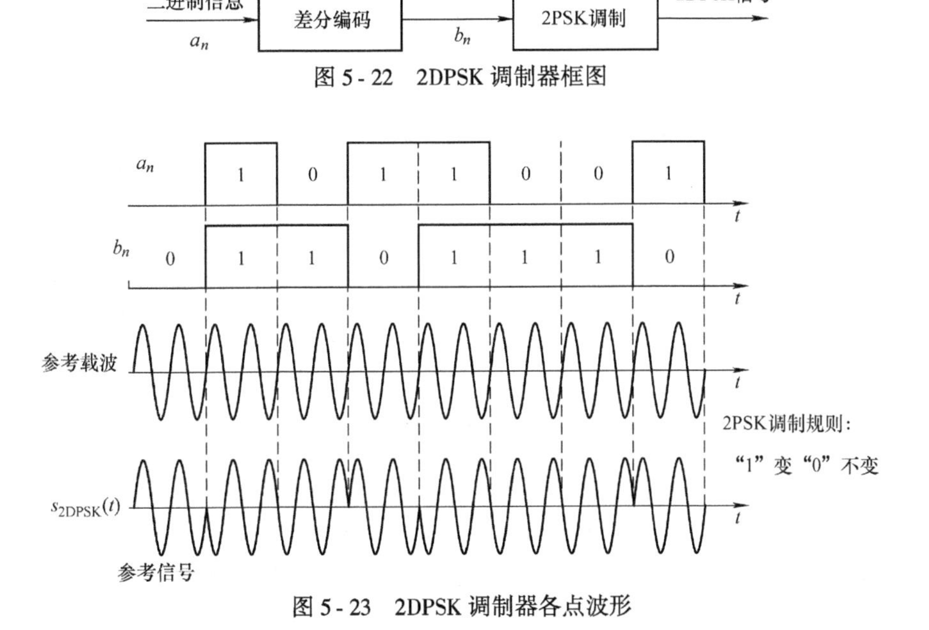

图 5-23　2DPSK 调制器各点波形

由图 5-23 可见，2DPSK 调制器的输出信号对输入的绝对码 a_n 而言是采用“1”变“0”

不变规则的 2DPSK 信号，但对相对码 b_n 而言是 2PSK 信号，所以对于相同的数字信息序列，2PSK 信号和 2DPSK 信号具有相同的功率谱密度，因而 2DPSK 信号的带宽也为

$$B_{2DPSK} = 2f_s \tag{5-23}$$

其中，f_s 在数值上等于二进制数字信息的码元速率。

2. 2DPSK 信号的解调原理

2DPSK 信号的解调有极性比较法和相位比较法两种，极性比较法属于相干解调，而相位比较法则是一种非相干解调。

(1) 2DPSK 的极性比较法解调

此解调方案完全是图 5-22 所示 2DPSK 调制的反过程，解调器框图如图 5-24 所示。首先对接收的 2DPSK 进行 2PSK 相干解调得到相对码序列 b_n'，然后对 b_n' 进行差分译码得到原信息序列 a_n。差分译码的规则为

$$a_n = b_n' \oplus b_{n-1}' \tag{5-24}$$

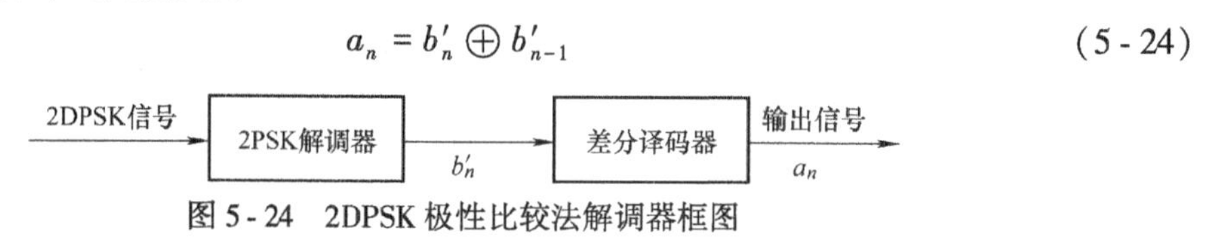

图 5-24 2DPSK 极性比较法解调器框图

由于 2PSK 解调器中本地载波相位模糊的影响，解调得到的相对码 b_n' 可能存在反向工作问题。但可以验证，不管 b_n' 中“1”和“0”是否倒置，经式 (5-24) 差分译码后恢复的信息码 a_n 是一样的，如图 5-25 所示。可见，2DPSK 通过差分译码克服了 2PSK 的反向工作问题。

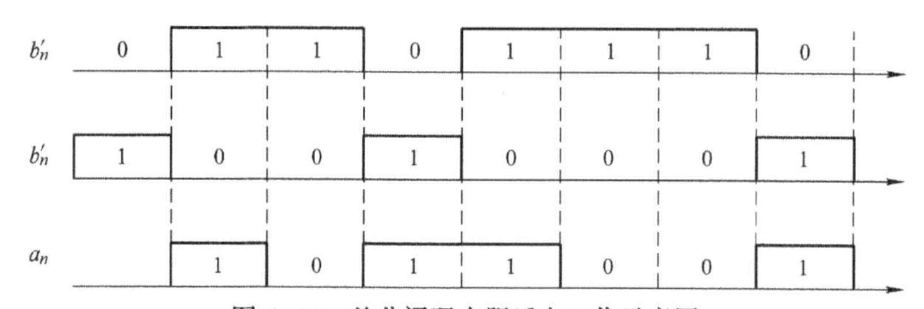

图 5-25 差分译码克服反向工作示意图

2DPSK 解调器中的差分译码器也会使输出信息的误码特性发生变化，图 5-26 给出了差分码中有错误码元时输出信息的误码情况（图中右上角带“×”的码元表示错误码元）。

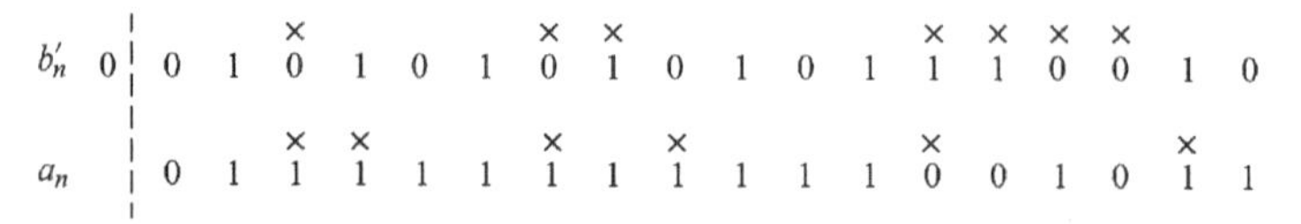

图 5-26 差分译码前后的误码情况

由图 5-26 可见，相对码中的单个错误码元及多个的连续错误码元，均会导致译码后出现两个错误码元。当 2PSK 解调器的误码率很低时，相对码中绝大多数是单个错误码元，因此译码后的误码率近似认为是译码前误码率的 2 倍。故 2DPSK 极性比较法解调器的误码率近似为 2PSK 解调器误码率的 2 倍，即

$$P_e \approx \mathrm{erfc}\left(\sqrt{\frac{E_b}{n_0}}\right) \tag{5-25}$$

（2）2DPSK信号的相位比较法解调

由于2DPSK调制是用数字信息控制相邻两个码元内载波的相位差，换句话说，数字信息携带在相邻两码元载波的相位差上。所以，通过比较相邻两码元载波的相位差即可恢复数字信息。根据这一思路构成的解调器称为相位比较法解调器，也称为差分相干解调器，如图5-27所示，带通滤波器确保有用信号通过，同时滤除带外噪声，不考虑噪声时解调器中各点的波形如图5-28所示。

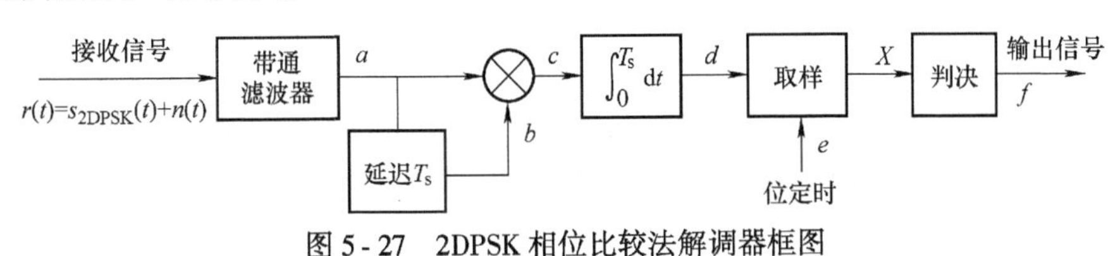

图5-27　2DPSK相位比较法解调器框图

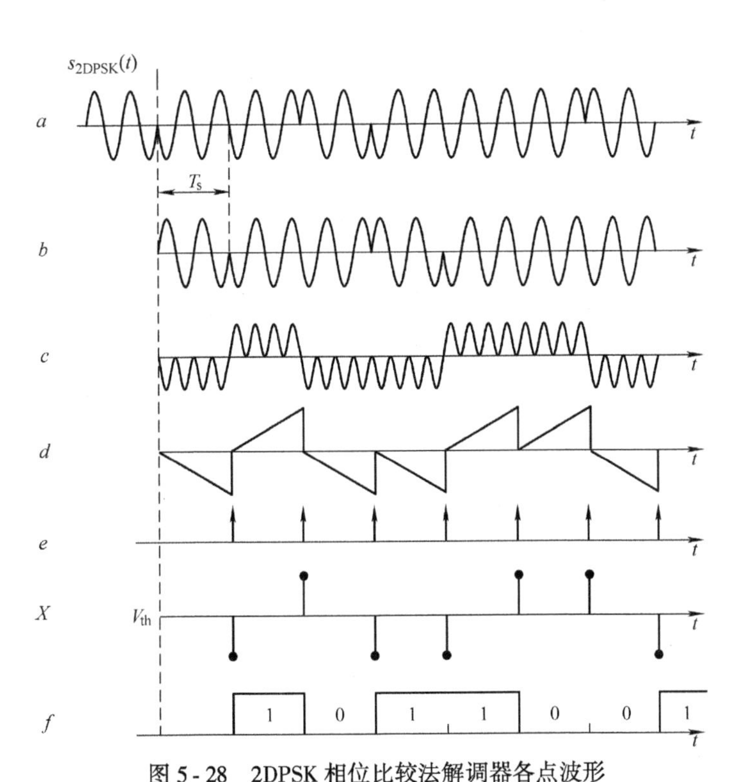

图5-28　2DPSK相位比较法解调器各点波形

由图5-27和图5-28可见，用这种方法解调2DPSK信号时不需要恢复本地载波，由收到的信号单独完成。其工作原理是，首先将接收的2DPSK信号延迟一个码元间隔T_s，然后与2DPSK信号本身相乘，相乘起相位比较的作用，如果前后两个码元内的载波初相相反，则相乘结果为负，如果前后两个码元内的载波初相相同，则相乘结果为正。所以相乘结果经积分后再取样判决，即可恢复原数字信息。同样判决规则应根据调制规则来确定，当调制采用“1”变“0”不时规则时，判决规则为

$$\begin{cases} X \geq 0, & 判“0” \\ X < 0, & 判“1” \end{cases} \tag{5-26}$$

需要说明的是，相位比较法解调是通过比较相邻两个码元内载波的初相之差来检测信息的，因此，只有码元周期等于载波周期整数倍的2DPSK调制才能使用此方法。

2DPSK相位比较法解调器误码率的分析，基本方法仍然是求出发“1”和发“0”时用于判决的取样值的概率密度函数，再确定最佳判决门限，最后求出平均误码率。但过程比较繁琐，主要原因是和接收信号相乘的不是本地载波，而是前一码元的接收信号，该信号中混有噪声。这里直接给出误码率结论，即

$$P_e = \frac{1}{2}\exp\left(-\frac{E_b}{n_0}\right) \tag{5-27}$$

【例5-3】 设二进制相位调制系统的码元速率为2000Baud，发“1”或“0”时接收端收到信号的振幅$A = 20\text{mV}$，信道中加性高斯白噪声的双边功率谱密度$n_0/2 = 2.17 \times 10^{-9}\text{W/Hz}$。

（1）设接收信号是2PSK信号，求相干解调的误码率。

（2）设接收信号是2DPSK信号，求极性比较法解调的误码率。

（3）设接收信号是2DPSK信号，求差分相干解调（相位比较法）的误码率。

解 由题意，$T_s = 1/R_s = 1/2000\text{s} = 5 \times 10^{-4}\text{s}$，$A = 20\text{mV} = 2 \times 10^{-2}\text{V}$，$n_0 = 4.34 \times 10^{-9}\text{W/Hz}$，故

$$E_b = \frac{1}{2}A^2 T_s = 1 \times 10^{-7}\text{J}$$

$$\frac{E_b}{n_0} = \frac{1 \times 10^{-7}}{2 \times 2.17 \times 10^{-9}} = 23.04$$

（1）由式（5-22）得2PSK相干解调的误码率为

$$P_e = \frac{1}{2}\text{erfc}\left(\sqrt{\frac{E_b}{n_0}}\right) = \frac{1}{2} \times \text{erfc}(4.8) = 5.7858 \times 10^{-12}$$

（2）由式（5-25）得2DPSK极性比较法解调的误码率为

$$P_e = \text{erfc}\left(\sqrt{\frac{E_b}{n_0}}\right) = \text{erfc}(4.8) = 1.157 \times 10^{-11}$$

（3）由式（5-27）得2DPSK差分相干解调的误码率为

$$P_e = \frac{1}{2}\exp\left(-\frac{E_b}{n_0}\right) = \frac{1}{2}\exp(-23.04) = 4.93 \times 10^{-11}$$

从此例可以看出，2PSK相干解调的误码率最低，其次是2DPSK的极性比较法解调（它是一种相干解调），2DPSK相位比较法解调（它是一种非相干解调）的误码率最高。

进一步对比例5-1、例5-2和例5-3的结果可见，误码率从低到高的顺序是2PSK、2DPSK、2FSK、2ASK。

5.4 二进制数字调制技术的性能比较

在前面几节中，分别讨论了几种主要的二进制数字调制的波形、功率谱、带宽和它们的

产生、解调方法及抗噪声性能，下面将对它们的性能做简单的比较。

1. 有效性

有效性可用带宽表示，也可用频带利用率表示。

（1）带宽

$$B_{2ASK} = B_{2PSK} = B_{2DPSK} = 2f_s = 2/T_s$$
$$B_{2FSK} = |f_2 - f_1| + 2f_s$$

（2）频带利用率

$$\eta_{2ASK} = \eta_{2PSK} = \eta_{2DPSK} = 0.5\text{bit}/(\text{s} \cdot \text{Hz})$$
$$B_{2FSK} < 0.5\text{bit}/(\text{s} \cdot \text{Hz})$$

结论：2ASK、2PSK、2DPSK的有效性相同，2FSK最差。

2. 可靠性

可靠性可用误码率表示。在上述各种调制性能的分析中均认为系统是无码间干扰的，因此，误码率也体现了系统的抗噪声性能。表5-1列出了二进制数字调制的误码率公式。

表5-1 二进制数字调制的误码率公式

调制方式	相干解调	非相干解调	说明
2ASK	$P_e = \frac{1}{2}\text{erfc}\left(\sqrt{\frac{E_b}{4n_0}}\right)$	$P_e = \frac{1}{2}\exp\left(-\frac{E_b}{4n_0}\right)$	E_b是发“1”时接收信号的比特能量。“1”“0”等概
2FSK	$P_e = \frac{1}{2}\text{erfc}\left(\sqrt{\frac{E_b}{2n_0}}\right)$	$P_e = \frac{1}{2}\exp\left(-\frac{E_b}{2n_0}\right)$	E_b是发“1”时接收信号的比特能量
2PSK	$P_e = \frac{1}{2}\text{erfc}\left(\sqrt{\frac{E_b}{n_0}}\right)$	—	E_b是发“1”时接收信号的比特能量。“1”“0”等概
2DPSK	$P_e = \text{erfc}\left(\sqrt{\frac{E_b}{n_0}}\right)$	$P_e = \frac{1}{2}\exp\left(-\frac{E_b}{n_0}\right)$	E_b是发“1”时接收信号的比特能量。“1”“0”等概

根据表5-1中的公式可画出各种二进制数字调制系统的误码率P_e曲线，如图5-29所示。由图5-29可以看出：

① 对每一种调制而言，相干解调优于非相干解调。

② 对不同调制而言，相位调制最好，其次是频率调制，最差是振幅调制。在相同P_e下，对E_b/n_0的要求是：2PSK比2FSK低3dB，2FSK比2ASK低3dB。

③ 对相位调制而言，2PSK优于2DPSK，如同样采用相干解调，2DPSK的误码率近似为2PSK误码率的两倍。

另外，就最佳门限而言，2ASK要求的最佳门限与接收信号电平有关，由于信道特性是不断变化的，因而解调器很难始终工作于最佳门限状态。2FSK解调时是比较上、下两支路取样值的大小，故不受信道特性的影响。2PSK的最佳门限电平为零，也不受信道特性的影响，可始终工作于最佳门限电平。

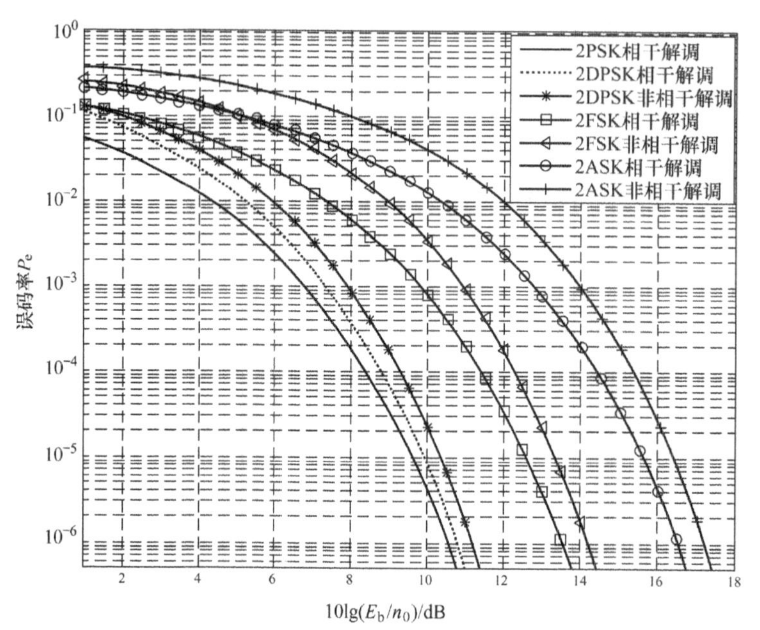

图5-29 二进制数字调制系统的误码率曲线

5.5 多进制数字调制

多进制数字调制是利用多进制数字基带信号去控制载波的振幅、频率或相位。相应地，有多进制幅移键控（M-ary Amplitude Shift Keying，MASK）、多进制频移键控（M-ary Frequency Shift Keying，MFSK）和多进制相移键控（M-ary Phase Shift Keying，MPSK）三种基本调制方式。通常，将多进制数的数目 M 取为 $M=2^n$（$n\geqslant 2$ 的整数）。

5.5.1 多进制幅移键控

1. MASK信号的波形

用 M 进制数字基带信号控制载波的振幅，故MASK信号有 M 个离散的振幅值（含零），4ASK波形如图5-30所示。

4ASK调制中，首先将二进制信息 $s(t)$ 转换成四进制单极性信号 $s'(t)$，转换方法是每两位二进制信息看做一个四进制码元，共有4种四进制码元，分别用幅度为0~3的矩形脉冲来表示，表示时采用格雷码对应关系，即相邻电平所表示的二进制信息中只有一位不同。然后用 $s'(t)$ 乘以载波即可得到4ASK信号。其他MASK信号的情况与此类似。由此可见，一般MASK信号可表示为

$$s_{\mathrm{MASK}}(t)=s'(t)\cos 2\pi f_c t \tag{5-28}$$

其中，$s'(t)$ 是 M 进制的单极性全占空矩形脉冲信号。

2. MASK信号的带宽及频带利用率

MASK信号的功率谱是 M 进制数字基带信号 $s(t)$ 功率谱在频率轴上的搬移，其形状与

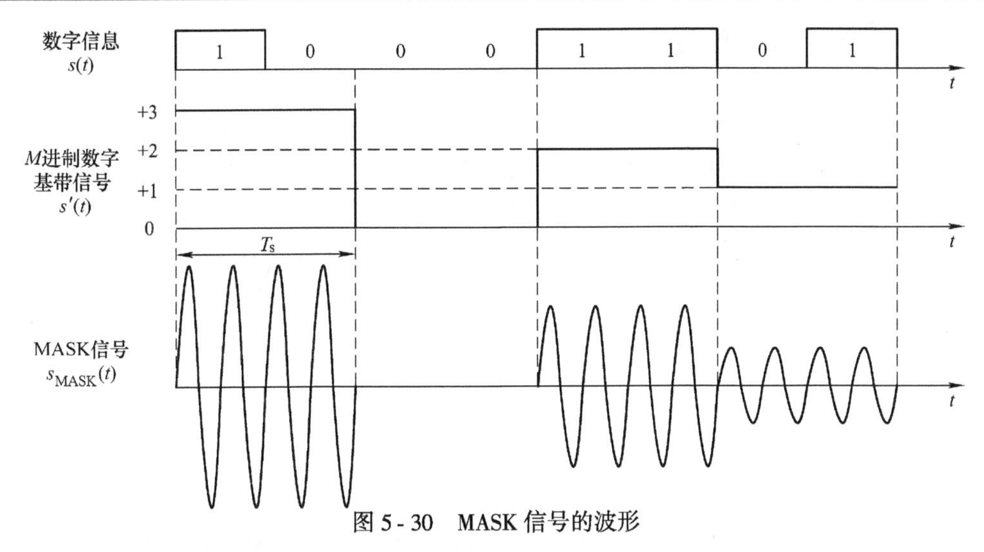

图 5-30 MASK 信号的波形

2ASK 相同，其主瓣宽度等于 M 进制数字基带信号码元速率的 2 倍，故 MASK 信号的带宽为

$$B_{\mathrm{MASK}} = 2R_s \tag{5-29}$$

其中，$R_s = 1/T_s$，T_s 是 M 进制基带信号的码元宽度。

由于 M 进制数字基带信号一个码元携带 $\log_2 M$ 比特的信息，故 MASK 调制系统的信息频带利用率为

$$\eta_{\mathrm{MASK}} = \frac{R_b}{B_{\mathrm{MASK}}} = \frac{R_s \log_2 M}{2R_s} = \frac{1}{2}\log_2 M \tag{5-30}$$

可见，进制数 M 越大，频带利用率越高。

【例 5-4】 信息速率为 $R_b = 1000\text{bit/s}$ 的数字基带信号进行 4ASK 调制，则 4ASK 信号的带宽为多少？频带利用率为多少？若采用 2ASK 调制，带宽和频带利用率又为多少？

解 由题意，$R_b = 1000\text{bit/s}$，当采用 4ASK 调制时，$M=4$，故码元速率为

$$R_s = \frac{R_b}{\log_2 M} = \frac{1000}{2}\text{Baud} = 500\text{Baud}$$

由式（5-29）得 4ASK 信号带宽为

$$B_{4\mathrm{ASK}} = 2R_s = 2 \times 500\text{Hz} = 1000\text{Hz}$$

由式（5-30）得频带利用率

$$\eta_{4\mathrm{ASK}} = \frac{1}{2}\log_2 M = 1\text{bit/(s} \cdot \text{Hz)}$$

若采用 2ASK 调制，则 $M=2$，故码元速率为

$$R_s = \frac{R_b}{\log_2 M} = \frac{1000}{\log_2 2}\text{Baud} = 1000\text{Baud}$$

所以带宽及频带利用率分别为

$$B_{2\mathrm{ASK}} = 2R_s = 2 \times 1000\text{Hz} = 2000\text{Hz}$$

$$\eta_{2\mathrm{ASK}} = \frac{1}{2}\log_2 M = 0.5\text{bit/(s} \cdot \text{Hz)}$$

可见，当传输相同信息速率的数字信号时，4ASK 比 2ASK 占用更少的信道带宽，故其频带利用率更高。

3. MASK 信号的误码性能

MASK 信号的解调与 2ASK 相同，也可采用相干解调或包络解调。MASK 信号的解调框图与 2ASK 的完全相同，但判决门限电平需设置 $M-1$ 个，如 4ASK 信号，判决门限电平有 3 个。由此可见，在最大发送电平相同时，由于判决电平数增加，判决电平之间的间隔就会变小，受同样信道噪声影响时，更容易引起错判，故 MASK 信号的误码性能比 2ASK 的差。

由此可见，多进制振幅调制（MASK）虽然是一种频带利用率较高的调制方式，但抗干扰能力较差，而且它是一种非恒包络调制，不适用于非线性信道。故 MASK 调制主要应用在频带利用率要求较高的恒参信道（如有线信道）中。

5.5.2 多进制频移键控

1. MFSK 信号的波形

在 MFSK 中，用 M 进制数字基带信号控制载波的频率，故 MFSK 信号有 M 种离散的频率值。4FSK 信号的波形如图 5-31 所示，将每两位二进制信息看做一个四进制码元，共有 4 种不同的码元，分别与 4 种不同的频率相对应。

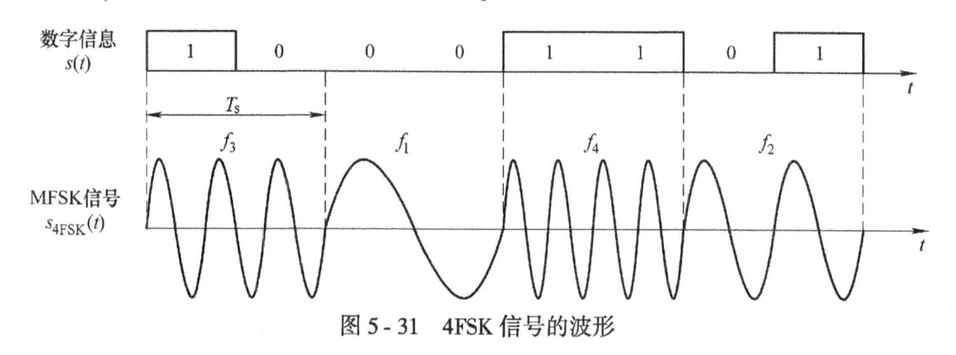

图 5-31 4FSK 信号的波形

2. MFSK 信号的带宽及频带利用率

MFSK 信号可看作由 M 个振幅相同、载波频率不同、时间上互不重叠的 2ASK 信号相加而成，故其功率谱等于 M 个载波频率分别为 f_1、f_2、…、f_M 的 2ASK 信号的功率谱之和，示意图如图 5-32 所示。

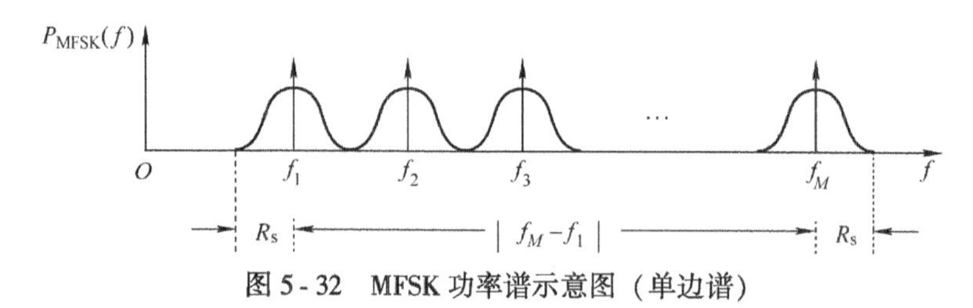

图 5-32 MFSK 功率谱示意图（单边谱）

由图 5-32 可见，MFSK 信号的带宽为

$$B_{\text{MFSK}} = |f_M - f_1| + 2R_s \tag{5-31}$$

其中，$R_s = \dfrac{1}{T_s}$为 M 进制信号的码元速率。

若两相邻载波的频率之差等于 $2R_s$，即功率谱主瓣刚好互不重叠，则 MFSK 的带宽为

$$B_{\mathrm{MFSK}} = 2MR_{\mathrm{s}} \tag{5-32}$$

此时信息频带利用率为

$$\eta_{\mathrm{MFSK}} = \frac{R_{\mathrm{b}}}{B_{\mathrm{MFSK}}} = \frac{R_{\mathrm{s}}\log_2 M}{2MR_{\mathrm{s}}} = \frac{\log_2 M}{2M} \tag{5-33}$$

可见，随着进制数 M 的增大，MFSK 信号带宽变大，频带利用率下降。

【例5-5】 信息速率为 $R_{\mathrm{b}}=1000\mathrm{bit/s}$ 的数字基带信号进行 4FSK 调制，载波频率分别为 3000Hz、4000Hz、5000Hz 和 6000Hz。问 4FSK 信号的带宽为多少？

解 当采用 4FSK 调制时，$M=4$，$R_{\mathrm{b}}=1000\mathrm{bit/s}$，故码元速率

$$R_{\mathrm{s}} = \frac{R_{\mathrm{b}}}{\log_2 M} = \frac{1000}{2}\mathrm{Baud} = 500\mathrm{Baud}$$

由式（5-31）得 4FSK 信号带宽为

$$B_{\mathrm{4FSK}} = |6000 - 3000| + 2R_{\mathrm{s}} = (3000 + 2\times 500)\mathrm{Hz} = 4000\mathrm{Hz}$$

由信息频带利用率定义得 4FSK 调制信号的频带利用率

$$\eta_{\mathrm{4FSK}} = \frac{R_{\mathrm{b}}}{B_{\mathrm{4FSK}}} = \frac{1000}{4000}\mathrm{bit/(s\cdot Hz)} = 0.25\mathrm{bit/(s\cdot Hz)}$$

3. MFSK 信号的误码性能

与 2FSK 一样，MFSK 信号的解调也有相干和包络解调两种。与 2FSK 不同的是，MFSK 解调器有 M 个支路，M 个支路上的取样值进行择大判决。

实际应用中的 MFSK 通常采用包络解调，其误码率的上界为

$$P_{\mathrm{e}} \leqslant \frac{M-1}{2}\exp\left(-\frac{E_{\mathrm{s}}}{2n_0}\right)$$

其中，$E_{\mathrm{s}} = \frac{1}{2}A^2T_{\mathrm{s}} = E_{\mathrm{b}}\log_2 M$ 是接收 MFSK 信号的符号能量，A 是接收 MFSK 信号的振幅。对于给定的某个 M 值，随着 E_{s}/n_0 的增大，此界越来越逼近于实际误码率。当 $M=2$ 时，等式成立。

MFSK 的主要缺点是信号的带宽大，频带利用率低。它的优点是抗衰落性能优于 2FSK。这是因为在信息传输速率相同时码元宽度可以加宽，这样就能有效地减小由于多径效应造成的码间干扰的影响。因此，多进制频率调制 MFSK 一般用在信息速率要求较低的衰落信道（如无线短波信道）中。

5.5.3 多进制绝对相移键控

与二进制数字相位调制一样，多进制数字相位调制也分为绝对相移键控（MPSK）和差分相移键控（MDPSK）两种。

1. MPSK 信号的波形

在 MPSK 中，用 M 进制数字基带信号控制已调载波与未调载波之间的相位差。由于 M 进制基带信号有 M 种不同的码元，那么与之对应的相位差就有 M 种。例如，当四进制码元分别为 00、10、11、01 时，已调载波与参考载波的相位差可分别取 0、$\frac{\pi}{2}$、π 和$\frac{3\pi}{2}$。按照这种相位取值的 4PSK 波形如图 5-33 所示（设载波初相为 0，且 $T_{\mathrm{s}}=2T_{\mathrm{c}}$）。

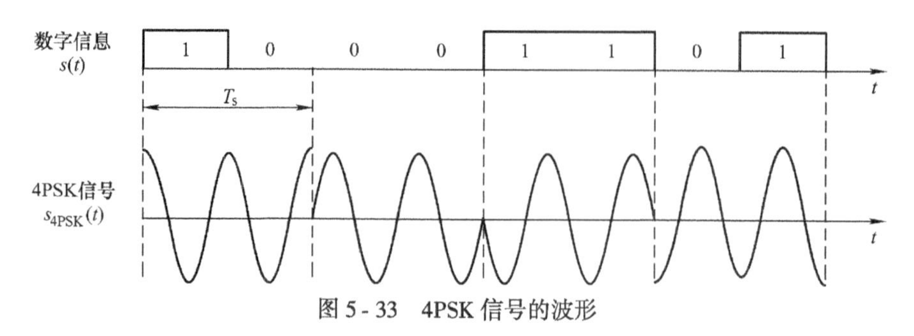

图 5-33 4PSK 信号的波形

因此，任一码元内的 4PSK 信号的表达式为

$$s_{\mathrm{MPSK}}(t)=A\cos(2\pi f_c t+\varphi_i) \tag{5-34}$$

此式与 2PSK 的形式相同，但在 2PSK 中，φ_i 的取值只有 0 和 π 两种，而在 MPSK 中，φ_i 的取值有 M 种。

2. MPSK 信号的带宽及频带利用率

可以证明，MPSK 功率谱的形状也与 2PSK 的相同，如图 5-34 所示。

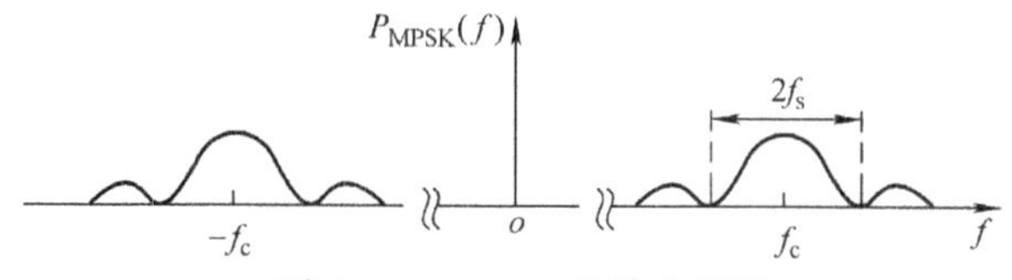

图 5-34 MPSK 信号功率谱

由此可见，MPSK 的带宽为

$$B_{\mathrm{MPSK}}=2f_s=2R_s \tag{5-35}$$

即 MPSK 信号的带宽等于 M 进制数字基带信号码元速率的 2 倍。

故 MPSK 信号的信息频带利用率为

$$\eta_{\mathrm{MPSK}}=\frac{R_b}{B_{\mathrm{MPSK}}}=\frac{R_s\log_2 M}{2R_s}=\frac{1}{2}\log_2 M \tag{5-36}$$

显然，M 越大，频带利用率越高。例如，4PSK 的频带利用率为 $\eta_{4\mathrm{PSK}}=1\mathrm{bit/(s\cdot Hz)}$，是 2PSK 频带利用率的 2 倍。

3. MPSK 信号的抗噪声性能

噪声的存在会引起相邻相位之间的错判，从而导致解调器的误码。可以证明，当 $M\geqslant 4$ 时，MPSK 相干解调器的误码率近似为

$$P_e=\mathrm{erfc}\left(\sqrt{\frac{E_s}{n_0}}\sin\left(\frac{\pi}{M}\right)\right) \tag{5-37}$$

其中，$E_s=nE_b(n=\log_2 M)$ 为符号能量，E_b 为比特能量。可见，随着进制数 M 的增大，误码性能下降，这是因为，当 M 增大时，设置的相位个数增加，使得相位间隔变小，因而受到噪声影响时更容易引起错判。

当调制规则采用格雷码编码，即相邻相位所对应的信息组之间只有一个比特不同时，由相邻相位之间的错判而导致的误码只会引起一个比特的错误。而通信系统中的绝大多数误码是由相邻相位的错判引起的，故可近似地认为，MPSK 系统中的一个误码引起一个比特的错

误，因而，可得 MPSK 的误比特率为

$$P_b = \frac{P_e}{\log_2 M} = \frac{1}{\log_2 M}\text{erfc}\left(\sqrt{\frac{E_s}{n_0}}\sin\left(\frac{\pi}{M}\right)\right) \tag{5-38}$$

当 $M=4$ 时，$P_b=\frac{1}{2}\text{erfc}\left(\sqrt{\frac{E_b}{n_0}}\right)$。可见，4PSK 与 2PSK 具有相同的抗噪声性能，但 4PSK 的频带利用率却是 2PSK 频带利用率的 2 倍，因此 4PSK 在实际中得到广泛应用。由于 4PSK 调制器实现时通常采用正交法，故 4PSK 也称为正交相移键控（QPSK）。

5.5.4　多进制差分相移键控

1. MDPSK 信号的波形

在 MDPSK 中，用 M 进制数字基带信号控制相邻两个码元内已调载波的相位差。由于 M 进制数字基带信号有 M 种不同的码元，因此与之对应的相位差就有 M 种。例如，当四进制码元分别为 00、10、11、01 时，相邻码元的载波相位差可分别取 0、$\frac{\pi}{2}$、π 和$\frac{3\pi}{2}$，按照这种相位取值的 4DPSK 波形如图 5-35 所示（设初始码元的载波末相为 0，且 $T_s=2T_c$）。

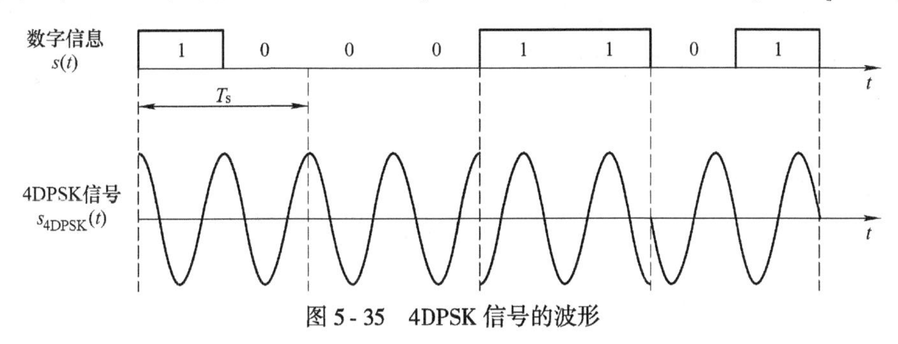

图 5-35　4DPSK 信号的波形

2. MDPSK 信号的带宽及频带利用率

与 2DPSK 一样，MDPSK 信号的功率谱与 MPSK 的功率谱完全相同，因此 MDPSK 信号的带宽也为

$$B_{\text{MDPSK}} = 2f_s = 2R_s \tag{5-39}$$

其中，R_s 是 M 进制数字基带信号的码元速率。

故 MDPSK 信号的信息频带利用率为

$$\eta_{\text{MPSK}} = \frac{R_b}{B_{\text{MDPSK}}} = \frac{R_s\log_2 M}{2R_s} = \frac{1}{2}\log_2 M \tag{5-40}$$

随着 M 的增大，频带利用率增大。例如，当 $M=4$ 时，4DPSK 信号的频带利用率为 1bit/（s·Hz），是 2DPSK 的 2 倍。

3. MDPSK 信号的误码性能

在实际应用中，MDPSK 信号的解调通常采用差分相干解调，其误码率推导十分复杂，当 $M\geqslant 4$，且$\frac{E_b}{n_0}$较大时，MDPSK 差分相干解调的误码率近似为

$$P_e = \mathrm{erfc}\left(\sqrt{\frac{2E_s}{n_0}}\sin\left(\frac{\pi}{2M}\right)\right) \tag{5-41}$$

其中，$E_s = nE_b$（$n=\log_2 M$）为符号能量，E_b 为比特能量。

当采用格雷码编码时，一个误码近似产生一个比特的错误，故 MDPSK 误比特率为

$$P_b = \frac{1}{\log_2 M}\mathrm{erfc}\left(\sqrt{\frac{2E_s}{n_0}}\sin\left(\frac{\pi}{2M}\right)\right) \tag{5-42}$$

比较 MDPSK 差分相干解调和 MPSK 解调的误码率（或误比特率）公式，在误码率相同时，差分相干 MDPSK 与 MPSK 所需的比特能量之比为

$$\lambda = \frac{\sin^2\left(\frac{\pi}{M}\right)}{2\sin^2\left(\frac{\pi}{2M}\right)} \tag{5-43}$$

当 $M=4$ 时，$\lambda \approx 1.7$（2dB）；当 $M>4$ 时，$\lambda \approx 2$（3dB）。这就是说，在两种调制方式达到相同的误码率时，MDPSK 差分相干解调器所需的功率要比 MPSK 解调器所需的功率大2~3个分贝。但差分相干 MDPSK 的优点是解调时无需提取相干载波，所以设备简单。

【例 5-6】 某四进制调相系统，其信息速率为 4800bit/s，在信号传输过程中受到双边功率谱密度为 10^{-8}W/Hz 的加性高斯白噪声的干扰，若到达解调器输入端的信号幅度 $A=$ 50mV，试求 4PSK 相干解调及 4DPSK 差分相干解调的误比特率。

解 由题意，$R_b = 4800\text{bit/s}$，$M=4$，故码元速率为

$$R_s = 4800/\log_2 4 = 2400\text{Baud}$$

接收波形的符号能量（码元能量）为

$$E_s = \frac{1}{2}A^2 T_s$$

又因为 $A=50\text{mV}$ 且 $\frac{n_0}{2}=10^{-8}\text{W/Hz}$，故

$$E_s/n_0 = \frac{A^2}{2R_s n_0} = \frac{(50\times10^{-3})^2}{2\times2400\times2\times10^{-8}} \approx 26.04$$

对于 4PSK 相干解调，代入 MPSK 相干解调误比特率公式（5-38）得

$$P_b = \frac{1}{2}\mathrm{erfc}\left(\sqrt{\frac{E_s}{n_0}}\sin\left(\frac{\pi}{M}\right)\right) = \frac{1}{2}\mathrm{erfc}\left(\sqrt{26.04}\times\sin\frac{\pi}{4}\right) \approx \frac{1}{2}\mathrm{erfc}\ (3.61)$$

由于 erfc(3.61) 通过表格查不到准确的值，所以可以利用近似公式 $\mathrm{erfc}(x) = \frac{e^{-x^2}}{\sqrt{\pi}x}$，则

$$P_b = \frac{1}{2}\mathrm{erfc}(3.61) = \frac{1}{2}\frac{e^{-x^2}}{\sqrt{\pi}x} = \frac{e^{-3.61^2}}{2\times3.61\sqrt{\pi}} \approx 1.71\times10^{-7}$$

对于 4DPSK 差分相干解调，代入 MDPSK 相干解调误比特率公式（5-42）得

$$P_b = \frac{1}{2}\mathrm{erfc}\left(\sqrt{\frac{2E_s}{n_0}}\sin\left(\frac{\pi}{2M}\right)\right) = \frac{1}{2}\mathrm{erfc}\left(\sqrt{2\times26.04}\times\sin\frac{\pi}{8}\right) \approx \frac{1}{2}\mathrm{erfc}(2.762)$$

通过查表可得近似值为

$$P_b \approx 5.0\times10^{-5}$$

5.6　其他调制技术介绍

5.6.1　多进制正交幅度调制

M 进制正交幅度调制（Quadrature Amplitude Modulation，QAM）是一种振幅调制和相位调制相结合的调制方式。在这种调制方式中，用 M 进制数字基带信号去控制载波的振幅和相位，使载波的振幅和相位随数字基带信号变化，其表达式为

$$s(t)=A_i\cos(2\pi f_c t+\varphi_i)\quad 0\leqslant t\leqslant T_s \tag{5-44}$$

其中 $[A_i,\ \varphi_i]$ 是已调波的振幅和相位，受控于数字基带信号，M 进制中不同的码元对应于不同的 $[A_i,\ \varphi_i]$。图 5-36 给出了 16QAM 的 16 种码元与载波振幅和相位的对应关系，此图也称为星座图。

仔细考察图 5-36 可以发现，16QAM 信号的幅度 A_i 有三种取值，相位 φ_i 有 12 种取值，由此可见，MQAM 确实是一种幅度和相位双重受控的数字调制方式。因而 MQAM 信号的幅度不是恒定的，它不是一种恒包络调制，故不适合在非线性信道上传输，目前主要应用于有线等线性恒参信道的通信中，如有线电视就采用了 QAM 调制。

MQAM 的功率谱与 MPSK 的相似，如图5-37所示。

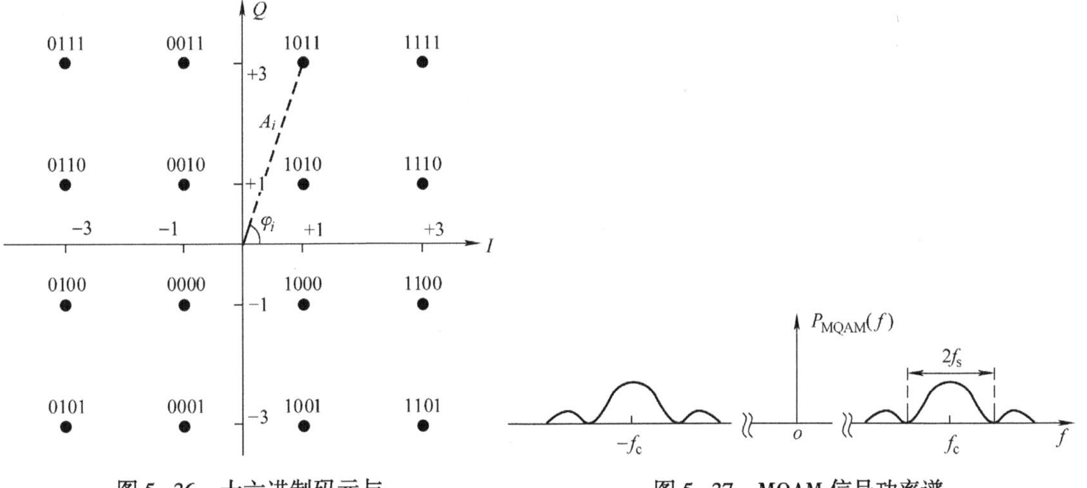

图 5-36　十六进制码元与 $[A_i,\ \varphi_i]$ 的对应关系

图 5-37　MQAM 信号功率谱

故 MQAM 的带宽也与 MPSK 的相同，即为

$$B_{\mathrm{MQAM}}=2f_s \tag{5-45}$$

其中，$f_s=1/T_s=R_s$，$T_s=nT_b$（$n=\log_2 M$），T_b 是信息的比特宽度。

由此可得 MQAM 的信息频带利用率为

$$\eta=\frac{R_b}{B_{\mathrm{MQAM}}}=\frac{1}{2}\log_2 M \tag{5-46}$$

M 越大，频带利用率越高。如 16QAM，其频带利用率为 2bit/(s · Hz)。

MQAM 误码率的推导方法类似于多进制数字基带信号误码率的推导，其表达式为

$$P_e \approx 2\left(1-\frac{1}{\sqrt{M}}\right)\mathrm{erfc}\left(\sqrt{\frac{3E_{av}}{2(M-1)n_0}}\right) \tag{5-47}$$

其中，E_{av}是接收 MQAM 信号的平均符号能量。可见，在相同 E_{av}/n_0 下，随着进制数 M 的增大，QAM 的误码率增大。

5.6.2 最小频移键控

最小频移键控（Minimum Shift Keying，MSK）是调制指数为 $h=0.5$，相位连续的 2FSK，可以看做是 2FSK 的改进。

1. MSK 波形

由于 MSK 也是一种 2FSK，因此，设信息为“1”时，控制载波使其频率为 f_1；信息为“0”时，控制载波使其频率为 f_2（不失一般性，设 $f_1>f_2$）。但 MSK 又是一种特殊的 2FSK，其特点是：

（1）调制指数 $h=0.5$。调制指数的定义如下：

$$h=\frac{f_1-f_2}{f_b} \tag{5-48}$$

其中，$f_b=\dfrac{1}{T_b}$，在数值上等于信息速率 R_b 。将 $h=0.5$ 代入式（5-48）得

$$f_1-f_2=0.5f_b$$

即两个载波频率之差为 $0.5f_b$ 。若设 f_1、f_2 的中间值为 f_c ，如图 5-38 所示，则

$$f_c=\frac{1}{2}(f_1+f_2)\,,\quad f_1=f_c+0.25f_b\,,\quad f_2=f_c-0.25f_b$$

（2）MSK 信号相邻码元间的相位是连续的，即后一码元中 MSK 信号的起始相位等于前一码元内 MSK 信号的末端相位。

根据以上两个特点很容易画出 MSK 信号的波形，如图 5-39 所示。图中设 $T_b=2T_c$ ，故发送“1”码时，一个比特间隔 T_b 内画 2.25 个周期的载波，发送“0”码时，一个比特间隔 T_b 内画 1.75 个周期的载波，且相邻码元间载波相位连续。

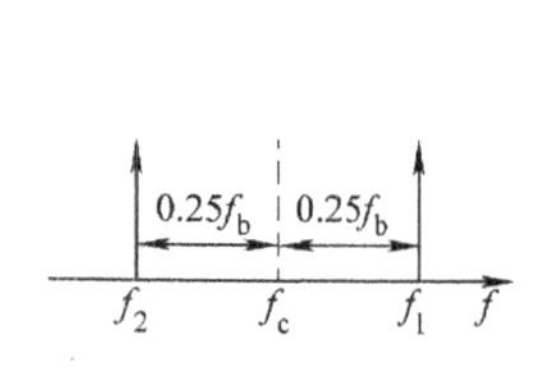

图 5-38 频率间的关系

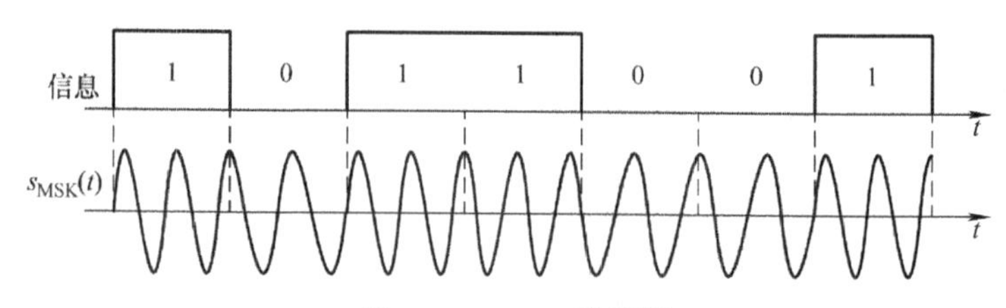

图 5-39 MSK 波形图

2. MSK 信号的功率谱及带宽

经数学推导可得到，MSK 信号的归一化双边功率谱密度为

$$P_{MSK}(f)=\frac{8T_b}{\pi^2}\left[\frac{\cos 2\pi(f-f_c)T_b}{1-16(f-f_c)^2T_b^2}\right]^2 \tag{5-49}$$

考察此表达式可发现，MSK 功率谱的主瓣宽度为 $1.5f_b$，包含 99.5%的功率，功率谱示意图如图 5-40 所示。

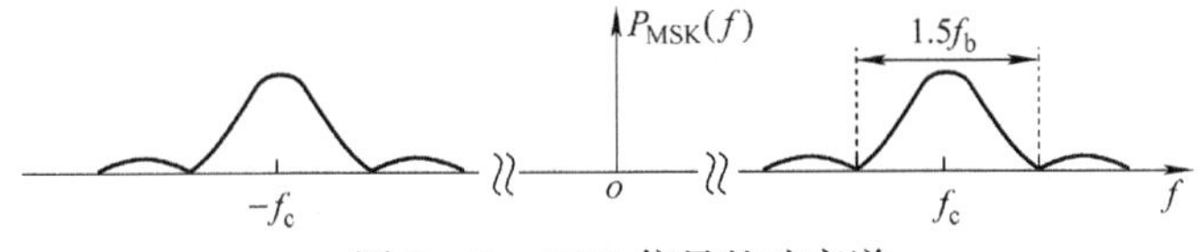

图 5-40　MSK 信号的功率谱

故 MSK 信号带宽为

$$B_{MSK} = 1.5f_b \tag{5-50}$$

频带利用率分别为

$$\eta_{MSK} = 0.67\text{bit}/(\text{s} \cdot \text{Hz}) \tag{5-51}$$

与 2FSK 相比，相同传输速率下 MSK 占用更少的信道带宽，且旁瓣下降更快，故它对相邻频道的干扰较小。另外，MSK 由于其相位的连续性，使其在非线性信道上具有更好的频谱特性。

5.6.3　高斯最小频移键控

尽管 MSK 信号具有优良的功率谱特性，但在移动通信中，MSK 的频带利用率和功率谱的带外衰减速度仍不能满足需求，以至于在 25kHz 信道间隔内传输 16kbit/s 的数字信号时，存在较为严重的邻道干扰，因此，需要将 MSK 调制方式加以改进。改进的方法是，在 MSK 调制器之前加入高斯低通滤波器，滤除数字基带信号中的高频分量，使得已调信号的功率谱更加紧凑。这种改进形式的 MSK 称为高斯最小频移键控（Gaussian MSK，GMSK），如图 5-41所示。

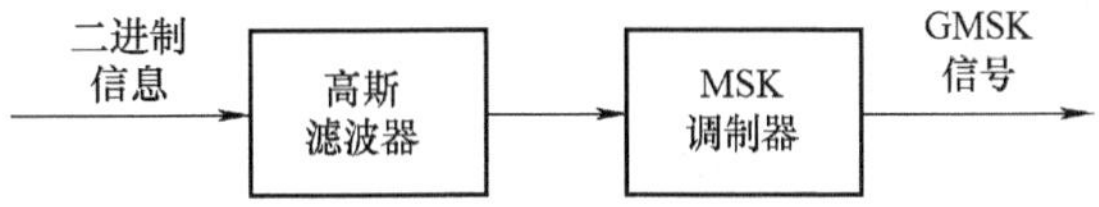

二进制信息 → 高斯滤波器 → MSK调制器 → GMSK信号

图 5-41　GMSK 调制器框图

高斯滤波器的传输特性为

$$H(f) = \exp\left[-\frac{\ln 2}{2}\left(\frac{f}{B}\right)^2\right] \tag{5-52}$$

式中 B 是高斯滤波器的 3dB 带宽。

对式（5-52）作傅里叶逆变换，得到此滤波器的冲激响应为

$$h(t) = \frac{\sqrt{\pi}}{\alpha}\exp\left(-\frac{\pi^2}{\alpha^2}t^2\right) \tag{5-53}$$

式中，$\alpha = \sqrt{\ln 2/2}/B$。由于 $h(t)$ 为高斯型特性，故称为高斯滤波器。

通过计算机仿真可以证实，GMSK 的功率谱更为紧凑，旁瓣衰减更快，因而带外辐射更小。欧洲数字蜂窝通信系统就采用了 GMSK 调制。

5.6.4　多载波调制和 OFDM

前面讨论的各种调制技术，在任何时刻都只用单个载波来传送信息，因此称为单载波调制。这种单载波调制体制也称为串行体制。下面介绍的多载波调制则是一种并行体制。它将高速数据序列经串/并转换后转换成若干路低速数据流，各路低速数据分别对不同的载波进

行调制，然后叠加在一起构成多载波调制信号。多载波调制器的原理框图如图 5-42 所示，其中f_{c1}、f_{c2}、…、f_{cN}称为子载波或副载波。

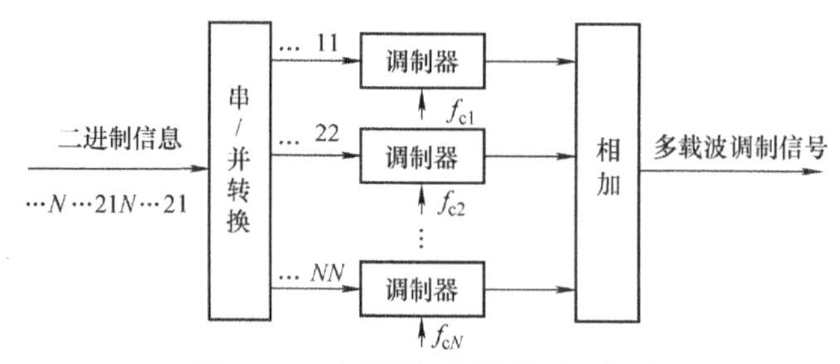

图 5-42　多载波调制器的原理框图

接收端收到多载波调制信号后，用与发送端相同的多个子载波对信号进行解调，获得各路低速数据，再通过并/串转换将多路低速数据合并成一路高速数据流。多载波信号解调器的原理框图如图 5-43 所示。

当选择相邻两个子载波的频率间隔

$$\Delta f = \frac{1}{T} \tag{5-54}$$

时，各个子载波之间是正交的，即满足

$$\int_0^T \cos(2\pi f_k t + \phi_k)\cos(2\pi f_j t + \phi_j)\,\mathrm{d}t = 0 \quad k,j \in \{1,2,\cdots,N\} \tag{5-55}$$

T为子信道的符号（码元）间隔，f_k、f_j为任意两个不同的子载波频率，ϕ_k和ϕ_j是任意的相位取值。满足式（5-55）条件的多载波调制即为正交频分复用（Orthogonal Frequency-Division Multiplexing，OFDM）。

OFDM 信号是由N个子信道信号叠加而成，每个子信道信号的频谱都是以子载波频率为中心频率、主瓣宽度为$2/T$的$\mathrm{Sa}(x)$函数，相邻子信道信号频谱之间有$1/T$宽度的重叠，OFDM 信号的频谱结构如图 5-44 所示。

由图 5-44 可见，OFDM 信号的主瓣带宽为

$$B_{\mathrm{OFDM}} = (N-1)\frac{1}{T} + \frac{2}{T} = \frac{N+1}{T} = (N+1)\Delta f \tag{5-56}$$

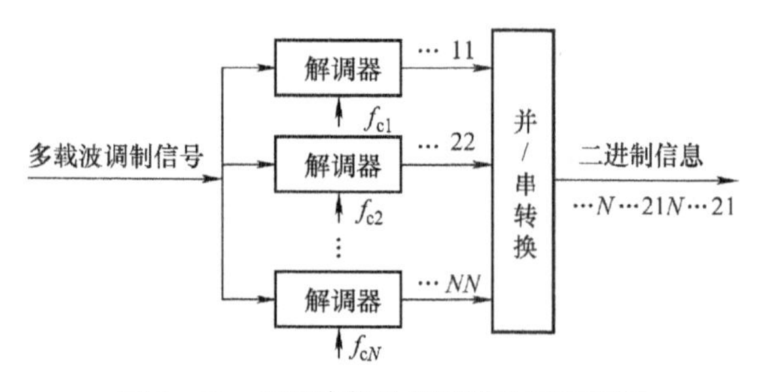

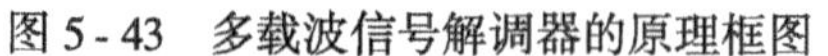

图 5-43　多载波信号解调器的原理框图

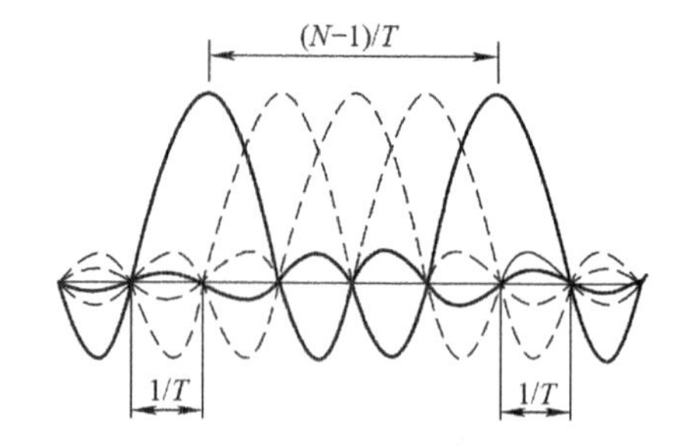

图 5-44　OFDM 信号频谱结构示意图

【例 5-7】　信息速率$R_b = 1024\mathrm{kbit/s}$的数据送入 OFDM 调制器，设子信道数$N = 512$，则传输此 OFDM 信号所需的信道带宽至少为多少？此 OFDM 调制的频带利用为多少？

解　由 OFDM 调制原理可知，输入端每输入N个二进制码元，每个子信道获得一个二

进制码元，故串/并变换后每个子信道的码元速率为

$$R = \frac{R_b}{N} = 2 \times 10^3 \text{Baud}$$

故子信道的符号（码元）间隔为

$$T = \frac{1}{R}$$

所以子信道相邻子载波的间隔等于

$$\Delta f = \frac{1}{T} = R = 2 \times 10^3 \text{Hz}$$

于是由式（5-56）得到OFDM信号的主瓣带宽为

$$B_{\text{OFDM}} = (N+1)\Delta f = (512+1) \times 2 \times 10^3 \text{Hz} = 1026\text{kHz}$$

可见，信道传输此OFDM信号所需的信道至少为1026kHz。

此OFDM信号的信息频带利用率为

$$\eta_{\text{OFDM}} = \frac{R_b}{B_{\text{OFDM}}} = \frac{1024}{1026}\text{bit} \approx 1\text{bit/(s} \cdot \text{Hz)}$$

OFDM的调制与解调可以用离散傅里叶反变换（IDFT）和离散傅里叶变换（DFT）来实现。用DFT实现OFDM的原理框图如图5-45所示。

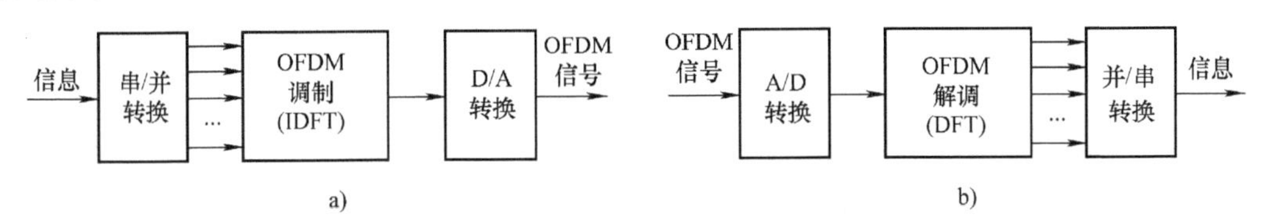

图5-45 用DFT实现OFDM的原理框图

a）OFDM调制器 b）OFDM解调器

由于OFDM具有较强的抗多径传播和频率选择性衰落的能力，并有较高的频带利用率，因此已大量应用于数字音视频广播（DAB、DVB）、高清晰度电视（HDTV）的地面广播系统、接入网中的数字用户环路调制解调器以及无线局域网中。

5.7 本章小结

1. 数字调制基本概念

（1）数字调制：用数字基带信号控制正（余）弦载波的参数，使载波的受控参数随着数字基带信号变化。

（2）调制的目的：从时域看，将信息加载到载波上；从频域看，使数字基带信号的频谱得到了搬移。

（3）数字调制的分类

① 根据数字基带信号所控制的载波参数的不同，分为：

- 数字振幅调制（ASK）
- 数字频率调制（FSK）

- 数字相位调制（PSK/DPSK）

② 根据数字基带信号进制的不同，分为：

- 二进制数字调制（2ASK、2FSK、2PSK/2DPSK）
- 多进制数字调制（MASK、MFSK、MPSK/MDPSK）

2. 二进制数字振幅调制（2ASK）

（1）波形：$s_{2ASK}(t)=s(t)\cdot A\cos 2\pi f_c t$，其中 $s(t)$ 是单极性全占空矩形信号。

（2）功率谱与带宽：是 $s(t)$ 功率谱的搬移。带宽 $B_{2ASK}=2f_s$。

（3）解调：有相干解调和包络解调两种。误码率分别为 $P_e=\frac{1}{2}\mathrm{erfc}\left(\sqrt{\frac{E_b}{4n_0}}\right)$ 和 $P_e\approx\frac{1}{2}\exp\left(-\frac{E_b}{4n_0}\right)$。

3. 二进制数字频率调制（2FSK）

（1）波形：可分解成两个 2ASK 波形。

（2）功率谱及带宽：其功率谱等于两个 2ASK 功率谱之和。带宽 $B_{2FSK}=|f_1-f_2|+2f_s$，两个功率谱主瓣不重叠时，带宽至少为 $B_{2FSK}=4f_s$。

（3）解调：有相干解调和包络解调两种，误码率分别为 $P_e=\frac{1}{2}\mathrm{erfc}\left(\sqrt{\frac{E_b}{2n_0}}\right)$ 和 $P_e=\frac{1}{2}\exp\left(-\frac{E_b}{2n_0}\right)$。

4. 二进制绝对相移键控（2PSK）

（1）波形：用信息“1”“0”控制载波的相位是否反相。画 2PSK 波形时一定要首先给出调制规则并画出未调载波。

（2）调制器的实现：先将信息转换成双极性全占空矩形信号，再与载波相乘。

（3）功率谱与带宽：功率谱形状与 2ASK 的相同，但少了离散谱。$B_{2PSK}=2f_s$。

（4）解调：2PSK 只能采用相干解调方法。解调器由相乘器、积分器和取样判决器组成。当“1”“0”等概时，判决门限等于 0，$P_e=\frac{1}{2}\mathrm{erfc}\left(\sqrt{\frac{E_b}{n_0}}\right)$。

（5）2PSK 存在的问题：由本地载波相位模糊引起的反向工作。采用 2DPSK 加以克服。

5. 二进制差分相移键控（2DPSK）

（1）波形：用“1”“0”控制相邻两个码元内的载波相位差。画 2DPSK 波形时需给出起始码元内的载波（参考信号），同时也要给出调制规则。

（2）调制器的实现：先将信息进行差分编码，再进行 2PSK 调制。故 2DPSK 也称为二进制差分（相对）相移键控。

（3）功率谱及带宽：与 2PSK 相同。

（4）解调：有极性比较法和相位比较法两种。

① 极性比较法：由 2PSK 解调与差分译码构成，属于相干解调法。其误码率近似等于 2PSK 误码率的两倍，即 $P_e\approx\mathrm{erfc}\left(\sqrt{\frac{E_b}{n_0}}\right)$。

② 相位比较法：由带通滤波器、码元延时器、相乘器、积分器及取样判决器组成。也称为差分相干解调，属于非相干解调。“1”“0”等概时，其误码率为 $P_e = \frac{1}{2}\exp\left(-\frac{E_b}{n_0}\right)$。

6. 二进制数字调制技术性能比较

（1）有效性：2FSK 占据带宽最多，频带利用率最低，故有效性最差。

（2）可靠性：

① 四种基本调制方式中，2PSK 的误码率最低，故抗噪声性能最好，可靠性最高。

② 对于同一种调制，相干解调的误码率低于非相干解调的误码率。

③ 对相位调制而言，2PSK 的误码率低于 2DPSK 的误码率。

（3）判决门限对信道特性变化的敏感性：2ASK 最为敏感，其他调制方式不敏感。

7. 多进制数字调制

（1）波形：MASK 有 M 个振幅，MFSK 有 M 个载波频率，MPSK/MDPSK 有 M 个不同的相位差。

（2）带宽：$B_{MASK} = B_{MPSK} = B_{MDPSK} = 2R_s$，$B_{MFSK} = |f_M - f_1| + 2R_s$。$M$ 越大，MASK、MPSK、MDPSK 的带宽越小，频带利用率越高，而 MFSK 的带宽越大，频带利用率越低。

8. 误码率

M 越大，MASK、MPSK、MDPSK 的误码率越高，MFSK 的误码率越低。

9. 其他调制技术

（1）正交幅度调制（QAM）。QAM 是一种振幅和相位都受到调制的信号，其特点有：

① 包络不恒定，不适合在非线性信道中传输，故主要用于有线通信，如有线电视等。

② 频带利用率高，如 $\eta_{16QAM} = 2\text{bit/(s·Hz)}$，频带利用率随着进制数 M 的增大而提高，但可靠性随之下降。

（2）最小频移键控（MSK）。MSK 是调制指数等于 0.5 的连续相位 2FSK。其主要特点有：

① 相邻码元间相位连续。

② 两载波频率间隔 $0.5f_b$。

③ 带宽 $B_{MSK} = 1.5f_b$。

（3）正交频分复用 OFDM。将高速数据序列经串/并转换后成为若干路低速数据流，再分别对不同的子载波进行调制。其特点是：

① 各子载波的频率间隔 Δf 等于串/并转换后的低速数据速率。

② 主瓣宽度即带宽为 $B_{OFDM} = (N+1)\Delta f$，N 为子信道数目。

③ 频带利用率近似为 1bit/(s·Hz)。

④ 大量应用于数字音视频广播和高清电视等系统中。

5.8 习题

一、填空题

1. 用二进制数字基带信号分别控制载波的振幅、频率和相位，由此得到的三种基本调制方式分别是 2ASK、________和________。

2. 对2ASK信号进行包络检测，则发“1”码时判决器X服从________分布，发“0”码时X服从________分布。对2ASK信号进行相干解调，判决器输入X在发送“1”码及“0”码时都服从________分布。

3. 若2FSK调制系统的码元速率为1000Baud，已调载波为2000Hz或3000Hz，则2FSK信号的带宽为________，此时功率谱________（单峰/双峰）特性。

4. 在2DPSK系统中，接收机采用极性比较法解调，若差分译码器输入端的误码率为P'_e，则输出信息的误码率近似为________。

5. 在2PSK解调过程中，由于相干载波反相导致解调器输出信息与原信息完全相反，这种现象称为________。

6. 当二进制数字信息的比特速率为1000bit/s时，则2ASK信号的带宽为________；2DPSK信号的带宽为________，4PSK信号的带宽为________。

7. 若数字基带信号的信息速率为$R_b = 90$Mbit/s，则16QAM信号的符号速率R_s为________，带宽为________。

8. 若信源的信息速率为4000bit/s，若采用MSK传输，则所需信道带宽为________ Hz，频带利用率为________ bit/(s · Hz)。

二、选择题

1. 在二进制调制系统中，抗噪声性能最好的是________。

A. 2DPSK　　B. 2FSK　　C. 2ASK　　D. 2PSK

2. 对2PSK信号进行解调，可采用________。

A. 包络解调　　B. 相干解调　　C. 极性比较-码变换　　D. 非相干解调

3. 关于2PSK和2DPSK调制信号的带宽，下列说法正确的是________。

A. 相同　　B. 不同　　C. 2PSK的带宽小　　D. 2DPSK的带宽小

4. 当“1”“0”等概时，下列调制方式中，对信道特性变化最为敏感的是________。

A. 2PSK　　B. 2DPSK　　C. 2FSK　　D. 2ASK

5. 对于2PSK和2DPSK信号，码元速率相同，信道噪声为加性高斯白噪声。若要求误码率相同，所需的信号功率________。

A. 2PSK比2DPSK高　　B. 2DPSK比2PSK高

C. 2PSK和2DPSK一样高　　D. 不能确定

6. 解调2PSK信号时，如果“1”“0”不等概，则判决门限应________。

A. 大于0　　B. 小于0　　C. 等于0　　D. 不能确定

7. 下列调制方式中，属于连续相位调制的是________。

A. MPSK　　B. MASK　　C. MDPSK　　D. MSK

8. 已知数字基带信号的信息速率为2400bit/s，载波频率为1MHz，则2PSK信号的主瓣宽度为________。

A. 2400Hz　　B. 3600Hz　　C. 4800Hz　　D. 1MHz

三、简答题

1. 调制的目的是什么？已调信号的频谱与调制信号的频谱有何关系？

2. 什么是数字调制？它与模拟调制有什么区别？

3. 基本的数字调制方式有哪几种？信息分别携带在载波的哪个参数上？

4. 什么是相干解调？什么是非相干解调？各有什么特点？

5. 什么是绝对相移键控？什么是相对相移键控？它们有何区别？

6. 二进制数字调制系统的误码率主要与哪些因素有关？如何降低误码率？

四、计算画图题

1. 已知某2ASK系统，码元速率1000Baud，载波信号为$\cos 2\pi f_c t$，设数字基带信息为10110。

（1）画出2ASK调制器框图及其输出的2ASK信号波形。（设$T_b=5T_c$）

（2）画出2ASK信号功率谱示意图。

（3）求2ASK信号的带宽。

（4）画出2ASK相干解调器框图及各点波形示意图。

（5）画出2ASK包络解调器框图及各点波形示意图。

2. 用2ASK传送二进制数字信息，已知传码率为2×10^6Baud，发"1"时接收端输入信号的振幅$A=16\mu V$，输入高斯型白噪声的单边功率谱密度为$n_0=4\times10^{-18}$W/Hz，试求相干解调和非相干解调时系统的误码率。

3. 对2ASK信号相干解调，若"1"码概率大于1/2，试问最佳判决电平是大于$\sqrt{E_b}/2$还是小于$\sqrt{E_b}/2$？其中E_b是发"1"码时接收信号的比特能量。

4. 某2FSK调制系统，码元速率1000Baud，载波频率分别为2000Hz及4000Hz。

（1）当二进制数字信息为1100101时，画出其对应2FSK信号波形。

（2）画出2FSK信号的功率谱示意图。

（3）求传输此2FSK信号所需的最小信道带宽。

（4）画出此2FSK信号相干解调框图及当输入波形为（1）时解调器各点的波形示意图。

5. 有一2FSK系统，传码率为4×10^6Baud，已知$f_1=8$MHz，$f_2=16$MHz，接收端输入信号的振幅$A=20\mu V$，输入高斯型白噪声的单边功率谱密度$n_0=4\times10^{-18}$W/Hz，试求：

（1）2FSK信号的带宽。

（2）系统相干解调和非相干解调时的误码率。

6. 已知数字信息$\{a_n\}=1011010$，分别以下列两种情况画出2PSK、2DPSK信号的波形。

（1）码元速率为1200Baud，载波频率为1200Hz。

（2）码元速率为1200Baud，载波频率为2400Hz。

7. 已知数字信息为$\{a_n\}=1100101$，码元速率为1200Baud，载波频率为2400Hz。

（1）画出相对码$\{b_n\}$的波形（采用单极性全占空矩形脉冲）。

（2）画出相对码$\{b_n\}$的2PSK波形。

（3）求此2DPSK信号的带宽。

8. 假设在某2DPSK系统中，载波频率为2400Hz，码元速率为2400Baud。已知信息序列为$\{a_n\}=1010011$。

（1）试画出2DPSK波形。

（2）若采用差分相干解调法（相位比较法）接收该信号，试画出解调器框图及各点波形。

9. 在二进制相移键控系统中，已知二进制码元速率为 2.5×10^6Baud，信道中加性高斯白噪声的功率谱密度 $n_0/2=2.5\times10^{-16}$W/Hz。接收端正弦波的幅度 $A=0.1$mV，求：

（1）如果接收信号是2PSK信号，则解调器的误码率为多少?

（2）如果接收信号是2DPSK信号，则极性比较法解调器的误码率为多少?

（3）如果接收信号为2DPSK信号，采用相位比较法解调，则误码率又为多少?

10. 已知二进制码元速率为 10^3Baud，接收机输入噪声的双边功率谱密度 $n_0/2=10^{-10}$W/Hz，今要求误码率 $P_e=5\times10^{-5}$。试分别计算出相干2ASK、非相干2FSK、差分相干2DPSK以及2PSK系统所要求的输入信号的比特能量 E_b。

11. 设发送数字信息序列为01001011，试画出4PSK及4DPSK信号的波形（设一个码元内画二个周期的载波）。

12. 信息速率 $R_b=1$Mbit/s 的数据经数字调制后送入带通信道传输，带通信道的中心频率为2MHz。

（1）若采用MSK调制，画出信息为1011001时的MSK波形。

（2）传输此MSK信号所需的信道带宽为多少?

（3）若MSK调制器换成16QAM调制器，求已调信号的带宽及频带利用率。

（4）若采用OFDM调制，设子信道数 $N=64$，求OFDM信号的带宽。

第 6 章　模拟信号的数字传输

在第 1 章中已经讲过，数字通信系统有许多优点。然而很多原始信号都是模拟信号，如语音信号、图像信号和温度、压力等传感器的输出信号等，它们在时间和幅度上通常都是连续的。要想在数字通信系统中传输模拟信号，首先必须将其转换为数字信号。这种模拟信号经过数字化后在数字通信系统中的传输，称为模拟信号的数字传输，相应的系统称为模拟信号的数字传输系统，如图 6-1 所示。

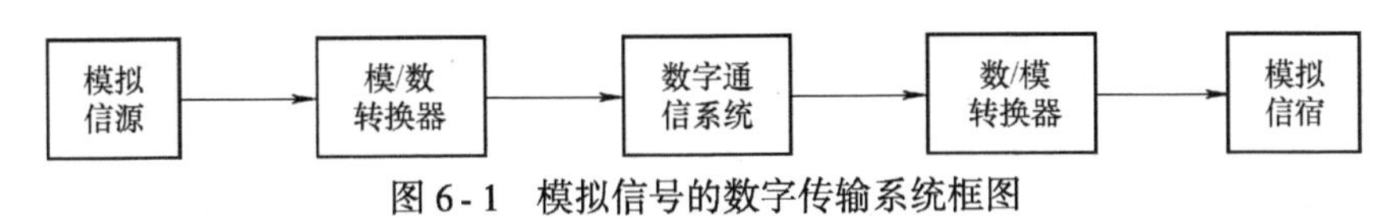

图 6-1　模拟信号的数字传输系统框图

从图 6-1 可以看出，模拟信号的数字传输是通过三个步骤完成的。首先，模/数(A/D)转换器将模拟信源输出的模拟信号转换成数字信号；然后，该数字信号通过数字通信系统传输，数字通信系统可以是数字基带传输系统，也可以是数字频带传输系统；最后，在接收端由数/模（D/A）转换器将收到的数字信号还原为模拟信号。数字通信系统已在第 4、5 两章中分别进行了讨论，故这里只讨论模/数转换和数/模转换。

不同模拟信号的数字化方法各有其特点，但基本原理是一致的。语音信号的数字化叫做语音编码，语音编码大致可分为波形编码和参量编码两类。波形编码是直接把时域波形变换为数字代码序列，数据速率通常在 16~64kbit/s 范围内，在接收端重建信号的质量较好。参量编码是利用信号处理技术，直接提取语音信号的一些特征参量，经编码后传到接收端，接收端经译码后恢复相应的特征参量，用这些特征参量去控制语音信号的合成电路，合成出发送端发送的语音信号，声码器即属此类，其特点是比特率比波形编码低，但接收端恢复的信号质量不够好。

本章首先重点讨论波形编码的两种具体方法，即脉冲编码调制（PCM）和增量调制（ΔM），最后介绍多路数字信号在同一信道上传输的时分复用技术及其在电话系统中的应用。

6.1　脉冲编码调制

脉冲编码调制（PCM）是一种具体的语音信号数字化的方法，广泛应用于光纤通信、数字微波通信和卫星通信中。采用 PCM 技术传输模拟信号的数字传输系统称为 PCM 系统，如图 6-2 所示。

PCM 数字化方法包括取样、量化和编码三个步骤。数字化后的二进制码元序列称为 PCM 代码，此代码经数字通信系统传输后到达接收端，通过译码器和低通滤波器还原为发送的模拟信号，从而实现了模拟信号在数字通信系统上的传输。

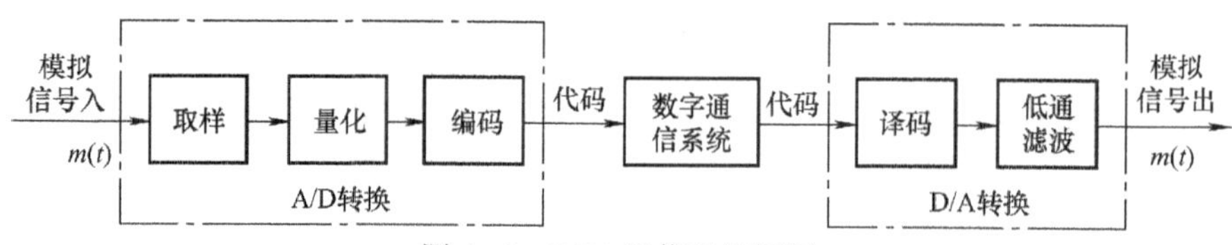

图6-2 PCM通信系统框图

6.1.1 取样及取样定理

1. 取样

将时间上连续的模拟信号 $m(t)$ 变换为时间上离散的样值序列的过程称为取样，其实现方法是将模拟信号 $m(t)$ 乘以一个周期性的冲激脉冲序列，其取样过程及波形示意图如图6-3所示，图中 $m(t)$ 是模拟信号，$\delta_{T_s}(t)$ 是周期性冲激脉冲序列，$m_s(t)$ 是离散的样值序列，T_s 称为取样间隔，其倒数 $f_s=1/T_s$ 称为取样速率或取样频率，单位可用次/s或Hz。

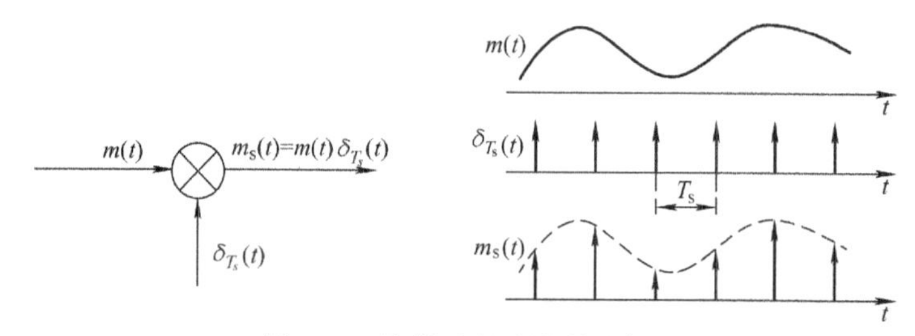

图6-3 取样过程及波形示意图

那么，在接收端，能否由离散的样值序列重建原始的模拟信号呢？换句话说，离散样值序列中是否含有原模拟信号的全部信息呢？取样定理回答了这个问题。取样定理是任何模拟信号数字化传输的理论基础，是信息传输理论中一个十分重要的定理。

2. 取样定理

定理描述：一个频带限制在0 ~ f_H 内的连续信号 $m(t)$，如果取样速率 $f_s \geqslant 2f_H$，则可以由离散样值序列 $m_s(t)$ 无失真地重建原模拟信号 $m(t)$。

此定理即为奈奎斯特取样定理，$f_{smin}=2f_H$ 称为奈奎斯特取样速率，$T_{smin}=1/f_{smin}$ 称为奈奎斯特取样间隔。

取样定理的证明十分容易。设 $m(t)\leftrightarrow M(f)$，则根据表达式 $m_s(t)=m(t)\delta_{T_s}(t)$ 及傅里叶变换的卷积特性（时域相乘等效于频域卷积）得 $m_s(t)$ 的频谱为

$$M_s(f)=M(f)*\delta_{T_s}(f)$$

由第2章的式（2-18）得 $\delta_{T_s}(f)=\dfrac{1}{T_s}\sum\limits_{n=-\infty}^{\infty}\delta(f-nf_s)$，再利用式（2-45）得

$$M_s(f)=M(f)*\left[\frac{1}{T_s}\sum_{n=-\infty}^{\infty}\delta(f-nf_s)\right]=\frac{1}{T_s}\sum_{n=-\infty}^{\infty}M(f-nf_s) \tag{6-1}$$

由此可见，取样后信号的频谱 $M_s(f)$ 是由无穷多个间隔为 f_s 的 $\dfrac{1}{T_s}M(f)$ 频谱叠加而成

的，如图 6-4 所示。只要取样速率 $f_s \geq 2f_H$，$M_s(f)$ 中周期重复出现的原模拟信号频谱 $M(f)$ 之间就不会产生重叠，用一个带宽大于 f_H 的低通滤波器（虚线所示）就可以从 $M_s(f)$ 中滤出 $M(f)$，从而恢复原模拟信号 $m(t)$。

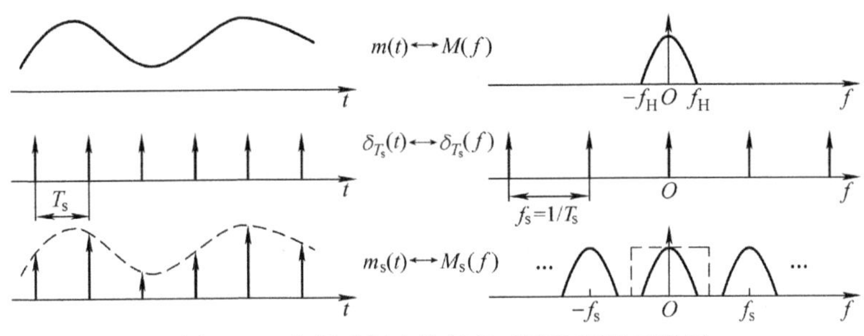

图 6-4　取样过程中信号的时域和频域示意图

关于取样定理，还需要说明两点：

1）理论上 $f_s = 2f_H$ 就能保证接收端无失真地由样值序列重建原模拟信号。但在实际应用中，接收端的低通滤波器不可能是理想的，通常有一定的滚降坡度，故要求取样速率 $f_s > 2f_H$。考虑到实际滤波器的可实现性且又不使取样速率过高，一般取 $f_s = (2.5 \sim 3)f_H$。例如话音信号最高频率一般为 3000~3400Hz，取样速率 f_s 为 8000Hz。

2）实际被取样的信号往往是时间受限的，故它不是带限信号。因此，取样之前应使用一个带限滤波器对其进行限带，否则会出现频谱混叠（频谱重叠），此滤波器称为抗混叠滤波器。

6.1.2　量化

模拟信号 $m(t)$ 经取样后得到了样值序列 $m_s(t)$。样值序列在时间上是离散的，但在幅度上取值仍是连续的，即有无限多种取值，因此，取样后的样值序列仍然为模拟信号，故还需要对样值做进一步处理，使它在幅度上取值离散化。对样值幅度进行离散化处理的过程称为量化，实现量化的部件称为量化器。

量化的方法是，用预先规定的有限个量化电平来表示取样值，两个相邻量化电平之间的间隔称为量化台阶或量化间隔，如图 6-5 所示。图中，设置了 4 个量化电平，分别是±0.5 和±1.5，每次取样后，将取样值（用•表示）与各个量化电平比较，用最接近于取样值的量化电平（用◦表示）来表示此取样值。显然，量化后样值的取值只有离散的有限种，这种信号是数字信号，因此量化是模拟信号转换为数字信号的关键一步。

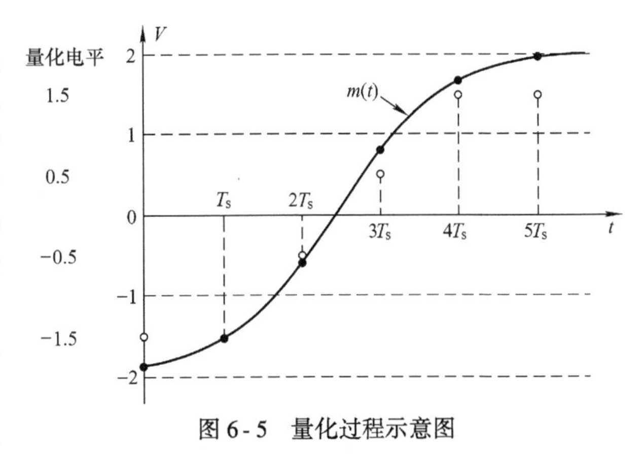

图 6-5　量化过程示意图

但量化会引入误差，最大可能出

现的误差是量化台阶的一半。由量化引起的误差称为量化误差，它像噪声一样影响通信系统的通信质量，故又称其为量化噪声。

量化噪声对通信系统产生的影响常用量化信噪比 $SNR = S_q/N_q$ 来衡量，其中 S_q 是量化信号的功率，N_q 表示量化噪声的功率。

1. 均匀量化时的量化信噪比

等间隔设置量化电平的量化称为均匀量化，下面分析均匀量化时的量化信噪比。

设信号为双极性，且在信号的取值范围 $(-a, a)$ 内等间隔设置 $Q = 2^k$ 个量化电平 $\pm\Delta/2$、$\pm3\Delta/2$、…、$\pm(Q-1)\Delta/2$，如图 6-6 所示。

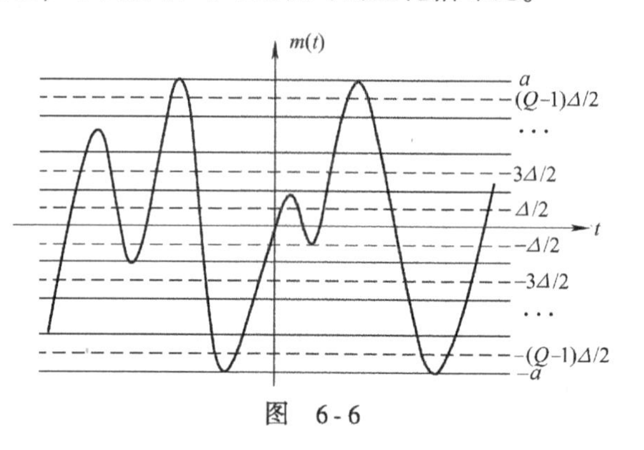

图 6-6

当信号 $m(t)$ 的取值均匀分布时，取样值落在每个区间（相邻横实线间）的概率相等，故 Q 个量化电平等概出现，即每个量化电平的出现概率都是 $1/Q$。可见，量化后的信号实际上是一个有 Q 个取值的离散随机变量，用 X 表示，其取值及相应的概率如下：

$$\begin{bmatrix} X \\ P(x) \end{bmatrix} = \begin{bmatrix} -\dfrac{(Q-1)}{2}\Delta, & \cdots, & -\dfrac{3\Delta}{2}, & -\dfrac{\Delta}{2}, & \dfrac{\Delta}{2}, & \dfrac{3\Delta}{2}, & \cdots, & \dfrac{(Q-1)}{2}\Delta \\ 1/Q, & \cdots, & 1/Q, & 1/Q, & 1/Q, & 1/Q, & \cdots, & 1/Q \end{bmatrix}$$

由第 2 章的式（2–62）和式（2–58）可得其功率为

$$S_q = E(X^2) = \sum x_i^2 P(x_i) = \frac{2}{Q}\left\{\left(\frac{\Delta}{2}\right)^2 + \left(\frac{3\Delta}{2}\right)^2 + \ldots\ldots + \left(\frac{(Q-1)\Delta}{2}\right)^2\right\}$$
$$= \frac{(Q^2-1)}{12}\Delta^2 \approx \frac{Q^2}{12}\Delta^2 \tag{6-2}$$

设量化误差用 e 表示，其最大误差为 $\pm\Delta/2$，当信号服从均匀分布时，e 是一个在 $-\Delta/2 \sim \Delta/2$ 范围内均匀分布的连续随机变量，概率密度函数 $f(e) = 1/\Delta$。结合式（2-62）和式（2-59）可求得量化噪声功率为

$$N_q = E[e^2] = \int_{-\frac{\Delta}{2}}^{\frac{\Delta}{2}} e^2 f(e)\,\mathrm{d}e = \int_{-\frac{\Delta}{2}}^{\frac{\Delta}{2}} e^2 \frac{1}{\Delta}\mathrm{d}e = \frac{\Delta^2}{12} \tag{6-3}$$

可见，量化噪声功率只与量化台阶有关。

由式（6-2）及式（6-3）得信号均匀分布时的均匀量化信噪比为

$$\frac{S_q}{N_q} = Q^2 = 2^{2k} \tag{6-4}$$

用分贝表示为
$$\left(\frac{S_q}{N_q}\right)_{\mathrm{dB}} = 10\lg\left(\frac{S_q}{N_q}\right) = 20\lg Q = 20k\lg 2 \approx 6k \tag{6-5}$$

式（6-5）所示的信噪比公式是假设信号样值在 $(-a, a)$ 内等概出现时得到的，但实际应用中的正弦信号和语音信号并不满足这个假设条件。

对于正弦信号，绝对值较大的样值出现概率较大，绝对值较小的样值出现概率较小，因

此与上述均匀分布的信号相比，在其他条件都相同的情况下，正弦信号的功率要大些。通过计算可以得到，正弦信号的量化信噪比近似为

$$\left(\frac{S_q}{N_q}\right)_{dB} \approx 6k + 2 \tag{6-6}$$

对于最常遇到的语音信号，由于绝对值较小的样值出现概率大，而绝对值大的样值出现概率反而小，因此其量化信噪比低于均匀分布时的情况，近似为

$$\left(\frac{S_q}{N_q}\right)_{dB} \approx 6k - 9 \tag{6-7}$$

式（6-5）~式（6-7）中，$k=\log_2 Q$ 称为编码位数。可见，编码位数每增加一位，量化信噪比就增加 6dB。

均匀量化广泛应用于线性 A/D 转换接口，例如在计算机的 A/D 转换中，常用的有 $k=8$ 位、12 位、16 位等不同精度。另外，在遥控遥测系统、仪表、图像信号的数字化接口等设备中，也都使用均匀量化器。

在数字电话通信中，均匀量化有明显的不足。这是因为，在均匀量化中，量化台阶 Δ 是固定的，由式（6-3）可见，量化噪声功率 N_q 是固定不变的。而在实际的电话通信中，不同发话人的音量是不同的，加上发话人情绪的影响，使得电话信号的音量变化很大。当信号变小时，信号功率将随之下降，因此量化信噪比也将随之下降。当信号小到一定程度时，会使量化信噪比不能满足正常通信中最小 26dB 的要求。为提高小信号的量化信噪比，在实际应用中常采用非均匀量化的方法。

2. 非均匀量化及其实现

不等间隔地设置量化电平的量化称为非均匀量化。在非均匀量化中，大信号时用大台阶，小信号时用小台阶，如图 6-7 所示，量化台阶设置为 $\Delta_1<\Delta_2<\Delta_3<\Delta_4$。

通过非均匀量化，可在保持量化电平数不变的情况下，提高小信号时的量化信噪比，从而扩大了量化器的动态范围（达到一定输出信噪比要求时所允许输入信号的变化范围称为量化器的动态范围）。

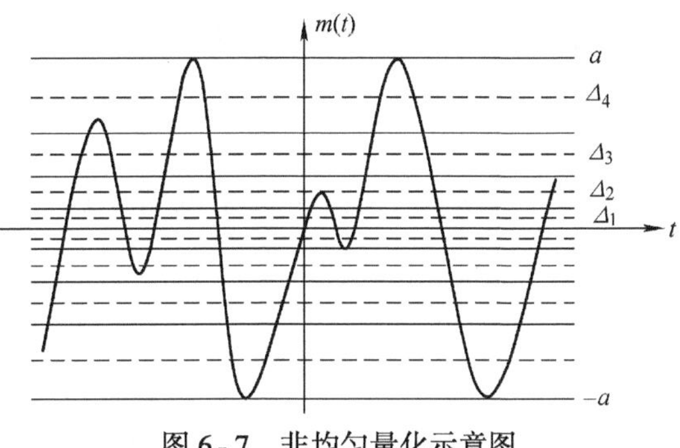

图 6-7　非均匀量化示意图

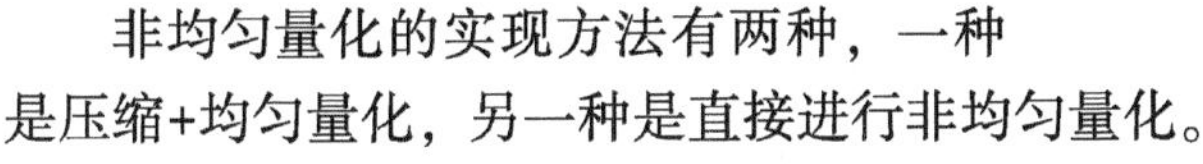
非均匀量化的实现方法有两种，一种是压缩+均匀量化，另一种是直接进行非均匀量化。

（1）压缩+均匀量化

采用压缩+均匀量化这种方法时，首先对要量化的取样值进行压缩处理，然后再对处理后的样值进行均匀量化，如图 6-8 所示。压缩器的作用是对小信号进行放大，对大信号不放大甚至压缩，所以压缩器的传输特性是一条向上拱的曲线，如图 6-9 所示。

对压缩器的输出 y 进行均匀量化，如将图 6-9 中的纵坐标分成四等分，$\Delta y_1=\Delta y_2=\Delta y_3=\Delta y_4$。把各分界点对应到输入端 x，则发现 $\Delta x_1<\Delta x_2<\Delta x_3<\Delta x_4$。可见，对压缩器输出端信号 y 进行均匀量化，等效为对输入端信号 x 进行非均匀量化，而且是当输入信号大时量化台阶也大，当输入信号小时量化台阶也小，正好符合对非均匀量化台阶的要求。

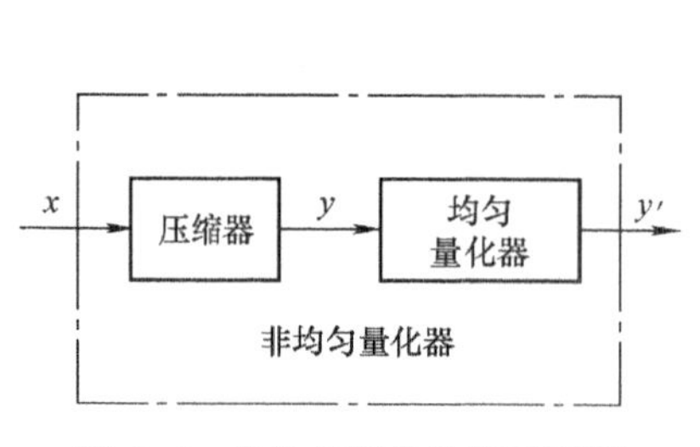

图6-8 非均匀量化的实现原理

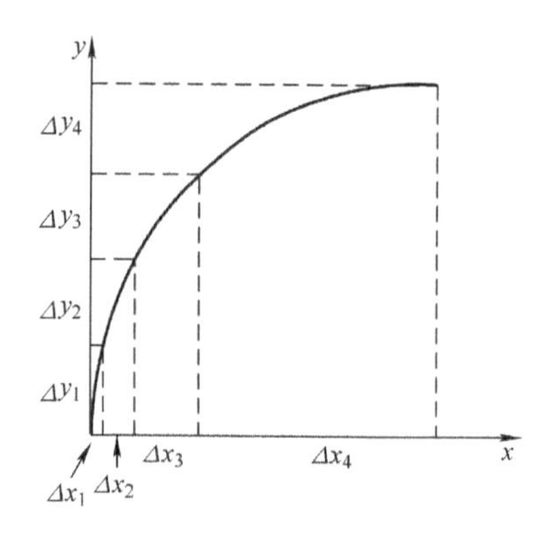

图6-9 压缩特性示意图

常用的压缩特性曲线有两种，一种是 A 律压缩特性，另一种是 μ 律压缩特性。

A 律压缩特性的数学表达式为

$$y=\begin{cases}\dfrac{Ax}{1+\ln A}, & 0\leqslant x<\dfrac{1}{A}\\ \dfrac{1+\ln Ax}{1+\ln A}, & \dfrac{1}{A}\leqslant x\leqslant 1\end{cases} \tag{6-8}$$

其中，y 是归一化压缩器输出电压，它是压缩器输出电压与最大输出电压之比，所以 y 的最大值为1；x 为归一化压缩器输入电压，它是压缩器输入电压与最大输入电压之比，其最大值也为1；A 为压缩系数，$A=1$ 时无压缩，A 越大压缩效果越明显。不同 A 值的压缩特性如图6-10a所示。

μ 律压缩特性的数学表达式为

$$y=\frac{\ln(1+\mu x)}{\ln(1+\mu)} \tag{6-9}$$

式中，μ 为压缩系数，$\mu=0$ 时无压缩，μ 越大压缩效果越明显。不同 μ 值的压缩特性如图6-10b所示。

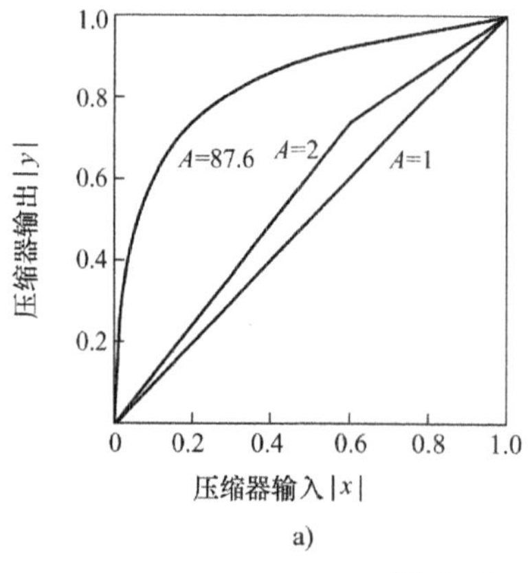

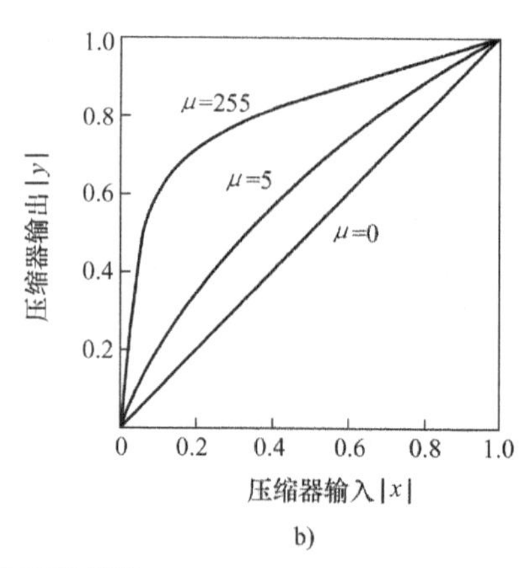

图6-10 对数压缩特性

a) A 律压缩特性 b) μ 律压缩特性

采用非均匀量化时，$x=x_0$ 处量化信噪比的改善为

$$d = 20\lg\frac{\mathrm{d}y}{\mathrm{d}x}\bigg|_{x=x_0} \tag{6-10}$$

由图 6-10 可见，x_0 越接近 0，即输入信号越小，压缩特性曲线在该处的斜率就越大，信噪比的改善也越多。

经压缩后的信号已产生了失真，要补偿这种失真，接收端需要对接收到的信号进行扩张，以还原压缩前的信号。扩张特性与压缩特性互补，因此扩张特性是向下凹的曲线，它凹陷的程度与压缩特性上拱的程度是相对应的。

欧洲、中国等国采用 $A=87.6$ 的 A 律压缩，并用 13 折线量化来近似实现；美国、加拿大、日本等国采用$\mu=255$的 μ 律压缩，并用 15 折线来近似实现；CCITT 建议 G.711 规定在国际间数字系统相互连接时，以 13 折线 A 律为标准。

（2）13 折线量化

采用 13 根折线来逼近 $A=87.6$ 特性的示意图如图 6-11 所示，图中只画出了输入信号为正时的情况。将输入信号的幅度归一化为（0，1），在（0，1）内不均匀地划分为 8 个段，分界点坐标为

$$x_n = 0,\ \frac{1}{128},\ \frac{1}{64},\ \frac{1}{32},\ \frac{1}{16},\ \frac{1}{8},\ \frac{1}{4},\ \frac{1}{2},\ 1$$

在输出信号的归一化范围（0，1）内等间隔划分为 8 段，分界点坐标分别为

$$y_n = 0,\ \frac{1}{8},\ \frac{2}{8},\ \frac{3}{8},\ \frac{4}{8},\ \frac{5}{8},\ \frac{6}{8},\ \frac{7}{8},\ 1$$

将各点（x_n，y_n）用直线段连接起来，可以得 8 根折线，斜率分别为

$$k_n = 16,\ 16,\ 8,\ 4,\ 2,\ 1,\ \frac{1}{2},\ \frac{1}{4}$$

对于信号取值为负的情况同样进行划分，这样在（−1，1）范围内共有 16 根折线。由于正、负方向的前两根折线斜率相同，这 4 根折线视为一根折线，因此共有 13 根折线，称为 13 折线。

13 折线量化是一种直接非均匀量化方法，其量化电平的设置方法是：对 x 轴上的每一段 16 等分，每个等分称为一个量化级，正、负方向共有$16\times16=256$个量化级，在每个量化级的中点设置量化电平，共有 256 个量化电平。

为了便于量化，256 个量化级中的最小量化级（最小段的 1/16）用一个 Δ 来表示，即$\Delta=1/2048$。这样，每个段的起始电平、终止电平、每个量化级的大小（量化台阶）均可用 Δ 表示，正信号部分的情况如表 6-1 所示（负信号与之对称）。

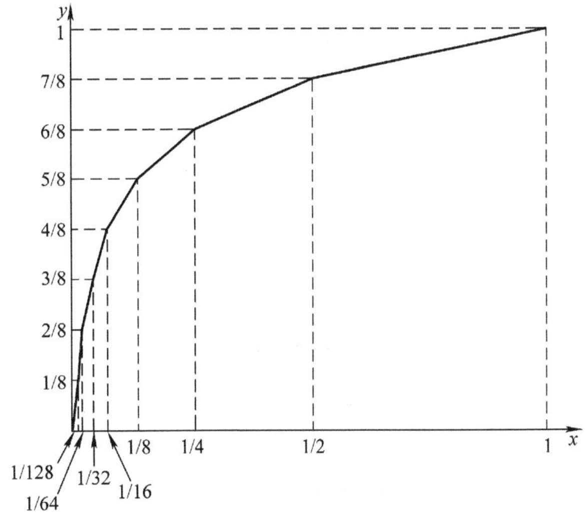

图 6-11　13 折线的形成

表 6-1 13 折线量化时正向八段的起止电平及量化台阶

	第1段	第2段	第3段	第4段	第5段	第6段	第7段	第8段
起电平	0	16Δ	32Δ	64Δ	128Δ	256Δ	512Δ	1024Δ
止电平	16Δ	32Δ	64Δ	128Δ	256Δ	512Δ	1024Δ	2048Δ
量化台阶	Δ	Δ	2Δ	4Δ	8Δ	16Δ	32Δ	64Δ

对取样值的量化过程是，首先对取样值进行归一化处理，并以 Δ 为单位表示，再将其值与预先设置的 256 个量化电平比较，量化到最接近于取样值的量化电平上。

【例 6-1】 设输入信号最大值为 5V，现有样点值 4.0V，采用 13 折线量化，求此样点值的量化电平及量化误差（均以 Δ 为单位）。

解 首先将样点值归一化。4.0V 电压的归一化值为

$$4.0/5 = 0.8$$

第 8 段的止电平为 2048Δ，它对应归一化值 1，所以归一化值 0.8 对应

$$0.8 \times 2048\Delta = 1638\Delta$$

表 6-1 可见，此样点值落入第 8 段，由于第 8 段还分了 16 个量化级，每个量化级长度为 64Δ，由此可算出此样点值在第 8 段中的位置为

$$(1638\Delta - 1024\Delta)/64\Delta = 9\cdots \text{余 } 38\Delta$$

即在第 10 个量化级。量化电平设置在每个量化级的中间点，所以量化电平为

$$1024\Delta + (10 - 1) \times 64\Delta + 64\Delta/2 = 1632\Delta$$

所以样点值 1638Δ 的 13 折线量化电平为 1632Δ，量化误差为

$$1638\Delta - 1632\Delta = 6\Delta$$

综上可见，13 折线量化特别适合于软件和数字硬件实现，其性能近似于使用 $A = 87.6$ 的 A 律压扩系统。

采用 13 折线量化的 PCM 系统框图如图 6-12 所示。

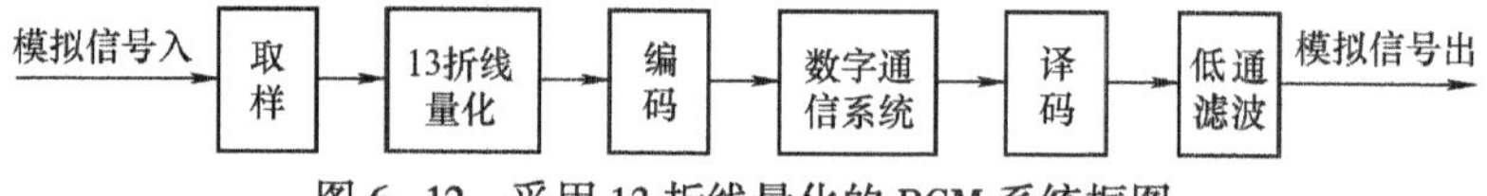

图 6-12 采用 13 折线量化的 PCM 系统框图

6.1.3 编码

用二进制码组来表示量化电平的过程称为编码，将二进制码组还原为量化电平的过程称为译码或解码。

1. 常用二进制码

在 PCM 编码中常用的二进制码有三种：自然二进制码、折叠二进制码和格雷码。设需要表示的量化电平有 16 个，图 6-13 给出了这三种码的各个码组与 16 个量化电平的对应关系。

（1）自然二进制码

这是人们所熟悉的最普通的二进制码。每个量化电平的代码等于此量化电平编号的二进

量化电平编号	量化电平	自然二进制码	折叠二进制码	格雷码
15	15Δ/2	1111	1111	1000
14	13Δ/2	1110	1110	1001
13	11Δ/2	1101	1101	1011
12	9Δ/2	1100	1100	1010
11	7Δ/2	1011	1011	1110
10	5Δ/2	1010	1010	1111
9	3Δ/2	1001	1001	1101
8	Δ/2	1000	1000	1100
7	−Δ/2	0111	0000	0100
6	−3Δ/2	0110	0001	0101
5	−5Δ/2	0101	0010	0111
4	−7Δ/2	0100	0011	0110
3	−9Δ/2	0011	0100	0010
2	−11Δ/2	0010	0101	0011
1	−13Δ/2	0001	0110	0001
0	−15Δ/2	0000	0111	0000

图 6 - 13　16 个量化电平所对应的三种编码方法

制表示。自然二进制码的优点是简单直观；缺点是由误码引起的电平统计误差较大，且对于双极性信号进行自然二进制编码不如折叠码方便，故在 PCM 系统中很少采用。

（2）折叠二进制码

这种码是由自然二进制码演变而来的。除最高位外，其余各位以图 6 - 13 中编号 7 和 8 之间的线为分界按自然二进制码的规律变化，上、下两部分呈对称关系，故称折叠二进制码或对称二进制码。用这种折叠二进制码对双极性信号进行编码非常方便，因为可用最高位表示信号的正负极性，其余各位表示量化电平的绝对值，这样就能简化编码设备。而且，由于语音信号小信号出现的概率比大信号出现的概率大，当对语音信号进行 PCM 编码时，对于误码所引起的噪声功率，折叠二进制码比自然二进制码要小得多。因此，在 PCM 通信中主要采用折叠二进制码。

（3）格雷码

格雷码的特点是任何相邻量化电平所对应的码组中只有一位不同。格雷码在多进制数字基带传输和多进制数字调制中均进行了介绍，这里不再重复。

2. 13 折线编码

13 折线编码采用折叠二进制码。13 折线量化共设置量化电平 256 个，因而每个量化电平要用 $k=\log_2 256=8$ 位二进制码表示。设 8 位折叠二进制码为 $x_1x_2x_3x_4x_5x_6x_7x_8$，各位安排如下：

① x_1 表示量化电平的极性，称为极性码。$x_1=1$ 表示极性为正，$x_1=0$ 表示极性为负。当然，也可采用相反的表示方法。

② $x_2x_3x_4$ 表示量化电平绝对值所在的段号，称为段码。三位二进制共有 8 种组合，分别表示 8 个段号。三位二进制与段号的对应关系如表 6 - 2 所示。

③ $x_5x_6x_7x_8$ 表示段内的 16 个量化级，称为量化级码。每一段内等间隔分成 16 个量化级，每个量化级设置一个量化电平，共 16 个量化电平，落在某一个量化级内的所有样值都

量化成同一个量化电平，所以编码时只要知道样值落在哪个量化级内就可以了。16 个量化级要用四位二进制码表示，四位二进制码与 16 个量化级之间的关系如表 6-3 所示。

表 6-2 段码

段号	段码 $x_2x_3x_4$
1	000
2	001
3	010
4	011
5	100
6	101
7	110
8	111

表 6-3 量化级码

量化级号	量化级码 $x_5x_6x_7x_8$	量化级号	量化级码 $x_5x_6x_7x_8$
1	0000	9	1000
2	0001	10	1001
3	0010	11	1010
4	0011	12	1011
5	0100	13	1100
6	0101	14	1101
7	0110	15	1110
8	0111	16	1111

由此可见，13 折线编码取样一次编 8 位码，需经三个步骤：

① 确定样值的极性。

② 确定样值的段号。

③ 确定样值在某段内的量化级号。

下面举例说明 13 折线编码方法。

【例 6-2】 设某样值为 968Δ，若进行 13 折线编码，求所编的 8 位码组。

解 (1) 首先求极性码

由于 968Δ 为正，所以极性码 $x_1=1$。

(2) 再求段码

由表 6-1 可知，第 7 段的起、止电平分别为 512Δ 和 1024Δ，显然，样值+968Δ 落在第 7 段，由表 6-2 可知，三位段码为 $x_2x_3x_4=110$。

(3) 最后求段内量化级码

由于第 7 段的量化台阶为 32Δ，起始电平为 512Δ，因此有

$$(968\Delta - 512\Delta)/32\Delta = 14\cdots \text{余 } 8\Delta$$

由此可知，样值位于第（14+1）= 15 级，根据表 6-3 可得量化级码 $x_5x_6x_7x_8=1110$。

综合上述，样值+968Δ 经 13 折线编码后所得码组为 $x_1x_2x_3x_4x_5x_6x_7x_8=11101110$。

由于第 7 段第 15 级的量化电平（这一级的中间电平）等于这级的起始电平加上第 7 段量化台阶的一半，即

$$(512\Delta + 14 \times 32\Delta) + 32\Delta/2 = 976\Delta$$

接收端收到码组 11101110 后，将其译码为编码时的量化电平值 976Δ。故样值 968Δ 的量化误差的绝对值为

$$|968\Delta-976\Delta|=8\Delta$$

由例 6-2 可见，13 折线量化与编码可同时实现。在实际应用中既可以用专用的集成电路芯片来完成，也可用软件编程来完成。

6.1.4 PCM 系统的误码噪声

PCM 系统中有两类噪声，一类是量化引起的量化噪声，另一类是数字通信系统的误码引起的误码噪声，以图 6-14 加以说明。

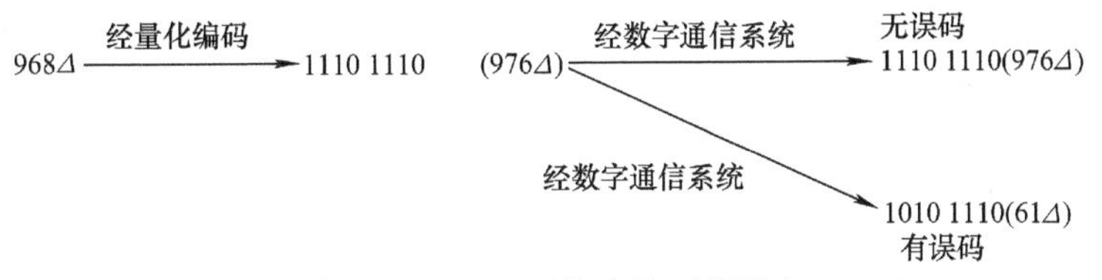

图 6-14 PCM 系统中的两种噪声

在图 6-14 中，大小为 968Δ 的样值，量化并编码为 11101110，经数字通信系统传输后，若无传输误码，则接收代码仍为 11101110，接收端的译码器将此代码译为其量化电平 976Δ，收、发样值间的误差等于量化误差 $976\Delta-968\Delta=8\Delta$；若数字通信系统有误码，设代码 11101110 错成 10101110，则接收端的译码器将其译成量化电平值 61Δ，误码引起的误差为 $976\Delta-61\Delta=915\Delta$。当然，发生错码的位置不同，引入的误差大小也不同，而且，即使代码的同一位置发生错误，所采用的编码不同，产生的误差大小也不同。

误码误差对系统性能的影响用误码信噪比来衡量。通过分析可以得到[1]，当信号均匀分布时，自然二进制编码的误码信噪比近似为

$$\frac{S_q}{N_e}=\frac{1}{4P_e} \tag{6-11}$$

若采用折叠二进制码，误码信噪比近似为

$$\frac{S_q}{N_e}=\frac{1}{5P_e} \tag{6-12}$$

其中，P_e 为数字系统的误码率；N_e 为平均误码噪声功率。可见，误码信噪比与数字通信系统误码率互为倒数，误码率越大，误码信噪比越小，可靠性越差。

由式（6-11）及式（6-12）可见，当信号均匀分布时，自然二进制码的误码信噪比优于折叠二进制码的误码信噪比。但对语音信号而言（小信号出现概率大），折叠二进制码的误码信噪比更高，故实际的 PCM 电话系统中采用折叠二进制码。

同时考虑量化噪声和误码噪声时，PCM 系统输出的总信噪比为

$$\frac{S_q}{N}=\frac{S_q}{N_q+N_e}=\frac{1}{\left(\frac{S_q}{N_q}\right)^{-1}+\left(\frac{S_q}{N_e}\right)^{-1}} \tag{6-13}$$

以折叠二进制码为例，当 $P_e=10^{-5}\sim10^{-6}$ 时，由式（6-12）可得误码信噪比为

$$S_q/N_e=20000\sim200000=2\times10^4\sim2\times10^5$$

当 $k=7\sim8$ 时，由式（6-4）可得量化信噪比为

$$S_q/N_q=2^{2k}=16384\sim65536\approx1.6\times10^4\sim6.6\times10^4$$

由此可见，$P_e=10^{-5}\sim10^{-6}$ 时的误码信噪比与 $k=7\sim8$ 位编码时的量化信噪比差不多，当

$P_e<10^{-6}$时由误码引起的噪声可以忽略不计，当 $P_e>10^{-5}$时，误码噪声变成主要的噪声。所以，PCM 对数字通信系统提出了较高的要求，即要求传输 PCM 数字信号的数字系统的误码率应小于 10^{-6}，否则就会使 PCM 在降低量化信噪比上所做的努力付诸东流。

6.2 增量调制

增量调制简称为 ΔM，它是继 PCM 后的又一种语音信号数字化的方法。与 PCM 相比，其编码器和译码器简单，抗误码性能好，在比特率较低时有较高的量化信噪比，因而广泛应用于军事和其他部门的一些专用网中。

6.2.1 ΔM 编译码原理

1. ΔM 编码原理

基于 ΔM 的模拟信号数字化同样要经过取样、量化和编码三个步骤。其数字化过程可用图 6-15 加以说明，图中 $m(t)$ 是需要数字化的模拟信号，按一定的取样速率对模拟信号取样，每得到一个取样值，将其与前一取样值的量化电平进行比较，如果该取样值大于前一个样值的量化电平，则该取样值的量化电平在前一个量化电平的基础上上升一个台阶 δ，编码输出“1”，反之，如果该取样值小于前一个样值的量化电平，则该取样值的量化电平在前一个量化电平的基础上下降一个台阶 δ，同时编码输出“0”，图中 $m'(t)$ 表示由各取样值的量化电平所确定的阶梯波形。

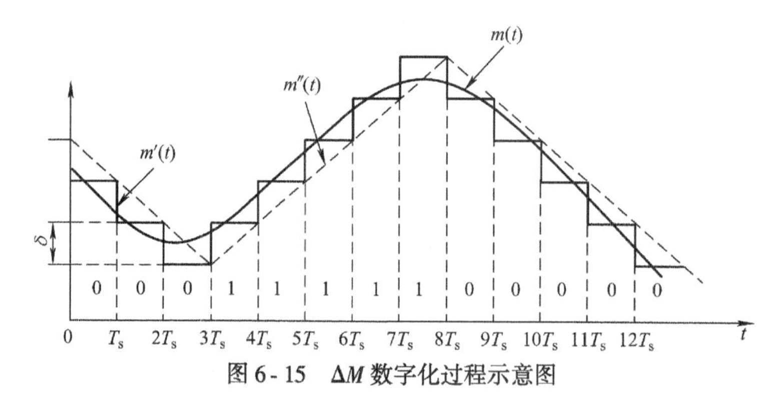

图 6-15 ΔM 数字化过程示意图

2. ΔM 译码原理

接收端收到二进制代码后恢复阶梯波形的过程称为译码。译码方法是：每收到一个代码“1”，译码器的输出相对于前一个时刻的值上升一个台阶 δ；每收到一个代码“0”就下降一个台阶 δ。如果台阶的上升或下降是在瞬间完成的，则译码输出信号是个阶梯波，如图 6-15 中的 $m'(t)$ 所示。如果使用积分器来实现在一个码元宽度（取样间隔）内线性地上升或下降一个台阶 δ，则译码输出信号是个锯齿波，如图 6-15 中的 $m''(t)$ 所示。不论是 $m'(t)$ 还是 $m''(t)$，都需经过低通滤波器滤去高频成分，使波形变得平滑，从而恢复出原模拟信号。

采用积分器的 ΔM 编码和译码原理框图如图 6-16 所示。

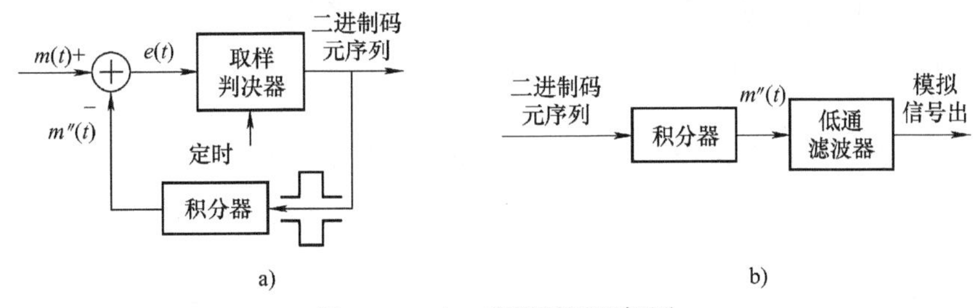

a) b)

图 6-16 ΔM 编译码原理框图

a）编码器 b）译码器

综合上述，ΔM 实质上是用阶梯波 $m'(t)$ 或锯齿波 $m''(t)$ 来近似模拟信号 $m(t)$，然后用二进制码元序列来表示 $m'(t)$ 或 $m''(t)$，从而实现模拟信号到数字信号的转换；接收端根据收到的二进制码元序列恢复近似信号 $m'(t)$ 或 $m''(t)$，完成数字信号到模拟信号的转换。而 $m(t)$ 与近似信号 $m'(t)$ 或 $m''(t)$ 之间的差异就是量化误差或量化噪声。

6.2.2 ΔM 系统中的噪声

采用 ΔM 实现模拟信号数字传输的系统称为 ΔM 系统，其框图如图 6-17 所示。

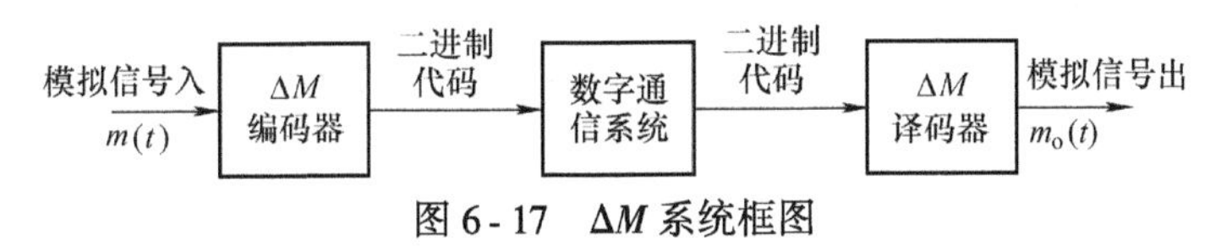

图 6-17 ΔM 系统框图

与 PCM 系统一样，ΔM 系统中引起 $m_o(t)$ 与 $m(t)$ 之间误差的噪声也有两类：一类是 ΔM 量化噪声，另一类是数字通信系统误码引起的误码噪声。

1. 量化噪声

ΔM 系统中的量化噪声有两种形式：一般量化噪声和过载量化噪声，如图 6-18 所示。

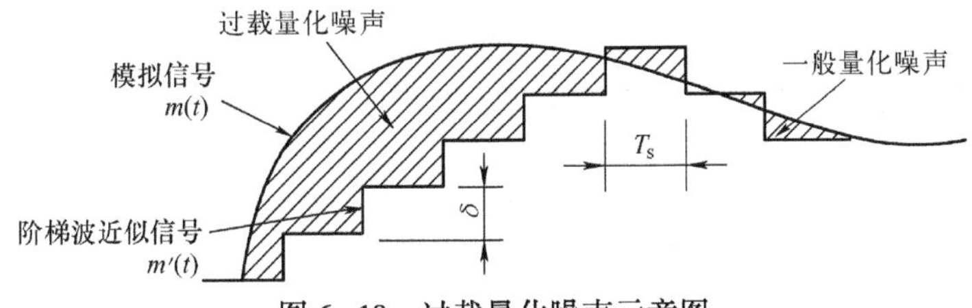

图 6-18 过载量化噪声示意图

当信号 $m(t)$ 快速变化时，阶梯波 $m'(t)$ 因跟不上模拟信号 $m(t)$ 的变化而产生很大的误差，这种现象称为过载，由此产生的过载误差称为过载量化噪声。为避免过载，应满足条件

$$\left|\frac{\mathrm{d}m(t)}{\mathrm{d}t}\right|_{\max} \leqslant \frac{\delta}{T_s} = \delta f_s \tag{6-14}$$

其中，$\left|\frac{\mathrm{d}m(t)}{\mathrm{d}t}\right|_{\max}$ 为模拟信号瞬时斜率绝对值的最大值；δf_s 称为最大跟踪斜率。

由式（6-14）可见，要保证不发生过载，必须有足够大的δf_s，使式（6-14）成立。增大台阶δ或提高取样速率f_s都能增大δf_s的值。但增大台阶δ会使一般量化噪声增大；提高取样速率则会使数字化后的数据速率增大，占据数字通信系统较宽的频带，降低了有效性。当然，在δf_s一定时，也可以对信号进行限制，使式（6-14）成立，从而避免系统工作时出现过载现象。

【例6-3】 若输入信号为$m(t)=A\cos(2\pi f_0 t)$，取样速率为f_s，量化台阶为δ。求不发生过载时所允许的最大信号幅度。

解 由式（6-14）得

$$\left|\frac{\mathrm{d}m(t)}{\mathrm{d}t}\right|_{\max} = \left|-2A\pi f_0 \sin(2\pi f_0 t)\right|_{\max} = 2A\pi f_0 \leqslant \delta f_s$$

则不发生过载时所允许的信号最大幅度为

$$A_{\max} = \frac{\delta f_s}{2\pi f_0} \tag{6-15}$$

在不发生过载情况下，模拟信号$m(t)$与其量化信号$m'(t)$之间的误差就是一般量化噪声，一般量化噪声与台阶有关，台阶δ越大，一般量化噪声就越大。

一般量化噪声对通信系统性能的影响用量化信噪比表示。经简单分析即可得到，当模拟信号为$m(t)=A\cos(2\pi f_0 t)$时，不发生过载时的最大量化信噪比为

$$\left(\frac{S_o}{N_q}\right)_{\max} = \frac{S_{o\max}}{N_q} = \frac{3}{8\pi^2}\frac{f_s^3}{f_0^2 f_m} \approx 0.04\frac{f_s^3}{f_0^2 f_m} \tag{6-16}$$

用分贝表示为

$$\left(\frac{S_o}{N_q}\right)_{\max\,\mathrm{dB}} \approx (30\lg f_s - 20\lg f_0 - 10\lg f_m - 14) \tag{6-17}$$

其中，f_m为低通滤波器的高端截止频率。对于语音信号，也可用式（6-17）来近似估算量化信噪比，通常取$f_0=800\sim1000\mathrm{Hz}$，$f_m=3000\mathrm{Hz}$。

式（6-16）和式（6-17）是ΔM中最重要的关系式。它表明，在ΔM系统中，量化信噪比与f_s的3次方成正比，即取样速率每提高一倍，量化信噪比提高9dB，通常记做9dB/倍频程。同时，量化信噪比与信号频率的平方成反比，即信号频率每提高一倍，量化信噪比下降6dB，记作-6dB/倍频程。由于以上两个原因，对于语音信号，ΔM的取样速率在32kHz时量化信噪比才能满足一般通信质量的要求，而且，在语音信号高频段量化信噪比明显下降。

2. 误码噪声

与PCM相比，误码对ΔM系统的影响较小，因为任何一位代码发生错误都只引起2δ的误差。经数学分析，当模拟信号为$m(t)=A\cos(2\pi f_0 t)$时，不发生过载条件下低通滤波器输出端的最大误码信噪比为

$$\left(\frac{S_o}{N_e}\right)_{\max} = \frac{f_1 f_s}{16P_e f_0^2} \tag{6-18}$$

其中，P_e是数通信系统的误码率，f_1是低通滤波器的低端截止频率，对于语音信号，通常取$f_1=300\mathrm{Hz}$。由此可见，ΔM系统的误码信噪比与数字通信系统的误码率成反比，误码率越小，误码信噪比越高。

6.2.3 自适应增量调制

在前面介绍的 ΔM 中，量化台阶 δ 是固定的，因此必然会出现这样的情况：

① 采用大 δ，能避免过载的发生，避免引入过载量化噪声，但大的 δ 会使一般量化噪声增大，如图 6-19a 所示。

② 采用小 δ，能降低一般量化噪声功率，但会出现过载现象，会引入大的过载量化噪声，如图 6-19b 所示。

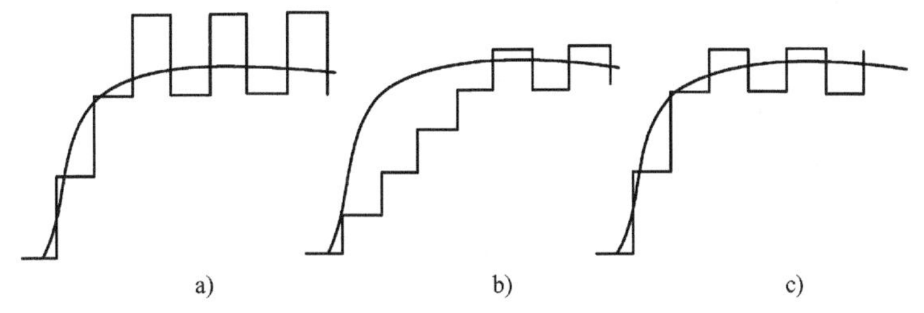

图 6-19 自适应增量调制台阶与简单增量调制台阶示意图

a）大台阶 b）小台阶 c）台阶可变

由此可见，在 ΔM 系统中，不论如何选择台阶 δ，都会带来较大的量化噪声。克服 ΔM 系统这一问题的方法是采用自适应增量调制（$A\Delta M$）方案。其基本原理是根据信号斜率的变化自动改变台阶 δ，即当信号变化快时，用大台阶 δ；当信号变化慢时，用小台阶 δ，如图 6-19c 所示，这样既能避免过载的发生，又能减小一般量化噪声。

台阶的改变方法有瞬时压扩和音节压扩两种。瞬时压扩的 δ 随着信号斜率的变化立即变化，这种方法实现起来较困难。音节压扩的 δ 随语音信号一个音节（5~20ms）内信号的平均斜率变化，即在一个音节内，δ 保持不变，而在不同音节内 δ 是变化的。音节压扩也称为连续可变斜率增量调制（Continuously Variable Slope Delta Modulation，CVSD）。

和台阶固定不变的 ΔM 系统相比，CVSD 系统能适应信号更大的变化范围，故其动态范围更大。

6.2.4 PCM 与 ΔM 性能比较

1. 编码原理

PCM 和 ΔM 都是模拟信号数字化的具体方法。PCM 是对样值本身编码，其代码序列反映的是模拟信号的幅度信息；而 ΔM 是对相邻样值的差值编码，其代码序列反映了模拟信号的微分（变化）信息。

2. 取样速率

PCM 的取样速率 f_s 是根据奈奎斯特取样定理来确定的，若信号的最高频率为 f_H，则 $f_s \geqslant 2f_H$ 即可，故对语音信号的取样速率为 8kHz。而 ΔM 的取样速率则比 PCM 的取样速率高很多，对语音信号 ΔM 的取样速率 $f_s \geqslant 32$kHz。

3. 码元速率

以1路语音信号为例，数字化后的二进制码元速率为

$$\text{PCM}: R_s = kf_s = 8\times8000\text{Baud} = 64\text{kBaud} \quad (k=8, f_s=8\text{kHz})$$

$$\Delta M: R_s = kf_s = 1\times32000\text{Baud} = 32\text{kBaud} \quad (k=1, f_s=32\text{kHz})$$

可见，ΔM 的有效性高于 PCM 的有效性。

4. 量化信噪比

比较的前提是数字化后的二进制码元速率相同，即有效性相同。

以正弦信号为例，PCM 系统的量化信噪比公式为

$$\left(\frac{S_o}{N_q}\right)_{\text{PCM}} = 6k + 2 \tag{6-19}$$

当取样速率为 $f_{\text{sPCM}} = 8\text{kHz}$ 时，码元速率为 $R_{\text{sPCM}} = 8000k$。

ΔM 系统的量化信噪比公式为

$$\left(\frac{S_o}{N_q}\right)_{\Delta M} = 10\lg\left[0.04\frac{f_{s\Delta M}^{\ 3}}{f_o^{\ 2} f_m}\right] \tag{6-20}$$

ΔM 的码元速率为 $R_{s\Delta M} = f_{s\Delta M}$。

当 PCM 和 ΔM 码元速率相同，即 $R_{s\Delta M} = R_{\text{sPCM}}$ 时，$f_{s\Delta M} = 8000k$，同时取 $f_0 = 800\text{Hz}$、$f_m = 3000\text{Hz}$，代入式（6-20）得到用 k 表示的 ΔM 的量化信噪比为

$$\left(\frac{S_o}{N_q}\right)_{\Delta M} = 10\lg\left[0.04\frac{(8k)^3}{(0.8)^2\times3}\right] = (30\lg k + 10.3) \tag{6-21}$$

由式（6-19）和式（6-21）可计算出不同码元速率时 PCM 和 ΔM 的量化信噪比，见表6-4。

表6-4 不同码元速率时两种数字化方法的量化信噪比

码元速率 R_s/kBaud	16	24	32	40	48	56	64	72
PCM 编码位数 k	2	3	4	5	6	7	8	9
$(S_o/N_q)_{\text{PCM}}$ (dB)	14	20	26	32	38	44	50	56
$(S_o/N_q)_{\Delta M}$ (dB)	19.3	24.6	28.4	31.3	33.6	35.7	37.4	38.9

由表6-4可见：

① 当编码位数 $k=4\sim5$ 时，PCM 和 ΔM 系统的量化性能相当。

② 当 $k<4$ 时，即码元速率小于 32kBaud 时，ΔM 系统的量化性能好。

③ 当 $k>5$ 时，即码元速率大于 48kBaud 时，PCM 系统的量化性能好。

5. 信道误码的影响

在 ΔM 系统中，每个误码只造成一个台阶的误差，所以对数字通信系统误码性能的要求较低，一般要求误码率在 $10^{-3}\sim10^{-4}$ 即可。而 PCM 的每个误码会造成较大的误差（可能有许多个台阶），所以对数字通信系统误码性能的要求较高，一般要求误码率为 $10^{-5}\sim10^{-6}$。

综上所述，PCM 适用于要求传输质量较高，且具有充裕频带资源的场合，故一般用于大容量的干线通信。ΔM 由于有效性高、抗误码性能好等优点，主要用于一些专用通信网中。

【例6-4】 在 CD 播放机中，假设音乐的幅度是均匀分布的，取样速率为 44.1kHz，采

用均匀量化，量化台阶数为$Q=65536$。

（1）求音乐信号数字化后的数据速率。

（2）求存储1h音乐所需的存储器字节数。

（3）若采用二进制数字基带系统传输此音乐信号，求系统所需的最小理论带宽。

解 由题意，$f_s=44.1\text{kHz}$，$k=\log_2 Q=16$

（1）音乐信号数字化后的数据速率为

$$R_b = kf_s = (16 \times 44.1 \times 10^3)\text{bit/s} = 705.6\text{kbit/s}$$

（2）1B等于8bit，1h等于3600s。故存储1h音乐所需的存储器字节数为

$$m = R_b \times 3600/8 = (705.6 \times 10^3 \times 3600/8)\text{B} = 317.52\text{MB}$$

（3）二进制码元速率等于信息速率，故采用二进制系统时，码元速率为

$$R_s = R_b = 705.6\text{kBaud}$$

无码间干扰时，系统所需的最小带宽等于码元速率的一半，即

$$B = \frac{1}{2}R_s = 352.8\text{kHz}$$

由此例可见，模拟信号数字化后的码元速率越高，传输此数字信号所需的信道带宽就越大，存储相同时间长度信号所占用的存储空间就越多。因此，多年来人们一直努力寻求更低速率的数字化方法，以便更有效地传输与存储语音信号。

6.2.5 其他语音编码技术简介

习惯上，人们把64kbit/s的PCM作为标准的语音数字化技术，而把低于64kbit/s的称为语音压缩编码技术。几十年来，人们成功地提出了许多方案，下面做简要介绍。

1. DPCM及ADPCM

差分脉冲编码调制（Differential PCM，DPCM）是一种综合了PCM和ΔM编码思想的波形编码方法，在这种编码方式中，将相邻样值的差值分为M个台阶，设置M个量化电平，每个误差值量化到其中的一个电平，用$N=\log_2 M$比特来编码。因此它既有ΔM的特点（对差值编码），又有PCM的特点（有多个量化电平）。若$M=2$，$N=1$，即为ΔM，因此ΔM也可看成是DPCM的特例。如果在DPCM中引入自适应系统，使量化台阶自适应地随信号变化，则为自适应DPCM，简称ADPCM。与PCM相比，在维持相同语音质量下，ADPCM的编码速率为32kbit/s，是标准64kbit/s PCM速率的一半。因此，CCITT建议32kbit/s的ADPCM为长途传输中的一种新型国际通用的语音编码方法。

2. 混合编码

混合编码是应用了波形编码和参量编码思想的语音信号数字化方法。混合编码将波形编码的高保真度与参量编码的低数据速率的优点结合起来，在中低速率语音信号数字化中得到了广泛应用。当前比较成功的混合编码方法有多脉冲线性预测编码（Multi-Pulse Linear Predictive Coder，MPLPC）、码本激励线性预测编码（Code-Excited LPC，CELPC），以及矢量和激励线性预测编码（Vector Sum Excited Linear Predictive，VSELP）等。

国际电信联盟（ITU）先后制定了一系列有关语音信号数字化的标准。如1972年提出的G.711标准采用μ律或A律的PCM编码，数据速率为64kbit/s。1984年公布了G.721标准，采

用ADPCM编码，数据速率为32kbit/s，上述两个标准分别用于公用数字电话网内的市话传输和长话传输。1992年提出了16kbit/s的短延时码本激励线性预测编码（Low Delay CELP，LD-CELP）的G.728标准，它具有较小的延时、较低的速率和较高的性能，在可视电话的电话伴音、无绳电话、海事卫星通信等系统中得到了广泛应用。1995年通过了8kbit/s的共轭结构代数码激励线性预测（Conjugate Structure Algebraic CELP，CS-ACELP）编码的G.729标准，这种编码延时小，可提供与32kbit/s的ADPCM相当的语音质量，而且在噪声较大的环境中也会有较好的语音质量，因此广泛应用于个人移动通信、数字卫星通信等领域。

欧洲于1988年提出了13kbit/s长时预测规则脉冲激励（Regular Pulse Excitation-Long Term Prediction，RPE-LTP）语音编码标准，并在全球移动通信系统（GSM）中得到应用。美国1989年也提出了数据速率为8kbit/s、采用VSELP算法的CTIA标准。美国国家安全局（NSA）于1982年制定了基于LPC的2.4kbit/s编码标准，1989年制定了基于CELP的4.8kbit/s编码标准。表6-5归纳了上述标准的有关特点。

表6-5 语音编码标准及特点

标准	G.711	G.721	G.728	G.729	GSM	CTIA	NSA	NSA
时间	1972	1984	1992	1995	1988	1989	1982	1988
速率	64kbit/s	32kbit/s	16kbit/s	8kbit/s	13kbit/s	8kbit/s	2.4kbit/s	4.8kbit/s
算法	PCM	ADPCM	LD-CELP	CS-ACELP	RPE-LTP	VSELP	LPC	CELP
质量评估	4.3	4.1	4.0	4.1	3.7	3.8	2.5	3.2
	注：质量评估采用多人打分平均值来衡量语音质量的主观评估方法，满分为5分。							

6.3 时分复用

为了提高信道的利用率，通常将多个信号合路后在同一个信道上进行传输，这种技术称为多路复用技术。在第4章中对频分复用技术进行了介绍，本节介绍时分复用技术。

6.3.1 时分复用原理

根据取样定理，一个频带有限的信号，只需要传输一些在时间上离散的取样值就可包含它的全部信息。这样，信道仅在传输这些取样值的极短时刻被占用，而在其余很长的时间里是空闲的，此空闲时间就可以用来传输其他信号的取样值，从而可以实现多个信号依次在同一信道上传输，这种传输方式称为时分复用（Time-division Multiplexing，TDM）。

时分复用的具体实现方法是：将一条通信线路的工作时间周期性地分割成若干个互不重叠的时隙（时间段或时间片），每路信号分别使用指定的时隙传输其样值。图6-20给出了三路信号的时分复用原理框图，设语音信号的取样速率$f_s=8\text{kHz}$，则$T_s=1/f_s=125\mu\text{s}$，开关S_1在$T_s=125\mu\text{s}$内转一周，依次对三路语音信号取样一次，得到三个取样值，每个样值的传输时间是$T_s=125\mu\text{s}$的1/3，相当于将T_s分成三个时隙，每个时隙传输一个样值，示意图如图6-21所示，①、②、③号时隙分别传输第一路、第二路和第三路语音信号样值的

PCM 代码。

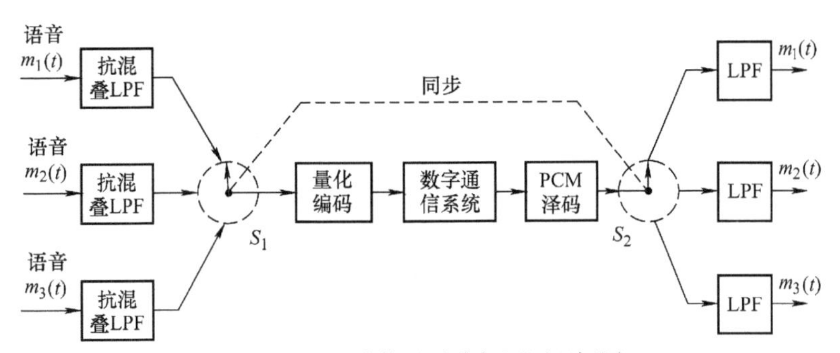

图 6-20　三路信号时分复用原理框图

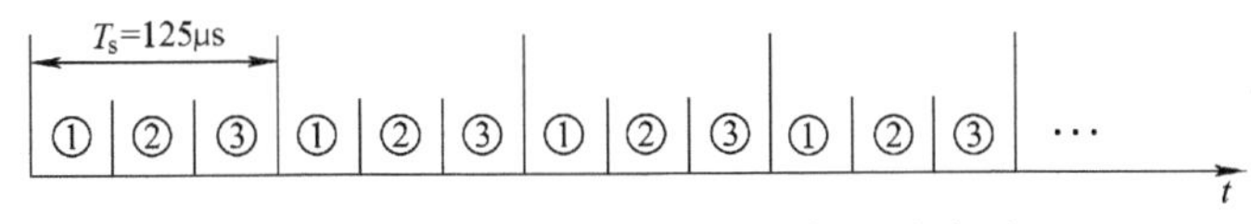

图 6-21　三路语音信号时分复用时隙图

接收端的 PCM 译码器对收到的 PCM 码组进行译码，译码后是三路合在一起的样值序列，只要旋转开关 S_2 与发送端的旋转开关 S_1 同步，它就能将混合样值序列中的样值加以区分，并把各路的样值送到各自的输出端，每路信号的样值序列经低通滤波后还原为发送的语音信号。

【例 6-5】 对 10 路带宽均为 300~3400Hz 的语音信号进行 PCM 时分复用传输。每路语音信号的取样速率为 $f_s=8\text{kHz}$，并将取样值进行 13 折线量化编码，那么时分复用信号的信息速率为多少？二进制码元速率为多少？

解 由题意，取样速率 $f_s=8\text{kHz}$，故取样间隔为

$$T_s = 1/f_s = 125\mu\text{s}$$

由于 10 路信号时分复用，因此 T_s 被分割成 10 个时隙，每个时隙传输 13 折线编码后的 8 位代码，显然，在 T_s 内需传输的比特数为 10×8bit。所以时分复用信号的信息速率为

$$R_b = \frac{10 \times 8}{T_s} = 10 \times 8 \times 8000\text{bit/s} = 640\text{kbit/s}$$

其二进制码元速率为

$$R_s = \frac{R_b}{\log_2 M} = \frac{640}{\log_2 2}\text{kBaud} = 640\text{kBaud}$$

由此例可见，时分复用信号的信息速率等于各路信号的信息速率之和。

【例 6-6】 如图 6-22 所示，两路 180kbit/s 的数据和 10 路语音的 PCM 信号进行时分复用，合路后的数字信号经 QPSK 调制后在带通信道上传输。已知每路语音信号的取样速率为 8000Hz，QPSK 信号的功率谱主瓣宽度为 1MHz，中心频率为 400MHz。求语音信号数字化时采用的量化电平数 Q。

解 本题涉及到 PCM 原理、时分复用后数据速率及数字调制 QPSK 的带宽问题。

QPSK 即为 4PSK，由于其功率谱的主瓣宽度为 1MHz，因此其带宽 $B_{4PSK}=1\text{MHz}$。根据第 5 章式（5-35）可知 $M=4$ 进制数字基带信号的码元速率为

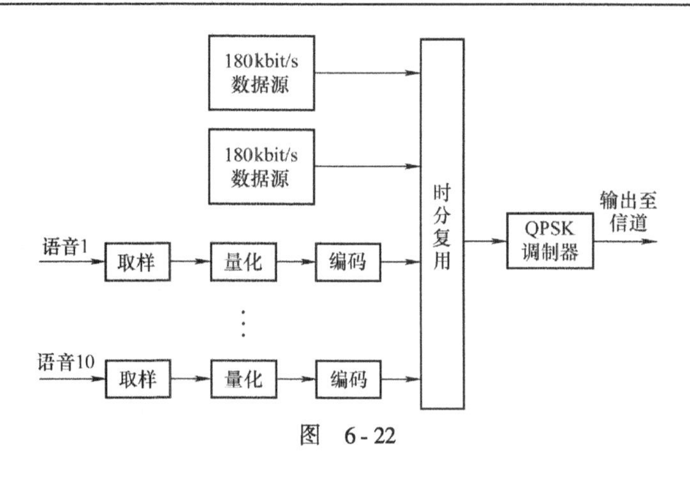

图 6-22

$$R_s = \frac{1}{2}B_{4PSK} = 500\text{kB}$$

信息速率为

$$R_b = R_s\log_2 M = 500 \times 2\text{kbit/s} = 1000\text{kbit/s}$$

这是两路 180kbit/s 数据和 10 路语音 PCM 信号信息速率的总和，故一路语音信号的信息速率为

$$R_{b1} = \frac{1000 - 180 \times 2}{10}\text{kbit/s} = 64\text{kbit/s}$$

由 $R_{b1} = kf_s$，且已知取样速率 $f_s = 8000\text{Hz}$，故有

$$64 \times 10^3 = k \times 8000$$

解得

$$k = 8,\ Q = 2^k = 2^8 = 256$$

【例 6-7】 对 24 路 PCM 信号进行时分多路复用，每路 PCM 信号是由截止频率 4kHz 的模拟带限信号 $m(t)$ 按奈奎斯特速率取样，并采用 5bit 编码而得。之后对此多路复用信号进行 2DPSK 调制，经过加性高斯白噪声信道传输后，在接收端采用差分相干解调。若解调器输入端信号幅度为 300mV，白噪声的单边功率谱密度为 5×10^{-9} W/Hz，试求解调器的误码率。

解 由题意，$f_H = 4\text{kHz}$，$k = 5$，$A = 300\text{mV}$，$n_0 = 5 \times 10^{-9}\text{W/Hz}$。

奈奎斯特取样速率等于低通信号最高频率的 2 倍，即

$$f_s = 2f_H = 2 \times 4\text{kHz} = 8\text{kHz}$$

于是单路 PCM 信号的信息速率为

$$R_{bPCM} = kf_s = (5 \times 8)\text{kbit/s} = 40\text{kbit/s}$$

24 路 PCM 信号的总信息速率为

$$R_b = 24R_{bPCM} = 24 \times 40\text{kbit/s} = 960\text{kbit/s}$$

由于 $E_b = \frac{1}{2}A^2T_b = \frac{A^2}{2R_b}$，所以解调器输入端

$$E_b/n_0 = \frac{A^2}{2R_b n_0} = \frac{0.3^2}{2 \times 960 \times 10^3 \times 5 \times 10^{-9}} = 9.375$$

代入式（5-27）得 2DPSK 差分相干解调的误码率为

$$P_e = \frac{1}{2}e^{-\frac{E_b}{n_0}} = \frac{1}{2}e^{-9.375} \approx 4.2 \times 10^{-5}$$

6.3.2 时分复用应用实例

目前国际上推荐的 PCM 时分复用数字电话的复用制式有两种，即采用 A 律压扩的 PCM30/32 路制式和采用 μ 律压扩的 PCM24 路制式。我国采用 PCM30/32 路制式。下面对 PCM30/32 路时分复用数字电话的复用方法作一简单介绍。

根据取样定理，每个话路的取样速率为 $f_s = 8\text{kHz}$，即每个话路的取样间隔 $T_s = 1/8000\text{s} = 125\mu\text{s}$。由于 PCM30/32 路数字电话系统复用的路数是 32 路，因此 125μs 要分割成 32 个时隙，其中 30 个时隙用来传送 30 路数字电话，另外两个时隙分别用来传输帧同步码和信令码，这 32 个时隙称为一帧，帧长为 125μs。PCM30/32 路数字电话的帧结构（时隙分配图）如图 6-23 所示。

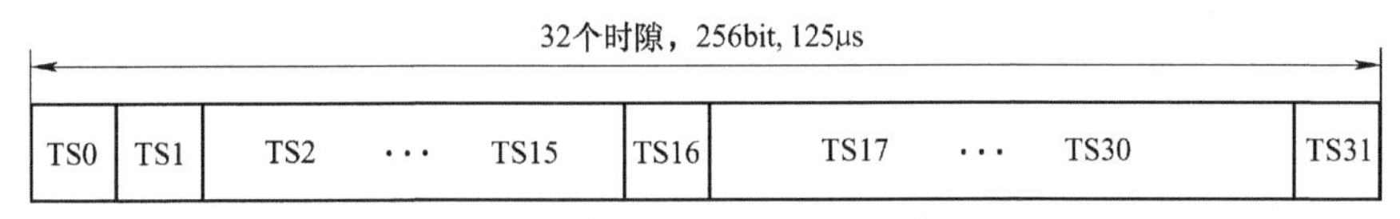

图 6-23 PCM30/32 路数字电话帧结构

32 个时隙分别用 TS0～TS31 表示，其中 TS1～TS15 和 TS17～TS31 这 30 个时隙用来传输 30 路电话信号的样值，TS0 用来传输帧同步码组，用于建立正确的路序，TS16 专用于传输话路信令（如占用、被叫摘机、主叫挂机等）。每个时隙包含 8 位二进制代码，一帧共有 256 比特，因此 PCM30/32 路时分复用数字电话系统的信息传输速率为

$$R_b = \frac{256}{125 \times 10^{-6}}\text{bit/s} = 2.048\text{Mbit/s} = 32 \times 64\text{kbit/s}$$

在 PCM30/32 路制式中，32 路信号（其中话音 30 路）时分复用构成的合路信号称为基群或一次群。如果要传输更多路的数字电话，则需要将若干个一次群数字信号通过数字复接设备复合成二次群，二次群再复合成三次群等。根据 ITU-T 建议，由 4 个一次群复接为一个二次群，包括 120 路数字电话，传输速率为 8.448Mbit/s。由 4 个二次群复接为一个三次群，包括 480 路数字电话，传输速率为 34.368Mbit/s。由 4 个三次群复接为一个四次群，包括 1920 路数字电话，传输速率为 139.264Mbit/s。由 4 个四次群复接为一个五次群，包括 7680 路数字电话，传输速率为 565.148Mbit/s。

ITU-T 建议标准的每一等级群路可以用来传输多路数字电话，也可以用来传输其他相同速率的数字信号，如可视电话、数字电视等。

6.4 本章小结

数字通信系统有许多优点。模拟信号要想在数字通信系统上传输，必须首先将它们转换成数字信号。脉冲编码调制（PCM）和增量调制（ΔM）是语音信号数字化的两种常用方法，它们均需经过取样、量化和编码三个步骤。

1. 脉冲编码调制（PCM）

（1）取样

① 取样的定义：将时间上连续的模拟信号变换为时间上离散的样值序列的过程。

② 取样的实现：用一个周期为 T_s 的冲激脉冲序列与被取样信号相乘。T_s 称为取样周期，$f_s=1/T_s$ 称为取样速率。

③ 样值序列的频谱：是原模拟信号频谱以间隔 f_s 重复（幅度乘以 $1/T_s$）。

④ 取样定理：一个频带限制在 $0\sim f_H$ 的低通信号 $m(t)$，只要取样速率 $f_s \geqslant 2f_H$，则可由样值序列无失真地重建 $m(t)$。取样定理是模拟信号数字化的理论基础，$f_s=2f_H$ 称为奈奎斯特取样速率，相应的间隔称为奈奎斯特取样间隔。实际应用中，$f_s=(2.5\sim3)f_H$，如语音信号的取样速率为8000次/s。

（2）量化

① 量化的定义：用最接近于取样值的量化电平来表示取样值。若设置的量化电平间隔相同，则称为均匀量化；否则称为非均匀量化。

② 量化的作用：将模拟信号转换成数字信号。量化产生了误差，称为量化误差，最大量化误差为台阶 Δ 的一半。

③ 量化误差的衡量：量化信噪比为 S_q/N_q，即量化信号功率/量化噪声功率。

均匀量化时：量化噪声功率 $N_q=\Delta^2/12$。

若信号均匀分布：$(S_q/N_q)_{dB}=20\lg Q\approx 6k\ (\text{dB})$。

若信号为正弦波：$(S_q/N_q)_{dB}=20\lg Q\approx 6k+2\ (\text{dB})$。

若信号为语音：$(S_q/N_q)_{dB}=20\lg Q\approx 6k-9\ (\text{dB})$。

（3）非均匀量化

① 目的：提高小信号的量化信噪比，从而扩大量化器的动态范围。

② 基本思想：小信号时用小台阶，大信号时用大台阶。

③ 实现方法："压缩+均匀量化"、13折线量化编码。

④ 压缩器特性：A 律、μ 律。

⑤ 13折线量化：用13根折线近似 $A=87.6$ 的 A 律特性，正负方向共设置256个量化台阶，最小量化台阶为 Δ，最大量化台阶为 64Δ。

（4）编码

用二进制代码表示量化电平值。若量化电平个数为 Q，则每个量化电平需要 $k=\log_2 Q$ 位二进制代码表示。

① 常用二进制代码：自然二进制码、折叠二进制码、格雷码等。

② 应用：语音信号的13折线量化编码采用折叠二进制码，即用第1位表示样值的极性，用接下来的3位表示样值所在的段，用最后4位表示样值在段内所在的级。

（5）PCM系统的误码噪声

PCM系统误码噪声对系统性能的影响用误码信噪比来表示。当信号均匀分布时，关于误码信噪比有如下结论：

① 采用自然二进制码时　　$S_q/N_e \approx \dfrac{1}{4P_e}$

② 采用折叠二进制码时　　$S_q/N_e \approx \dfrac{1}{5P_e}$

③ PCM 系统要求数字传输的误码率 $P_e \leqslant 10^{-6}$。

2. 增量调制（ΔM）

（1）编码方法：若取样值大于前一个样值的量化电平，编码为 1，否则编码为 0。

（2）码元速率：取样一次，编码输出 1 位二进制码，故数字化后码元速率等于取样速率，即有 $R_s=f_s$，增量调制中的取样速率通常较大，如 32kHz。

（3）量化噪声：一般量化噪声和过载量化噪声。

① 一般量化噪声：与量化台阶 δ 有关。正弦信号不发生过载时的最大量化信噪比为

$$(S_o/N_q)_{max} \approx (30\lg f_s - 20\lg f_0 - 10\lg f_m - 14)\text{dB}$$

可见，取样速率提高一倍，量化信噪比提高 9dB；信号频率提高一倍，量化信噪比下降 6dB。

② 避免过载的条件：$\left|\dfrac{\mathrm{d}m(t)}{\mathrm{d}t}\right|_{max} \leqslant \delta f_s$，其中 $k=\delta f_s$ 为最大跟踪斜率。

（4）误码噪声：与误码率 P_e 成正比。ΔM 要求 $P_e<10^{-3}$。

（5）自适应增量调制（$A\Delta M$）

① 基本思想：信号变化快时用大台阶，信号变化慢时用小台阶。

② 目的：扩大量化器的动态范围。

3. PCM 与 ΔM 系统性能比较

（1）量化信噪比：当 $k<4$ 时（码元速率小于 32kbit/s），ΔM 较优；反之，当 $k>5$，如 $k=7\sim8$ 时（码元速率为 56~64kbit/s），PCM 系统较优。

（2）误码信噪比：ΔM 优于 PCM。

4. 时分复用（TDM）

（1）时分复用目的：在同一信道上同时传输多路独立信号，提高信道的利用率。

（2）实现方法：将一条通信线路的工作时间，周期性地分割成若干个互不重叠的时隙，每个信号分别使用指定的时隙传输其样值。

（3）时分复用信号的特点：

① 各路信号的样值在时间上是两两分离的。

② 合路后信号的二进制码元速率是每路信号的二进制码元速率之和。

（4）PCM30/32 路时分复用数字电话：

① 帧结构：一帧共有 32 个时隙，其中 30 个时隙用于传输 30 路电话，另 2 个时隙用于传输帧同步码和信令。

② 数码率：

- 一路电话：$R_{b1}=64\text{kbit/s}$
- 32 路信号：$R_b=32R_{b1}=2.048\text{Mbit/s}$（称为基群速率或一次群速率）

多次群：4 个一次群组成二次群，4 个二次群组成三次群等。

6.5 习题

一、填空题

1. 模拟信号数字化过程经过的三个步骤是________、________和编码。

2. 一个语音信号，其频谱范围为 300 ~ 3400Hz，对其取样时，取样速率最小为________。实际应用中，语音信号的取样速率为________。

3. 为控制量化过程引入的量化噪声，可以通过减小________来实现，这是因为量化噪声功率等于________。

4. 设语音信号的变化范围为-4~4V，在语音信号的这个变化范围内均匀设置 256 个量化电平，此时量化器输出端的信噪比为________ dB。

5. 13 折线量化编码中，采用________（均匀/非均匀）量化，这种量化方式可以扩大量化器的________范围。

6. 对一个语音信号进行增量调制，设取样速率为 32000Hz，则数字化后数字信号的信息速率为________。

7. 一音乐信号 $m(t)$ 的最高频率分量为 20kHz，以奈奎斯特速率取样后进行 A 律 13 折线 PCM 编码，所得比特率为________ bit/s，若以理想低通基带系统传输此 PCM 信号，则系统的最小截止频率为________。

8. 32 路语音信号时分复用，每路信号的取样速率为 8000 次/s，采用 13 折线量化编码，则合路后信号的二进制码元速率为________。

9. 设量化器设置有 8 个量化电平，分别为±0.5、±1.5、±2.5、±3.5，现有取样值的大小为 2.05，则此取样值的量化电平和量化误差分别为________和________。如果用自然二进制码来表示，则代码为________，如果用折叠二进制来表示，则代码为________。

二、选择题

1. 若均匀量化器的量化间隔为 Δ，则均匀量化的最大量化误差为________。

A. $\Delta/2$　　B. 大于 $\Delta/2$　　C. Δ　　D. 有时 $\Delta/2$，有时大于 $\Delta/2$

2. A 律 13 折线编码中，当段码为 001 时，则它的起始电平为________。

A. 16Δ　　B. 32Δ　　C. 8Δ　　D. 64Δ

3. 均匀量化 PCM 中，取样速率为 8000Hz，输入单频正弦信号时，若编码后比特速率由 16kbit/s 增加到 64kbit/s，则量化信噪比增加________。

A. 36dB　　B. 48dB　　C. 32dB　　D. 24dB

4. 对语音信号进行均匀量化，每个量化值用一个 7 位代码表示，则量化信噪比为________。

A. 42dB　　B. 44dB　　C. 33dB　　D. 35dB

5. 13 折线量化编码时，所采用的代码是________。

A. 自然二进制码　B. 折叠二进制码　　C. 格雷码　　D. 8421BCD 码

6. 在增量调制中，设取样速率为 $f_s = 1/T_s$，量化台阶为 δ，则译码器的最大跟踪斜率为________。

A. δ/f_s　　B. f_s/δ　　C. $f_s\delta$　　D. δT_s

7. 设输入信号最大值为 5（V），现有样点值为 3.6（V），采用 13 折线量化编码，则此样点值的量化量平为________。

A. 1504Δ　　B. 1472Δ　　C. 1536Δ　　D. 2048Δ

8. PCM 这种数字化方法对数字通信系统提出的要求________。

A. 比 ΔM 高　　B. 比 ΔM 低　　C. 与 ΔM 一样高　　D. 不确定

9. 在简单增量调制中，若取样频率由 16kHz 增加到 64kHz，输入信号幅度相同，量化信噪比增加________ dB。

A. 9　　B. 12　　C. 15　　D. 18

10. PCM30/32 数字电话系统中，二次群包含的电话路数为________。

A. 30 路　　B. 32 路　　C. 128 路　　D. 120 路

三、简答题

1. 试画出完整的 PCM 通信系统框图，并简要说明框图中各部分的作用。

2. 模拟信号数字化的理论基础是什么？它是如何表述的？什么是奈奎斯特取样速率和奈奎斯特取样间隔？

3. 什么是量化和量化噪声？衡量量化噪声对通信质量影响的指标是什么？

4. 什么是非均匀量化？语音信号非均匀量化时量化台阶是如何设置的？非均匀量化的优点是什么？

5. 试简述脉冲编码调制（PCM）和增量调制这两种模拟信号数字化方法的异同点。（至少各写两条）

四、计算画图题

1. 一个带限低通信号 $m(t)$ 具有如下的频谱特性：

$$M(f)=\begin{cases}1-\dfrac{|f|}{200}, & |f|\leqslant 200\text{Hz}\\ 0, & \text{其他}\end{cases}$$

（1）若取样速率 $f_s=300\text{Hz}$，画出对 $m(t)$ 进行取样后，在 $|f|\leqslant 200\text{Hz}$ 范围内已取样信号 $m_s(t)$ 的频谱。

（2）f_s 改为 400Hz 后重复（1）。

2. 已知某信号的时域表达式为

$$m(t)=200\text{Sa}^2(200\pi t)$$

对此信号进行取样。求：

（1）奈奎斯特取样速率 f_s。

（2）奈奎斯特取样间隔 T_s。

（3）画出取样速率为 500Hz 时的已取样信号的频谱。

（4）当取样速率为 500Hz 时，画出恢复原信号的低通滤波器的传递特性 $H(f)$ 示意图。

3. 设单路语音信号 $m(t)$ 的频率范围为 300~3400Hz，取样速率为 $f_s=8\text{kHz}$，量化级数 $Q=128$。试求 PCM 信号的二进制码元速率为多少？

4. 若语音信号的频率范围为 300~3400Hz，采用均匀量化 PCM 系统传输，要求信号量化信噪比不低于 30dB，试求采用二进制 PCM 基带系统所需的理论最小带宽。

5. 在对语音信号进行均匀量化的 PCM 中，设取样速率为 8kHz，若编码后信息速率由

40kbit/s 增加到 64kbit/s，则量化信噪比增加了多少分贝？

6. 信号 $x(t)$ 的最高频率 $f_H=25kHz$，按奈奎斯特取样速率取样，采用线性 PCM 量化编码，量化级数 $Q=256$，自然二进制编码，并通过二进制数字系统传输。若系统的平均误码率 $P_e=10^{-3}$，试求：

（1）传输 10s 后错误码元的数目。

（2）若 $x(t)$ 为频率 $f_H=25kHz$ 的正弦波，求 PCM 系统总的输出信噪比 $\left(\frac{S_o}{N_o}\right)_{dB}$。

7. 已知某 13 折线编码器输入样值为+785mV，若最小量化级为 1mV，试求 13 折线编码器输出的码组。

8. 13 折线编码，收到的码组为 11101000，若最小量化级为 1mV，求译码器输出电压值。

9. 图 6-24 是一个对单极性模拟信号进行 PCM 编码后的输出波形。最小量化电平为 0.5V，量化台阶为 1V，编码采用自然二进制码。图中正、负脉冲分别表示“1”码和“0”码，每三个码元组成一个 PCM 码组。试画出此 PCM 波形译码后的样值序列。

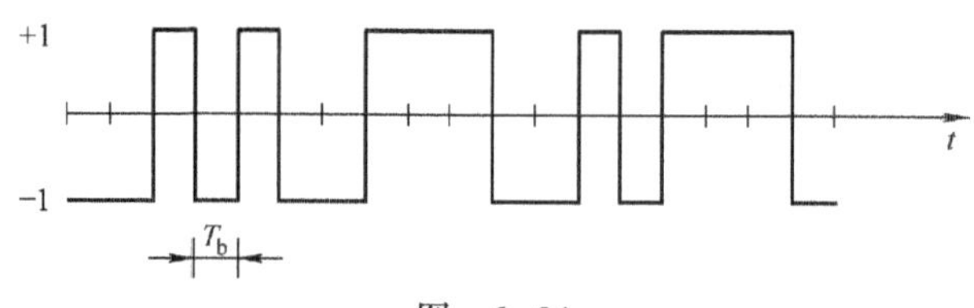

图 6-24

10. 设增量调制系统的量化台阶 $\delta=50mV$，取样速率为 $f_s=32kHz$，求当输入信号为 800Hz 正弦波时，允许的最大振幅为多大？

11. 在增量调制系统中，已知输入模拟信号 $m(t)=A\cos 2\pi f_0 t$，取样速率为 f_s，量化台阶为 δ。

（1）试求简单增量调制系统的最大跟踪斜率。

（2）求系统不出现过载时输入信号幅度的最大值。

（3）如果收到码序列为 11011110001，按阶梯信号方式画出译码器输出信号的波形（设初始电平为 0）。

12. 24 路语音信号进行时分复用并经 PCM 编码后在同一信道传输。每路语音信号的取样速率为 $f_s=8kHz$，每个样值量化为 256 个量化电平中的一个，每个量化电平用 8 位二进制编码。

（1）时分复用后 PCM 信号的二进制码元速率为多少？

（2）当用二进制数字基带系统来传输此信号时，系统带宽最小为多少？

（3）当此数字信号经 2PSK 调制后再传输时，数字频带系统的带宽至少为多少？

13. 32 路 PCM 信号时分复用后通过某高斯噪声信道传输，设信道带宽 $B=224kHz$，信噪比 $S/N=255$ 倍，求单路 PCM 信号所允许的最高数据速率。若在 PCM 处理中，均匀量化电平数为 128，则最高取样速率为多少？

第7章　信道编码

通过第4、5两章的学习知道，数字信息在传输过程中，由于实际信道的传输特性不理想以及存在噪声和干扰，在接收端往往会产生误码。为了提高数字通信的可靠性，可合理地设计系统的发送和接收滤波器，采用均衡技术，消除数字系统中码间干扰的影响，还可选择合适的调制解调技术，增加发射机功率，采用先进的天线技术等。若数字系统的误码仍不能满足要求，则可以采用信道编码技术，进一步降低误码率。采用信道编码技术的数字通信系统框图如图7-1所示，图中的数字通信系统可以是数字基带传输系统，也可以是数字频带传输系统。

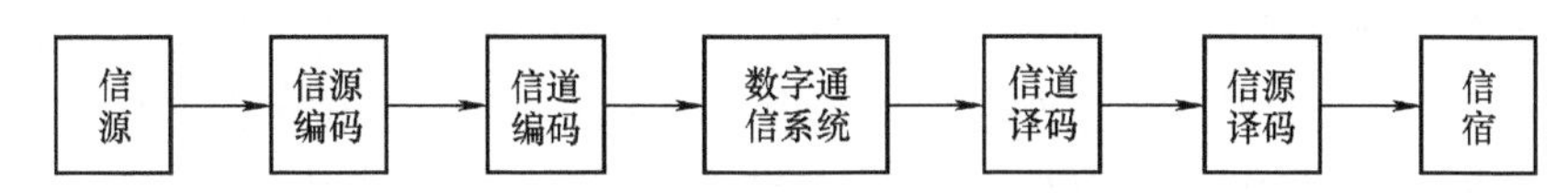

图7-1　采用信道编码技术的数字通信系统框图

信道编码又称差错控制编码，其基本原理是：发送端的信道编码器按照一定的规律给信息增加冗余码元（监督码元），使随机的原始数字信息变成具有一定规律的数字信息，而接收端的信道译码器则利用这些规律性发现或纠正接收码元中可能存在的错误码元。冗余码元的引入提高了传输的可靠性，但降低了传输效率，换句话说，信道编码是以牺牲有效性来换取可靠性的。

信道编码不同于第6章介绍的信源编码。信源编码是为提高数字信号有效性而采取的一种编码技术，其宗旨是尽可能压缩冗余度，以达到降低数码率、压缩传输频带的目的。而信道编码的目的是通过增加冗余度来提高数字通信的可靠性。需要强调的是，信源编码减少的冗余度与信道编码增加的冗余度是不同的。信源编码减少的冗余度是随机的、无规律的，即使不减少它，也不能用它来检错或纠错；而信道编码增加的冗余度是特定的、有规律的，是有用的，可用它来检错和纠错。

本章主要介绍信道编码的基本概念，以及一些常用检错码和纠错码的编译码方法，最后还将介绍m序列及其应用。

7.1　信道编码的基本概念

7.1.1　信道编码的检错、纠错原理

信道编码的基本思想是在被传输信息中按一定的规律增加一些监督码元，接收端利用监督码元检测和纠正错误。下面举例说明信道编码的检错和纠错原理。

设信源输出A和B两种消息，经信源编码后输出“0”和“1”两种代码，分别表示A和B两种消息。假设不经过信道编码直接传输，那么当传输发生误码，即“1”错成“0”或“0”错成“1”时，接收端则无法判断收到的码元是否发生了错误，因为“1”和“0”都是发送端可能发送的码元，如图7-2a所示。

若增加一位监督元，设增加的监督元与信息元相同，即用“00”表示消息A，用“11”表示信息B，这样在接收端可以发现传输过程中出现的一位错误。这是因为，如果码字在传输过程中发生一位错误，则“11”变成“01”或“10”，“00”变成“01”或“10”，由于发送端不可能发送“01”或“10”，因而接收端能发现这种错误。但它不能纠错，因为“00”和“11”出现一位错误时都可变成“01”或“10”，所以当接收端收到“10”或“01”时，无法确定发送端发送的是“11”还是“00”，如图7-2b所示。

若增加二位监督码元，设监督码元仍和信息元相同，即用“000”表示消息A，用“111”表示消息B，则在接收端可以纠正传输过程中出现的一位错误。例如，若发送端发送“111”，传输中出现一位错误，设接收端收到“110”，此时显然能发现这个错误，因为发送端只可能发送“111”或“000”。再根据“110”与“111”及“000”的相似程度，将“110”翻译为“111”，这样“110”中的一位错误就得到了纠正。如果“111”在传输过程中出现二位错误，接收端收到“100”或“010”或“001”，因为它们即不代表消息A，也不代表消息B，于是接收端也能发现这样的错误，但无法纠正这二位错误，如果一定要纠错的话，会将“100”、“010”或“001”译成“000”，显然纠错不成功，如图7-2c所示。

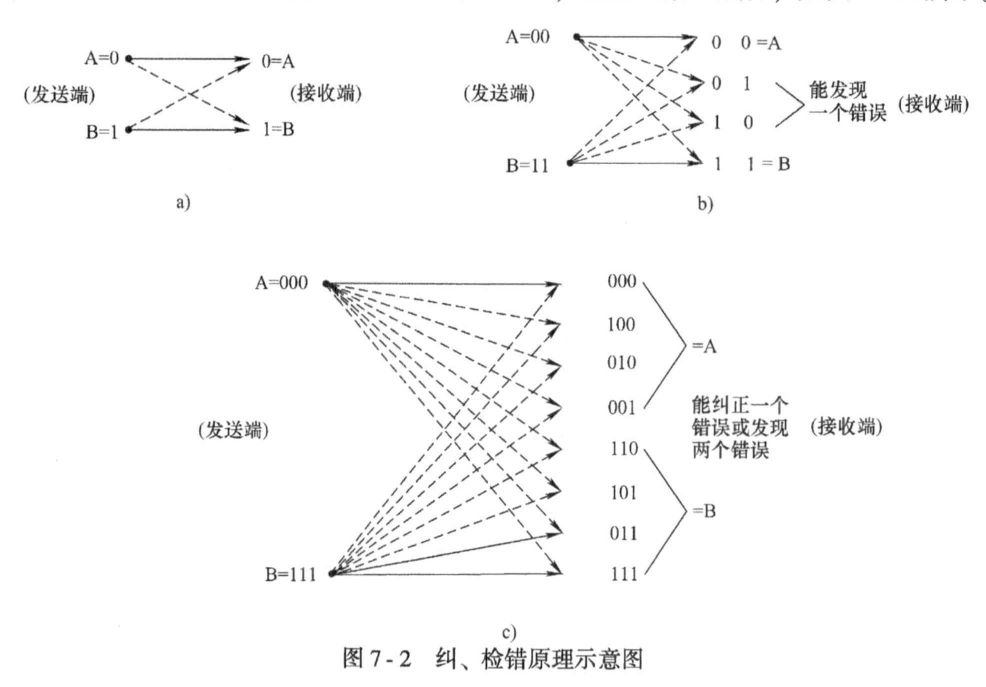

图7-2 纠、检错原理示意图

从以上分析可看出，增加冗余度能提高信道编码的检错和纠错能力。

7.1.2 码长、码重、码距和编码效率

信道编码器将每k个二进制码元分为一组，按一定的规律添加r个监督码元，这样就组成了一个$n=k+r$个码元的码字，记为（n，k），码字结构如图7-3所示。

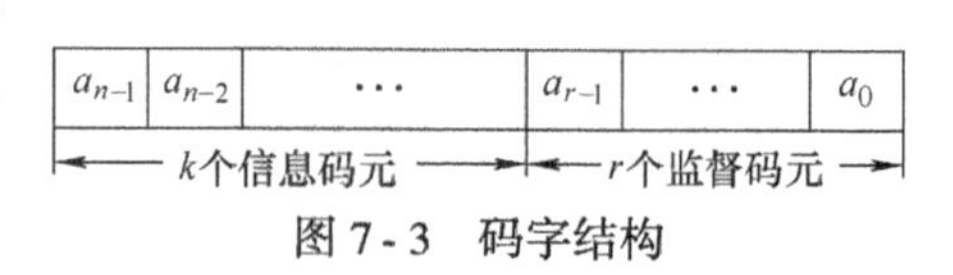

图7-3 码字结构

(1) 码长 n

一个码字中码元的个数称为码字的长度，简称为码长。如码字 11011，码长 $n=5$。

(2) 码重 W

码字中“1”的数目称为码字的重量，简称为码重。如码字 11011 中“1”的个数为 4，故码重 $W=4$。

(3) 码距 d

两个等长码字之间对应位置码元不同的数目称为这两个码字的汉明距离，简称为码距。如码字“11011”和“00101”之间对应位置有四个码元不同，故码距 $d=4$。两个码字间的码距也可以用两个码字对应码元模 2 加的重量来求，即

$$d = W(11011 \oplus 00101) = 4$$

(4) 编码效率 η

一个码字中信息码元数目 k 与码长 n 的比值定义为编码效率，即

$$\eta = \frac{k}{n} \tag{7-1}$$

编码效率是衡量编码性能的一个重要参数。编码效率越高，有效性就越高，但纠、检错能力越弱，当 $\eta=1$ 时就没有纠、检错能力了。

7.1.3 最小码距离 d_0 与码的纠、检错能力之间的关系

一个码通常由多个码字构成。码字集合中两两码字之间距离的最小值称为码的最小距离，通常用 d_0 表示，它决定了一个码的纠、检错能力，是个极为重要的参数。

若要在码的任一码字内：

① 检出 e 个错误码元，则要求最小码距

$$d_0 \geqslant e + 1 \tag{7-2}$$

② 纠正 t 个错误码元，则要求最小码距

$$d_0 \geqslant 2t + 1 \tag{7-3}$$

③ 检出 e 个错误码元的同时纠正 t 个错误码元（$e>t$），则要求最小码距

$$d_0 \geqslant e + t + 1 \tag{7-4}$$

这里所谓的“同时”是指当错误个数小于等于 t 时，该码能纠正 t 个错误；当错误个数大于 t 而小于 e 时，则能发现错误。

式（7-2）~式（7-4）可以用图 7-4 所示的几何图形来形象地说明和解释。

图 7-4a 中，当 A、B 两个码字之间的距离为 $e+1$ 时，任何一个码字发生小于等于 e 个错误时都不会变成另一个码字，因而这些错误可以被检测出来。图 7-4b 中，当 A、B 两个码字之间的距离为 $2t+1$ 时，任何一个码字发生小于等于 t 个错误时都仍然在本码字的纠错范围内，故错误都能被正确纠正。否则会进入另一个码字的纠错范围而被纠正成另一个码字，纠错失败。图 7-4c 中，若错误个数小于等于 e，则不会落入另一个码字的纠错范围，错误可被发现；若错误个数大于 e，则会落入另一个码字的纠错范围被纠成另一个码字，错误将无法被发现。可见，检测 e 个错误的同时纠 t 个错误，要求最小码距至少为 $t+e+1$。

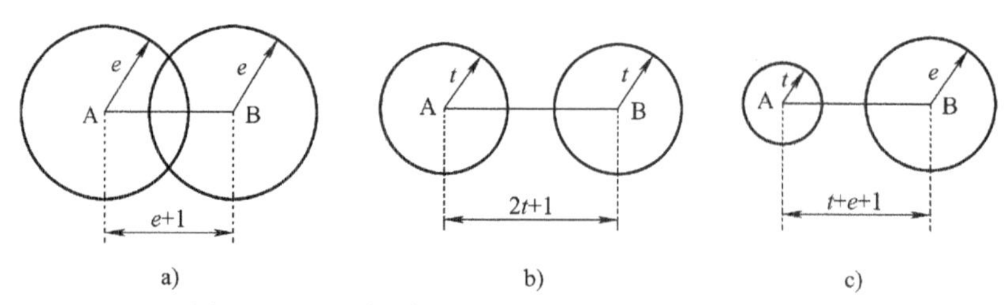

图7-4 码距与纠、检错能力之间关系的几何解释

【例7-1】 设有一个码，码字集共有两个码字，A码字为0000，B码字为1111，则A、B间的码距就是此码的最小码距 $d_0=4$，求此码的纠、检错能力。

解 （1）用式（7-2）求码的检错能力。将最小码距代入式（7-2）得

$$e\leqslant 3$$

即此码若于用检错，最多能检测出码字中的三个错误。

（2）用式（7-3）求码的纠错能力。将最小码距代入式（7-3）得

$$t\leqslant 1.5$$

即此码若用于纠错，最多能纠正码字中的一个错误。

（3）用式（7-4）求码的混合纠、检错能力。将最小码距入式（7-4）得

$$4\geqslant t+e+1$$

显然，$e=2$ 和 $t=1$ 满足此式且符合 $e>t$ 的要求，因此此码用于检错的同时纠错时，能纠正一个错误并且能检测出两个错误。

例7-1中的码用于检错时，最多能检出3个错误；用于检错的同时纠错，能检出2位错误，与单纯检错系统相比，检错能力弱了，为什么呢？因为当码字中发生3位错误时，如“1111”错成“0001”，由于系统有纠错功能，系统认为“0001”中只有1位错误，会自动将“0001”纠正为“0000”，因而系统无法发现3位错误，这一点请读者仔细体会并理解。

7.1.4 信道编码的分类

信道编码的种类很多，下面介绍几种常用的分类方法。

（1）线性码与非线性码

若监督码元与信息码元之间的关系可用线性方程表示，则称为线性码。否则，称为非线性码。

（2）分组码与卷积码

若监督码元只与本码字中的信息码元有关，称为分组码；若监督码元不仅与本码字中的信息码元有关，还与之前的若干个码字中的信息码元有关，则称为卷积码。卷积码又称为连环码。线性分组码中，把具有循环移位特性的码称为循环码，否则称为非循环码。

（3）系统码与非系统码

编码前后信息码元保持原样不变的称为系统码，反之称为非系统码。

（4）检错码与纠错码

以检测（发现）错误为目的的码称为检错码。以纠正错误为目的的码称为纠错码。纠错码一定能检错，但检错码不一定能纠错。通常将纠、检错码统称为纠错码。

7.1.5 差错控制方式

常用的差错控制方式主要有三种：前向纠错（FEC）、检错重发（ARQ）和混合纠错（HEC）。它们所对应的差错控制系统如图 7-5 所示。

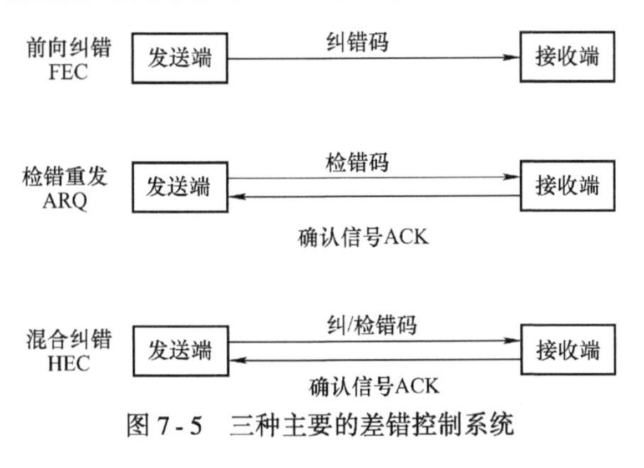

图 7-5 三种主要的差错控制系统

前向纠错（FEC），又称自动纠错。在这种系统中，发送端发送纠错码，接收端译码器自动发现并纠正错误。其特点是不需要反向信道，实时性好，适合于要求实时传输信号的系统，但编、译码电路相对比较复杂。

检错重发（ARQ），又叫自动请求重发。在这种系统中，发送端发送检错码，通过正向信道传送到接收端，接收端译码器检测接收码字中有无错误，如果接收码字中无错误，则向发送端发送确认信号 ACK，告诉发送端此码字已正确接收。如果收到的码字中有错误，接收端不向发送端发送确认信号 ACK，于是发送端等待一段时间后再次发送此码字，一直到接收端正确接收此码字为止。其特点是需要反向信道，编、译码设备简单。适合于不要求实时传输但要求误码率很低的数据传输系统。

混合纠错（HEC），是 FEC 与 ARQ 的混合。发送端发送纠、检错码（纠错的同时检错），通过正向信道传送到接收端，接收端对错误能纠正的就自动纠正，纠正不了时就等待发送端重发。混合纠错方式同时具有 FEC 的高传输效率、ARQ 的低误码率及编、译码设备简单等优点。但它需要反向信道，实时性差，因此不适合于实时传输信号。

7.2 常用检错码

检错码是用于发现错误的码。这些码虽然简单，但由于它们易于实现，检错能力较强，因此实际系统中用得很多。

7.2.1 奇偶监督码

这是一种最简单也是最基本的检错码，又称为奇偶校验码。编码方法是把信息码元先分组，然后在每组信息的最后加一位监督码元，使该码字中“1”的数目为奇数或偶数，奇数时称为奇监督码，偶数时称为偶监督码，统称为奇偶监督码。信息组长度为 3 时的奇监督码和偶监督码如表7-1所示。

表7-1 码长为4的奇、偶监督码

序号	码长为4的奇监督码		序号	码长为4的偶监督码	
	信息码元 $a_3a_2a_1$	监督码元 a_0		信息码元 $a_3a_2a_1$	监督码元 a_0
0	000	1	0	000	0
1	001	0	1	001	1
2	010	0	2	010	1
3	011	1	3	011	0
4	100	0	4	100	1
5	101	1	5	101	0
6	110	1	6	110	0
7	111	0	7	111	1

奇偶监督码的译码也很简单。译码器只要检查接收码字中“1”的个数是否符合编码时的规律即可。如奇监督码，若接收码字中“1”的个数为奇数，则译码器认为接收码字没有错误，而相反，若“1”的个数为偶数，则译码器认为接收码字中有错误。

不难看出，这种奇偶监督码只能发现单个和奇数个错误，而不能检测出偶数个错误，因此它的检错能力不高。但是由于该码的编、译码方法简单，而且在很多实际系统中，码字中发生单个错误的可能性比发生多个错误的可能性大得多，所以奇偶监督码得到广泛应用。

7.2.2 行列奇偶监督码

行列奇偶监督码又称为二维奇偶监督码或矩阵码。编码时首先将信息排成一个矩阵，然后对每一行、每一列分别进行奇或偶监督编码。编码完成后可以逐行传输，也可以逐列传输。译码时分别检查各行、各列的奇偶监督关系，判断是否有错。图7-6给出了一个行列监督码字的例子，图中虚线框中为信息矩阵，对各行各列进行奇监督编码，右下角的这一位可以对行编码，也可对列编码，本例中对行编码。

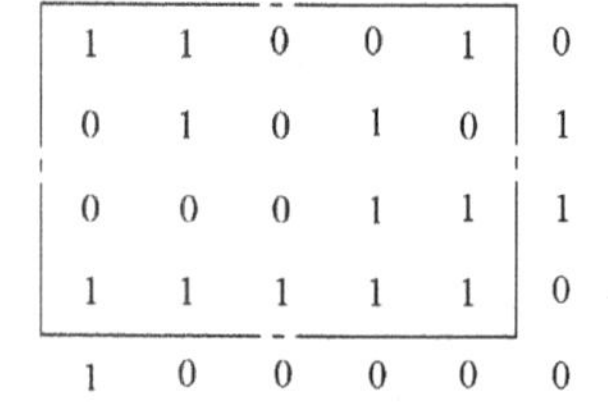

图7-6 行列奇偶监督码字实例

这种码具有较强的检测随机错误的能力，能发现所有1、2、3及其他奇数个错误，也能发现大部分偶数个错误，但如果码字中的4个错误分布在矩形的4个顶点上，则无法发现。

行列奇偶监督码还有纠错能力。它能纠正单个错误或仅在一行或一列中的奇数个错误，因为这些错误的位置可以由行、列监督码元来确定。

7.2.3　恒比码

恒比码又称为等重码或等比码。这种码的码字中“1”的数目和“0”的数目之比保持恒定。译码时，只要检查“1”“0”码元的个数，就可判断有无错误。

我国邮电部门采用的五单位数字保护电码是一种“1”“0”个数之比为3∶2的恒比码。此码具有 10 个码字，恰好可用来表示 10 个阿拉伯数字，如表 7-2 所示。

表 7-2　五单位数字保护电码

数　字	码　字	数　字	码　字
0	01101	5	00111
1	01011	6	10101
2	11001	7	11100
3	10110	8	01110
4	11010	9	10011

不难看出，恒比码能够检测码字中所有奇数个错误及部分偶数个错误。该码的主要优点是简单。实践证明，采用这种码后，我国汉字电报的差错率大为降低。

7.3　线性分组码

既是线性码又是分组码的纠错码称为线性分组码。

7.3.1　线性分组码的特点

根据线性码和分组码的定义可知，线性分组码码字中的监督码元仅与本码字中的信息码元有关，而且这种关系可以用线性方程来表示。如某（7，3）线性分组码，其码字长度为 7，一个码字内信息码元数为 3，监督码元数为 4。设码字用 $\boldsymbol{A}=[a_6a_5a_4a_3a_2a_1a_0]$ 表示，前 3 位 $a_6a_5a_4$ 表示信息码元，后 4 位 $a_3a_2a_1a_0$ 表示监督码元，监督码元与信息码元之间的关系可用如下线性方程组表示：

$$\begin{cases} a_3 = a_6 \quad\quad + a_4 \\ a_2 = a_6 + a_5 + a_4 \\ a_1 = a_6 + a_5 \\ a_0 = \quad\quad a_5 + a_4 \end{cases} \tag{7-5}$$

显然，当 3 位信息码元 $a_6a_5a_4$ 给定时，根据式（7-5）即可计算出 4 位监督码元 $a_3a_2a_1a_0$，然后构成一个有 7 个码元的码字。所以编码器的工作就是根据收到的信息码元，按编码规则计算监督码元，然后将由信息码元和监督码元构成的码字输出。由编码规则式（7-5）得到的（7，3）线性分组码的全部码字列于表 7-3 中，读者可根据式（7-5）计算监督码元加以验证。需要说明的是，本章中的“+”表示的是模 2 加运算，以后不再另行说明。

表7-3 (7，3) 线性分组码码字表

序号	码字		序号	码字	
	信息元	监督元		信息元	监督元
0	000	0000	4	100	1110
1	001	1101	5	101	0011
2	010	0111	6	110	1001
3	011	1010	7	111	0100

可以验证，表7-3中任意两个码字对应码元模2加（异或）得到的结果仍然是表中的一个码字，这就是线性分组码所具有的一个重要性质，即封闭性。

利用封闭性可方便地求出线性分组码的最小码距为

$$d_0 = W_{\min}(A_i \oplus A_j) = W_{\min}(A_k) \quad A_i, A_j, A_k \in (n, k)，且\ i \neq j, k \neq 0 \tag{7-6}$$

即线性分组码的最小码距等于非全零码字的最小重量。

可见，表7-3所示（7，3）码的最小码距 $d_0=4$，所以，此（7，3）分组码用于检错时，最多能检测出码字中的三个错误码元，用于纠错时，最多能纠正码字中的一个错误码元。

对线性分组码有了一般性了解后，下面系统讨论线性分组码的编码、译码方法。

7.3.2 线性分组码的编码

下面仍以上述（7，3）线性分组码为例，用矩阵理论来讨论线性分组码的编码过程，并得到两个重要的矩阵：监督矩阵 $\boldsymbol{H}$ 和生成矩阵 $\boldsymbol{G}$。

式（7-5）所示监督方程组可改写为（模2加法中“加”与“减”是相同的）

$$\begin{cases} a_6 + a_4 + a_3 = 0 \\ a_6 + a_5 + a_4 + a_2 = 0 \\ a_6 + a_5 + a_1 = 0 \\ a_5 + a_4 + a_0 = 0 \end{cases} \tag{7-7}$$

将其写成矩阵形式为

$$\begin{pmatrix} 1 & 0 & 1 & 1 & 0 & 0 & 0 \\ 1 & 1 & 1 & 0 & 1 & 0 & 0 \\ 1 & 1 & 0 & 0 & 0 & 1 & 0 \\ 0 & 1 & 1 & 0 & 0 & 0 & 1 \end{pmatrix} \begin{pmatrix} a_6 \\ a_5 \\ a_4 \\ a_3 \\ a_2 \\ a_1 \\ a_0 \end{pmatrix} = \begin{pmatrix} 0 \\ 0 \\ 0 \\ 0 \end{pmatrix}$$

并简记为

$$HA^{\mathrm{T}}=O^{\mathrm{T}} \tag{7-8}$$

两边转置得

$$AH^{\mathrm{T}}=O \tag{7-9}$$

其中 A^{T} 是码字 A 的转置，O^{T} 是 $O=[0\quad 0\quad 0\quad 0]$ 的转置，H^{T} 是 H 的转置，H 为

$$H=\begin{pmatrix}1&0&1&1&0&0&0\\1&1&1&0&1&0&0\\1&1&0&0&0&1&0\\0&1&1&0&0&0&1\end{pmatrix} \tag{7-10}$$

称为此（7，3）分组码的**监督矩阵**。（n，k）线性分组码的监督矩阵 H 由 r 行 n 列组成，$r=n-k$，且这 r 行是线性无关的。上述监督矩阵具有如下形式：

$$H=[PI_r]$$

这样的监督矩阵称为典型监督矩阵。其中 I_r 为 $r\times r$ 的单位矩阵，P 是 $r\times k$ 的矩阵。对于式（7-10）所示的监督矩阵有

$$P=\begin{pmatrix}1&0&1\\1&1&1\\1&1&0\\0&1&1\end{pmatrix}\qquad I_r=\begin{pmatrix}1&0&0&0\\0&1&0&0\\0&0&1&0\\0&0&0&1\end{pmatrix}$$

若已知信息码元组 $M=[a_6\quad a_5\quad a_4]$，利用矩阵 P 就可求得对应的监督码元，即

$$\begin{pmatrix}a_3\\a_2\\a_1\\a_0\end{pmatrix}=P\begin{pmatrix}a_6\\a_5\\a_4\end{pmatrix} \tag{7-11}$$

或

$$[a_3\quad a_2\quad a_1\quad a_0]=[a_6\quad a_5\quad a_4]P^{\mathrm{T}}$$

求出监督码元后，由信息码元和监督码元即可构成码字 $A=[a_6\quad a_5\quad a_4\quad a_3\quad a_2\quad a_1\quad a_0]$。读者可根据这种方法求出此（7，3）码的全部码字，与表7-3所列码字进行比较。

还可以用生成矩阵 G 来求码字。线性分组码（n，k）的典型生成矩阵 G 为

$$G=[I_kP^{\mathrm{T}}] \tag{7-12}$$

它是一个 k 行 n 列的矩阵，其中 I_k 是 $k\times k$ 的单位矩阵。显然生成矩阵 G 可以由监督矩阵 H 确定。与式（7-10）监督矩阵相对应的生成矩阵为

$$G=\begin{pmatrix}1&0&0&1&1&1&0\\0&1&0&0&1&1&1\\0&0&1&1&1&0&1\end{pmatrix} \tag{7-13}$$

当信息给定时，由生成矩阵求码字的方法是

$$A=MG \tag{7-14}$$

其中 M 为信息矩阵。如 $M=[001]$ 时，通过生成矩阵 G 求得的码字为

$$A=[0\ \ 0\ \ 1]\begin{pmatrix}1&0&0&1&1&1&0\\0&1&0&0&1&1&1\\0&0&1&1&1&0&1\end{pmatrix}=[0\ \ 0\ \ 1\ \ 1\ \ 1\ \ 0\ \ 1]$$

此码字等于生成矩阵中的最后一行。改变信息矩阵 $\boldsymbol{M}$ 可求出（7，3）码的全部码字，与表 7-3 所列码字完全一样。

可见，给定监督方程组后，可以通过监督方程组直接求监督码元，也可以用式（7-11）所示的矩阵乘法来求监督码元，还可以用式（7-14）直接求出码字。

【例 7-2】 汉明码是一类高效率的纠单个错误的线性分组码。其特点是最小码距 $d_0=3$，码长 n 与监督码元个数 r 满足关系式

$$n=2^r-1 \tag{7-15}$$

其中，$r\geqslant 3$。所以有（7，4）、（15，11）、（31，26）等汉明码。设（7，4）汉明码的 3 个监督码元与 4 个信息码元之间的关系为

$$\begin{cases}a_6+a_5+a_4\quad\ \ +a_2\qquad\qquad\ =0\\a_6+a_5\quad\ \ +a_3\quad\ \ +a_1\qquad\ =0\\a_6\quad\ \ +a_4+a_3\qquad\qquad +a_0=0\end{cases} \tag{7-16}$$

（1）求此（7，4）汉明码的全部码字。

（2）求其编码效率 η。

（3）若此（7，4）汉明码编码器输入端的二进制码元速率为 $R_b=2000$Baud，则编码器输出端的二进制码元速率为多少？

解 （1）用式（7-14）可求全部码字，但首先需要得到（7，4）汉明码的典型生成矩阵 $\boldsymbol{G}$。

由式（7-16）给定的监督关系求出监督矩阵如下

$$\boldsymbol{H}=\begin{pmatrix}1&1&1&0&1&0&0\\1&1&0&1&0&1&0\\1&0&1&1&0&0&1\end{pmatrix}=[\boldsymbol{PI}_3]$$

所以

$$\boldsymbol{P}=\begin{pmatrix}1&1&1&0\\1&1&0&1\\1&0&1&1\end{pmatrix}$$

根据式（7-12）得到典型生成矩阵 $\boldsymbol{G}$ 为

$$\boldsymbol{G}=[\boldsymbol{I}_4\boldsymbol{P}^{\mathrm{T}}]=\begin{pmatrix}1&0&0&0&1&1&1\\0&1&0&0&1&1&0\\0&0&1&0&1&0&1\\0&0&0&1&0&1&1\end{pmatrix}$$

将信息矩阵 $\boldsymbol{M}=[0\ \ 0\ \ 0\ \ 0]$ 代入式（7-14），得到码字为

$$A=[0\ \ 0\ \ 0\ \ 0]\begin{pmatrix}1&0&0&0&1&1&1\\0&1&0&0&1&1&0\\0&0&1&0&1&0&1\\0&0&0&1&0&1&1\end{pmatrix}=[0\ \ 0\ \ 0\ \ 0\ \ 0\ \ 0\ \ 0]$$

当信息矩阵 $\boldsymbol{M}=[0\quad 0\quad 0\quad 1]$ 时，码字为

$$\boldsymbol{A}=[0\quad 0\quad 0\quad 1]\begin{pmatrix}1&0&0&0&1&1&1\\0&1&0&0&1&1&0\\0&0&1&0&1&0&1\\0&0&0&1&0&1&1\end{pmatrix}=[0\quad 0\quad 0\quad 1\quad 0\quad 1\quad 1]$$

可见，所得码字是生成矩阵的最后一行。4 位信息共有 16 种不同的组合，对应 16 个不同的码字。按上述方法即可求出（7，4）汉明码的所有码字，如表 7-4 所示。

表 7-4 （7，4）汉明码的码字表

序号	码字		序号	码字	
	信息码元	监督码元		信息码元	监督码元
0	0000	000	8	1000	111
1	0001	011	9	1001	100
2	0010	101	10	1010	010
3	0011	110	11	1011	001
4	0100	110	12	1100	001
5	0101	101	13	1101	010
6	0110	011	14	1110	100
7	0111	000	15	1111	111

根据表 7-4，除全 0 码字以外，重量最轻的码字的重量为 3，所以（7，4）汉明码的最小码距 $d_0=3$。（7，4）汉明码能纠正 1 位错误，最多能检测 2 位错误。

（2）对于（7，4）汉明码，$n=7$，$k=4$，因此其编码效率为

$$\eta=\frac{k}{n}=\frac{4}{7}$$

（3）由于（7，4）汉明码编码器对每 4 个二进制码元增加 3 位监督码元，故输出端的二进制码元速率将提高到

$$R_{s出}=\frac{R_{s入}}{\eta}=R_{s入}\frac{n}{k}=2000\times\frac{7}{4}\text{Baud}=3500\text{Baud}$$

7.3.3 线性分组码的译码

设发送端发送码字 $\boldsymbol{A}=[a_{n-1}\quad a_{n-2}\cdots a_1\quad a_0]$，此码字在传输中可能由于干扰引入错误，故接收码字一般说来与 $\boldsymbol{A}$ 可能不同，设接收码字 $\boldsymbol{B}=[b_{n-1}\quad b_{n-2}\cdots b_1\quad b_0]$，则发送码字和接收码字之间的差别为

$$\boldsymbol{E}=\boldsymbol{B}+\boldsymbol{A}\tag{7-17}$$

称 $\boldsymbol{E}$ 为错误图样，它是一个 1 行 n 列的矩阵，表示为

$$E=[e_{n-1} \quad e_{n-2}\cdots e_1 \quad e_0]$$

如果A在传输过程中第i位发生错误，则$e_i=1$，反之，则$e_i=0$。例如，若发送码字$A=[1 \ 0 \ 0 \ 1 \ 1 \ 1 \ 0]$，接收码字$B=[1 \ 0 \ 0 \ 1 \ 1 \ 0 \ 0]$，则错误图样$E=[0 \ 0 \ 0 \ 0 \ 0 \ 1 \ 0]$。

由于在模2加中，减法和加法是相同的，因此式（7-17）也可写成

$$B=A+E \tag{7-18}$$

$$A=B+E \tag{7-19}$$

译码器的任务就是判别接收码字B中是否有错，若有错，则设法确定错误位置并加以纠正，从而恢复发送码字A。

由式（7-9）可知，码字A与监督矩阵H有如下约束关系：

$$AH^{\mathrm{T}}=O$$

当$B=A$时，有

$$BH^{\mathrm{T}}=O$$

O为$1\times r$的全0矩阵。

当$B\neq A$时，说明接收码字B中有错误，此时

$$B\cdot H^{\mathrm{T}}=(A+E)\cdot H^{\mathrm{T}}=A\cdot H^{\mathrm{T}}+E\cdot H^{\mathrm{T}}=E\cdot H^{\mathrm{T}}\neq O$$

令矩阵

$$S=B\cdot H^{\mathrm{T}}=E\cdot H^{\mathrm{T}} \tag{7-20}$$

称S为伴随式，它是$1\times r$的矩阵，r是线性分组码中监督码元的个数。

由上面的分析可见，当接收码字无错误时，$S=O$；当接收码字有错误时，$S\neq O$。由式（7-20）可知，S与错误图样E有对应关系，与发送码字无关，故由S能确定传输中是否发生了错误及错误的位置。

下面以7.3.2节中所列举的（7，3）线性分组码为例，具体说明线性分组码的译码过程。

1）首先根据式（7-20）求出错误图样E与伴随式S之间的关系，并把它保存在译码器中。

由7.3.2节中（7，3）线性分组码的编码介绍可知，此码最小码距$d_0=4$，能纠正码字中任意一位错误，码长为7的码字中错1位的情况有7种，即码字中错1位的错误图样有7种，如码字第一位b_6发生错误，错误图样为$E=[1 \ 0 \ 0 \ 0 \ 0 \ 0 \ 0]$，代入式（7-20）求得伴随式为

$$S=E\cdot H^{\mathrm{T}}=[1 \ 0 \ 0 \ 0 \ 0 \ 0 \ 0]\begin{pmatrix}1&1&1&0\\0&1&1&1\\1&1&0&1\\1&0&0&0\\0&1&0&0\\0&0&1&0\\0&0&0&1\end{pmatrix}=[1 \ 1 \ 1 \ 0]$$

此伴随式S等于H^{T}中的第一行。

按上述方法可求出错1位的7种错误图样所对应的伴随式，它们刚好对应H^{T}中的7行。对应关系如表7-5所示。

表 7-5　伴随式与错误图样的对应关系

编号	错码位置	E	S	编号	错码位置	E	S
1	b_6	[1 0 0 0 0 0 0]	[1 1 1 0]	5	b_2	[0 0 0 0 1 0 0]	[0 1 0 0]
2	b_5	[0 1 0 0 0 0 0]	[0 1 1 1]	6	b_1	[0 0 0 0 0 1 0]	[0 0 1 0]
3	b_4	[0 0 1 0 0 0 0]	[1 1 0 1]	7	b_0	[0 0 0 0 0 0 1]	[0 0 0 1]
4	b_3	[0 0 0 1 0 0 0]	[1 0 0 0]				

2）当译码器工作时，每当接收到码字 $\boldsymbol{B}$，首先计算其伴随式 $\boldsymbol{S}$，然后查表 7-5 得错误图样 $\boldsymbol{E}$。例如，若接收码字 $\boldsymbol{B}=[1\ \ 1\ \ 0\ \ 0\ \ 1\ \ 1\ \ 1]$，用式（7-20）求出其伴随式为

$$\boldsymbol{S}=\boldsymbol{B}\cdot\boldsymbol{H}^{\mathrm{T}}=[1\ \ 1\ \ 0\ \ 0\ \ 1\ \ 1\ \ 1]\begin{pmatrix}1&1&1&0\\0&1&1&1\\1&1&0&1\\1&0&0&0\\0&1&0&0\\0&0&1&0\\0&0&0&1\end{pmatrix}=[1\ \ 1\ \ 1\ \ 0]$$

查表 7-5 得错误图样 $\boldsymbol{E}=[1\ \ 0\ \ 0\ \ 0\ \ 0\ \ 0\ \ 0]$，可见接收码字 $\boldsymbol{B}$ 中 b_6 有错误。

3）用错误图样纠正接收码字中的错误。

根据式（7-19），由接收码字 $\boldsymbol{B}$ 及错误图样 $\boldsymbol{E}$ 即可得到发送码字 $\boldsymbol{A}$，即

$$\boldsymbol{A}=\boldsymbol{B}+\boldsymbol{E}=[1\ \ 1\ \ 0\ \ 0\ \ 1\ \ 1\ \ 1]+[1\ \ 0\ \ 0\ \ 0\ \ 0\ \ 0\ \ 0]=[0\ \ 1\ \ 0\ \ 0\ \ 1\ \ 1\ \ 1]$$

显然，接收码字 $\boldsymbol{B}$ 中发生在 b_6 位置的错误得到了纠正。

如果此（7，3）分组码用于检错，码距 $d_0=4$ 的（7，3）分组码最多能检测 3 位错误。检错译码的方法是：计算接收码字的伴随式 $\boldsymbol{S}$，如果 $\boldsymbol{S}=\boldsymbol{O}$，则接收码字中没有错误；如果 $\boldsymbol{S}\neq\boldsymbol{O}$，则接收码字中有错误，在 ARQ 系统中发送端将重发此码字。

最后还要指出，若接收码字中错误码元数超过 1 时，$\boldsymbol{S}$ 也有可能正好与发生 1 位错误时的某个伴随式相同，这样，经纠错后可能发生“越纠越错”的现象。如发送码字 $\boldsymbol{A}=[0\ \ 1\ \ 0\ \ 0\ \ 1\ \ 1\ \ 1]$，传输过程中发生了 3 位错误，假设错误图样 $\boldsymbol{E}=[0\ \ 0\ \ 0\ \ 0\ \ 1\ \ 1\ \ 1]$，此时接收码字 $\boldsymbol{B}=[0\ \ 1\ \ 0\ \ 0\ \ 0\ \ 0\ \ 0]$，根据上述所介绍的纠错译码方法，计算出此接收码字的伴随式为 $\boldsymbol{S}=[0\ \ 1\ \ 1\ \ 1]$，查表 7-5 得错误图样 $\boldsymbol{E}=[0\ \ 1\ \ 0\ \ 0\ \ 0\ \ 0\ \ 0]$，译码器认为第 2 位发生了错误，从而将第 2 位纠正，纠正后的码字为 $[0\ \ 0\ \ 0\ \ 0\ \ 0\ \ 0\ \ 0]$。由此可见，本来接收码字中有 3 位错误，但通过纠错译码后，错误不但没有减少反而增加了 1 位，这就是所谓的“越纠越错”。

在传输过程中，也会发生发送码字的某几位发生错误后成为另一发送码字的情况，这种情况接收端也无法检测，这种错误称为不可检测的错误。如发送码字 $\boldsymbol{A}=[0\ \ 1\ \ 0\ \ 0\ \ 1\ \ 1\ \ 1]$，传输过程中发生 4 位错误变成 $\boldsymbol{B}=[0\ \ 1\ \ 1\ \ 1\ \ 0\ \ 1\ \ 0]$，计算其伴随式得 $\boldsymbol{S}=\boldsymbol{O}$，译码器认为没错。不论是这种情况还是上述的“越纠越错”，发生原因都是码字中的错误个数超出了码的纠错能力，因此在设计信道编码方案时，应充分考虑信道发生错误的情况。

【例7-3】 设(7,4)汉明码的监督矩阵为

$$H=\begin{pmatrix}1&1&1&0&1&0&0\\1&1&0&1&0&1&0\\1&0&1&1&0&0&1\end{pmatrix}$$

(1)检验“1101001”是否为码字。

(2)当译码器接收到“1101001”时,求译码器的输出。

解 (1)检验“1101001”是否为此(7,4)汉明码的码字,只要计算它的伴随式 $\boldsymbol{S}$,如果 $\boldsymbol{S}=0$,说明它是码字,如果 $\boldsymbol{S}\neq\boldsymbol{O}$,则不是码字。利用式(7-20)计算“1101001”的伴随式为

$$\boldsymbol{S}=[1\quad 1\quad 0\quad 1\quad 0\quad 0\quad 1]\begin{pmatrix}1&1&1\\1&1&0\\1&0&1\\0&1&1\\1&0&0\\0&1&0\\0&0&1\end{pmatrix}=[0\quad 1\quad 1]\neq[0\quad 0\quad 0]$$

可见,“1101001”不是此(7,4)汉明码的一个码字。

(2)由例7-2可知,(7,4)汉明码的最小码距 $d_0=3$,能纠正一个错误。码长为7的码字错一位的错误图样有7种,利用式(7-16)可求出这7种错误图样所对应的伴随式,如表7-6所示。

表7-6 (7,4)汉明码伴随式与错误图样的对应关系

编号	错码位置	$\boldsymbol{E}$	$\boldsymbol{S}$	编号	错码位置	$\boldsymbol{E}$	$\boldsymbol{S}$
1	b_6	[1 0 0 0 0 0 0]	[1 1 1]	5	b_2	[0 0 0 0 1 0 0]	[1 0 0]
2	b_5	[0 1 0 0 0 0 0]	[1 1 0]	6	b_1	[0 0 0 0 0 1 0]	[0 1 0]
3	b_4	[0 0 1 0 0 0 0]	[1 0 1]	7	b_0	[0 0 0 0 0 0 1]	[0 0 1]
4	b_3	[0 0 0 1 0 0 0]	[0 1 1]				

由(1)的结果可知,当接收 $\boldsymbol{B}=[1\quad 1\quad 0\quad 1\quad 0\quad 0\quad 1]$ 时,其伴随式为 $\boldsymbol{S}=[0\quad 1\quad 1]$,查表7-6可得,错误图样为 $\boldsymbol{E}=[0\quad 0\quad 0\quad 1\quad 0\quad 0\quad 0]$,因此纠正后的码字为

$$\boldsymbol{A}=\boldsymbol{B}+\boldsymbol{E}=[1\quad 1\quad 0\quad 1\quad 0\quad 0\quad 1]+[0\quad 0\quad 0\quad 1\quad 0\quad 0\quad 0]=[1\quad 1\quad 0\quad 0\quad 0\quad 0\quad 1]$$

译码器纠错后,将后3位监督码元丢掉,输出前4位信息码元“1100”。

7.4 其他常用纠错码介绍

7.4.1 循环码

循环码是又一类重要的线性分组码。其特点是码字具有循环移位特性,即码字集合中任

意码字循环移位所得结果仍是该码字集合中的一个码字，表 7-7 和表 7-8 分别给出了（7，3）和（6，3）循环码的码字表。

表 7-7　（7，3）循环码

序号	码　字
0	0000000
1	0011101
2	0100111
3	0111010
4	1001110
5	1010011
6	1101001
7	1110100

表 7-8　（6，3）循环码

序号	码　字
0	000000
1	001001
2	010010
3	011011
4	100100
5	101101
6	110110
7	111111

表 7-7 和表 7-8 所示循环码的循环特性如图 7-7 所示，循环圈上的数字为码字的序号。全“0”、全“1”码字分别自成循环圈。循环码的循环圈数目≥2。

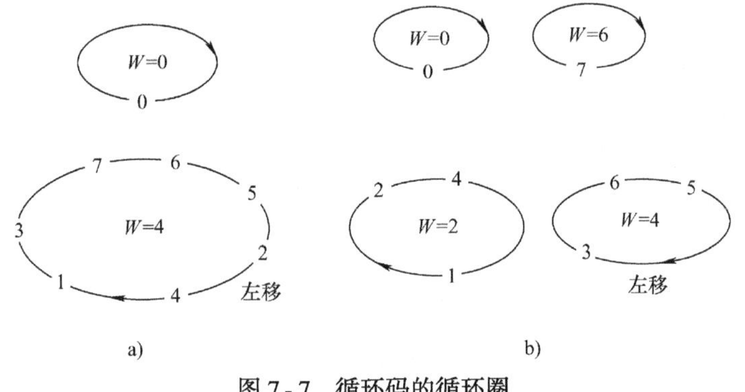

图 7-7　循环码的循环圈

a）（7，3）循环码　b）（6，3）循环码

由于循环码的循环特性，其编码和译码可以用简单的移位寄存器来实现[1]，因此在实际中得到广泛应用。当然，循环码也是线性分组码，7.3.3 节介绍的线性分组码的编译码方法同样适用于循环码。

7.4.2　卷积码

卷积码又称为**连环码**，它与前面介绍的线性分组码是不同的。在线性分组码 (n,k) 中，每个码字的 n 个码元只与本码字中的信息码元有关，或者说，各码字中的监督码元只对本码字中的信息码元起监督作用。卷积码则不同，每个 (n,k) 码字（通常称其为子码，码字长度较短）内的 n 个码元不仅与该码字内的信息码元有关，而且还与前面 m 个码字内的信息码元有关，或者说，各子码内的监督元不仅对本子码而且对前面 m 个子码内的信息码元起监督作用，所以卷积码常用 (n,k,m) 表示。通常称 m 为编码存储，它反映了输入信息码元在编码器中需要存储的时间长短；称 $N=m+1$ 为编码约束度，它是相互约束的子码个数；称 nN 为编码约束长度，它是相互约束的码元个数。卷积码也有系统码和非系统码之分，如果子码是系统码，则称此卷积码为系统卷积码，反之，则称为非系统卷积码。

图 7-8 是卷积码（2，1，2）的编码原理电路图。此电路由两级移位寄存器、两个模 2 加法器及开关电路组成。编码前，各寄存器清 0，信息码元按 $a_1a_2a_3\cdots a_{j-2}a_{j-1}a_j$ 的顺序输入编码器。每输入一个信息码元 a_j，开关依次接到 a_{j1}、a_{j2} 各端点一次，输出一个子码 $a_{j1}a_{j2}$。子码中的两个码元与输入信息码元间的关系为

$$\begin{cases} a_{j1}=a_j+a_{j-1}+a_{j-2} \\ a_{j2}=a_j+\qquad a_{j-2} \end{cases} \tag{7-21}$$

由式（7-21）和图 7-8 可见，第 j 个子码中的两个码元不仅与本子码中的信息码元 a_j 有关，还与前面两个子码中的信息码元 a_{j-1}、a_{j-2} 有关，因此这个卷积码的编码存储 $m=2$，约束度 $N=m+1=3$，约束长度 $nN=6$。

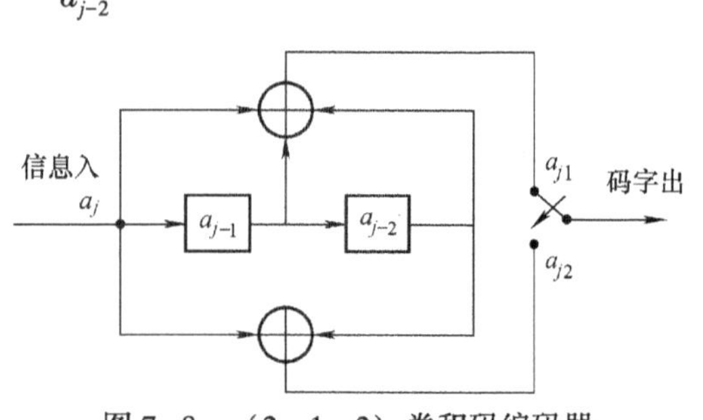

图 7-8 （2，1，2）卷积码编码器

【例 7-4】 在图 7-8 所示的（2，1，2）卷积码编码电路中，当输入信息 10011 时，求输出码字序列。

解 在计算第 j 个子码时的移存寄存器的内容 $a_{j-1}a_{j-2}$ 称为现状态（简称为现态），编码器工作时初始状态为 00（清 0），第 j 个子码的信息进入移位寄存器后的状态称为次状态（简称为次态）。当输入信息及现态已知时，利用式（7-21）即可求出此输入信息所对应的码字。输入信息、输出码字、每个时刻的现态及次态均列于表 7-9 中。

表 7-9 （2，1，2）编码器的输出码字及编码器相应的状态

输 入	1	0	0	1	1
现 态	00	10	01	00	10
输出码字	11	10	11	11	01
次 态	10	01	00	10	11

卷积码的译码分代数译码和概率译码两类。代数译码由于没有充分利用卷积码的特点，目前很少应用。维特比译码和序列译码都属于概率译码。维特比译码方法适用于约束长度不太大的卷积码的译码，当约束长度较大时，采用序列译码能大大降低运算量，但其性能要比维特比译码差些。维特比译码方法在通信领域有着广泛的应用，市场上有实现维特比译码的超大规模集成电路。

由于卷积码的优异性能，它在很多方面得到了应用，其典型应用是加性高斯白噪声信道，特别是卫星通信和空间通信中。例如，（2，1，7）码和（3，1，7）码在 20 世纪 70 年代末已由美国宇航局制定为人造行星标准码，用于太阳系行星的深空探测器中。20 世

纪80年代中，(2，1，7) 码和 (4，3，2) 码已被国际通信卫星组织 (INTELSAT) 制定为IDR和IBS业务的标准码。许多小型卫星通信地球站 (VSAT) 中采用了 (2，1，6) 码或 (2，1，7) 码。此外，卷积码还是网格编码调制 (TCM) 以及级联码内码的主要码型。

7.4.3 交织码

按发生错误的类型分，信道可分为三类：

1) 随机信道：随机信道中错误的出现是随机的，而且错误之间是统计独立的。以高斯白噪声为主体的信道均属于这类信道，如太空信道、卫星信道、同轴电缆、光缆信道以及大多数视距微波接力信道等。

2) 突发信道：突发信道中错误成串、成群地出现，即在短时间内出现大量错误。具有脉冲干扰的信道是典型的突发信道。

3) 混合信道：混合信道中出现随机错误和突发错误的比例都很大。很多实际信道都是混合信道，如短波信道、移动通信信道、对流层散射信道等都是混合信道。

交织码又称交错码，是一种能纠正突发错误的码。它利用纠随机错误的码，以交错的方法来构造码字。如把纠随机错误的 (n,k) 线性分组码的 m 个码字，排成 m 行的一个码阵，该码阵称为交错码阵，一个交错码阵就是交错码的一个码字。交错码阵中的每一行称为交错码的子码或行码，行数 m 称为交错度。图7-9是 (28，16) 交错码的一个码字，它共有4行，交错度 $m=4$，每一行是一个能纠单个随机错误的 (7，4) 汉明码码字。传输时按列的次序进行，因此送往信道的交错码的一个码字为 $a_{61}a_{62}a_{63}a_{64}a_{51}a_{52}\cdots a_{01}a_{02}a_{03}a_{04}$。

$$
\begin{matrix}
a_{61} & a_{51} & a_{41} & a_{31} & a_{21} & a_{11} & a_{01} \\
a_{62} & a_{52} & a_{42} & a_{32} & a_{22} & a_{12} & a_{02} \\
a_{63} & a_{53} & a_{43} & a_{33} & a_{23} & a_{13} & a_{03} \\
a_{64} & a_{54} & a_{44} & a_{34} & a_{24} & a_{14} & a_{04}
\end{matrix}
$$

图7-9 (28，16) 交错码字

接收端把收到的交错码的码字再排成如图7-9所示的码阵。因此在传输过程中若发生长度 $b\leqslant 4$ 的单个突发错误，那么无论错误从哪一位开始，至多只影响图7-9码阵中每一行的一个码元。译码按行进行，每一行的汉明码码字能纠正一个错误，故4行译码完后，就可把接收码字中 $b\leqslant 4$ 的突发错误纠正过来。

一般地，若一个 (n,k) 码能纠正 t 个随机错误，按照上述方法交错，即可得到一个 (nm,km) 交错码，该交错码能纠正长度 $b\leqslant mt$ 的单个突发错误。

显然，交错度越大，能够纠正的突发错误的长度就越长，但是，会导致传输延迟变大。故实际应用中，确定交错度时应综合考虑信道的差错统计特性、所用纠错码的纠错能力和系统对误码率的要求等因素。

7.4.4 级联码

在某些纠错要求比较高的系统中，可采用约束度非常长的卷积码或级联码。当约束度很长时，卷积码的译码要采用序列译码，设备相对比较复杂。常用的一种编码方案是采用级联码，图7-10给出了一种级联码的编码方法。

图7-10中的级联码由三部分级联构成：外码、交织码和内码。外码通常使用线性分组

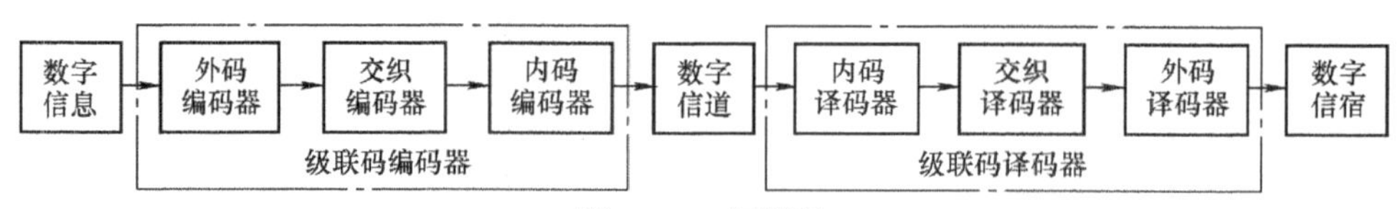

图 7-10 级联码

码；内码通常采用约束度较小的卷积码，卷积码的译码采用维特比译码算法。由于维特比译码易产生突发错误（错误太多，无法纠正时），所以在外码和内码之间增加一个交织编码，目的是将突发错误转变为随机错误。级联码最大优点是具有很强的纠错能力而设备复杂度适中。

信道编码是提高数字通信系统可靠性的重要手段，它已成功应用于加性高斯白噪声信道（如深空通信系统）和各类变参数信道（如数字蜂窝移动通信系统）。随着科技的进步和需求的推动，其理论与技术也在不断发展，从传统的代数码和卷积码，到编码调制技术（TCM），再到 TURBO 码和 LDPC 码的出现，信道编码界的研究一直在沿着香农（Shannon）指引的方向，向着可靠性的极限——香农界限不断地逼近。

7.5 *m* 序列及其应用

m 序列是由线性反馈移位寄存器产生的周期最长的码序列，具有类似于随机序列的一些性质，所以称为伪随机序列（也称 PN 码）。由于它便于重复产生和处理，因而获得了广泛的应用。

7.5.1 *m* 序列的产生

n 级线性反馈移位寄存器的一般结构如图 7-11 所示，它由 *n* 级移位寄存器、时钟脉冲产生器（未画）及一些模 2 加法器适当连接而成。图中 $a_i(i=0,1,2,\cdots n-1)$ 表示某一级移位寄存器的状态，$C_i(i=0,1,2,\cdots,n)$ 表示反馈线的连接状态，$C_i=1$ 表示此线连通，参与反馈，$C_i=0$ 表示此线断开，不参与反馈。不同的反馈线连接方式将产生不同的输出序列，它们的周期长度 $P\leqslant 2^n-1$，当 $P=2^n-1$ 时，称此输出序列为 *m* 序列，对应的电路称为 *m* 序列产生器。

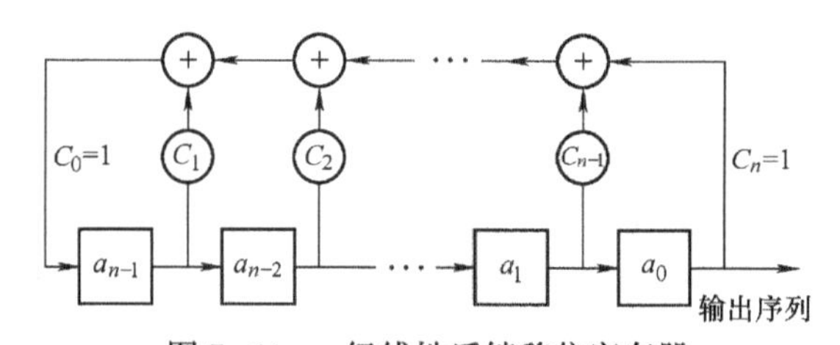

图 7-11 *n* 级线性反馈移位寄存器

【例 7-5】 图 7-12 是由四级移位寄存器组成的 *m* 序列产生器。

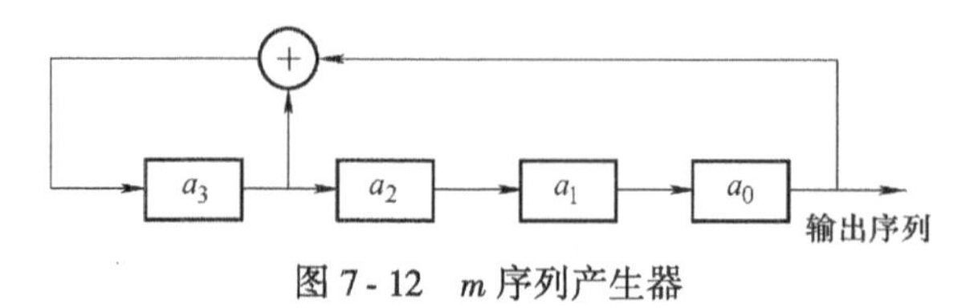

图 7-12 *m* 序列产生器

（1）求输出 m 序列的周期。

（2）求一个周期的输出序列（设初始状态 $a_3a_2a_1a_0=1000$）。

解　（1）由图 7 - 12 可知，移位寄存器长度为 $n=4$，故 m 序列的周期为

$$P=2^n-1=2^4-1=15$$

（2）根据图 7 - 12 所示的移存寄存器结构及给定的初始状态，可列出在时钟脉冲作用下电路工作时状态的变化及其输出序列，如表 7 - 10 所示。因此，一个周期的输出序列为“0001111010110010”。

表 7–10　图 7 - 12 所示 m 序列产生器状态变化及输出序列（一个周期）

时钟脉冲	状态（$a_3\ a_2\ a_1\ a_0$）	输出序列（a_0）	时钟脉冲	状态（$a_3\ a_2\ a_1\ a_0$）	输出序列（a_0）
—	1 0 0 0	0	8	1 1 0 1	1
1	1 1 0 0	0	9	0 1 1 0	0
2	1 1 1 0	0	10	0 0 1 1	1
3	1 1 1 1	1	11	1 0 0 0	1
4	0 1 1 1	1	12	0 1 0 0	0
5	1 0 1 1	1	13	0 0 1 0	0
6	0 1 0 1	1	14	0 0 0 1	1
7	1 0 1 0	0	15	1 0 0 0	0

7.5.2　*m* 序列的性质

1. 均衡特性

m 序列每一周期中“1”的个数比“0”的个数多 1。如例 7 - 5 所示的 m 序列，其周期为 15，其中“1”的个数为 8，“0”的个数为 7。因此，当 m 序列的周期很长时，“1”“0”码趋近于等概。

2. 游程特性

游程是指序列中连续出现的同种码元。如序列 1011000 中，共有 4 个游程，分别为“1”“0”“11”“000”。游程中的码元数目称为游程长度，如游程“000”的长度为 3。

m 序列每个周期中长度为 k 的游程个数为 2^{n-k-1}。一个周期中的游程总数为 2^{n-1}，其中“0”游程和“1”游程各占一半。

3. 移位相加特性

一个 m 序列与其任意次移位后的序列相加（对应位异或），其结果仍为 m 序列，且是原 m 序列某次移位后的序列。如表 7 - 10 中的 m 序列与其延迟 2 位后的序列相加，结果为原序列延迟 9 位后的 m 序列，即

　000111101011001，00011…（原 m 序列）

+011110101100100，01111…（延迟 2 位后的 m 序列）

= 011001000111101，01100…（延迟 9 位后的 m 序列）

4. 自相关特性

周期为 P 的 m 序列的自相关函数可用下式表示

$$R(j)=\frac{A-D}{A+D}=\frac{A-D}{P} \tag{7-22}$$

式中，A、D 分别是 m 序列与其 j 次移位后的序列在一个周期中对应元素相同、不相同的数目。由移位相加特性可知，一个周期为 P 的 m 序列和它的 j（$j\neq0$）次移位序列相加仍然是一个周期为 P 的 m 序列，相加得到的序列中“1”的个数表示两个相加序列对应位不同的个数，而相加得到的序列中“0”的个数代表两个相加序列中对应位相同的个数。再由均衡特性可知，在一个 m 序列的周期中，“1”的个数比“0”的个数多 1，因此式（7-22）中 A 比 D 小 1，故有

$$R(j)=\begin{cases}1, & j=0\\ \dfrac{-1}{P}, & j=1,2,3,\cdots,P-1\end{cases} \tag{7-23}$$

容易验证，$R(j)$ 是偶函数，并且 $R(j)$ 是周期函数，如图 7-13 所示。

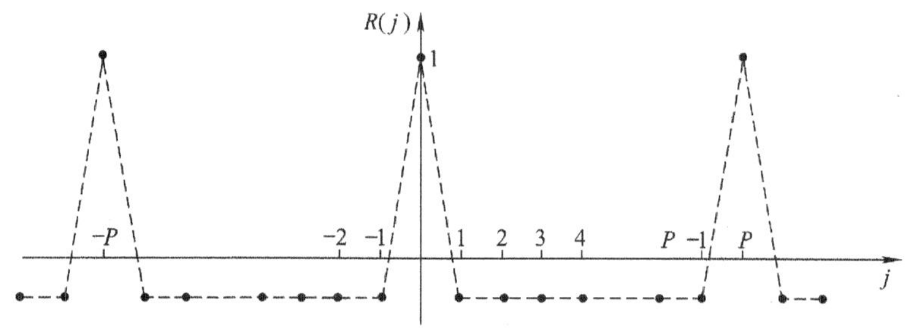

图 7-13　m 序列的自相关函数

需要说明的是，m 序列的自相关函数 $R(j)$ 在 j 为整数的离散点上才有取值，为能清楚地看出它的峰值特性，图中将各个离散值依次用虚线连接。

7.5.3　m 序列的应用

m 序列的应用十分广泛。在数字通信系统误码率的测量中，它是一个理想的产生随机序列的信源。在通信系统性能的测量中，它也是一个理想的噪声产生器。它还应用于时延测量、测距、通信加密、扩频通信及数据的扰乱等领域。限于篇幅，这里只介绍 m 序列在数据扰乱中的应用。

在数字通信系统中，要求信源输出的“1”“0”序列中“1”“0”等概出现，且互相独立。但实际中，有的信源达不到这个要求，此时可利用 m 序列对信源输出进行扰乱，改变信源输出序列的分布规律，使其随机化且“1”“0”趋近于等概。采用扰乱技术的通信系统组成原理如图 7-14 所示。

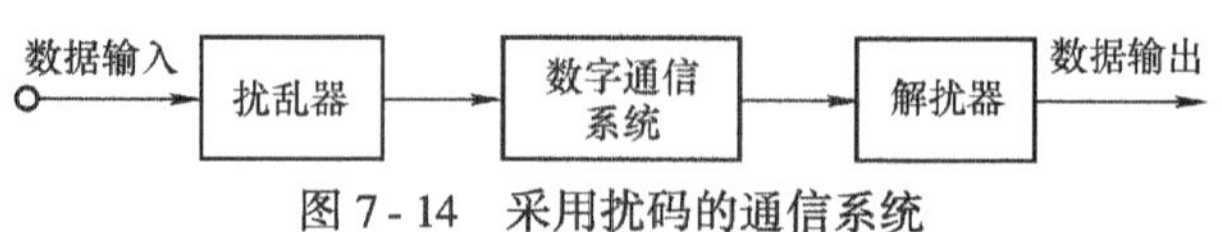

图 7-14　采用扰码的通信系统

图 7 - 14 中的扰乱器也称为扰码器，用于扰乱数据的 m 序列被称为扰码。扰码器的作用是将输入数据序列与 m 序列产生器输出的 m 序列模 2 加，以达到扰乱数据的目的。解扰器的作用与扰码器刚好相反，它从被扰乱的序列中恢复原数据。图 7 - 15a 和图 7 - 15b 分别是用 3 级反馈移位寄存器构成的扰码器和解扰器的原理图。

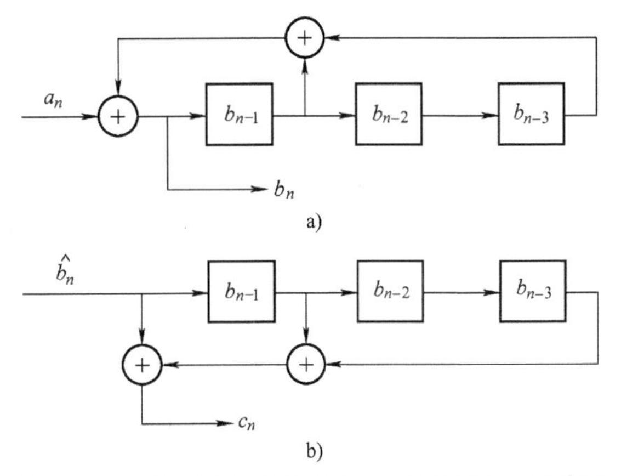

图 7 - 15 3 级反馈移位寄存器构成的扰码器和解扰器

若输入序列 a_n 是信源序列，扰码器输出序列为 b_n，根据图 7 - 15a 可知，b_n 可表示为

$$b_n = a_n \oplus b_{n-1} \oplus b_{n-3} \tag{7-24}$$

经过数字通信系统传输后，接收序列 $\hat{b}_n$，$\hat{b}_n$ 送给解扰器，解扰器输出序列为 c_n，由解扰器电路可知，c_n 可表示为

$$c_n = \hat{b}_n \oplus \hat{b}_{n-1} \oplus \hat{b}_{n-3} \tag{7-25}$$

当传输无差错时，$\hat{b}_n = b_n$，由式（7 - 24）和式（7 - 25）可得

$$c_n = a_n \oplus b_{n-1} \oplus b_{n-3} \oplus b_{n-1} \oplus b_{n-3} = a_n$$

上式说明，扰码和解扰是互逆运算。

【例 7 - 6】 扰码器如图 7 - 15a 所示。当输入的信源序列 a_n = 111111111111…（全 1）时，求扰码器的输出序列 b_n。

解 设反馈移位寄存器的初始状态为 $b_{n-1}b_{n-2}b_{n-3}=001$，则各移位寄存器的状态及输出如表 7 - 11 所示。

表 7 - 11 扰码器状态及输出序列

输入（a_n）	状态（$b_{n-1}\ b_{n-2}\ b_{n-3}$）	输出序列（b_n）	输入（a_n）	状态（$b_{n-1}\ b_{n-2}\ b_{n-3}$）	输出序列（b_n）
1	0 0 1	0	1	1 1 0	0
1	0 0 0	1	1	0 1 1	0
1	1 0 0	0	1	0 0 1	0
1	0 1 0	1	1	0 0 0	1
1	1 0 1	1	…	…	…

由表可见，输入全 1 序列，经扰码器后输出序列中“1”“0”趋近于等概。实际应用中，往往采用更长周期的 m 序列，所以扰乱后的“1”“0”序列更接近于随机序列。

7.6 本章小结

1. 信道编码基本概念

(1) 信道编码目的：纠错、检错，从而降低数字通信系统的误码率，提高系统的可靠性。

(2) 信道编码基本原理：编码器在信息中按一定规律增加冗余码元（称为监督码元），译码器则利用这种规律性发现或纠正可能存在的错误码元。

(3) 信道编码优缺点：冗余码元的引入提高了可靠性，但降低了有效性。故信道编码是以牺牲有效性换取可靠性的。

(4) 常用术语

① 码长 n：码字（组）中码元的个数。如码字 11011，码长 $n=5$。

② 码重 W：码字中“1”的数目。如码字 11011，码重 $W=4$。

③ 码距 d：两个等长码字之间对应位置码元不同的数目。如码字 11011 和 00101 间的码距 $d=4$。码距又称为汉明距离。

④ 最小码距 d_0：码字集中两两码字之间距离的最小值。

⑤ 编码效率 η：一个码字中信息码元数目 k 与码长 n 的比值，即 $\eta=k/n$。编码效率是衡量编码性能的一个重要参数。

(5) 最小码距 d_0 决定码的纠、检错能力

① 检出 e 个错码元，要求 $d_0 \geqslant e+1$。

② 纠正 t 个错码元，要求 $d_0 \geqslant 2t+1$。

③ 检出 e 个错码元的同时纠正 t 个错码元（$e>t$），要求 $d_0 \geqslant e+t+1$。

(6) 差错控制方式

① 前向纠错（FEC）：发送纠错码，无需反向信道，实时性好，但编、译码复杂。

② 检错重发（ARQ）：发送检错码，编、译码简单，可靠性高，但需反向信道，实时性差。

③ 混合纠错（HEC）：是 FEC 和 ARQ 的结合，发送纠检错码，需要反向信道，不适合实时传输。

2. 常用检错码

(1) 奇偶监督码

① 编码：在每个信息组中添加一位监督码元，使“1”的个数为奇数或偶数。

② 译码：检查接收码字中“1”的个数是否符合编码时的规律。

③ 检错能力：能检测出单个或奇数个错误。

(2) 行列奇偶监督码

① 编码：将信息排成矩阵，然后逐行逐列进行奇监督或偶监督编码。

② 译码：分别检查各行各列的奇或偶监督关系，判断是否有错。

③ 纠检能力：能检测出 1、2、3 及其他奇数个错误；分布在矩形四个顶点的偶数个错误无法发现。能够纠正单个错误和仅在一行或一列中的奇数个错误。

（3）恒比码

① 编码：每个码字中“1”的数目和“0”的数目之比保持恒定。

② 译码：检查“1”“0”码元个数。

③ 检错能力：能够检测码字中所有奇数个错误及部分偶数个错误。

3. 线性分组码

（1）特点

① 既是分组码又是线性码：监督码元与本码字中的信息码元之间可用线性方程表示。

② 具有封闭性：码字集中任意两个码字对应码元模 2 加（异或）得到的结果仍然是码字集中的一个码字。由此可得，线性分组码的最小码距等于非全 0 码字的最小重量。

③ 存在全 0 码字。

（2）线性分组码的编码——求码字

① 将信息码元代入监督关系求得监督码元，将监督码元附加在信息码元后即得到码字。

② 由监督方程组求得典型监督矩阵 $\boldsymbol{H}=[\boldsymbol{P}\boldsymbol{I}_r]$，再求得 $\boldsymbol{G}=[\boldsymbol{I}_k\boldsymbol{P}^{\mathrm{T}}]$，由 $\boldsymbol{A}=\boldsymbol{M}\cdot\boldsymbol{G}$ 求码字。

③ 线性分组码(n,k)共有 2^k 个不同的码字。

（3）线性分组码的译码

① 将伴随式 $\boldsymbol{S}$ 与错误图样 $\boldsymbol{E}$ 之间的关系 $\boldsymbol{S}=\boldsymbol{E}\cdot\boldsymbol{H}^{\mathrm{T}}$ 存入译码器。

② 对接收码字 $\boldsymbol{B}$ 计算伴随式：$\boldsymbol{S}=\boldsymbol{B}\boldsymbol{H}^{\mathrm{T}}$。

③ 若 $\boldsymbol{S}=0$（全 0 矩阵），表示接收码字 $\boldsymbol{B}$ 无错，输出码字即可。

④ 若 $\boldsymbol{S}\neq0$，则由 S 查得错误图样 $\boldsymbol{E}$，纠错得 $\boldsymbol{A}=\boldsymbol{B}+\boldsymbol{E}$（若仅检错，则无须纠错，等待发送端重传）。

⑤ 发生越纠越错或不可检测错误的原因：码字中的错误个数超出了码字的纠错能力。

4. 循环码

（1）特点：具有循环移位特性的线性分组码。

（2）编译码：可以用简单的移位寄存器来实现。

5. 卷积码

（1）卷积码(n,k,m)：码字中的监督元不仅与本码字中的信息码元有关，还与前面 m 个码字中的信息码元有关。故卷积码是非分组码，$n(m+1)$称为编码约束长度。

（2）编码器：为时序逻辑电路。

（3）译码：常采用维特比译码。

6. 交织码与级联码

（1）信道分类：按发生错误的类型可将信道分为随机信道、突发信道和混合信道。

（2）交织码：利用纠随机错误的码，以交错排列方式构成码字，用于纠正突发错误。若交织度为 m，每个子码最多能纠正 t 个错误，则该交织码能纠正长度 $b\leqslant mt$ 的单个突发错误。

（3）级联码：通常由外码、交织码和内码级联构成。以适中的复杂度获得很强的纠错能力。外码常为线性分组码，内码常用卷积码。

7. *m* 序列

（1）定义：m 序列是由线性反馈移位寄存器产生的周期最长的码序列，常称为伪随机序列或PN码。

(2) 周期：n 级线性反馈移位寄存器产生的 m 序列周期为 $P=2^n-1$。

(3) 应用：误码率测量、时延测量、测距、通信加密、扩频通信、数据扰乱等。

(4) 扰码器的作用：将输入数据序列与 m 序列模2加，以达到扰乱数据的目的，使输出序列中“1”“0”趋于等概。

7.7 习题

一、填空题

1. 信道编码的目的是提高__________，其代价是______________。

2. 线性分组码(n,k)中共有_____个码字，编码效率为________。若编码器输入信息速率为 $R_{b入}$，则编码器输出信息速率 $R_{b出}=$__________。

3. (5,4)奇偶监督码实行偶监督，则信息组1011对应的监督码元为____。若信息为 $a_4a_3a_2a_1$，则监督码元为________________。

4. 已知某线性分组码的监督矩阵 $\boldsymbol{H}=\begin{bmatrix}1&1&1&0&1&0&0\\1&0&1&1&0&1&0\\0&1&1&1&0&0&1\end{bmatrix}$，则该线性分组码码字长度为 $n=$_____，监督元个数为 $r=$______，信息元个数为 $k=$______。

5. 汉明码的码长 n 与监督码元个数 r 之间的关系为________，故码长为31的汉明码码字中信息码元个数为__________。此码能纠正发生在一个码字中的_____位错误。

6. 某线性分组码的全部码字如下{0000000，0010111，0101110，0111001，1001011，1011100，1100101，1110010}，则其码长为________，监督码元个数为__________。

7. 设有一个由10级反馈移位寄存器构成的 m 序列产生器，其输出经数字通信系统传输，设系统传输速率为1000bit/s，则传输一个周期的 m 序列所需的时间为__________ (s)。

8. 级联码由______、交织码和______组成。其中交织码的作用是________________________。

二、选择题

1. 已知某线性分组码共有8个码字{000000、001110、010101、011011、100011、101101、110110、111000}，此码的最小码距为______。

A. 0　　B. 1　　C. 2　　D. 3

2. 用(7,4)汉明码构成交织度为10的交织码，则此交织码最多可纠正长度______位的单个突发错误。

A. 7　　B. 8　　C. 9　　D. 10

3. (2,1,2)卷积码的编码约束长度为______。

A. 2　　B. 3　　C. 4　　D. 6

4. 汉明码是一种线性分组码，其最小码距为______。

A. 2　　B. 3　　C. 4　　D. 1

5. 在一个码组内要想纠正 t 位错误，同时检出 e 位错误 $(e>t)$，要求最小码距为________。

A. $d_0 \geqslant t+e+1$　　B. $d_0 \geqslant 2t+e+1$　　C. $d_0 \geqslant t+2e+1$　　D. $d_0 \geqslant 2t+2e+1$

6. 一个码长 $n=15$ 的汉明码其监督码元数 r 是________。

A. 15　　B. 5　　C. 4　　D. 10

7. 不需要反向信道的差错控制方式是________。

A. 前向纠错（FEC）　　B. 检错重发（ARQ）

C. 混合纠错（HEC）　　D. A 和 B

三、简答题

1. 信道编码与信源编码有什么不同？

2. 差错控制的基本工作方式有哪几种？各有什么特点？

3. 何为线性分组码的封闭性？利用封闭性如何求线性分组码的最小码距？

4. 汉明码的特点是什么？请给出三种汉明码的例子。

5. 循环码有何特点？某信道编码的全部许用码字集合 $C=\{000,010,101,111\}$，该码是循环码吗？为什么？

6. 试确定表 7-7 所示循环码的纠错、检错能力。

7. 从发生错误的类型来分，信道可分为哪几类？各有何特点？

8. 何谓 m 序列？请列举 m 序列的两种应用。

四、计算分析题

1. 设有一个码，它有三个码字，分别是（001010）、（111100）、（010001）。若此码用于检错，能检出几位错误？若此码用于纠错，能纠正几位错误？若此码用于同时纠错和检错，各能纠、检几位错误？

2. 试求表 7-1 中长度为 4 的奇监督码和偶监督码的最小码距。

3. 若一个行列监督码码字的码元错误情况分别如图 7-16a 和图 7-16b 所示，试问译码器能否检测出这些错误？能否纠正？

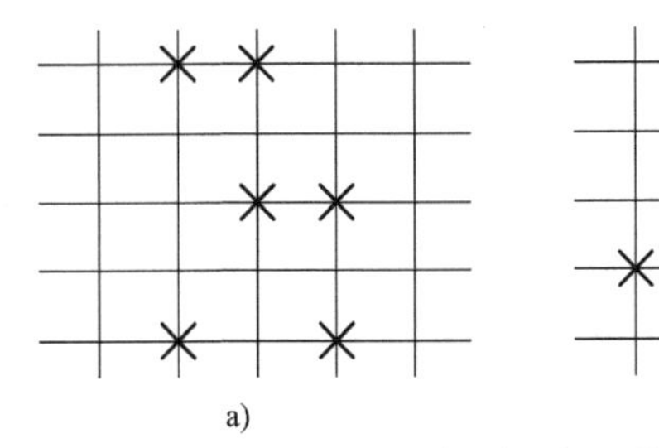

图 7-16　行列监督码错误图样

4. 已知（7，3）线性分组码的生成矩阵为

$$\boldsymbol{G}=\begin{pmatrix}1&0&0&0&1&1&1\\0&1&0&1&1&1&0\\0&0&1&1&1&0&1\end{pmatrix}$$

求：

（1）所有的码字。

（2）监督矩阵 $\boldsymbol{H}$。

（3）最小码距及纠、检错能力。

（4）编码效率。

5. 汉明码的监督矩阵为

$$\boldsymbol{H}=\begin{pmatrix}1&1&1&0&1&0&0\\1&1&0&1&0&1&0\\1&0&1&1&0&0&1\end{pmatrix}$$

（1）求码长 n 和码字中的信息位数 k。

（2）求编码效率 η。

（3）求生成矩阵 $\boldsymbol{G}$。

（4）若信息位全为“1”，求监督码元。

（5）检验“0100110”和“0000011”是否为码字，若有错，请指出错误并加以纠正。

6. 有卷积编码器如图7-17所示。求当输入信息序列为“1100100011”时的编码器输出的码字序列（设寄存器初始状态为0）。

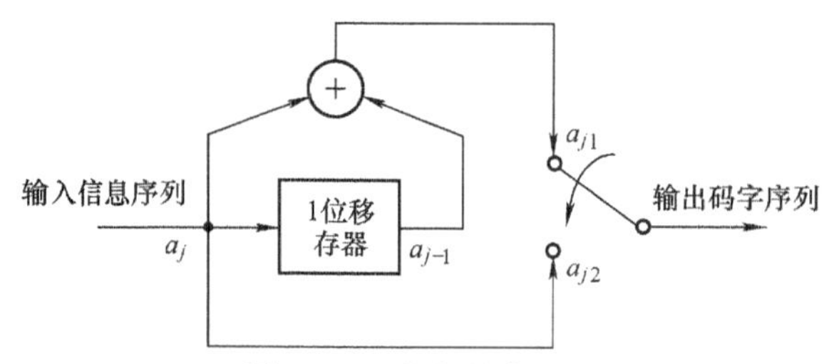

图7-17 卷积码编码器

7. 将（7，4）汉明码的编码结果按行写入一个10行7列的存储阵列，每行存储一个汉明码字，一共是10个码字，然后按列读出后通过信道传输。若传输这10个码字时，信道中发生了连续15个错误，请问接收端解交织并译码后，能纠正其中的几个错误?

8. 试求出图7-18所示 m 序列产生器的输出序列（设初始状态为 $a_2a_1a_0=001$）。

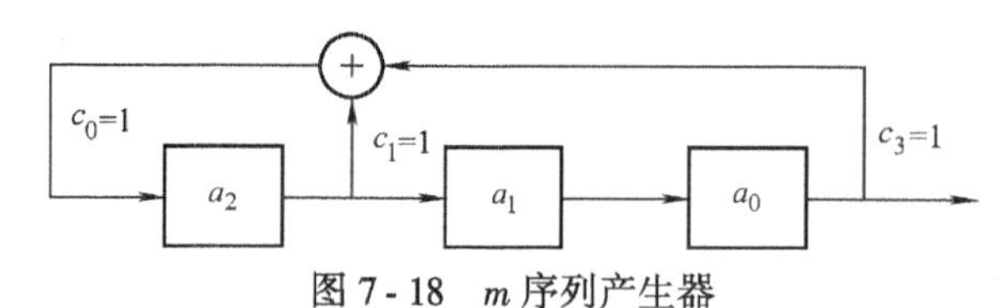

图7-18 m 序列产生器

第8章　同步原理

在通信系统中，为确保信息的正确接收，收、发之间需要同步。同步性能直接影响到通信系统的性能。

按同步的功能来分，通信系统涉及载波同步、位同步、群同步和网同步4种。

1. 载波同步

在采用相干解调的模拟或数字解调器中，需要一个与接收信号中的载波同频同相的本地载波，这个本地载波称为同步载波或相干载波。获取本地载波的过程称为载波提取，相应的部件称为载波同步电路或载波同步系统。

2. 位同步（码元同步）

在数字通信系统中，接收端通过取样判决才能恢复发送的码元。控制取样判决时刻的定时脉冲称为位同步信号。获取位同步信号的过程称为位同步提取，相应的部件称为位同步电路或位同步系统。

为正确接收码元序列，位同步信号的重复频率应等于发送码元速率，脉冲位置应对准接收基带信号的最佳取样时刻。

3. 群同步

群同步又称为字同步、组同步、句同步、帧同步等。

当信息以一定的格式传输时，例如在A律13折线PCM中，在发送端将每个样值量化编码为8位二进制码组，因此接收端就需要知道每个码组的起止时刻，以便对接收码元序列进行正确分组，从而恢复出每个样值的量化电平。这个用来控制码元序列正确分组的信号称为群同步信号，获取群同步信号的过程称为群同步提取，实现群同步的部件称为群同步电路或群同步系统。

4. 网同步

在获得了以上讨论的三种同步以后，点与点之间的通信就可以有序、准确、可靠地进行了。但对于通信网来讲，为了保证通信网内各用户之间可靠的通信，还必须要有网同步，使整个通信网内有一个统一的标准时钟。

不论哪一种同步，都是解决信号传输的时间基准问题，从而使收、发两端同步工作。因此，同步信号所包含的是一种时间信息，这种信息可以用专门同步信号来传输，也可以从所传输的信号中直接接取。前一种方法称为外同步法，后一种方法称为自同同法。

由于传送同步信息需要占用一定的信道频带和发送功率，故实际应用中更倾向于自同步法。但当自同步法不易实现时，如SSB、VSB的载波同步以及群同步，需要采用外同步法。

本章主要讨论载波同步、位同步、群同步的基本原理、实现方法和性能指标。

8.1　载波同步

载波同步是相干解调的基础，不论是模拟通信还是数字通信，只要采用相干解调都需要载波同步。

载波同步的实现可采用直接法和插入导频法。直接法属于自同步法，而插入导频法则是一种外同步法。

8.1.1 直接法

直接法就是从接收信号中直接提取同步载波的方法。下面以接收 DSB 和 2PSK 信号为例介绍两种直接法提取同步载波的方法，即平方变换法和科斯塔斯环法。

1. 平方变换法

对 DSB 或 2PSK 信号作平方变换，我们会发现，尽管 DSB 或 2PSK 信号本身不包含载波分量，但其平方后的信号中却含有载波的二倍频分量。由此可见，只要用窄带滤波器滤出此二倍频分量，再对其进行二分频就能得到所需的同步载波。基于此思想的载波提取法称平方变换法，其原理框图如图 8-1 所示。

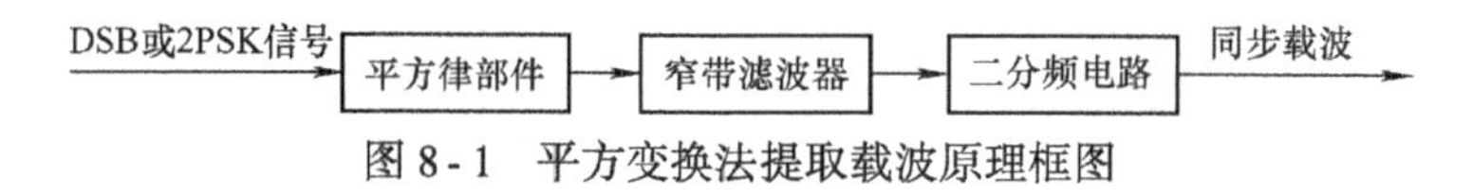

图 8-1 平方变换法提取载波原理框图

对此法的可行性可作简单的数学证明。设接收信号为

$$r(t)=m(t)\cos 2\pi f_c t$$

若 $m(t)$ 是不含直流分量的模拟信号，则 $r(t)$ 为 DSB 信号；若 $m(t)=\pm a$（a 为常数），则 $r(t)$ 为 2PSK 或 2DPSK 信号。

该信号经平方律器件（非线性变换）后为

$$e(t)=[m(t)\cos 2\pi f_c t]^2=\frac{1}{2}[m^2(t)+m^2(t)\cos 4\pi f_c t]$$

尽管 $m(t)$ 不含直流分量，但 $m^2(t)$ 一定含有直流分量，所以上式的第二项包含有载波的倍频 $2f_c$ 分量。用中心频率为 $2f_c$ 的窄带滤波器滤出此倍频分量，二分频后即为所需的同步载波 $\cos 2\pi f_c t$。

在实际应用中，为了改善窄带滤波性能，通常采用锁相环代替窄带滤波器，此法即为平方环法，如图 8-2 所示。

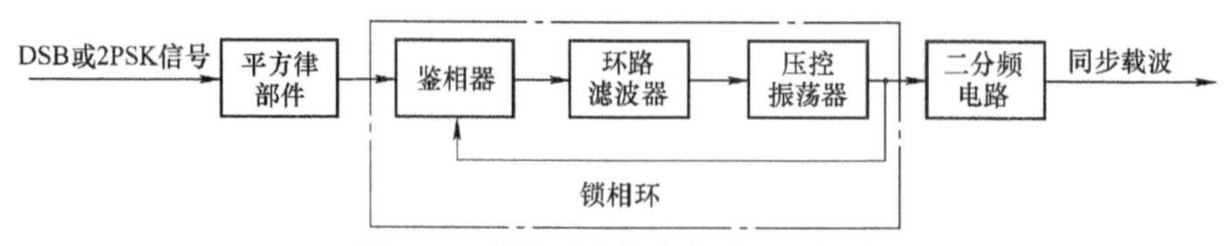

图 8-2 平方环法提取载波原理框图

平方变换法和平方环法均存在相位模糊问题。因为，两种方法中均采用了二分频电路，由于二分频电路的初始状态具有随机性，其输出电压可能有 π 的相位误差，即提取的同步载波可能是 $\cos 2\pi f_c t$，也可能是 $\cos(2\pi f_c t+\pi)$。相位模糊对模拟通信系统的影响不大，因为人耳对相位的变化不敏感。但对于 2PSK 解调则会引起“反向工作”问题，可采用 2DPSK 加以克服。

2. 科斯塔斯环法

从 DSB 或 2PSK 信号中直接提取同步载波的另一种方法是科斯塔斯（Costas）环法，也称为同相正交环法。这种方法的特点是提取载波的同时，可直接输出解调信号，原理框图如图 8-3 所示。

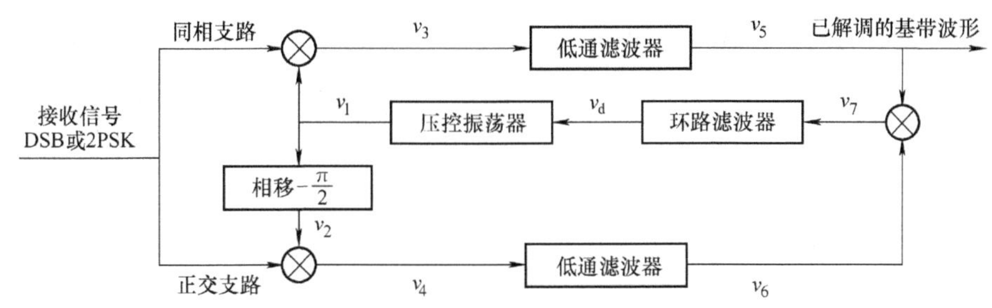

图 8-3　科斯塔斯环法提取载波及解调原理框图

Costas 环法载波提取电路由两条支路构成，一条称为同相支路，另一条称为正交支路，它们通过同一个压控振荡器耦合在一起，构成一个负反馈系统。当环路锁定时，压控振荡器输出同步载波信号 v_1，此时，同相支路输出已解调的基带波形 v_5，此基带波形送到取样判决器，经取样判决后输出二进制信息序列。下面对科斯塔斯环的工作原理作简要分析。

设接收信号为 $r(t)=m(t)\cos 2\pi f_c t$，环路刚开始工作时，压控振荡器的输出与接收载波间有相位差 θ，此时有

$$v_1=A\cos(2\pi f_c t+\theta),\quad v_2=A\sin(2\pi f_c t+\theta)$$

它们分别和接收信号相乘，并作适当的三角函数变换后得

$$v_3=\frac{1}{2}Am(t)[\cos\theta+\cos(4\pi f_c t+\theta)]$$

$$v_4=\frac{1}{2}Am(t)[\sin\theta+\sin(4\pi f_c t+\theta)]$$

经低通滤波后输出分别为

$$v_5=\frac{1}{2}Am(t)\cos\theta$$

$$v_6=\frac{1}{2}Am(t)\sin\theta$$

两项相乘得

$$v_7=\frac{1}{8}A^2m^2(t)\sin 2\theta$$

v_7 经环路滤波器平滑后输出为 v_d，显然，$v_d\propto\sin 2\theta$。v_d 控制压控振荡器的输出相位 θ，其方法为：当 $v_d>0$ 时，使 θ 变小；当 $v_d<0$ 时，使 θ 变大。稍作分析就会发现：

① 当初始相位 $-\frac{\pi}{2}<\theta<\frac{\pi}{2}$ 时，锁相环经调整后最终锁定在 $\theta=0$ 处，此时输出同步载波 $v_1=A\cos 2\pi f_c t$，解调输出 $v_5=\frac{1}{2}Am(t)$。

② 当初始相位 $\frac{\pi}{2}<\theta<\frac{3}{2}\pi$ 时，锁相环经调整后最终锁定在 $\theta=\pi$ 处，此时压控振荡器输出的同步载波为 $v_1=A\cos(2\pi f_c t+\pi)$，相应的解调输出为 $v_5=-\frac{1}{2}Am(t)$。

由于电路初始相位 θ 具有随机性，锁相环可能锁定在 $\theta=0$ 处，也可能锁定在 $\theta=\pi$ 处。可见，科斯塔斯环法同样存在相位模糊问题。

顺便指出，上述直接法均可推广到多进制调制。例如，对于4PSK信号，只要用四次方器件和四分频器代替平方变换法及平方环法中的平方律部件和二分频器，或采用四相Costas环即可。此时提取的同步载波存在四相（0、$\frac{\pi}{2}$、π、$\frac{3}{2}\pi$）相位模糊问题。同理，MPSK信号的 M 次变换法、M 次环法、M 相Costas环法存在 M 相相位模糊问题。解决的方法是采用MDPSK调制。

8.1.2 插入导频法

对于既不含有载波分量又不能用直接法提取同步载波的信号，如SSB信号和VSB信号，只能用插入导频法。

插入导频法的原理是，在发送端，将一个称为导频的正（余）弦波插入到有用信号中一并发送；在接收端，利用窄带滤波器滤出导频，对导频作适当变换即可获取同步载波。

由于导频是插入到信号中一起发送的，为使接收端能很方便地获取同步载波而又不影响信号，对插入的导频通常有如下要求：

① 导频应在已调信号频谱为0的位置插入，便于接收端滤出导频。

② 导频的频率应与载波频率有关，便于从导频获得同步载波。通常导频频率等于载波频率 f_c。

③ 插入的导频应与载波正交，避免导频影响信号的解调。

例如，若调制载波为 $A\cos2\pi f_c t$，则插入导频可为 $A\sin2\pi f_c t$。

插入导频法发送端和接收端的框图如图8-4a和图8-4b所示。

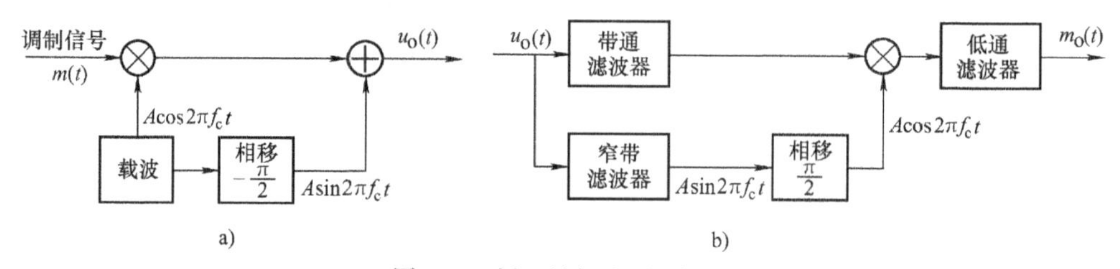

图8-4 插入导频法原理框图

a）发送端框图 b）接收端框图

插入导频法的优点是接收端提取同步载波的电路简单，并且没有相位模糊问题。但发送导频信号必然要占用部分发射功率，因此降低了传输的信噪比，使系统的抗干扰能力减弱。

8.1.3 载波同步系统的性能指标

载波同步系统的性能指标主要有效率、同步建立时间、同步保护时间和精度。

效率是指为获取同步所消耗的发送功率的多少。直接法由于不需要专门发送导频，因此是高效率的，而插入导频法由于插入导频要消耗一部分发送功率，因此效率要低一些。

同步建立时间是指从开机或失步到同步所需的时间，通常用 t_s 表示，显然，此时间越短越好。

同步保持时间是指同步建立后，如果用于提取同步的有关信号突然消失，系统还能保持同步的时间，通常用 t_c 表示，此时间越长越好，这样一旦建立同步以后可以保持较长的时间。

精度是指提取的载波与需要的标准载波之间的相位误差，通常用 $\Delta\varphi$ 表示，此值越小越好。因为 $\Delta\varphi$ 值直接影响到接收机的解调性能，下面对此作进一步讨论。

DSB 和 2PSK 信号有相同的信号形式，设接收信号为 $r(t)=m(t)\cos 2\pi f_c t$。解调时接收到的 DSB 或 2PSK 信号乘以相干载波信号，当提取到的相干载波有相位误差 $\Delta\varphi$，即为 $\cos(2\pi f_c t+\Delta\varphi)$ 时（为方便起见，设提取的相干载波幅度为 1），则相乘器输出为

$$[m(t)\cos 2\pi f_c t]\cos(2\pi f_c t+\Delta\varphi)=\frac{1}{2}m(t)\cos\Delta\varphi+\frac{1}{2}m(t)\cos(4\pi f_c t+\Delta\varphi)$$

经过低通滤波后第二项高频项被滤除，因此低通滤波器输出信号为

$$m_o(t)=\frac{1}{2}m(t)\cos\Delta\varphi \tag{8-1}$$

显然，当 $\Delta\varphi=0$，即载波系统完全同步时，$\cos\Delta\varphi=1$，解调后信号的幅度最大；当 $\Delta\varphi\neq 0$ 时，$\cos\Delta\varphi<1$，解调后信号幅度下降。因此，对 DSB 信号，$\Delta\varphi\neq 0$ 会引起信号幅度的下降，使输出信噪比降低；对 2PSK 信号，$\Delta\varphi\neq 0$ 同样引起信号幅度的下降，使 E_b 下降到同步时比特能量的 $\cos^2\Delta\varphi$ 倍，于是导致误码率上升为

$$P_e=\frac{1}{2}\mathrm{erfc}\left(\sqrt{\frac{E_b\cos^2\Delta\varphi}{n_0}}\right)=\frac{1}{2}\mathrm{erfc}\left(\cos\Delta\varphi\sqrt{\frac{E_b}{n_0}}\right) \tag{8-2}$$

可见，对于一个相干解调系统，载波同步未建立之前无法正常工作，同步建立之后，载波相位误差又直接影响解调性能。

8.2　位同步

位同步是数字通信中正确接收码元序列的基础，凡是数字通信系统均需要位同步。实现位同步的方法与载波同步类似，也有插入导频法和直接法两种。由于插入导频法实现位同步的原理与载波同步中的类似，故不再介绍。

8.2.1　直接法

直接法是位同步的主要实现方法，它通过接收到的基带信号直接获取位同步脉冲。一种广泛应用的直接法是数字锁相环法，原理框图如图 8-5 所示。

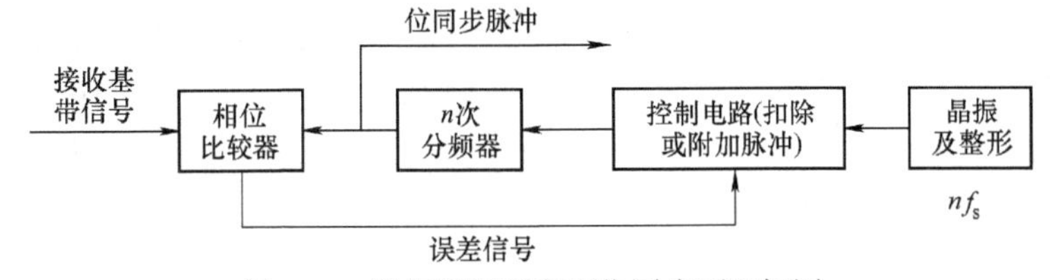

图 8-5　数字锁相环实现位同步原理框图

图 8-5 中，晶振产生频率为 nf_s 的脉冲序列，经控制电路和 n 次分频器后产生一个频率为 f_s 的位同步脉冲，其重复频率与发送码元速率相同。相位比较器比较位同步脉冲与接收基带信号的相位：①若位同步脉冲的位置超前于码元的最佳取样时刻（虚线处），如图 8-6a 所示，则相位比较器送出的误差信号使控制电路从晶振送来的脉冲序列中扣除一个脉冲，使 n 次分频器输出的位同步脉冲向后调整 T_s/n，如图 8-7b 所示；②若位同步脉冲的位置落后于最佳取样时刻，如图 8-6b 所示，则相位比较器送出的误差信号使控制电路在经过它的脉冲序列中附加一个脉冲，n 次分频器输出的位定时脉冲向前调整 T_s/n，如图 8-7c 所示。

可见，通过相位比较器和控制电路就可调整位同步脉冲的位置。重复进行相位的比较和脉冲的扣除或附加，最终使位同步脉冲对准接收码元的最佳取样时刻，即位同步脉冲与接收基带信号同相。由于位同步脉冲相位的改变是一步一步进行的，或者说是离散式（即数字式）地进行的，故称这种锁相环法为数字锁相环法。

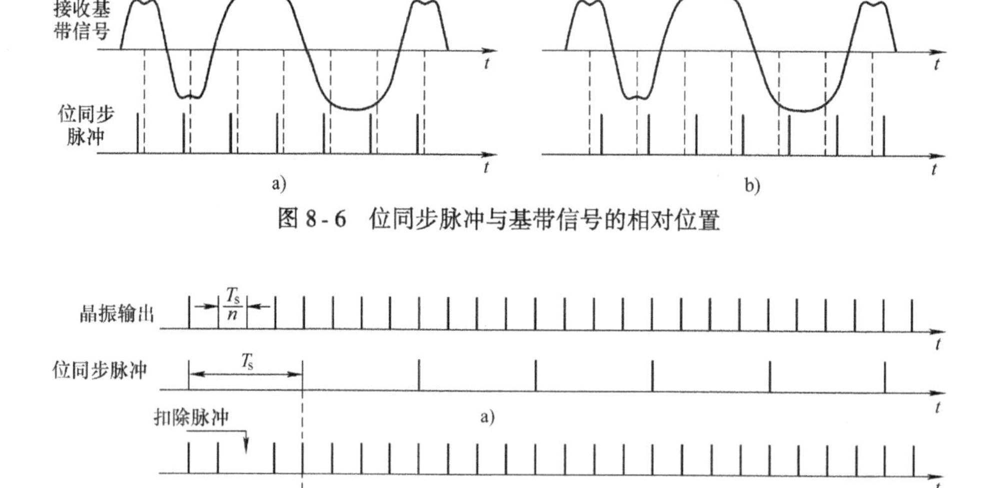

图 8-6 位同步脉冲与基带信号的相对位置

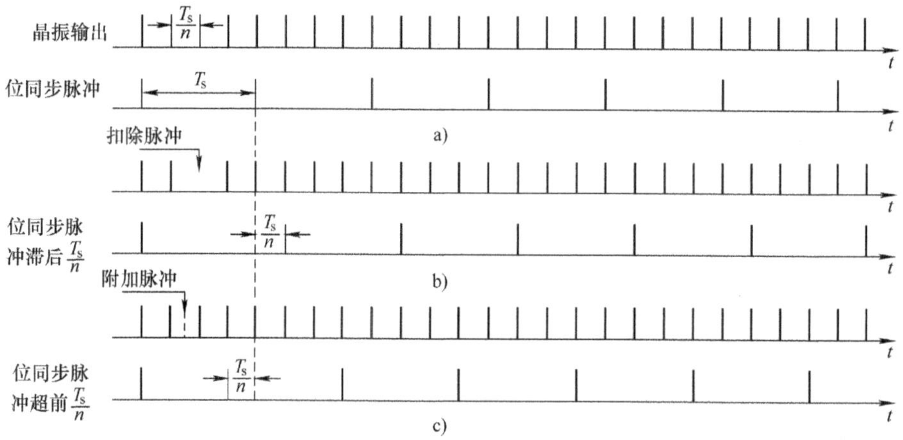

图 8-7 位同步脉冲序列相位调整示意图（$n=4$）

需要说明的是，在图 8-5 所示的数字锁相环中，相位比较器是个关键部件，没有相位比较器的比较结果，控制电路既不会扣除脉冲也不会附加脉冲，也就意味着无法调整位同步脉冲的相位。而相位比较器是根据接收基带信号的过零点和位同步脉冲的位置来确定误差信号的，当发送长连“0”或长连“1”信号时，接收基带信号在很长时间内无过零点，相位比较器就无法进行比较，致使位定时脉冲在长时间内得不到调整而发生漂移甚至失步。这也就是要用 HDB3 码来代替 AMI 码的原因。

8.2.2　位同步系统主要性能指标

位同步系统的主要性能指标有位定时误差、位同步建立时间、位同步保持时间、同步带宽。下面结合数字锁相环法介绍这些指标。

1. 位定时误差

位定时误差是指建立位同步后可能存在的最大误差，此误差是由位同步脉冲的跳跃式调整引起的。由于每调整一步，位定时位置改变 T_s/n（n 为分频器的分频比），故最大位定时误差就等于数字锁相环调整的步长，即

$$t_e = \frac{T_s}{n} \tag{8-3}$$

位定时误差也可用相位来表示，称为相位误差，即

$$\theta_e = \frac{2\pi}{n}\text{弧度} = \frac{360°}{n}\text{度} \tag{8-4}$$

位定时误差导致取样时刻偏离最佳点，使取样值的幅度减小，系统的误码率上升。例如，当位定时误差为 t_e 时，2PSK 的误码率上升为

$$P_e = \frac{1}{4}\text{erfc}\sqrt{\frac{E_b}{n_0}} + \frac{1}{4}\text{erfc}\sqrt{\frac{E_b\left(1-\frac{2t_e}{T_s}\right)}{n_0}} \tag{8-5}$$

由式（8-3）、式（8-4）可见，要想减小同步时的位定时误差，必须增加分频器的分频比。

2. 位同步建立时间

位同步建立时间是指建立位同步所需的最长时间。当位同步脉冲与接收到的码元之间的误差为 $T_s/2$ 时，调整至同步所需的时间最长，现在来计算这个时间。因为数字锁相环每调整一次（步），仅能纠正 T_s/n 的时间差，所以要消除 $T_s/2$ 的时间差，需要调整的步数为

$$S = \frac{T_s/2}{T_s/n} = \frac{n}{2}$$

在接收二进制数字信号时，各码元出现“0”或“1”是随机的，两个相邻码元出现 01、10、11、00 的概率可以近似认为相等。若把码元“0”变“1”或“1”变“0”时的交变点提取出来作为比相用的脉冲，也就是说，每出现一次交变点，相位比较器比相一次，使得控制器扣除或附加一个脉冲，位定时脉冲调整一次，那么，对位定时脉冲平均调整一个 T_s/n 所需要的时间为 $2T_s$ 秒，故位同步建立时间最长为

$$t_s = \frac{n}{2} \times 2T_s = nT_s \tag{8-6}$$

可见，分频次数 n 越小，位同步建立时间就越短。但由式（8-3）可见，此时建立同步后的位定时误差就越大，因此位同步建立时间和位定时误差这两个指标对分频次数 n 的要求是矛盾的。实际应用时，对 n 的取值应折中考虑。

3. 位同步保持时间

当位同步建立后，一旦输入信号中断，或者遇到长连“0”码、长连“1”码时，由于

接收信号没有过零点（交变），锁相环就失去调整作用。同时收发两端晶振频率总是存在着误差，因此，相对于发送端，接收端位同步脉冲的位置会逐渐发生漂移，时间越长，位置的漂移量就越大，当漂移量超过所允许的最大值时，就失去同步了。由同步到失去同步所经过的时间称为位同步保持时间，用 t_c 表示。

可见，位同步保持时间与收、发晶振的稳定度和系统所允许的最大位同步误差有关。位同步保持时间越长越好。

4. 同步带宽

同步带宽是指同步系统能够调整到同步状态所允许的收、发两端晶振的最大频差。换句话说，如果收、发两端晶振的最大频差大于同步带宽的话，同步系统将无法建立同步，因为这种情况下，位同步脉冲的调整速度跟不上它与接收基带信号之间时间误差的变化。

【例8-1】 在2PSK解调器中，用数字锁相法实现位同步，设分频比为100，基带信号码元速率为1000Baud。

（1）位同步系统建立同步后可能的最大误差为多少？

（2）位同步建立时间为多少？

（3）若接收2PSK信号的幅度为 $A=20\text{mV}$，信道中加性高斯白噪声的双边功率谱密度 $n_0=8.68\times10^{-9}\text{W/Hz}$，则此2PSK解调器的误码率为多少？

解 由题意，$n=100$，$R_s=1000\text{Baud}$，故 $T_s=0.001\text{s}$。

（1）由式（8-3）位定时误差为

$$t_e=\frac{T_s}{n}=\frac{0.001}{100}\text{s}=1\times10^{-5}\text{s}$$

（2）由式（8-6）得位同步建立时间为

$$t_s=nT_s=100\times0.001s=0.1\text{s}$$

（3）对二进制信号，有 $T_b=T_s=0.001\text{s}$，又因为 $A=20\text{mV}$ 和 $n_0=8.68\times10^{-9}\text{W/Hz}$，故

$$E_b=\frac{1}{2}A^2T_b=\frac{1}{2}\times(20\times10^{-3})^2\times0.001\text{J}=2\times10^{-7}\text{J}$$

所以

$$\frac{E_b}{n_0}=\frac{2\times10^{-7}}{8.68\times10^{-9}}=23.04$$

由式（8-5）得到有位定时误差时的2PSK解调器误码率为

$$\begin{aligned}P_e&=\frac{1}{4}\text{erfc}\left(\sqrt{23.04}\right)+\frac{1}{4}\text{erfc}\left(\sqrt{23.04\times(1-2\times10^{-5}/0.001)}\right)\\&=\frac{1}{4}\text{erfc}\left(\sqrt{23.04}\right)+\frac{1}{4}\text{erfc}\left(\sqrt{22.581}\right)\\&=\frac{1}{4}\text{erfc}(4.8)+\frac{1}{4}\text{erfc}(4.752)=7.37\times10^{-12}\end{aligned}$$

8.3 群同步

群同步的任务是确定每个码组的“开头”和“结尾”时刻，实现对接收码元序列的正

确分组。

群同步的实现方法只能采用外同步法，其方法是在信息码组间插入一些特殊码组作为每个信息码组的头尾标志，接收端根据这些特殊码组的位置实现对码元序列的正确分组。

常用的群同步方法有起止式同步法、连贯式插入法和间歇式插入法。

8.3.1 起止式同步法

以电传机为例，在电传机中一个字符用5个二进制码元表示。为了标志每个字符的开头和结尾，在每个字符的前后分别加上一个码元的“起脉冲”和1.5个码元的“止脉冲”，“起脉冲”为低电位，“止脉冲”为高电位，如图8-8所示。可见，1.5个码元长度的高电平后跟一个码元长度的低电平组成了一个插在两个信息码组之间的标志，接收端检测此标志，就能确定前一个信息码组的结束和下一个信息码组的开始位置，从而实现信息码组的正确分组。

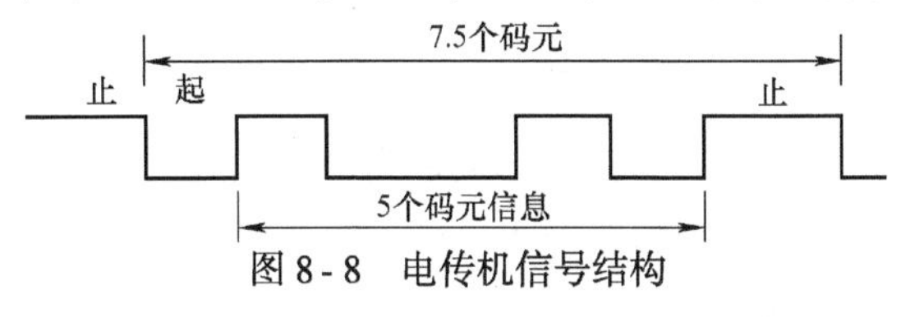

图8-8 电传机信号结构

由于这种同步方式中的止脉冲宽度与码元宽度不一致，会给数字传输带来不便。另外，在这种起止式同步方式中，7.5个码元中只有5个码元用于传输信息，因而效率较低。起止式同步法的优点是简单。

8.3.2 连贯式插入法

连贯式插入法又称集中式插入法。在该方法中，各个信息码组之间均插入一个特殊码组，此码组常称为群同步码组，如图8-9所示。接收端检测这些特殊码组，由此确定各个信息码组的起止时刻。

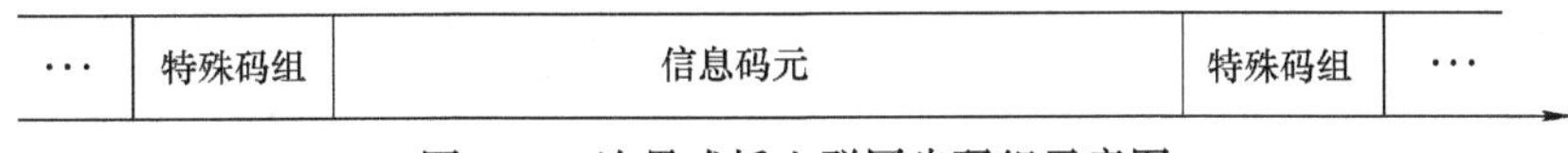

图8-9 连贯式插入群同步码组示意图

1. 巴克码

为能实现可靠的群同步，选择或寻找一种合适的特殊码组至关重要。群同步系统对特殊码组一般要求如下：

① 在数字通信系统中，一般信道上传输的是二进制码序列，因此插入的特殊码组也应该是二进制码组。

② 识别电路简单。

③ 与信息码的差别大，不易与信息码混淆。

④ 码长适当，以便提高效率。

巴克码是满足上述条件的一种码组。目前已经找到的巴克码组如表8-1所示。在表中，“+”代表+1，“-”代表-1。

表 8-1 巴克码组

位数	巴克码组	
2	+ +; − +	(11); (01)
3	+ + −	(110)
4	+ + + −; + + − +	(1110); (1101)
5	+ + + − +	(11101)
7	+ + + − − + −	(1110010)
11	+ + + − − − + − − + −	(11100010010)
13	+ + + + + − − + + − + − +	(1111100110101)

巴克码具有尖锐的局部自相关特性，便于从接收码元序列中被识别出来。

设有巴克码组 $\{a_1, a_2, \cdots, a_n\}$，每个码元 a_i 只可能取值+1 或−1，它的局部自相关函数 $R(j)$定义为

$$R(j) = \sum_{i=1}^{n-j} a_i a_{i+j} \tag{8-7}$$

以 7 位巴克码 {+++−−+−} 为例，用式（8-7）计算它的局部自相关函数如下：

当 $j=0$ 时，$R(0) = \sum_{i=1}^{7} a_i^2 = 1+1+1+1+1+1+1 = 7$

当 $j=1$ 时，$R(1) = \sum_{i=1}^{6} a_i a_{i+1} = 1+1-1+1-1-1 = 0$

当 $j=2$ 时，$R(2) = \sum_{i=1}^{5} a_i a_{i+2} = 1-1-1-1+1 = -1$

按同样方法可求出 $j=3$，4，5，6，7 时的 $R(j)$ 值，分别为 0，−1，0，−1，0。又由于自相关函数是偶函数，因此得到 7 位巴克码的局部自相关函数曲线如图 8-10 所示。由图可见，其自相关函数在 $j=0$ 处具有尖锐的单峰特性，这一特性是连贯式插入群同步码组的一个主要要求。

需要说明的是，$R(j)$ 只是在离散点上才有取值，为了形象地表示巴克码局部自相关函数的尖锐单峰特性，图中各点用虚折线连接起来了。

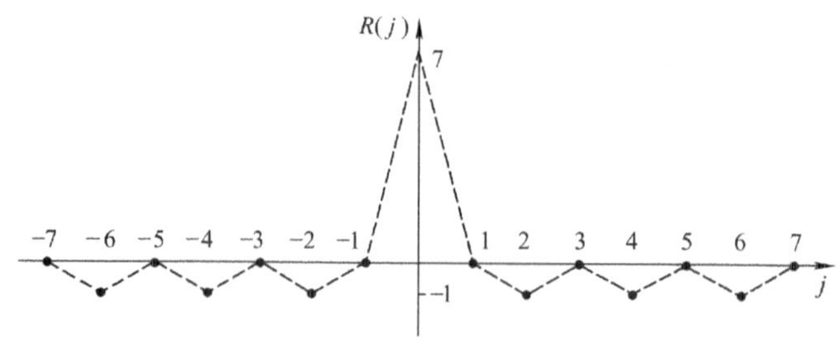

图 8-10 7 位巴克码的局部自相关函数

2. 巴克码识别器

由于巴克码组插在信息流中，因此接收端必须用一个电路将巴克码组识别出来，才能确定信息码组的起止时刻。识别巴克码组的电路称为巴克码识别器，七位巴克码识别器如图8-11所示。它由七级移位寄存器、加法器和判决器组成。七级移位寄存器的1、0按照1110010的顺序接到加法器，接法与巴克码的规律一致。当输入码元加到移位寄存器时，如果图中某移位寄存器进入的是“1”码，该移位寄存器的1端输出为+1，0端输出为-1。反之，当某移位寄存器进入是“0”码，该移位寄存器的1端输出为-1，0端输出为+1。

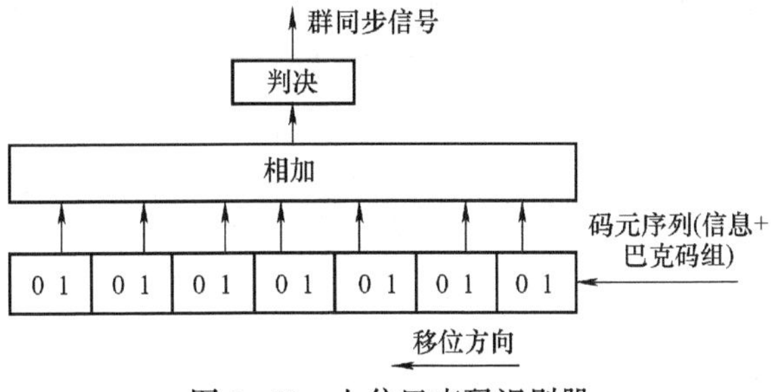

图8-11　七位巴克码识别器

下面要讨论的问题是含有巴克码的码元序列通过巴克码识别器时，巴克码识别器能否识别出巴克码。由于巴克码的前后都是信息码元，而信息码元又是随机的，我们考虑一种最不利的情况，即当巴克码只有部分码元在移位寄存器时，信息码元占有的其他移位寄存器的输出全部是+1。容易验证，在这种最不利的情况下，加法器的输出如表8-2所示。

表8-2　巴克码经过识别器时，最不利情况下的相加器输出值

巴克码进入的位数	a												
	1	2	3	4	5	6	7	8	9	10	11	12	13
相加器输出	5	5	3	3	1	1	7	1	1	3	3	5	5

这里的a表示巴克码进入识别器的位数，例如，$a=4$是指巴克码的前4位进入到了巴克码识别器中，巴克码识别器的最左边3位是信息码元；$a=7$是指7位巴克码全部进入识别器，识别器中没有信息码元；$a=8$是指巴克码的最前面一位码元已移出识别器，此时还有巴克码的后6位码元在识别器中，位于识别器的最左边6位，识别器的最右边一位是信息码元。其他情况依次类推。

根据表8-2可画出识别器中相加器的输出波形，如图8-12所示。

由图8-12可以看出，若判决电平选择在6，就可以根据$a=7$时相加器输出为7，大于判决电平6而判定巴克码全部进入移位寄存器的时刻。此时识别器输出一个群同步脉冲，表示一个信息码组的开始。一般情况下，信息码元不会正好使移位寄存器的输出都为+1，因此实际上更容易判定巴克码全部进入移位寄存器的时刻。

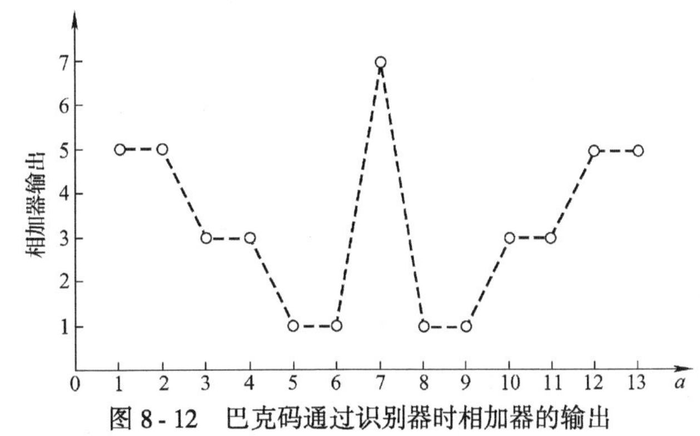

图8-12　巴克码通过识别器时相加器的输出

8.3.3 间歇式插入法

间歇式插入法又称为分散插入法，它是将群同步码组以分散的形式插入到信息码流中，即每隔一定数量的信息码元，插入一个群同步码元。例如在 PCM24 路数字电话系统中，一个取样值用 8 位码元表示，24 路电话各取样一次共有 24×8 = 192 个信息码元。192 个信息码元作为一帧，在这一帧中插入一个群同步码元（“1” 码或 “0” 码），这样一帧共有 193 个码元，如图 8-13 所示。接收端的群同步系统将这种周期性出现的 “1” 码或” 0” 码检测出来，即可确定一帧信息的起止位置。

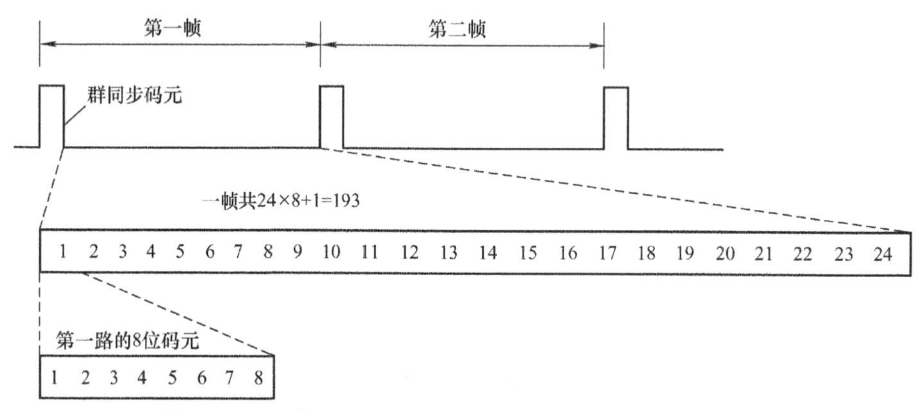

图 8-13 24 路 PCM 电话系统中间歇式插入群同步码示意图

由于间歇式插入法在每一帧信息中只插入一个群同步码元，因而效率较高，但获取群同步信号需经过多帧检测，建立同步的时间较长。当信息码中 “1” “0” 等概出现，即 $P(1) = P(0)$ 时，间歇式插入法的群同步建立时间为

$$t_s \approx N^2 T_s \tag{8-8}$$

其中，N 为一帧中的码元数；T_s 为码元宽度。

数据传输系统主要使用连贯式插入法，而数字电话系统既可使用连贯式插入法也可使用间歇式插入法。如上面介绍的 PCM24 路数字电话系统使用间歇式插入法，我国及欧洲各国使用的 PCM30/32 数字电话系统中，就采用了连贯式插入法，见 6.3.2 节的 PCM30/32 路系统帧结构，其中 TS0 用来传输帧同步码组。

8.3.4 群同步系统的性能指标

群同步系统主要的性能指标有三个，它们是漏同步概率、假同步概率和群同步平均建立时间。下面以连贯式插入法为例加以介绍。

1. 漏同步概率 P_L

由于噪声和干扰的影响，会引起群同步码组中一些码元发生错误，从而识别器漏检群同步码组，出现这种情况的概率称为漏同步概率，用 P_L 表示。以七位巴克码识别器为例，设判决门限设置为 6，此时七位巴克码中只要有一位码元发生错误，七位巴克码全部进入识别器时相加器输出为5，由于此时相加器输出值没有超过门限值6，所以判决器不会判决出同步信号，这样就出现了漏同步。因此，判决门限取6时，识别器不允许巴克码组的码元发生错误，否则将判决不出群同步信号。若判决门限设为4，当巴克码组中出现一个错码时识别器仍能识别出群同步，因为此时相加器输出为5，超过了门限电平。由此可见，漏同步概率还与门限（允许群同步码组中的错码数）有关。下面来归纳漏同步概率 P_L 的一般表达式。

设群同步码组的码元数为 n，系统误码率为 P_e，降低门限后识别器允许群同步码组中最大错误码元数为 m。

① 同步码组中一个码元也不错时，识别器能够识别出群同步码组，此时同步不会漏掉。出现这种情况的概率为 $(1-P_e)^n$。

② 同步码组中有一个错码时，识别器仍能识别出同步码组，此时同步也不会漏掉。出现这种情况的概率为 $C_n^1 P_e(1-P_e)^{n-1}$。

③ 直到同步码组中出现 m 个错码时，识别器仍能识别出同步码组，此时同步也不会漏掉。出现这种情况的概率为 $C_n^m P_e^m(1-P_e)^{n-m}$。

由此可得到，群同步不被漏掉的概率为 $\sum_{r=0}^{m} C_n^r P_e^r (1-P_e)^{n-r}$，即上述各个概率之和。所以漏同步概率为

$$P_L = 1 - \sum_{r=0}^{m} C_n^r P_e^r (1-P_e)^{n-r} \tag{8-9}$$

2. 假同步概率 P_F

在信息码组中也可能出现与所要识别的群同步码组相同的码组，这时识别器会把它误认为群同步码组而出现假同步。出现这种情况的概率称为假同步概率，用 P_F 表示。

计算假同步概率 P_F 就是计算信息码组中能被判为同步码组的数目与所有可能的信息码组数目的比值。设二进制信息码中1、0码等概出现，即 $P(0)=P(1)=0.5$，则由 n 位二进制码元组成的所有可能的码组数为 2^n 个，而其中能被判为同步码组的数目也与 m（门限）有关，若 $m=0$，则 2^n 个码组中只有 C_n^0 个（即1个）与同步码组相同，被识别器判为同步码组；若 $m=1$，则与同步码组有一位不同的信息码组都能被判为同步码组，共有 C_n^1；依次类推，就可以求出长度为 n 的信息码组中被判为同步码组的数目为 $\sum_{r=0}^{m} C_n^r$，由此可得假同步概率的一般表达式为

$$P_F = \frac{1}{2^n}\sum_{r=0}^{m} C_n^r \tag{8-10}$$

【例8-2】 设群同步码组采用七位巴克码，信道误码率 $P_e = 10^{-3}$。求当识别器判决门限分别设为6和4时的漏同步概率 P_L 和假同步概率 P_F。

解 由题可得同步码组长度 $n=7$，$P_e=10^{-3}$。

当识别器的判决门限设为6时，识别器不允许巴克码组中有错码，所以 $m=0$。由式(8-9)和式（8-10）可得漏同步概率和假同步概率分别为

$$P_L = 1-(1-10^{-3})^7 \approx 7\times10^{-3}$$

$$P_F = \frac{1}{2^7} \approx 7.8\times10^{-3}$$

当识别器的判决门限设为4时，允许巴克码组中有一位错误，此时识别器仍能识别出同步码组，所以 $m=1$。故此时的漏同步概率和假同步概率分别为

$$P_L=1-(1-10^{-3})^7-7\times10^{-3}(1-10^{-3})^6\approx4.2\times10^{-5}$$

$$P_F=\frac{1}{2^7}(1+7)\approx6.3\times10^{-2}$$

由此可以看出，m 大时（门限低），漏同步概率下降，而假同步概率却上升，显然两者是矛盾的。另外由式（8-9）和式（8-10）还可以看出，当 n 增大时，漏同步概率上升，而假同步概率下降，两者也是矛盾的。因此，在实际中应合理选取同步码组的位数 n 和判决门限电平（允许错误的码元数），以达到两者兼顾的目的。

3. 同步建立时间 t_s

当漏同步和假同步都不发生时，即 $P_L=0$，$P_F=0$ 时，最多需要一群的时间即可建立群同步。设一群（信息码元+群同步码元）的码元数为 N，则最长的群同步建立时间为 NT_s。考虑到出现漏同步和假同步时会使同步建立时间延长，故群同步的平均建立时间大致为

$$t_s=(1+P_L+P_F)NT_s \tag{8-11}$$

与式（8-8）所表示的间歇式插入法群同步建立时间 $t_s\approx N^2T_s$ 相比，连贯式插入法的同步建立时间小得多，这是连贯式插入法得到广泛应用的原因。

【例8-3】 根据例8-2的结论，若二进制数字通信系统的信息传输速率为2000bit/s，每一群中信息位数为153，试估算巴克码识别器门限分别为6和4时的群同步平均建立时间。

解 由题意，$R_b=2000\text{bit/s}$，故 $T_s=T_b=\dfrac{1}{R_b}=5\times10^{-4}\text{s}$，且一群中的码元数为 $N=153+7=160$。因此，根据例8-2结论和式（8-11）可以得到

当巴克码识别器门限为6时，群同步平均建立时间为

$$t_s=(1+7\times10^{-3}+7.8\times10^{-3})\times160\times5\times10^{-4}\text{s}\approx0.0812\text{s}$$

当巴克码识别器门限为4时，群同步平均建立时间为

$$t_s=(1+4.2\times10^{-5}+6.3\times10^{-2})\times160\times5\times10^{-4}\text{s}\approx0.0850\text{s}$$

8.4 本章小结

1. 同步基本概念

（1）同步的作用：确保接收端正确恢复信息。

（2）同步的种类：点对点通信中，接收机涉及载波同步、位同步和群同步。

2. 载波同步

（1）作用：凡是相干解调均需要载波同步。

（2）实现方法：直接法（自同步法）和插入导频法（外同步法）。

（3）直接法：包括平方变换法、平方环法和Costas环法（提取载波的同时解调出信号）。

（4）插入导频法：将导频信号插入信号中一起发送，接收端滤出导频作为载波同步

信号。

对插入导频的要求：

① 导频要在信号频谱为零的位置插入。

② 导频频率通常等于载波频率。

③ 插入导频应与载波正交。

（5）载波同步系统的性能指标：效率、同步建立时间、同步保持时间和精度。

① 效率：指为获取同步所消耗的发送功率的多少。直接法比插入导频法效率高。

② 同步建立时间：建立同步所需时间。同步建立时间越短越好。

③ 同步保持时间：同步系统停止调整后还能保持同步的时间。同步保持时间越长越好。

④ 精度：指提取的载波与标准载波之间的相位误差 $\Delta\varphi$。对 DSB 的影响是使输出信噪比下降；对 2PSK 的影响是使解调误码率上升。

（6）相位模糊问题：平方变换法、平方环法和 Costas 环法均有相位模糊问题，而插入导频法无相位模糊问题。

3. 位同步

（1）作用：凡是数字通信均要进行取样判决，故均需要位同步。

（2）位同步信号的特点：与发送码元序列同频同相。

（3）实现方法：与载波同步相同，也有插入导频法和直接法两种。

（4）数字锁相环法：属于直接法，应用广泛。

① 组成框图：由相位比较器、分频器、控制电路和晶振组成。

② 工作原理：相位比较器比较本地产生的位同步信号与接收基带信号的相位关系，控制电路通过扣除或附加脉冲来调整位同步信号，最终使位同步脉冲对准接收基带信号的最佳取样时刻。

（5）主要性能指标：位定时误差和同步建立时间。

① 定时误差：$t_e = T_s/n$ 或 $\theta_e = \dfrac{360°}{n}$。定时误差使数字通信系统的误码率上升。

② 同步建立时间：$t_s = nT_s$。可见，两个性能指标对分频比 n 的要求是矛盾的。

4. 群同步

（1）作用：实现接收码元序列的正确分组。

（2）实现方法：外同步法，即在信息码组之间插入巴克码组。

（3）巴克码组特点：有尖锐的局部自相关特性，易于识别。

（4）巴克码识别器：由移位寄存器、相加器和判决器组成。各移位寄存器的连接与巴克码一致。

（5）群同步性能：漏同步概率、假同步概率和同步建立时间。

① 漏同步概率：$P_L = 1 - \sum\limits_{r=0}^{m} C_n^r P_e^r (1-P_e)^{n-r}$，判决器门限下降，漏同步概率减小。

② 假同步概率：$P_F = \dfrac{1}{2^n}\sum\limits_{r=0}^{m} C_n^r$，判决门限上升，假同步概率减小。

③ 同步建立时间：$t_s = (1+P_L+P_F)NT_s$。

8.5　习题

一、填空题

1. 载波同步和位同步的实现方法可分为 ____________和 __________ 两种方法 。

2. 载波同步系统的一个重要性能指标是载波相位误差，因为载波相位误差会使模拟通信系统的________ 下降，使数字通信系统的误码率 ________。

3. 科斯塔斯环法与平方环法相比，其主要优点是在提取同步载波的同时 ____________ 。

4. 一个 PCM 系统，数字通信系统采用 2PSK 调制，则此系统涉及 ________ 同步、__________ 同步及__________ 同步。

5. 在数字锁相环实现位同步系统中，位同步信号的调整是通过控制电路扣除脉冲或附加脉冲来实现的，当位定时信号超前于最佳取样时刻时，控制电路应当 ______ 一个脉冲，相反，当位定时信号滞后于最佳取样时刻时，控制电路应当 ________ 一个脉冲。

6. 数字锁相法实现位同步系统中，设分频比为 100。基带信号码元速率为 1000Baud，则位同步系统建立同步后最大误差为__________，同步建立时间为__________ 。

7. 位同步系统中定时误差对数字系统的影响是 __________________ 。

8. 集中式插入群同步系统中，群同步平均建立时间与漏同步概率及假同步概率的关系式是________________________ 。

二、选择题

1. 在采用非相干解调的数字通信系统中，不需要________ 。

A. 载波同步　　B. 位同步　　C. 码元同步　　D. 群同步

2. 控制取样判决时刻的信号是________ 。

A. 相干载波　　B. 位同步信号　　C. 群同步信号　　D. 帧同步信号

3. 含有位同步分量的码型是________ 。

A. 单极性全占空码　　B. 双极性全占空码

C. 双极性不归零码　　D. 单极性半占空码

4. 在数字通信系统中一定需要________。

A. 载波同步系统　　B. 位同步系统　　C. 群同步系统　　D. 网同步系统

5. 群同步码应具有________的特点。

A. 不能在数据码中出现　　B. 良好的局部自相关特性

C. 长度为偶数　　D. 长度为奇数

6. 数字锁相环法提取位同步，以下错误的是________。

A. 这是直接法的一种实现方式　　B. 相位误差与分频比有关

C. 同步建立时间与分频比有关　　D. 同步保持时间与分频比有关

7. 在下列载波同步中，不存在相位模糊问题的是________。

A. 平方变换法　　B. 平方环法　　C. 同相正交环法　　D. 插入导频法

8. 下列假同步的描述中，正确的是________。

A. 假同步是由于同步头识别器门限过高引起的

B. 降低同步头识别器门限可以降低假同步概率

C. 提高同步头识别器门限可以降低假同步概率

D. 提高同步头识别器门限可以避免假同步

三、简答题

1. 点对点通信中涉及哪几种同步？

2. 载波同步有哪些实现方法？有无相位模糊？

3. 在载波同步的插入导频法中，对插入导频的要求是什么？为什么？

4. 载波同步的主要性能指标是什么？

5. 载波相位误差对 DSB 和 2PSK 信号解调的影响是什么？

6. 何种数字通信系统需要群同步？群同步的实现方法有哪些？

7. 巴克码的主要特点是什么？长度为 7 的巴克码是什么？

8. 群同步系统的主要性能指标是什么？它们与识别器中判决门限的关系如何？

四、计算画图题

1. 画出采用平方变换法提取同步载波的完整的 2PSK 相干解调器方框图。

2. 在图 8 - 4 所示的插入导频法发送端框图中，如果发送端 $a_c\cos2\pi f_c t$ 不经过$-\frac{\pi}{2}$相移，直接与已调信号相加后输出，则发送端和接收端的框图如图 8 - 14 所示。试证明接收端的解调输出中含有直流分量。

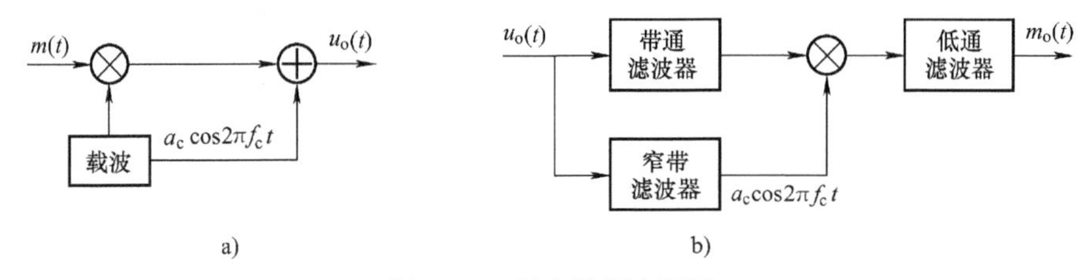

图 8 - 14　插入导频法框图

a）发送端框图　b）接收端框图

3. 画出数字锁相环实现位同步原理框图，并说明调整位同步脉冲相位的方法。

4. 数字锁相环位同步提取电路原理框图如图 8 - 15 所示。

（1）写出空白方框的名称。

（2）在图上画出位同步脉冲的输出位置。

（3）设系统的码元速率为 $R_s=1000$Baud，分频比 $n=200$，求位定时误差 t_e 和位同步建立时间 t_s。

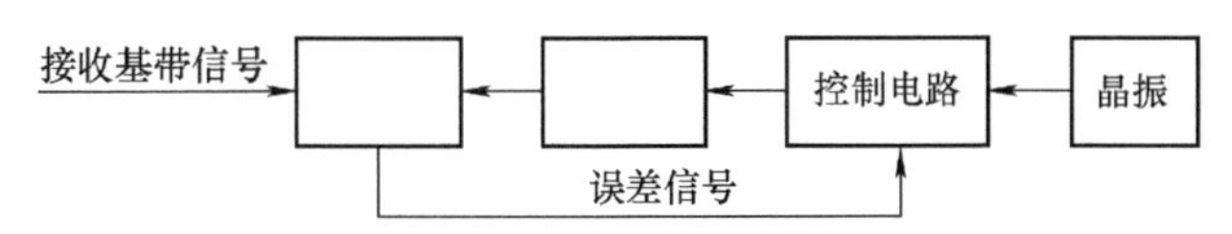

图 8 - 15　数字锁相环位同步提取电路原理框图

5. 画出七位巴克码识别器框图。当有一位错误的巴克码全部进入识别器时相加器的输出值为多少？

6. 若七位巴克码的前后信息码元各有 7 个“1”，将它输入巴克码识别器，且识别器中各移位寄存器的初始状态均为零，试画出识别器中相加器和判决器的输出波形（设判决门限为6）。

7. 在集中式插入法群同步系统中，若采用 $n=5$ 的巴克码（11101）作为群同步码组，设系统的误码率为 P_e。

（1）画出此巴克码识别器原理图。

（2）画出局部自相关函数 $R(j)$ 示意图。

（3）若识别器的判决门限设置为 2，计算该同步系统的漏同步概率和假同步概率。

8. 传输速度为 1000bit/s 的二进制数字通信系统，设误码率 $P_e=10^{-4}$，群同步码组采用七位巴克码，试分别计算 $m=0$ 和 $m=1$ 时，漏同步和假同步概率各为多少？若每一群中信息位数为 153，试估算两种情况下的群同步平均建立时间。

附　　录

附录 A　误差函数及互补误差函数

1. 定义及性质

误差函数定义为

$$\mathrm{erf}(x)=\frac{2}{\sqrt{\pi}}\int_0^x \mathrm{e}^{-z^2}\mathrm{d}z$$

互补误差函数为

$$\mathrm{erfc}(x)=1-\mathrm{erf}(x)=\frac{2}{\sqrt{\pi}}\int_x^{\infty} \mathrm{e}^{-z^2}\mathrm{d}z$$

当 $x\gg 1$ 时，$\mathrm{erfc}(x)\approx\dfrac{\mathrm{e}^{-x^2}}{\sqrt{\pi}x}$

当 $x>2$ 时，用近似公式计算误差小于 10%；当 $x>3$ 时，用近似公式计算误差小于 5%。下面给出 $x\leqslant 5$ 时的部分 $\mathrm{erfc}(x)$ 值。

2. 数值表

表 A-1　erfc(x) 数值表

x	$\mathrm{erfc}(x)$	x	$\mathrm{erfc}(x)$
0.00	1.0000	0.75	0.28885
0.05	0.94363	0.80	0.25790
0.10	0.88745	0.85	0.22934
0.15	0.83201	0.90	0.20309
0.20	0.77730	0.95	0.17911
0.25	0.72368	1.00	0.15730
0.30	0.67138	1.05	0.13756
0.35	0.62062	1.10	0.11980
0.40	0.57163	1.15	0.10388
0.45	0.52452	1.20	0.08969
0.50	0.47950	1.25	0.07710
0.55	0.43668	1.30	0.06599
0.60	0.39615	1.35	0.05624
0.65	0.35797	1.40	0.04772
0.70	0.32220	1.45	0.04031

(续)

x	erfc(x)	x	erfc(x)
1.50	0.03390	2.45	5.3×10^{-4}
1.55	0.02838	2.50	4.1×10^{-4}
1.60	0.02365	2.55	3.1×10^{-4}
1.65	0.01963	2.60	2.4×10^{-4}
1.70	0.01621	2.65	1.8×10^{-4}
1.75	0.01333	2.70	1.3×10^{-4}
1.80	0.01091	2.75	1.0×10^{-4}
1.85	0.08890	2.80	7.5×10^{-5}
1.90	0.00721	2.85	5.6×10^{-5}
1.95	0.00582	2.90	4.1×10^{-5}
2.00	0.00468	2.95	3.0×10^{-5}
2.05	0.00374	3.00	2.3×10^{-5}
2.10	0.00298	3.30	3.2×10^{-6}
2.15	0.00237	3.50	7.0×10^{-7}
2.20	0.00186	3.70	1.7×10^{-7}
2.25	0.00146	4.00	1.6×10^{-8}
2.30	0.00114	4.50	2.0×10^{-10}
2.35	8.9×10^{-4}	5.00	1.5×10^{-12}
2.40	6.9×10^{-4}		

附录B 常用的三角公式

$\cos(A\pm B)=\cos A\cos B\mp\sin A\sin B$

$\sin(A\pm B)=\sin A\cos B\pm\cos A\sin B$

$\cos\left(A\pm\frac{\pi}{2}\right)=\mp\sin A$

$\sin\left(A\pm\frac{\pi}{2}\right)=\pm\cos A$

$\cos 2A=\cos^2 A-\sin^2 A$

$\sin 2A=2\sin A\cos A$

$2\cos A\cos B=\cos(A-B)+\cos(A+B)$

$2\sin A\sin B=\cos(A-B)-\cos(A+B)$

$2\sin A\cos B=\sin(A-B)+\sin(A+B)$

$2\cos^2 A=1+\cos 2A$

$2\sin^2 A=1-\cos 2A$

$\cos A=\dfrac{e^{jA}+e^{-jA}}{2}$

$\sin A=\dfrac{e^{jA}-e^{-jA}}{2j}$

附录C 常用的积分及级数公式

$\int x^n\,dx=\dfrac{x^{n+1}}{n+1}\quad n\geqslant 0$

$\int \dfrac{1}{x}dx=\ln x$

$\int \dfrac{1}{x^n}dx=\dfrac{-1}{(n-1)x^{n-1}}\quad n>1$

$\int (a+bx)^n dx=\dfrac{(a+bx)^{n+1}}{b(n+1)}\quad n\geqslant 0$

$$\int \frac{1}{(a+bx)^n}dx = \frac{-1}{(n-1)b(a+bx)^{n-1}} \quad n > 1$$

$$\int \frac{1}{a^2+b^2x}dx = \frac{1}{ab}\arctan\left(\frac{bx}{a}\right)$$

$$\int \cos x dx = \sin x$$

$$\int x\cos x dx = \cos x + x\sin x$$

$$\int \sin x dx = -\cos x$$

$$\int x\sin x dx = \sin x - x\cos x$$

$$\int e^{ax} dx = \frac{e^{ax}}{a}$$

$$\int x e^{ax} dx = e^{ax}\left[\frac{x}{a} - \frac{1}{a^2}\right]$$

$$\int_0^\infty e^{-a^2x^2} dx = \frac{\sqrt{\pi}}{2a} \quad a > 0$$

$$\int_0^\infty x^2 e^{-x^2} dx = \frac{\sqrt{\pi}}{4}$$

$$\int_0^\infty \mathrm{Sa}^2(x) dx = \frac{\pi}{2}$$

$$\sum_{i=1}^{i=n} i = \frac{n(n+1)}{2}$$

$$\sum_{i=1}^{i=n} i^2 = \frac{n(n+1)(2n+1)}{6}$$

$$\sum_{i=1}^{i=n} i^3 = \frac{n^2(n+1)^2}{4}$$

$$\sum_{i=1}^{i=n} (2i-1) = n^2$$

$$\sum_{i=1}^{i=n} 2i = n(n+1)$$

$$\sum_{i=1}^{i=n} (2i-1)^2 = \frac{n(4n^2-1)}{3}$$

附录 D　各章部分习题参考答案

第 1 章　绪论

一、填空题

1. 通信系统。
2. 将输入信号转换成适合信道传输的信号；滤除噪声以及恢复发送信号。
3. 模拟通信系统；数字通信系统。
4. 1。
5. 1.75bit；1.75bit/sym；1.75×10^3bit/s。

二、选择题

1. C；2. A；3. B；4. D；5. B；6. A。

三、简答题

略

四、计算题

1. $I(s_1) = 1$bit；$I(s_2) = 2$bit；$I(s_3) = 3$bit；$I(s_4) = 4$bit
2. $H(S) = 2.375$bit/sym
3. $R_s = 2000$B，$R_b = 2000$bit/s
   $R_s = 2000$B，$R_b = 4000$bit/s
4. $R_b = 2400$bit/s；$R_b = 9600$bit/s
5. （1）$I = 1.6\times10^6$bit

（2）$R_b=3.84\times10^7$bit/s

6. $P_e=10^{-4}$

第2章 预备知识

一、填空题

1. $10^{-3}\mathrm{Sa}(10^{-3}\pi f)$；1kHz；1kHz。
2. $2000\mathrm{Sa}(2000\pi t)$；0.5ms；0.5ms。
3. $\frac{1}{2}[X(f+f_0)+X(f-f_0)]$。
4. $A^2\tau^2\mathrm{Sa}^2(\pi\tau f)$；$A^2\tau$。
5. $f(x)=\frac{1}{\sqrt{2\pi}\sigma}\exp\left(-\frac{(x-a)^2}{2\sigma^2}\right)$；$a^2$。
6. 0；$P_Y(f)=P_X(f)\cdot|H(f)|^2$；$\int_{-\infty}^{\infty}P_Y(f)\mathrm{d}f$。
7. 高斯；常数（恒定值）。
8. 高斯；瑞利；均匀。
9. 输出信噪比；匹配滤波器；最大输出信噪比。
10. $h(t)=\begin{cases}kA & 0\leqslant t\leqslant T_b\\ 0 & \text{其他}\end{cases}$；$H(f)=kAT_b\mathrm{Sa}(\pi fT_b)\mathrm{e}^{-\mathrm{j}\pi fT_b}$；$\frac{2A^2T_b}{n_0}$

二、选择题

1. D；2. C；3. C；4. A；5. A；6. B；7. B；8. A；9. C；10. A。

三、简答题

略

四、计算证明题

1. （1）$x(t)=\sum_{n=-\infty}^{\infty}\frac{1}{4}\mathrm{Sa}\left(\frac{n\pi}{4}\right)\mathrm{e}^{\mathrm{j}250n\pi t}$

   （2）略

2. （1）$X(f)=A\tau\mathrm{Sa}(\pi f\tau)=0.002\mathrm{Sa}(0.002\pi f)$

   （2）略

3. 略

4. （1）$E=\tau_0$

   （2）$G(f)=\tau_0^2\mathrm{Sa}^2(\pi f\tau_0)$

   （3）$R(\tau)=\begin{cases}\tau_0\left(1-\frac{1}{\tau_0}|\tau|\right) & |\tau|\leqslant\tau_0\\ 0 & |\tau|>\tau_0\end{cases}$

5. （1）$P_x(f)=\frac{A^2}{16}[\delta(f-1100)+\delta(f+1100)+\delta(f-900)+\delta(f+900)]$

   （2）$S=\frac{A^2}{4}$

6. $B=1000\text{Hz}$

7. ① $f(x)=\frac{1}{4\sqrt{\pi}}\exp\left[-\frac{(x-4)^2}{16}\right]$

② $P(X<2)=0.23975$

8. $E(X)=0$，$D(X)=\frac{a^2}{3}$

9. ① $R_{S_1}(t,\ t+\tau)=R_X(\tau)\cos 2\pi f_0 t\cos 2\pi f_0(t+\tau)$，故不平稳。

② $R_{S_2}(t,\ t+\tau)=\frac{1}{2}R_X(\tau)\cos 2\pi f_0\tau$，$E[S_2(t)]=0$，故为平稳随机过程。

10. $H(f)=\frac{Y(f)}{X(f)}=1+e^{-j2\pi fT}$，$P_Y(f)=P_X(f)\,|H(f)|^2=2P_X(f)(1+\cos 2\pi fT)$，得证。

11. (1) 略

(2) $S_{n_0}=n_0B$

(3) $f_{n_0}(x)=\frac{1}{\sqrt{2\pi n_0 B}}\exp\left(-\frac{x^2}{n_0B}\right)$

12. (1) $s_o(t)\,|_{\max}=KA^2\tau_0$

(2) $S_{n_0}=\frac{1}{2}n_0K^2A^2\tau_0$

(3) $r_{o\max}=\frac{2A^2\tau_0}{n_0}$

13. (1) $R_b\approx 33.9\text{kbit/s}$

(2) $S/N\approx 942.8\approx 29.74\text{dB}$

14. 7.513MHz

第3章 模拟调制

一、填空题

1. 6.8kHz；3.4kHz；6.8kHz。
2. $H_{VSB}(f+f_c)+H_{VSB}(f-f_c)=C \quad |f|\leqslant f_H$。
3. 包络；门限。
4. 22kHz；50W；3300。
5. 15kHz。
6. 1:20；1:2430。

二、选择题

1. C；2. C；3. C；4. D；5. C；6. D；7. D。

三、简答题

略

四、计算画图题

1. (1) $1.2\times10^4\text{Hz}$，5V

(2) $m(t)=0.4\cos(2\pi\times0.2\times10^4 t)$

(3) $m=0.08$

2. (1) $A_m>1$

(2) 能, $z(t)=1+0.5\cos 2\pi f_m t$

3. (1) $m=0.4$

(2) $\eta_{AM}=\frac{1}{21}$

4. 略

5. DSB解调器输出 $x(t)=\frac{1}{2}m(t)\cos\Delta\theta$

① 当 $\Delta\theta=0$ 时, $x(t)=\frac{1}{2}m(t)$

② 当 $\Delta\theta=\pi/3$ 时, $x(t)=\frac{1}{4}m(t)$

③ 当 $\Delta\theta=\pi/2$ 时, $x(t)=0$

6. ① $s_{SSB上}(t)=\frac{1}{2}[\cos 12\pi f_1 t+\cos 14\pi f_1 t]$

② $s_{SSB下}(t)=\frac{1}{2}[\cos 6\pi f_1 t+\cos 8\pi f_1 t]$

7. $s_{VSB}(t)=\frac{3}{8}A\cos(2\pi 10250t)+\frac{1}{8}A\cos(2\pi 9750t)$

8. (1) $\Delta f=10\text{kHz}$, $\Delta\phi=10\text{rad}$, $B=22\text{kHz}$

(2) 无法确定

9. (1) $m(t)=2\cos(2\pi f_m t)$

(2) $m(t)=-2\sin(2\pi f_m t)$

(3) $B=22\text{kHz}$

(4) $G_{FM}=660$

10. (1) $B=59.4\text{kHz}$

(2) $B=118.8\text{kHz}$

(3) $f_c=1\text{MHz}$

第4章 数字基带传输

一、填空题

1. 将输入信号变换为适合信道传输的信号；滤除带外噪声并对接收信号进行校正。
2. 101100000100000000；(1) 001000000111111111。
3. 连续谱；离散谱；1000Hz；0.5A；0。
4. 系统传输特性不理想导致接收波形展宽和失真；$h(nT_s)=\begin{cases}1\text{（或其他不为0的常数）}, & n=0\\ 0, & n\neq 0\end{cases}$。
5. 4000Baud；2Baud/Hz；奈奎斯特频带利用率；极限/最大；4。
6. $\frac{4000}{n}$ $(n=2,3,\cdots)$ Baud；2000Baud；1Baud/Hz；一半。

7. 4000Baud；$\frac{4}{3}$Baud/Hz；16kbit/s。

8. 0；2.05×10^{-4}。

9. 接收滤波器输出波形；码间干扰和噪声的大小；对位定时误差的灵敏度；噪声容限；最佳取样时刻；过零点失真。

10. 码间干扰；输出峰值畸变失真；横向滤波器。

二、选择题

1. A；2. B；3. B；4. C；5. D；6. D；7. C；8. C；9. C；10. B。

三、简答题

略

四、计算画图题

1. 略

2. 101100001100000000

3. +100+1−100−1+100+1−100−1

+1−1+1−1+1−1+1−1+1−1+1−1+1−1+1−1

+1−1+10−1+1000−1+1−1+1−100+1−10+100−1+100+100−10+10

4. (1)

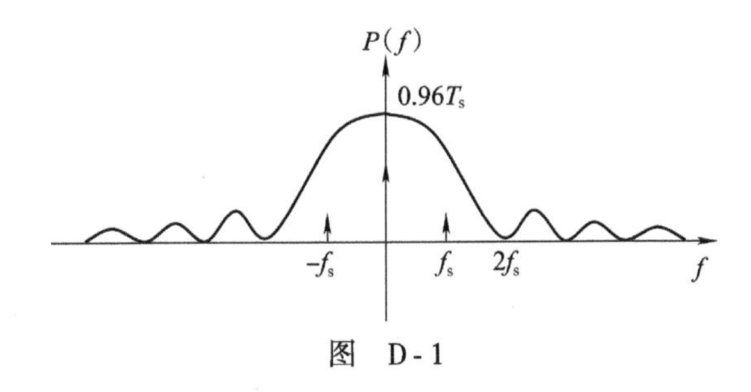

图　D-1

(2) 0.2V

(3) 能

(4) $2/T_s$

5. 矩形特性时：无码间干扰速率是2000Baud、1000Baud

有码间干扰速率是1500Baud、3000Baud

升余弦特性时：无码间干扰速率是2000Baud、1000Baud

有码间干扰速率是1500Baud、3000Baud

6. $\frac{1}{2\tau_0}$，$2\tau_0$

7. a) 有码间干扰

b) 和 c) 无码间干扰

8. 单极性：$P_e=2.34\times10^{-3}$

双极性：$P_e=8\times10^{-9}$

9. (1) $P_e=7.865\times10^{-2}$

(2) $P_e=2.34\times10^{-3}$

10. (1) (2)

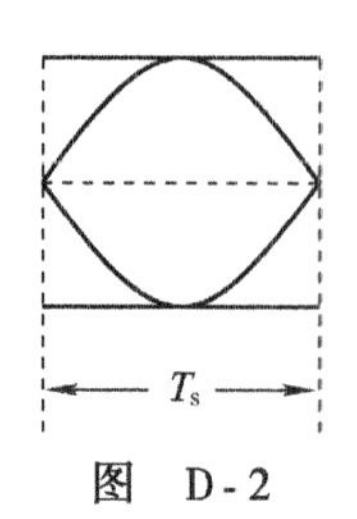

图 D-2

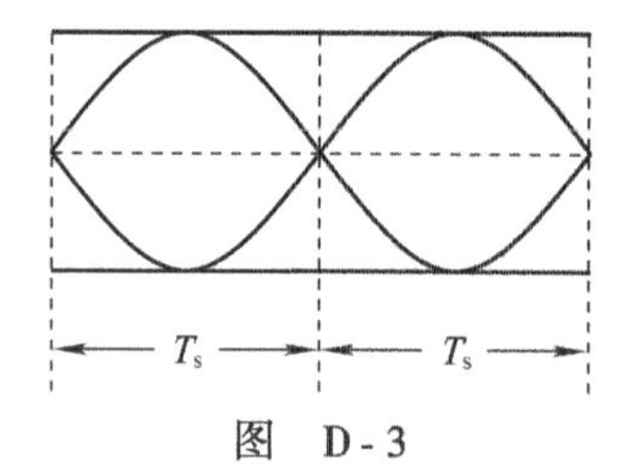

图 D-3

11. $D_x=\dfrac{37}{48}$; $D_y=0.1233$

第5章 数字调制

一、填空题

1. 2FSK；2PSK。
2. 莱斯分布；瑞利分布；高斯分布/正态分布。
3. 3000Hz；单峰。
4. $2P'_e$。
5. 2PSK 的反向工作。
6. 2000Hz；2000Hz；1000Hz。
7. $R_s=\dfrac{R_b}{\log_2 M}=\dfrac{90}{4}=22.5\text{MBaud}$；$B=2R_s=2\times22.5=45\text{MHz}$。
8. 6000；0.67。

二、选择题

1. D；2. B；3. A；4. D；5. B；6. D；7. D；8. C。

三、简答题

1~5：略

6. 误码率与以下因素有关：①调制方式；② 解调方法；③ 解调器（或接收机）输入端的信噪比。

降低误码率的方法：①选择抗噪声性能优越的调制方式，如 2PSK 调制；②采用相干解调方式；③增大发射机功率以提高信噪比等。

四、计算画图题

1. 略
2. 相干解调误码率 $P_e=2.34\times10^{-3}$
   非相干解调误码率 $P_e=9.2\times10^{-3}$
3. 小于$\sqrt{E_b}/2$
4. (1) 略
   (2) 略
   (3) $B=4000\text{Hz}$
   (4) 略

5. （1）$B=16\text{MHz}$
   （2）相干解调：$P_e=2.05\times10^{-4}$
   非相干解调：$P_e=9.65\times10^{-4}$
6. 略
7. （1）略
   （2）略
   （3）$B=2400\text{Hz}$
8. 略
9. （1）$P_e=2.34\times10^{-3}$
   （2）$P_e=4.68\times10^{-3}$
   （3）$P_e=9.16\times10^{-3}$
10. 相干 2ASK：$E_b=6.05\times10^{-9}\text{J}$
    非相干 2FSK：$E_b=3.68\times10^{-9}\text{J}$
    差分相干 2DPSK：$E_b=1.842\times10^{-9}\text{J}$
    2PSK：$E_b=1.5\times10^{-9}\text{J}$
11. 略
12. （1）

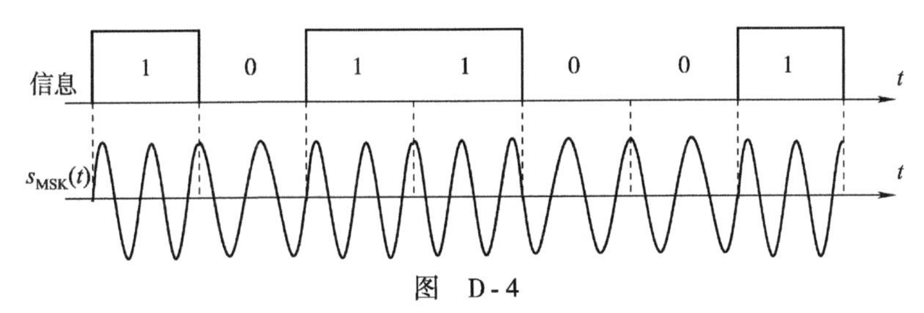

图　D-4

（2）$B=1.5\text{MHz}$
（3）$B_{16QAM}=0.5\text{MHz}$，$\eta_{16QAM}=2\text{bit/(s·Hz)}$
（4）$B_{OFDM}=1.015625\text{MHz}$

第 6 章　模拟信号的数字传输

一、填空题

1. 取样；量化。
2. 6800Hz；8000Hz。
3. 量化台阶；$N_q=\Delta^2/12$。
4. 39。
5. 非均匀；动态。
6. 32kbit/s。
7. 320k；160kHz。
8. 2.048Mbit/s。
9. 2.5；0.45；110；110。

二、选择题

1. A；2. A；3. A；4. C；5. B；6. C；7. A；8. A；9. D；10. D。

三、简答题

略

四、计算画图题

1. （1） （2）

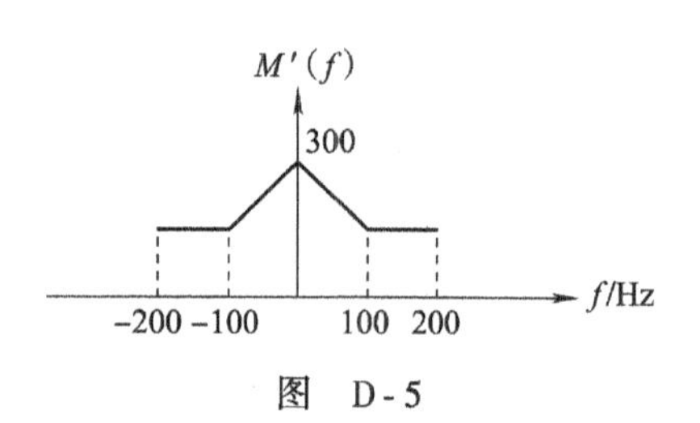

图 D-5

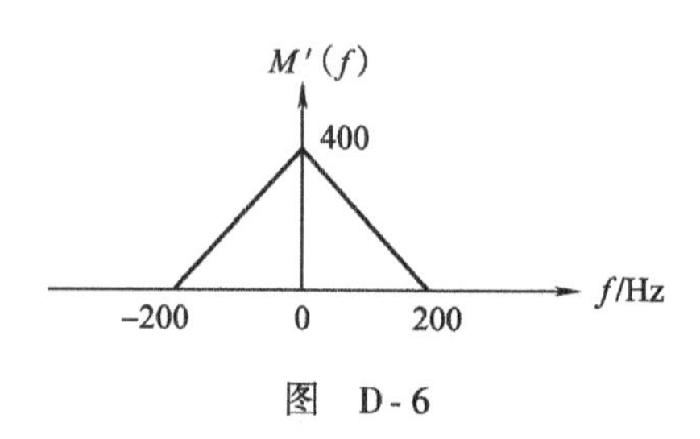

图 D-6

（2）略

2. （1）$f_s=400\text{Hz}$

（2）$T_s=0.0025\text{s}$

（3）

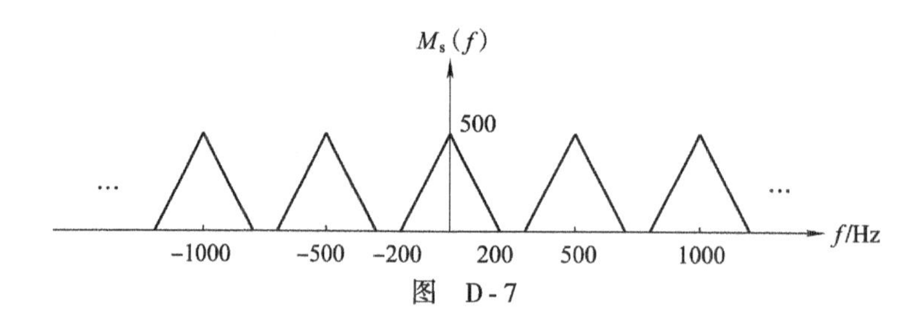

图 D-7

（4）

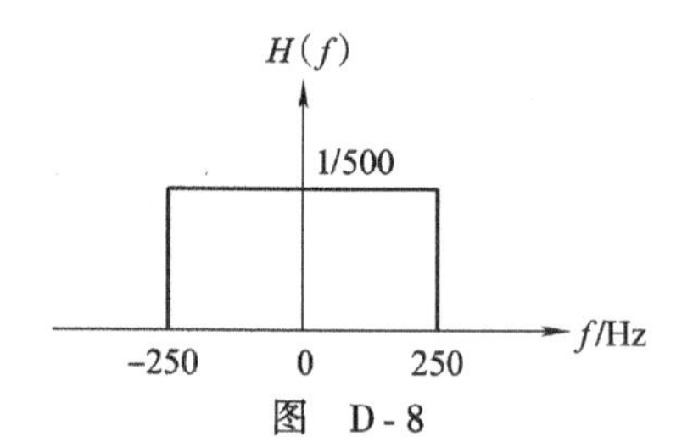

图 D-8

3. 56kBaud

4. 23.8kHz（提示：奈奎斯特速率取样，无码间干扰理想低通系统）

5. 18dB

6. （1）4×10^3 个

（2）$\left(\dfrac{S_o}{N_o}\right)_{\text{PCM}}\approx 24\text{dB}$

7. 11101000（正极性用“1”表示）

8. +784mV

9.

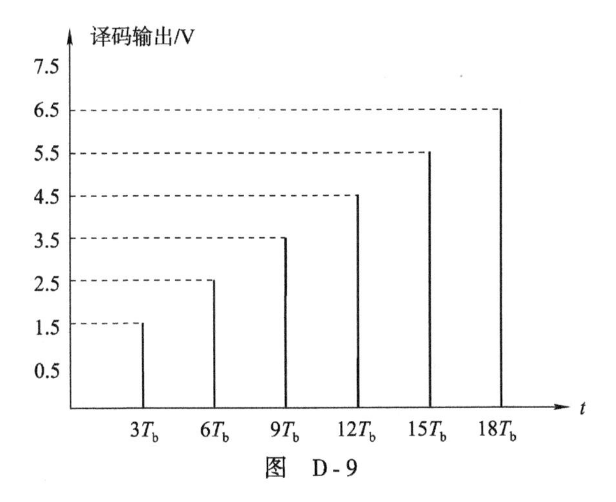

图　D-9

10. $A_{max}=0.318\text{V}$

11. （1）$k=\delta f_s$

（2）$A_{max}=\dfrac{\delta f_s}{2\pi f_0}$

（3）

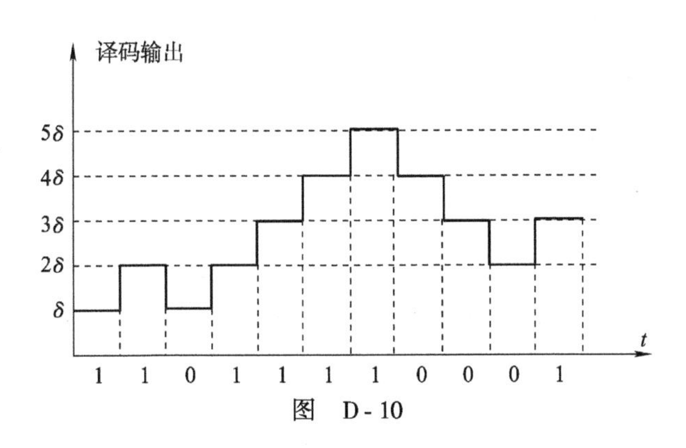

图　D-10

12. （1）1536kBaud

（2）768kHz

（3）3072kHz

13. 56kbit/s，8kHz（提示：用到香农信道容量公式）

第 7 章　信道编码

一、填空题

1. 可靠性；有效性下降。

2. 2^k；k/n；$\dfrac{n}{k}R_{b入}$。

3. 1；$a_0=a_4\oplus a_3\oplus a_2\oplus a_1$。

4. 7；3；4。
5. $n=2^r-1$；26；1。
6. 7；4。
7. 1.023。
8. 外码；内码；将突发错误转换成随机错误。

二、选择题

1. D；2. D；3. D；4. B；5. A；6. C；7. A。

三、简答题

1~4：略。
5. ① 码字集中任意码字循环移位后仍然是该码字集中的一个码字。
   ② 不是循环码，因为码字 010 循环移位后不是其中的一个码字。
6. $d_0=4$，最多能检测 3 位错误，最多能纠正 1 位错误，纠正 1 位的同时能检测 2 位错误。
7~8：略。

四、计算分析题

1. ① 最多能检测 3 位错误。
   ② 最多能纠正 1 位错误。
   ③ 纠正 1 位错误的同时能检测 2 位错误。
2. $d_0=2$
3. 对于图 7-16a 无法检测；对于图 7-16b 不但能检测，还能纠正。
4. (1) 0000000　0011101　0101110　0110011
   1000111　1011010　1101001　1110100

   (2) $\boldsymbol{H}=\begin{bmatrix}0&1&1&1&0&0&0\\1&1&1&0&1&0&0\\1&1&0&0&0&1&0\\1&0&1&0&0&0&1\end{bmatrix}$

   (3) $d_0=4$，最多能检测 3 位错误，最多能纠正 1 位错误，纠正 1 位的同时能检测 2 位错误。

   (4) $\eta=3/7$
5. (1) $n=7$，$k=4$

   (2) $\eta=\dfrac{4}{7}$

   (3) $\boldsymbol{G}=\begin{pmatrix}1&0&0&0&1&1&1\\0&1&0&0&1&1&0\\0&0&1&0&1&0&1\\0&0&0&1&0&1&1\end{pmatrix}$

   (4) 监督码元为 111。

   (5) 0100110 是码字。0000011 不是码字，纠正后的码字为 0001011。
6. 编码器输出码字序列为：11，01，10，00，11，10，00，00，11，01。
7. 能纠正其中的 5 个错误。

8. 输出 m 序列的一个周期为 1001110。

第 8 章　同步原理

一、填空题

1. 插入导频法（外同步法）；直接法（自同步法）。
2. 输出信噪比；上升。
3. 解调出信号。
4. 载波；位/码元；群/帧。
5. 扣除；附加。
6. 0.01ms；0.1s。
7. 使数字系统的误码率上升。
8. $t_s=(1+P_L+P_F)NT_s$。

二、选择题

1. A；2. B；3. D；4. B；5. B；6. D；7. D；8. C。

三、简答题

略

四、计算画图题

1. 略
2. 根据框图可得到低通滤波器输出为 $m_o(t)=\frac{1}{2}a_c m(t)+\frac{1}{2}a_c^2$，其中 $\frac{1}{2}a_c^2$ 为直流项。
3. ①参考图 8-5。②扣除脉冲或附加脉冲。
4. (1)、(2) 参考图 8-5。

   (3) $t_e=5\times10^{-6}$s，$t_s=0.2$s
5. ①见图 8-11。②5
6.

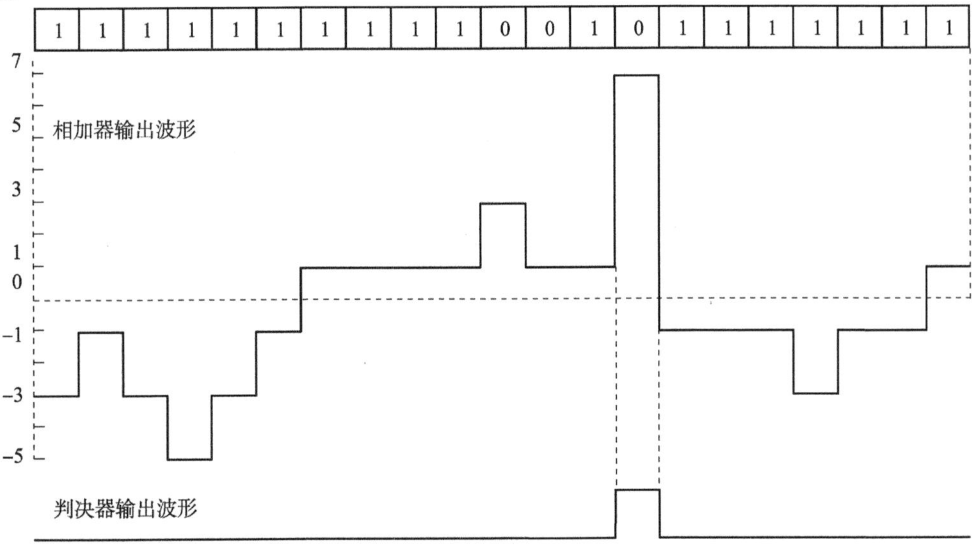

图　D-11

7. (1) 略

(2) 略

(3) $P_L = 1 - (1 - P_e)^5 - 5P_e(1 - P_e)^4$， $P_F = \frac{3}{16}$

8. $m=0$ 时：$P_L = 7\times10^{-4}$，$P_F = 7.815\times10^{-3}$，$t_s = 161.362\text{ms}$

$m=1$ 时：$P_L = 4.2\times10^{-7}$，$P_F = 6.25\times10^{-2}$，$t_s = 170.08\text{ms}$

参 考 文 献

[1] 黄葆华，杨晓静，吕晶．通信原理［M］．3 版．西安：西安电子科技大学出版社，2019.

[2] 黄葆华，魏以民，袁志钢．通信原理可视化动态仿真教程：基于 System View［M］．北京：机械工业出版社，2019.

[3] 臧国珍，黄葆华，郭明喜．基于 MATLAB 的通信系统高级仿真［M］．西安：西安电子科技大学出版社，2019.

[4] 黄葆华，沈忠良，张宝富．通信原理基础教程［M］．北京：机械工业出版社，2008.

[5] 黄葆华，沈忠良，张宝富．通信原理基础教程学习指导与习题解答［M］．北京：机械工业出版社，2012.

[6] 周炯槃，庞沁华，续大我，等．通信原理［M］．4 版．北京：北京邮电大学出版社，2015.

[7] 南利平．通信原理简明教程［M］．北京：清华大学出版社，2007.

[8] 唐朝京，熊辉，雍玲，等．现代通信原理［M］．北京：电子工业出版社，2010.

[9] 樊昌信，曹丽娜．通信原理［M］．6 版．西安：西安电子科技大学出版社，2008.

[10] 王兴亮．通信系统原理教程［M］．西安：西安电子科技大学出版社，2007.

[11] 陈启兴．通信原理［M］．北京：机械工业出版社，2011.

[12] PROKIS J G，SALCHI M，BAUCH C. 现代通信系统：MATLAB 版［M］．2nd ed. 刘树棠，任品毅，译．北京：电子工业出版社，2005.

[13] PROKIS J G，et al. Digital Communications［M］．5th ed. 北京：电子工业出版社，2009.

[14] PROKIS J G，et al. Communication Systems Engineering［M］．2nd ed. 北京：电子工业出版社，2007.

[15] SKLAR B. Digital Communications Fundamentals and Applications［M］．2nd ed. 北京：电子工业出版社，2002.

[16] PROKIS J G，et al. Fundamentals of Communication Systems［M］．2nd ed. 北京：电子工业出版社，2007.